新时代高等教育公共基础课系列教材

线性代数

(第三版)

主　编　刘叶玲
副主编　庞栓琴
参　编　刘　杰　郭　强

西安电子科技大学出版社

内容简介

"线性代数"是高等院校大多数专业学生必修的一门重要基础理论课. 本书围绕教学大纲，在适宜教学以及易学易懂等方面做了探索，并在保持严谨性的同时适当地加入了一些线性代数的应用. 本书叙述通俗易懂，语言简单明快，很好地把握了线性代数的深度和广度. 全书共分七章：行列式及其应用、矩阵及其运算、n 维向量空间、线性方程组、矩阵的特征值及对角化、二次型、线性空间与线性变换. 每章后均配有一定数量的习题和自测题，书末附有习题和自测题答案.

本书可作为高等院校工科及经济类专业"线性代数"课程的教材(54 学时左右)及参考书，适当取舍内容后也可用于专科、高职及成人教育等各类教学当中，亦可供科技人员或自学者使用.

图书在版编目(CIP)数据

线性代数/刘叶玲主编. --3 版. --西安：西安电子科技大学出版社，2023.9
ISBN 978-7-5606-6570-2

Ⅰ. ①线… Ⅱ. ①刘… Ⅲ. ①线性代数—高等学校—教材 Ⅳ. ①O151.2

中国国家版本馆 CIP 数据核字(2023)第 154934 号

策　　划　戚文艳
责任编辑　戚文艳
出版发行　西安电子科技大学出版社(西安市太白南路 2 号)
电　　话　(029)88202421　88201467　　邮　　编　710071
网　　址　www.xduph.com　　电子邮箱　xdupfxb001@163.com
经　　销　新华书店
印刷单位　陕西博文印务有限责任公司
版　　次　2023 年 9 月第 3 版　2023 年 9 月第 1 次印刷
开　　本　787 毫米×1092 毫米　1/16　印张　14.5
字　　数　341 千字
印　　数　1～3000 册
定　　价　36.00 元
ISBN 978-7-5606-6570-2/O
XDUP　6872003-1

前　言

"线性代数"是高等院校大多数专业学生必修的一门重要基础理论课，也是数学教学三大基础课程之一，具有不可替代的重要地位. 线性代数以线性问题为主要研究对象，具有广泛的应用性，特别是在新的数字化时代，大量的工程实际问题最后都通过计算线性方程组的解得出，这就更促进了线性代数的广泛应用和发展. 另外，线性代数将数学的主要特点高度集中地浓缩于一身，学生通过对线性代数的学习，可得到良好的逻辑思维能力，运算能力，抽象及分析、综合与推理能力的严格训练. 长期的教学实践告诉我们，学好线性代数是一件十分不易的事情.

编者多年来从事线性代数的教学工作，并且在教学中做了很多的尝试，本书就是经过长期教学实践、研究、改进与完善的结果. 本书具有如下特点：

(1) 每章章首均设有本章的主要内容及要求，对本章内容作了简述并给出了本章教学大纲及学习要求；

(2) 每章均有本章小结，以帮助学生理解所学内容，掌握重点、总结提高；

(3) 每章章末均配有一定数量的习题和自测题，并且书末附有习题和自测题答案，以便学生对自己的学习结果进行检测；

(4) 本书在保持严谨性的同时还在有关章节中加入了线性代数在工程、经济、管理等方面的应用，更好地激发了学生学习线性代数的积极性和主动性，同时还加入了一些具有思政元素的应用例题，有助于学生树立正确的世界观.

本书自 2011 年出版以来，获得了广泛的好评，但是也有一些需要改进的地方. 我们征求了广大任课教师及使用过本书的学生和工程人员的意见后，对本书进行了一些改进，主要改进的地方有：改正了书中的错别字，修改了一些课后习题、自测题及其答案，调整了个别内容，部分章节增加了具有思政元素的例题.

本书由刘叶玲担任主编，庞栓琴担任副主编. 本书第一、二、三章由庞栓琴主要执笔，刘杰、郭强进行了补充和修改；第四、五、六、七章由刘叶玲执笔. 本书在编写过程中得到了西安科技大学许多老师的大力支持和帮助，在此表示深深的谢意.

限于编者水平，书中难免存在不足之处，恳请读者批评指正.

编　者

2023 年 4 月

目　　录

第一章

行列式及其应用

本章的主要内容及要求

在线性代数中，行列式是很重要的一个基本工具，在数学学科及其他领域，如经济、管理等，都要用到它. 本章主要介绍 n 阶行列式的定义及其性质、行列式的计算；用克莱姆法则求解 n 元线性方程组的解.

本章的基本要求如下：

(1) 了解逆序数的概念，掌握逆序数的计算方法.

(2) 了解二阶、三阶行列式的定义，掌握用对角线法计算二阶、三阶行列式的方法.

(3) 理解 n 阶行列式的定义.

(4) 掌握 n 阶行列式的性质，会用行列式的性质来计算行列式，掌握行列式按行(列)展开公式.

(5) 熟练掌握克莱姆法则，掌握 n 个方程的 n 元齐次线性方程组只有零解和非零解的判断方法.

1.1 全排列、逆序数与对换

1.1.1 排列与逆序

定义 1.1.1 把 n 个不同的元素排成一列，叫作这 n 个元素的**全排列**(也简称排列). n 个不同元素的所有排列的个数，通常用 P_n 表示.

$$P_n = n \cdot (n-1) \cdot \cdots \cdot 3 \cdot 2 \cdot 1 = n!$$

例如，由 3 个不同数组成的排列数为 $P_3 = 3! = 3\times2\times1 = 6$.

对于 n 个不同的元素，先规定各元素之间有一个标准次序(例如 n 个不同的自然数，可规定由小到大为标准次序)，于是在这 n 个元素的任一排列中，当某两个元素的先后次序与标准次序不同时，就说有 1 个逆序.

定义 1.1.2 在一个 n 阶排列 $i_1 i_2 \cdots i_t \cdots i_s \cdots i_n$ 中，若数 $i_t > i_s$，则称数 i_t 与 i_s 构成一个逆序. 一个 n 阶排列中所有逆序的总数叫作这个排列的**逆序数**. 排列 $i_1, i_2, \cdots, i_n$ 的逆序数记作：

$$t(i_1, i_2, \cdots, i_n)$$

逆序数为奇数的排列叫作**奇排列**，逆序数为偶数的排列叫作**偶排列**.

下面来讨论计算排列的逆序数的方法.

不失一般性，不妨设 n 个元素为 1 至 n 这 n 个自然数，并规定由小到大为标准次序. 设 $p_1p_2\cdots p_n$ 为这 n 个自然数的一个排列，考虑元素 $p_i(i=1, 2, \cdots, n)$，如果比 p_i 大的且排在 p_i 前面的元素有 t_i 个，就说 p_i 这个元素的逆序数是 t_i，而该排列中所有自然数的逆序的个数之和就是这个排列的逆序数，即

$$t=t_1+t_2+\cdots+t_n=\sum_{t=1}^{n}t_i \quad (i=1, 2, \cdots, n)$$

例 1.1.1 求排列 32514 的逆序数，判断此排列的奇偶性.

解 在排列 32514 中：

3 排在首位，逆序数为 0；

2 的前面比 2 大的数有一个(3)，故逆序数为 1；

5 是最大数，逆序数为 0；

1 的前面比 1 大的数有三个(3, 2, 5)，故逆序数为 3；

4 的前面比 4 大的数有一个(5)，故逆序数为 1.

因此这个排列的逆序数为

$$t=0+1+0+3+1=5$$

该排列是奇排列.

例 1.1.2 求 $t(1, 2, 3, \cdots, n)$，$t(n, n-1, \cdots, 2, 1)$.

解 易知在 n 阶排列 $1, 2, 3, \cdots, n$ 中没有逆序，所以

$$t(1, 2, 3, \cdots, n)=0$$

在 $n, n-1, \cdots, 2, 1$ 中，只有逆序，没有顺序，故

$$t(n, n-1, \cdots, 2, 1)=0+1+2+\cdots+(n-1)=\frac{n(n-1)}{2}$$

1.1.2 对换

为了方便后面研究 n 阶行列式的性质，先来讨论对换以及它与排列的奇偶性关系.

定义 1.1.3 在排列中，将任意两个元素对调，其余的元素不动，这种做出新排列的变换叫作**对换**. 例如，经过 1、2 对换，排列 2431 就变成了 1432，排列 2134 就变成了 1234. 将相邻两个元素对换，叫作**相邻对换**.

定理 1.1.1 一个排列中的任意两个元素对换，排列的奇偶性改变.

证 先证相邻对换的情形. 排列

$$a_1\cdots a_l a b b_1\cdots b_m \tag{1.1.1}$$

对换 a 与 b，变为

$$a_1\cdots a_l b a b_1\cdots b_m \tag{1.1.2}$$

显然，在排列式(1.1.1)中，如果 a, b 两个元素与其他元素构成逆序，则在排列式(1.1.2)中仍然构成逆序；如果不构成逆序，则在式(1.1.2)中也不构成逆序. 而 a, b 两个元素的逆序数改变为

当 $a<b$ 时，经过对换后，a 的逆序数增加 1 而 b 的逆序数不变；

当 $a>b$ 时，经过对换后，a 的逆序数不变而 b 的逆序数减少 1.

不管增加 1 还是减少 1，排列的逆序数的奇偶性总是变了. 因此，对于相邻对换的情

形，排列 $a_1\cdots a_l abb_1\cdots b_m$ 与排列 $a_1\cdots a_l bab_1\cdots b_m$ 的奇偶性不同.

再证一般对换的情形. 设排列为

$$a_1\cdots a_l ab_1\cdots b_m bc_1\cdots c_n \tag{1.1.3}$$

把它作 m 次相邻对换，排列式(1.1.3)调成

$$a_1\cdots a_l abb_1\cdots b_m c_1\cdots c_n \tag{1.1.4}$$

再作 $m+1$ 次相邻对换，排列式(1.1.4)调成

$$a_1\cdots a_l bb_1\cdots b_m ac_1\cdots c_n \tag{1.1.5}$$

总之，经 $2m+1$ 次相邻对换，排列式(1.1.3)调成排列式(1.1.5)，$2m+1$ 是奇数，相邻对换改变了排列的奇偶性，故这两个排列的奇偶性不同. **证毕**

推论 奇排列调成标准排列的对换次数为奇数，偶排列调成标准排列的对换次数为偶数.

证 由定理 1.1.1 知，对换的次数就是奇偶性变化的次数，而标准排列是偶排列(逆序数为 0)，因此推论成立. **证毕**

1.2 行列式的定义

为了给出 n 阶行列式的定义，先来研究二阶、三阶行列式的结构.

1.2.1 二阶行列式

定义 1.2.1 由 4 个元素 $a_{ij}(i=1, 2; j=1, 2)$排成两行两列，并定义

$$\begin{vmatrix} a_{11} & a_{12} \\ a_{21} & a_{22} \end{vmatrix} = a_{11}a_{22} - a_{12}a_{21}$$

式 $\begin{vmatrix} a_{11} & a_{12} \\ a_{21} & a_{22} \end{vmatrix}$ 称为**二阶行列式.**

注意 由 4 个数 a_{11}，a_{12}，a_{21}，a_{22} 排列的两行两列的行列式是一个数值，其中 $a_{ij}(i=1, 2; j=1, 2)$称为二阶行列式的元素，元素 a_{ij} 的第一个下标 i 称为行标，表明该元素位于第 i 行，第二个下标 j 称为列标，表明该元素位于第 j 列.

例 1.2.1 计算行列式 $D=\begin{vmatrix} 3 & -1 \\ 2 & 1 \end{vmatrix}$.

解

$$D=\begin{vmatrix} 3 & -1 \\ 2 & 1 \end{vmatrix}=3-(-2)=5$$

由定义 1.2.1 可知：

(1) 二阶行列式是一些项的代数和，每一项都是两个元素的乘积，这两个元素位于不同的行、不同的列.

(2) 每一项的两个元素的行标是自然排列 12 时，列标都是 1，2 的某一排列，这样的排列共有两种，故二阶行列式共有两项.

(3) 带正号的一项列标排列是 12 时，它是偶排列；带负号的列标排列是 21 时，它是奇排列.

1.2.2 三阶行列式

定义 1.2.2 由 9 个元素 $a_{ij}(i=1, 2, 3; j=1, 2, 3)$排成三行三列，并定义

$$\begin{vmatrix} a_{11} & a_{12} & a_{13} \\ a_{21} & a_{22} & a_{23} \\ a_{31} & a_{32} & a_{33} \end{vmatrix} = a_{11}a_{22}a_{33}+a_{12}a_{23}a_{31}+a_{13}a_{21}a_{32}-a_{11}a_{23}a_{32}-$$
$$a_{12}a_{21}a_{33}-a_{13}a_{22}a_{31}$$

式$\begin{vmatrix} a_{11} & a_{12} & a_{13} \\ a_{21} & a_{22} & a_{23} \\ a_{31} & a_{32} & a_{33} \end{vmatrix}$称为**三阶行列式**.

由定义 1.2.2 不难发现，三阶行列式共有六项，每一项均为来自不同行、不同列的三个元素的乘积.因此，右端的任一项除正负号外可以写成 $a_{1p_1}a_{2p_2}a_{3p_3}$. 这第一个下标(行标)排成标准次序 123，而第二个下标(列标)排成 $p_1p_2p_3$，它是 1，2，3 三个数的某个排列，各项的正负号与列标的排列对照：带正号的三项列标排列是 123，231，312；带负号的三项列标排列是 132，213，321. 为便于记忆，给出图 1.1 所示的方法，此方法称为对角线法则(显然，二阶行列式也适用对角线法则). 图 1.1 中实线上三个元素的乘积冠正号，虚线上三个元素的乘积冠负号.

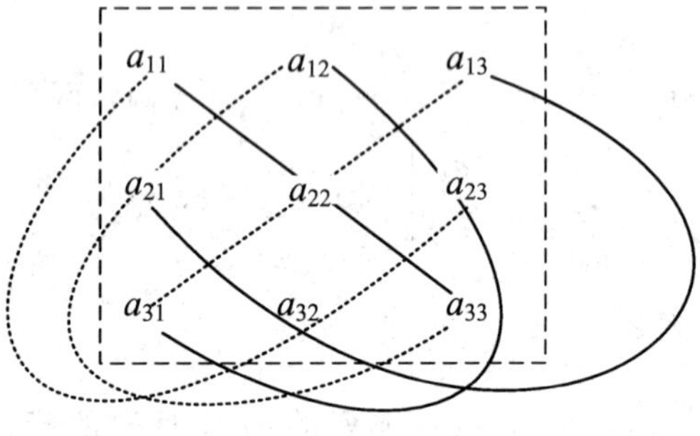

图 1.1 对角线法则

例 1.2.2 计算三阶行列式 $D=\begin{vmatrix} 1 & 2 & -3 \\ -2 & 2 & 1 \\ -3 & 4 & -2 \end{vmatrix}$.

解 按对角线法则，有

$$\begin{aligned} D &= 1\times 2\times(-2)+2\times 1\times(-3)+(-3)\times(-2)\times 4-1\times 1\times 4- \\ &\quad 2\times(-2)\times(-2)-(-3)\times 2\times(-3) \\ &=-4-6+24-4-8-18 \\ &=-16 \end{aligned}$$

例 1.2.3 求解方程

$$\begin{vmatrix} 1 & 1 & 1 \\ 2 & 3 & x \\ 4 & 9 & x^2 \end{vmatrix}=0$$

解 方程左端的三阶行列式

$$D = 3x^2 + 4x + 18 - 9x - 2x^2 - 12 = x^2 - 5x + 6$$

由 $x^2-5x+6=0$ 解得 $x=2$ 或 $x=3$.

由定义 1.2.2 可知：

(1) 三阶行列式的每项都是不同行、不同列的三个元素的乘积.

(2) 每一项的三个元素的行标是自然排列 123 时，列标都是 1，2，3 的某一排列，这样的排列共有六种，故三阶行列式共有六项.

(3) 带正号的三项列标排列是 123、231、312 时，它们全是偶排列；带负号的三项列标排列是 132、213、321 时，它们全是奇排列.

所以，三阶行列式可以写成

$$\begin{vmatrix} a_{11} & a_{12} & a_{13} \\ a_{21} & a_{22} & a_{23} \\ a_{31} & a_{32} & a_{33} \end{vmatrix} = \sum (-1)^{t(p_1 p_2 p_3)} a_{1p_1} a_{2p_2} a_{3p_3}$$

其中，$\sum$ 表示对 1，2，3 三个数的所有排列 $p_1 p_2 p_3$ 求和.

根据此规律，可以把行列式推广到一般情形.

1.2.3 n 阶行列式

定义 1.2.3 n 阶行列式

$$\begin{vmatrix} a_{11} & a_{12} & \cdots & a_{1n} \\ a_{21} & a_{22} & \cdots & a_{2n} \\ \vdots & \vdots & & \vdots \\ a_{n1} & a_{n2} & \cdots & a_{nn} \end{vmatrix}$$

等于所有取自不同行、不同列的 n 个元素的乘积，即 $a_{1p_1} a_{2p_2} \cdots a_{np_n}$，并冠以符号$(-1)^t$，即$(-1)^t a_{1p_1} a_{2p_2} \cdots a_{np_n}$ 的代数和，记作

$$D = \begin{vmatrix} a_{11} & a_{12} & \cdots & a_{1n} \\ a_{21} & a_{22} & \cdots & a_{2n} \\ \vdots & \vdots & & \vdots \\ a_{n1} & a_{n2} & \cdots & a_{nn} \end{vmatrix} = \sum (-1)^t a_{1p_1} a_{2p_2} \cdots a_{np_n}$$

这里 $p_1 p_2 \cdots p_n$是 1，2，…，n 的一个排列，t 为这个排列的逆序数. $\sum$ 表示对 1，2，…，n 所有的排列求和. 显然 n 阶行列式是 $n!$ 项的代数和.

n 阶行列式简记作 $\det(a_{ij})$，数 a_{ij} 称为行列式 $\det(a_{ij})$的元素.

当 $n=1$ 时，一阶行列式$|a_{11}|=a_{11}$.

注意 此处不要与绝对值号相混淆.

定理 1.2.1 n 阶行列式也可定义为

$$\begin{vmatrix} a_{11} & a_{12} & \cdots & a_{1n} \\ a_{21} & a_{22} & \cdots & a_{2n} \\ \vdots & \vdots & & \vdots \\ a_{n1} & a_{n2} & \cdots & a_{nn} \end{vmatrix} = \sum (-1)^{t(p_1 p_2 \cdots p_n)} a_{p_1 1} a_{p_2 2} \cdots a_{p_n n}$$

其中，t 为行标排列 $p_1p_2\cdots p_n$ 的逆序数.

注意 定义 1.2.3 考虑的是列的逆序数，定理 1.2.1 则考虑的是行的逆序数.

下面根据定义计算两个最基本也是最简单的行列式.

例 1.2.4 证明对角形行列式(其中对角线上的元素是 $b_i(i=1, 2, \cdots, n)$，未写出的元素都是 0)

$$\begin{vmatrix} b_1 & & & \\ & b_2 & & \\ & & \ddots & \\ & & & b_n \end{vmatrix} = b_1b_2\cdots b_n \tag{1.2.1}$$

$$\begin{vmatrix} & & & b_1 \\ & & b_2 & \\ & \iddots & & \\ b_n & & & \end{vmatrix} = (-1)^{\frac{n(n-1)}{2}} b_1b_2\cdots b_n \tag{1.2.2}$$

证 式(1.2.1)显然成立，下面只证式(1.2.2).

若记 $b_i=a_{i, n-i+1}$，则依行列式定义

$$\begin{vmatrix} & & & b_1 \\ & & b_2 & \\ & \iddots & & \\ b_n & & & \end{vmatrix} = \begin{vmatrix} & & & a_{1n} \\ & & a_{2, n-1} & \\ & \iddots & & \\ a_{n1} & & & \end{vmatrix}$$

$$=(-1)^{t[n(n-1)\cdots 21]} a_{1n}a_{2, n-1}\cdots a_{n1}$$

$$=(-1)^{\frac{n(n-1)}{2}} b_1b_2\cdots b_n$$

其中，$t[n(n-1)\cdots 21]$ 为排列 $n(n-1)\cdots 21$ 的逆序数，且

$$t[n(n-1)\cdots 21]=0+1+2+\cdots+(n-1)=\frac{n(n-1)}{2}$$

证毕

主对角线以下(上)的元素都为 0 的行列式叫作上(下)三角形行列式，它的值与对角形行列式一样.

例 1.2.5 若 $(-1)^{t(i432j)}a_{1i}a_{24}a_{33}a_{42}a_{5j}$ 是 5 阶行列式 $\det(a_{ij})$ 的一项，则 i，j 应取何值？此时该项的符号是什么？

解 由行列式定义，每一项中的元素取自不同行、不同列，故若 $i=1$，则 $j=5$，或者 $i=5$ 时，$j=1$.

当 $i=1$，$j=5$ 时，$t(14325)=3$，所以此时该项为 $-a_{11}a_{24}a_{33}a_{42}a_{55}$.

当 $i=5$，$j=1$ 时，$t(54321)=10$，所以此时该项为 $a_{15}a_{24}a_{33}a_{42}a_{51}$.

例 1.2.6 证明下三角形行列式

$$D=\begin{vmatrix} a_{11} & 0 & \cdots & 0 \\ a_{21} & a_{22} & \cdots & 0 \\ \vdots & \vdots & & \vdots \\ a_{n1} & a_{n2} & \cdots & a_{nn} \end{vmatrix}=a_{11}a_{22}\cdots a_{nn}$$

证 由于当 $j>i$ 时，$a_{ij}=0$，故 D 中可能不为 0 的元素 a_{ip_i}，其下标应有 $p_i \leqslant i$，即

$$p_1 \leqslant 1,\ p_2 \leqslant 2,\ \cdots,\ p_n \leqslant n$$

在所有排列 $p_1 p_2 \cdots p_n$ 中，能满足上述关系的排列只有一个自然排列 $12\cdots n$，所以 D 中可能不为 0 的项只有一项 $(-1)^t a_{11} a_{22} \cdots a_{nn}$，此项的符号 $(-1)^t=(-1)^0=1$，所以

$$D = a_{11} a_{22} \cdots a_{nn}$$

这就是说，下三角形行列式等于其主对角线上 n 个元素的乘积. **证毕**

同理，上三角形行列式 $D=\begin{vmatrix} a_{11} & a_{12} & \cdots & a_{1n} \\ 0 & a_{22} & \cdots & a_{2n} \\ \vdots & \vdots & & \vdots \\ 0 & 0 & \cdots & a_{nn} \end{vmatrix}=a_{11} a_{22} \cdots a_{nn}$.

1.3 行列式的性质

行列式的计算是一个重要的问题，也是一个麻烦的问题. 当行列式阶数较大时，使用行列式定义计算行列式工作量很大. 本节讨论的行列式的性质，不仅可以用来简化行列式的计算，而且在行列式理论研究中发挥着重要的作用.

记

$$D = \begin{vmatrix} a_{11} & a_{12} & \cdots & a_{1n} \\ a_{21} & a_{22} & \cdots & a_{2n} \\ \vdots & \vdots & & \vdots \\ a_{n1} & a_{n2} & \cdots & a_{nn} \end{vmatrix}, \quad D^{\mathrm{T}} = \begin{vmatrix} a_{11} & a_{21} & \cdots & a_{n1} \\ a_{12} & a_{22} & \cdots & a_{n2} \\ \vdots & \vdots & & \vdots \\ a_{1n} & a_{2n} & \cdots & a_{nn} \end{vmatrix}$$

行列式 D^{T} 称为行列式 D 的**转置行列式**.

性质 1 行列式与它的转置行列式相等，即 $D^{\mathrm{T}}=D$.

证 记 $D=\det(a_{ij})$ 的转置行列式

$$D^{\mathrm{T}} = \begin{vmatrix} b_{11} & b_{12} & \cdots & b_{1n} \\ b_{21} & b_{22} & \cdots & b_{2n} \\ \vdots & \vdots & & \vdots \\ b_{n1} & b_{n2} & \cdots & b_{nn} \end{vmatrix}$$

即 $b_{ij}=a_{ji}(i,\ j=1,\ 2,\ \cdots,\ n)$，按定义

$$D^{\mathrm{T}} = \sum (-1)^{t(p_1 p_2 \cdots p_n)} b_{1p_1} b_{2p_2} \cdots b_{np_n} = \sum (-1)^{t(p_1 p_2 \cdots p_n)} a_{p_1 1} a_{p_2 2} \cdots a_{p_n n}$$

而由定理 1.2.1，有

$$D = \sum (-1)^{t(p_1 p_2 \cdots p_n)} a_{p_1 1} a_{p_2 2} \cdots a_{p_n n}$$

故

$$D^{\mathrm{T}} = D$$

证毕

例如

$$D = \begin{vmatrix} 2 & 3 \\ 4 & 5 \end{vmatrix} = 2 \times 5 - 4 \times 3 = -2$$

它的转置行列式

$$D^{\mathrm{T}}=\begin{vmatrix}2&4\\3&5\end{vmatrix}=2\times5-3\times4=-2=D$$

注意 性质1表明，行列式中的行与列具有同等的地位. 因此，行列式的性质凡是对行成立的，对列也同样成立，反之亦然.

性质2 互换行列式的两行(列)，行列式变号.

证 设行列式

$$D=\begin{vmatrix}a_{11}&a_{12}&\cdots&a_{1n}\\\vdots&\vdots&&\vdots\\a_{i1}&a_{i2}&\cdots&a_{in}\\\vdots&\vdots&&\vdots\\a_{j1}&a_{j2}&\cdots&a_{jn}\\\vdots&\vdots&&\vdots\\a_{n1}&a_{n2}&\cdots&a_{nn}\end{vmatrix}\begin{matrix}\\\\\leftarrow\text{第 }i\text{ 行}\\\\\leftarrow\text{第 }j\text{ 行}\\\\\\\end{matrix}$$

$$D_1=\begin{vmatrix}a_{11}&a_{12}&\cdots&a_{1n}\\\vdots&\vdots&&\vdots\\a_{j1}&a_{j2}&\cdots&a_{jn}\\\vdots&\vdots&&\vdots\\a_{i1}&a_{i2}&\cdots&a_{in}\\\vdots&\vdots&&\vdots\\a_{n1}&a_{n2}&\cdots&a_{nn}\end{vmatrix}\begin{matrix}\\\\\leftarrow\text{第 }i\text{ 行}\\\\\leftarrow\text{第 }j\text{ 行}\\\\\\\end{matrix}$$

D_1是由行列式 $D=\det(a_{ij})$变换 i，j 两行得到的，则

$$\begin{aligned}D_1&=\sum(-1)^t a_{1p_1}\cdots a_{jp_i}\cdots a_{ip_j}\cdots a_{np_n}\\&=\sum(-1)^t a_{1p_1}\cdots a_{ip_j}\cdots a_{jp_i}\cdots a_{np_n}\end{aligned}$$

其中，$1\cdots i\cdots j\cdots n$ 为自然排列，t 为排列 $p_1\cdots p_i\cdots p_j\cdots p_n$的逆序数.

设排列 $p_1\cdots p_j\cdots p_i\cdots p_n$的逆序数为 t_1，则

$$(-1)^t=-(-1)^{t_1}$$

故

$$\begin{aligned}D_1&=\sum(-1)^t a_{1p_1}\cdots a_{ip_j}\cdots a_{jp_i}\cdots a_{np_n}\\&=-\sum(-1)^{t_1}a_{1p_1}\cdots a_{ip_j}\cdots a_{jp_i}\cdots a_{np_n}\\&=-D\end{aligned}$$

证毕

符号说明：

$r_i\leftrightarrow r_j$表示行列式中第 i 行与第 j 行互换($c_i\leftrightarrow c_j$表示交换行列式中 i，j 两列)；

$r_i\times k$ 表示行列式中第 i 行乘以 k($c_i\times k$ 表示第 i 列乘以 k)；

$r_i\div k$ 表示第 i 行提出公因子 k($c_i\div k$ 表示第 i 列提出公因子 k)；

r_i+kr_j表示以数 k 乘 j 行后加到第 i 行上(c_i+kc_j表示以数 k 乘第 j 列后加到第 i 列上).

推论 1　如果行列式有两行(列)完全相同，则此行列式等于零.

证　把这两行互换，有

$$D=-D$$

故

$$D=0$$

证毕

性质 3　行列式的某一行(列)中所有的元素都乘以同一数 k，等于用数 k 乘此行列式.

$$\begin{vmatrix} a_{11} & a_{12} & \cdots & a_{1n} \\ \vdots & \vdots & & \vdots \\ ka_{i1} & ka_{i2} & \cdots & ka_{in} \\ \vdots & \vdots & & \vdots \\ a_{n1} & a_{n2} & \cdots & a_{nn} \end{vmatrix} = k \begin{vmatrix} a_{11} & a_{12} & \cdots & a_{1n} \\ \vdots & \vdots & & \vdots \\ a_{i1} & a_{i2} & \cdots & a_{in} \\ \vdots & \vdots & & \vdots \\ a_{n1} & a_{n2} & \cdots & a_{nn} \end{vmatrix}$$

推论 2　行列式的某一行(列)的所有元素的公因子可以提到行列式符号的外面.

注意　利用本节的性质和推论计算行列式时，可以简化行列式的计算.

性质 4　行列式中如果有两行(列)元素成比例，则此行列式等于零.

利用上述推论即可得本性质.

例如，有行列式 $D=\begin{vmatrix} 2 & -4 & 1 \\ 3 & -6 & 3 \\ -5 & 10 & 4 \end{vmatrix}$，因为第一列与第二列对应元素成比例，根据性质 4，可直接得到 $D=\begin{vmatrix} 2 & -4 & 1 \\ 3 & -6 & 3 \\ -5 & 10 & 4 \end{vmatrix}=0$.

性质 5　若行列式的某一行(列)的元素都是两数之和，则此行列式可以写成两个行列式之和.

例如，某行列式第 j 列的元素都是两数之和：

$$D=\begin{vmatrix} a_{11} & a_{12} & \cdots & a_{1j}+b_1 & \cdots & a_{1n} \\ a_{21} & a_{22} & \cdots & a_{2j}+b_2 & \cdots & a_{2n} \\ \vdots & \vdots & & \vdots & & \vdots \\ a_{n1} & a_{n2} & \cdots & a_{nj}+b_n & \cdots & a_{nn} \end{vmatrix}$$

则 D 等于下列两个行列式之和：

$$D=\begin{vmatrix} a_{11} & a_{12} & \cdots & a_{1j} & \cdots & a_{1n} \\ a_{21} & a_{22} & \cdots & a_{2j} & \cdots & a_{2n} \\ \vdots & \vdots & & \vdots & & \vdots \\ a_{n1} & a_{n2} & \cdots & a_{nj} & \cdots & a_{nn} \end{vmatrix}+\begin{vmatrix} a_{11} & a_{12} & \cdots & b_1 & \cdots & a_{1n} \\ a_{21} & a_{22} & \cdots & b_2 & \cdots & a_{2n} \\ \vdots & \vdots & & \vdots & & \vdots \\ a_{n1} & a_{n2} & \cdots & b_n & \cdots & a_{nn} \end{vmatrix}$$

按定义即可证得.

性质 6　把行列式的某一行(列)的各元素乘以同一数然后加到另一行(列)对应的元素上去，行列式的值不变，即

$$\begin{vmatrix} a_{11} & \cdots & a_{1n} \\ \vdots & & \vdots \\ a_{i1} & \cdots & a_{in} \\ \vdots & & \vdots \\ a_{j1} & \cdots & a_{jn} \\ \vdots & & \vdots \\ a_{n1} & \cdots & a_{nn} \end{vmatrix} \xlongequal{r_i + kr_j} \begin{vmatrix} a_{11} & \cdots & a_{1n} \\ \vdots & & \vdots \\ a_{i1} + ka_{j1} & \cdots & a_{in} + ka_{jn} \\ \vdots & & \vdots \\ a_{j1} & \cdots & a_{jn} \\ \vdots & & \vdots \\ a_{n1} & \cdots & a_{nn} \end{vmatrix} \tag{1.3.1}$$

显然，性质 6 由性质 4 和性质 5 即可证得.

我们知道，上(下)三角形行列式等于主对角线上元素的乘积，因此计算行列式常用的一种方法就是利用运算 $r_i + kr_j$ 把行列式化为上(下)三角形行列式，从而简化行列式的计算. 显然，这种方法要比按定义计算简便得多.

例 1.3.1 设 $\begin{vmatrix} a_{11} & a_{12} & a_{13} \\ a_{21} & a_{22} & a_{23} \\ a_{31} & a_{32} & a_{33} \end{vmatrix} = 1$，求 $\begin{vmatrix} 6a_{11} & -2a_{12} & -10a_{13} \\ -3a_{21} & a_{22} & 5a_{23} \\ -3a_{31} & a_{32} & 5a_{33} \end{vmatrix}$.

解 利用行列式性质，有

$$\begin{aligned} \begin{vmatrix} 6a_{11} & -2a_{12} & -10a_{13} \\ -3a_{21} & a_{22} & 5a_{23} \\ -3a_{31} & a_{32} & 5a_{33} \end{vmatrix} &= -2\begin{vmatrix} -3a_{11} & a_{12} & 5a_{13} \\ -3a_{21} & a_{22} & 5a_{23} \\ -3a_{31} & a_{32} & 5a_{33} \end{vmatrix} \\ &= (-2)\cdot(-3)\cdot 5\begin{vmatrix} a_{11} & a_{12} & a_{13} \\ a_{21} & a_{22} & a_{23} \\ a_{31} & a_{32} & a_{33} \end{vmatrix} \\ &= (-2)\cdot(-3)\cdot 5\cdot 1 \\ &= 30 \end{aligned}$$

例 1.3.2 计算

$$D = \begin{vmatrix} 3 & 1 & -1 & 2 \\ -5 & 1 & 3 & -4 \\ 2 & 0 & 1 & -1 \\ 1 & -5 & 3 & -3 \end{vmatrix}$$

解

$$D \xlongequal{c_1 \leftrightarrow c_2} -\begin{vmatrix} 1 & 3 & -1 & 2 \\ 1 & -5 & 3 & -4 \\ 0 & 2 & 1 & -1 \\ -5 & 1 & 3 & -3 \end{vmatrix} \xlongequal[r_4 + 5r_1]{r_2 - r_1} -\begin{vmatrix} 1 & 3 & -1 & 2 \\ 0 & -8 & 4 & -6 \\ 0 & 2 & 1 & -1 \\ 0 & 16 & -2 & 7 \end{vmatrix}$$

$$\xlongequal{r_2 \leftrightarrow r_3} \begin{vmatrix} 1 & 3 & -1 & 2 \\ 0 & 2 & 1 & -1 \\ 0 & -8 & 4 & -6 \\ 0 & 16 & -2 & 7 \end{vmatrix} \xlongequal[r_4 - 8r_2]{r_3 + 4r_2} \begin{vmatrix} 1 & 3 & -1 & 2 \\ 0 & 2 & 1 & -1 \\ 0 & 0 & 8 & -10 \\ 0 & 0 & -10 & 15 \end{vmatrix}$$

$$\xlongequal{r_4+\frac{5}{4}r_3}\begin{vmatrix}1&3&-1&2\\0&2&1&-1\\0&0&8&-10\\0&0&0&\frac{5}{2}\end{vmatrix}=40$$

注意 上述解法中，先用运算 $c_1\leftrightarrow c_2$(表示交换第 1、2 列)，其目的是把 a_{11} 换成 1，再利用运算 $r_i-a_{i1}r_1$ 把 $a_{i1}(i=2, 3, 4)$变成 0. 第二步把 r_2-r_1 和r_4+5r_1 写在一起，这是两次运算. 至于后面的 $r_2\leftrightarrow r_3$，道理相同. 值得注意的是，要尽量避免元素变成分数，否则将给后面的计算增加困难.

例 1.3.3 计算

$$D=\begin{vmatrix}3&1&1&1\\1&3&1&1\\1&1&3&1\\1&1&1&3\end{vmatrix}$$

解 这个行列式的特点是各列 4 个数之和都是 6. 现把第 2、3、4 行同时加到第 1 行，提出公因子 6，然后各行减去第 1 行：

$$D\xlongequal{r_1+r_2+r_3+r_4}\begin{vmatrix}6&6&6&6\\1&3&1&1\\1&1&3&1\\1&1&1&3\end{vmatrix}\xlongequal{r_1\div 6}6\begin{vmatrix}1&1&1&1\\1&3&1&1\\1&1&3&1\\1&1&1&3\end{vmatrix}$$

$$\xlongequal[r_4-r_1]{\substack{r_2-r_1\\r_3-r_1}}6\begin{vmatrix}1&1&1&1\\0&2&0&0\\0&0&2&0\\0&0&0&2\end{vmatrix}$$

$$=48$$

例 1.3.4 计算 $D_4=\begin{vmatrix}a_1&-a_1&0&0\\0&a_2&-a_2&0\\0&0&a_3&-a_3\\1&1&1&1\end{vmatrix}$.

解 根据行列式的特点，可将第 1 列加至第 2 列，然后将第 2 列加至第 3 列，再将第 3 列加至第 4 列，目的是使 D_4 中的零元素增多.

$$D_4\xlongequal{c_2+c_1}\begin{vmatrix}a_1&0&0&0\\0&a_2&-a_2&0\\0&0&a_3&-a_3\\1&2&1&1\end{vmatrix}\xlongequal{c_3+c_2}\begin{vmatrix}a_1&0&0&0\\0&a_2&0&0\\0&0&a_3&-a_3\\1&2&3&1\end{vmatrix}$$

$$\xlongequal{c_4+c_3}\begin{vmatrix}a_1&0&0&0\\0&a_2&0&0\\0&0&a_3&0\\1&2&3&4\end{vmatrix}=4a_1a_2a_3$$

例 1.3.5 计算 n 阶行列式

$$D_n=\begin{vmatrix} x_1-m & x_2 & \cdots & x_n \\ x_1 & x_2-m & \cdots & x_n \\ \vdots & \vdots & & \vdots \\ x_1 & x_2 & \cdots & x_n-m \end{vmatrix}$$

解 该行列式具有各行元素之和相等的特点，可将第 2，3，…，n 列都加到第 1 列，则第 1 列的元素相等，再进一步化简.

$$D_n \xlongequal[\substack{\vdots \\ c_1+c_n}]{\substack{c_1+c_2 \\ c_1+c_3}} \begin{vmatrix} x_1+\cdots+x_n-m & x_2 & \cdots & x_n \\ x_1+\cdots+x_n-m & x_2-m & \cdots & x_n \\ \vdots & \vdots & & \vdots \\ x_1+\cdots+x_n-m & x_2 & \cdots & x_n-m \end{vmatrix}$$

$$=(x_1+\cdots+x_n-m)\begin{vmatrix} 1 & x_2 & \cdots & x_n \\ 1 & x_2-m & \cdots & x_n \\ \vdots & \vdots & & \vdots \\ 1 & x_2 & \cdots & x_n-m \end{vmatrix}$$

$$\xlongequal[\substack{\vdots \\ r_n-r_1}]{\substack{r_2-r_1 \\ r_3-r_1}} (x_1+\cdots+x_n-m)\begin{vmatrix} 1 & x_2 & \cdots & x_n \\ 0 & -m & \cdots & 0 \\ \vdots & \vdots & & \vdots \\ 0 & 0 & \cdots & -m \end{vmatrix}$$

$$=(-m)^{n-1}(x_1+\cdots+x_n-m)$$

上述诸例都是利用行列式的性质，把行列式化为上(下)三角形行列式，用归纳法不难证明(这里不证). 任何 n 阶行列式总能利用运算 r_i+kr_j 化为上(下)三角形行列式. 类似地，利用运算 c_i+kc_j，也可把行列式化为上(下)三角形行列式.

注意 (1) 上述各例中都用到把几个运算写在一起的省略写法，这里要注意各个运算的次序一般不能颠倒，因为后一次运算是作用在前一次运算结果上的. 例如

$$\begin{vmatrix} a & b \\ c & d \end{vmatrix} \xlongequal{r_1+r_2} \begin{vmatrix} a+c & b+d \\ c & d \end{vmatrix} \xlongequal{r_2-r_1} \begin{vmatrix} a+c & b+d \\ -a & -b \end{vmatrix}$$

$$\begin{vmatrix} a & b \\ c & d \end{vmatrix} \xlongequal{r_2-r_1} \begin{vmatrix} a & b \\ c-a & d-b \end{vmatrix} \xlongequal{r_1+r_2} \begin{vmatrix} c & d \\ c-a & d-b \end{vmatrix}$$

可见，当两次运算次序不同时，所得的结果不同.

(2) r_i+r_j 与 r_j+r_i 有区别，运算 r_i+kr_j 不能写作 kr_j+r_i(这里不能套用加法的交换律).

例 1.3.6 设

$$D=\begin{vmatrix} a_{11} & \cdots & a_{1k} & & & \\ \vdots & & \vdots & & \mathbf{0} & \\ a_{k1} & \cdots & a_{kk} & & & \\ c_{11} & \cdots & c_{1k} & b_{11} & \cdots & b_{1n} \\ \vdots & & \vdots & \vdots & & \vdots \\ c_{n1} & \cdots & c_{nk} & b_{n1} & \cdots & b_{nn} \end{vmatrix}$$

$$D_1 = \det(a_{ij}) = \begin{vmatrix} a_{11} & \cdots & a_{1k} \\ \vdots & & \vdots \\ a_{k1} & \cdots & a_{kk} \end{vmatrix}$$

$$D_2 = \det(b_{ij}) = \begin{vmatrix} b_{11} & \cdots & b_{1n} \\ \vdots & & \vdots \\ b_{n1} & \cdots & b_{nn} \end{vmatrix}$$

证明 $D=D_1D_2$.

证 对 D_1 作运算 r_i+kr_j，把 D_1 化为下三角形行列式，有

$$D_1 = \begin{vmatrix} p_{11} & & \\ \vdots & \ddots & \mathbf{0} \\ p_{k1} & \cdots & p_{kk} \end{vmatrix} = p_{11}\cdots p_{kk}$$

对 D_2 作运算 c_i+kc_j，把 D_2 化为下三角形行列式，有

$$D_2 = \begin{vmatrix} q_{11} & & \\ \vdots & \ddots & \mathbf{0} \\ q_{n1} & \cdots & q_{nn} \end{vmatrix} = q_{11}\cdots q_{nn}$$

于是，对 D 的前 k 行作运算 r_i+kr_j，再对后 n 列作运算 c_i+kc_j，把 D 化为下三角形行列式

$$D = \begin{vmatrix} p_{11} & & & & & \\ \vdots & \ddots & & & \mathbf{0} & \\ p_{k1} & \cdots & p_{kk} & & & \\ c_{11} & \cdots & c_{1k} & q_{11} & & \\ \vdots & & \vdots & \vdots & \ddots & \\ c_{n1} & \cdots & c_{nk} & q_{n1} & \cdots & q_{nn} \end{vmatrix}$$

故

$$D = p_{11}\cdots p_{kk}\cdot q_{11}\cdots q_{nn} = D_1D_2$$

证毕

例 1.3.7 计算

$$D = \begin{vmatrix} 1 & 2 & 0 & 0 \\ 3 & 4 & 0 & 0 \\ 1 & 0 & 2 & 1 \\ 0 & 1 & 1 & 2 \end{vmatrix}$$

解 设 $D_1=\begin{vmatrix} 1 & 2 \\ 3 & 4 \end{vmatrix}=-2$，$D_2=\begin{vmatrix} 2 & 1 \\ 1 & 2 \end{vmatrix}=3$，由例 1.3.6 的结论得

$$D = \begin{vmatrix} 1 & 2 & 0 & 0 \\ 3 & 4 & 0 & 0 \\ 1 & 0 & 2 & 1 \\ 0 & 1 & 1 & 2 \end{vmatrix} = D_1D_2 = -2\times 3 = -6$$

例 1.3.8 计算 n 阶行列式 $D=\begin{vmatrix} a & b & b & \cdots & b \\ b & a & b & \cdots & b \\ b & b & a & \cdots & b \\ \vdots & \vdots & \vdots & & \vdots \\ b & b & b & \cdots & a \end{vmatrix}$.

解 由于行列式每行(或列)各元素之和相等，故可将各列都加到第 1 列，然后考虑化为上三角形行列式.

$$D \xlongequal{c_1+\sum_{i=2}^{n}c_i} \begin{vmatrix} a+(n-1)b & b & b & \cdots & b \\ a+(n-1)b & a & b & \cdots & b \\ a+(n-1)b & b & a & \cdots & b \\ \vdots & \vdots & \vdots & & \vdots \\ a+(n-1)b & b & b & \cdots & a \end{vmatrix}$$

$$\xlongequal{c_1 \div [a+(n-1)b]} [a+(n-1)b] \begin{vmatrix} 1 & b & b & \cdots & b \\ 1 & a & b & \cdots & b \\ 1 & b & a & \cdots & b \\ \vdots & \vdots & \vdots & & \vdots \\ 1 & b & b & \cdots & a \end{vmatrix}$$

$$\xlongequal[\substack{\vdots \\ r_n - r_1}]{\substack{r_2 - r_1 \\ r_3 - r_1}} [a+(n-1)b] \begin{vmatrix} 1 & b & b & \cdots & b \\ 0 & a-b & 0 & \cdots & 0 \\ 0 & 0 & a-b & \cdots & 0 \\ \vdots & \vdots & \vdots & & \vdots \\ 0 & 0 & 0 & \cdots & a-b \end{vmatrix}$$

$$= [a+(n-1)b](a-b)^{n-1}$$

1.4 行列式按行(列)展开

一般来说，低阶行列式的计算比高阶行列式的计算要简便，于是，我们自然地考虑用低阶行列式来解决高阶行列式的计算问题. 为此，本节介绍如何将高阶行列式降阶为低阶行列式，从而使行列式简化，这是计算行列式的基本方法之一.

定义 1.4.1 在 n 阶行列式中，把元素 a_{ij} 所在的第 i 行和第 j 列划去后，留下来的 $n-1$ 阶行列式叫作元素 a_{ij} 的**余子式**，记作 M_{ij}；记

$$A_{ij} = (-1)^{i+j}M_{ij}$$

A_{ij} 叫作元素 a_{ij} 的**代数余子式**.

例如

$$D = \begin{vmatrix} 1 & 3 & 0 & 1 \\ 3 & 0 & 1 & 4 \\ 1 & 1 & 2 & 1 \\ 0 & 1 & 1 & 0 \end{vmatrix}$$

中第 1 行元素的余子式分别是

$$M_{11}=\begin{vmatrix}0&1&4\\1&2&1\\1&1&0\end{vmatrix}=-3,\ M_{12}=\begin{vmatrix}3&1&4\\1&2&1\\0&1&0\end{vmatrix}=1$$

$$M_{13}=\begin{vmatrix}3&0&4\\1&1&1\\0&1&0\end{vmatrix}=1,\ M_{14}=\begin{vmatrix}3&0&1\\1&1&2\\0&1&1\end{vmatrix}=-2$$

对应的代数余子式为

$$A_{11}=(-1)^{1+1}M_{11}=(-1)^2\times(-3)=-3$$
$$A_{12}=(-1)^{1+2}M_{12}=(-1)^3\times1=-1$$
$$A_{13}=(-1)^{1+3}M_{13}=(-1)^4\times1=1$$
$$A_{14}=(-1)^{1+4}M_{14}=(-1)^5\times(-2)=2$$

定理 1.4.1 行列式等于它的任一行(列)的各元素与其对应的代数余子式乘积之和，即

$$D=a_{i1}A_{i1}+a_{i2}A_{i2}+\cdots+a_{in}A_{in}\quad(i=1,2,\cdots,n)\tag{1.4.1}$$

或

$$D=a_{1j}A_{1j}+a_{2j}A_{2j}+\cdots+a_{nj}A_{nj}\quad(j=1,2,\cdots,n)\tag{1.4.2}$$

证

$$D=\begin{vmatrix}a_{11}&a_{12}&\cdots&a_{1n}\\\vdots&\vdots&&\vdots\\a_{i1}+0+\cdots+0&0+a_{i2}+\cdots+0&\cdots&0+\cdots+0+a_{in}\\\vdots&\vdots&&\vdots\\a_{n1}&a_{n2}&\cdots&a_{nn}\end{vmatrix}$$

$$=\begin{vmatrix}a_{11}&a_{12}&\cdots&a_{1n}\\\vdots&\vdots&&\vdots\\a_{i1}&0&\cdots&0\\\vdots&\vdots&&\vdots\\a_{n1}&a_{n2}&\cdots&a_{nn}\end{vmatrix}+\begin{vmatrix}a_{11}&a_{12}&\cdots&a_{1n}\\\vdots&\vdots&&\vdots\\0&a_{i2}&\cdots&0\\\vdots&\vdots&&\vdots\\a_{n1}&a_{n2}&\cdots&a_{nn}\end{vmatrix}+\cdots+\begin{vmatrix}a_{11}&a_{12}&\cdots&a_{1n}\\\vdots&\vdots&&\vdots\\0&0&\cdots&a_{in}\\\vdots&\vdots&&\vdots\\a_{n1}&a_{n2}&\cdots&a_{nn}\end{vmatrix}$$

即得

$$D=a_{i1}A_{i1}+a_{i2}A_{i2}+\cdots+a_{in}A_{in}\quad(i=1,2,\cdots,n)$$

类似地，若按列证明，可得

$$D=a_{1j}A_{1j}+a_{2j}A_{2j}+\cdots+a_{nj}A_{nj}\quad(j=1,2,\cdots,n)$$

证毕

这个定理叫作**行列式按行(列)展开法则**. 利用这一法则并结合行列式的性质，可以简化行列式的计算. 例如，三阶行列式可以通过二阶行列式表示：

$$\begin{vmatrix}a_{11}&a_{12}&a_{13}\\a_{21}&a_{22}&a_{23}\\a_{31}&a_{32}&a_{33}\end{vmatrix}=a_{11}\begin{vmatrix}a_{22}&a_{23}\\a_{32}&a_{33}\end{vmatrix}-a_{12}\begin{vmatrix}a_{21}&a_{23}\\a_{31}&a_{33}\end{vmatrix}+a_{13}\begin{vmatrix}a_{21}&a_{22}\\a_{31}&a_{32}\end{vmatrix}$$

现在再考虑另一种情形，把 a_{j1}，…，a_{jn} 换成 a_{i1}，…，a_{in} $(i\neq j)$，其他的行不改变，从而得到一个新的行列式，即

$$
D_1=\begin{vmatrix} a_{11} & \cdots & a_{1n} \\ \vdots & & \vdots \\ a_{i1} & \cdots & a_{in} \\ \vdots & & \vdots \\ a_{i1} & \cdots & a_{in} \\ \vdots & & \vdots \\ a_{n1} & \cdots & a_{nn} \end{vmatrix} \begin{matrix} \\ \\ \leftarrow 第\, i\, 行 \\ \\ \leftarrow 第\, j\, 行 \\ \\ \\ \end{matrix}
$$

显然 $D_1=0$，但把 D_1 按第 j 行展开，有

$$
a_{i1}A_{j1}+a_{i2}A_{j2}+\cdots+a_{in}A_{jn}=0 \quad (i\neq j) \tag{1.4.3}
$$

同样，把第 j 列换成第 i 列，按第 j 列展开，有

$$
a_{1i}A_{1j}+a_{2i}A_{2j}+\cdots+a_{ni}A_{nj}=0 \quad (i\neq j) \tag{1.4.4}
$$

因此有如下推论：

推论 行列式某一行(列)的元素与另一行(列)的对应元素的代数余子式乘积之和等于零，即

$$
a_{i1}A_{j1}+a_{i2}A_{j2}+\cdots+a_{in}A_{jn}=0 \quad (i\neq j)
$$

或

$$
a_{1i}A_{1j}+a_{2i}A_{2j}+\cdots+a_{ni}A_{nj}=0 \quad (i\neq j)
$$

综合上述定理和推论，有下列结果：

$$
\sum_{k=1}^{n}a_{ki}A_{kj}=\begin{cases} D, & i=j \\ 0, & i\neq j \end{cases}
$$

或

$$
\sum_{k=1}^{n}a_{ik}A_{jk}=\begin{cases} D, & i=j \\ 0, & i\neq j \end{cases} \tag{1.4.5}
$$

注意 一般来说，直接利用行列式按行(列)展开定理去计算行列式并不是最佳方法，通常在运用这个定理计算行列式时，可以先利用行列式的性质，使某行(列)的元素尽可能多地变为零，然后按这一行(列)展开，就不必考虑零元素所对应的代数余子式.

例 1.4.1 试按第 3 列展开计算行列式 $D=\begin{vmatrix} 1 & 2 & 3 & 4 \\ 1 & 0 & 1 & 2 \\ 3 & -1 & -1 & 0 \\ 1 & 2 & 0 & -5 \end{vmatrix}$.

解 将 D 按第 3 列展开，则有 $D=a_{13}A_{13}+a_{23}A_{23}+a_{33}A_{33}+a_{43}A_{43}$，其中 $a_{13}=3$，$a_{23}=1$，$a_{33}=-1$，$a_{43}=0$.

$$
A_{13}=(-1)^{1+3}\begin{vmatrix} 1 & 0 & 2 \\ 3 & -1 & 0 \\ 1 & 2 & -5 \end{vmatrix}=19
$$

$$
A_{23}=(-1)^{2+3}\begin{vmatrix} 1 & 2 & 4 \\ 3 & -1 & 0 \\ 1 & 2 & -5 \end{vmatrix}=-63
$$

$$A_{33}=(-1)^{3+3}\begin{vmatrix}1&2&4\\1&0&2\\1&2&-5\end{vmatrix}=18$$

$$A_{43}=(-1)^{4+3}\begin{vmatrix}1&2&4\\1&0&2\\3&-1&0\end{vmatrix}=-10$$

所以 $D=3\times19+1\times(-63)+(-1)\times18+0\times(-10)=-24$.

例 1.4.2 计算行列式 $\begin{vmatrix}5&1&-1&1\\-11&1&3&-1\\0&0&1&0\\-5&-5&3&0\end{vmatrix}$.

解

$$\begin{vmatrix}5&1&-1&1\\-11&1&3&-1\\0&0&1&0\\-5&-5&3&0\end{vmatrix}=(-1)^{3+3}\begin{vmatrix}5&1&1\\-11&1&-1\\-5&-5&0\end{vmatrix}$$

$$\xlongequal{r_2+r_1}\begin{vmatrix}5&1&1\\-6&2&0\\-5&-5&0\end{vmatrix}$$

$$=(-1)^{1+3}\begin{vmatrix}-6&2\\-5&-5\end{vmatrix}$$

$$\xlongequal{c_1-c_2}\begin{vmatrix}-8&2\\0&-5\end{vmatrix}=40$$

例 1.4.3 设 $D=\begin{vmatrix}3&-5&2&1\\1&1&0&-5\\-1&3&1&3\\2&-4&-1&-3\end{vmatrix}$，$D$ 中元素 a_{ij} 的余子式和代数余子式依次记作 M_{ij} 和 A_{ij}，求 $A_{11}+A_{12}+A_{13}+A_{14}$ 及 $M_{11}+M_{21}+M_{31}+M_{41}$.

解 注意到 $A_{11}+A_{12}+A_{13}+A_{14}$ 等于用 1，1，1，1 代替 D 的第 1 行所得的行列式，即

$$A_{11}+A_{12}+A_{13}+A_{14}=\begin{vmatrix}1&1&1&1\\1&1&0&-5\\-1&3&1&3\\2&-4&-1&-3\end{vmatrix}\xlongequal[r_3-r_1]{r_4+r_3}\begin{vmatrix}1&1&1&1\\1&1&0&-5\\-2&2&0&2\\1&-1&0&0\end{vmatrix}$$

$$=\begin{vmatrix}1&1&-5\\-2&2&2\\1&-1&0\end{vmatrix}\xlongequal{c_2+c_1}\begin{vmatrix}1&2&-5\\-2&0&2\\1&0&0\end{vmatrix}$$

$$=\begin{vmatrix}2&-5\\0&2\end{vmatrix}=4$$

又按定义知

$$M_{11}+M_{21}+M_{31}+M_{41}=A_{11}-A_{21}+A_{31}-A_{41}=\begin{vmatrix}1&-5&2&1\\-1&1&0&-5\\1&3&1&3\\-1&-4&-1&-3\end{vmatrix}$$

$$\xlongequal{r_4+r_3}\begin{vmatrix}1&-5&2&1\\-1&1&0&-5\\1&3&1&3\\0&-1&0&0\end{vmatrix}$$

$$=(-1)\begin{vmatrix}1&2&1\\-1&0&-5\\1&1&3\end{vmatrix}$$

$$\xlongequal{r_1-2r_3}-\begin{vmatrix}-1&0&-5\\-1&0&-5\\1&1&3\end{vmatrix}=0$$

例 1.4.4 计算

$$D_{2n}=\underbrace{\begin{vmatrix}a&&&&&&b\\&a&&&&b&\\&&\ddots&&⋰&&\\&&&a\ b&&&\\&&&c\ d&&&\\&&⋰&&\ddots&&\\&c&&&&d&\\c&&&&&&d\end{vmatrix}}_{2n}$$

解 按第 1 行展开，有

$$D_{2n}=a\begin{vmatrix}\underbrace{\begin{matrix}a&&&&b\\&\ddots&&⋰&\\&&a\ b&&\\&&c\ d&&\\&⋰&&\ddots&\\c&&&&d\\0&\cdots&\cdots&\cdots&\cdots\ 0\end{matrix}}_{2(n-1)}&\begin{matrix}0\\\vdots\\\vdots\\\vdots\\\vdots\\0\\d\end{matrix}\end{vmatrix}+b(-1)^{1+2n}\begin{vmatrix}\begin{matrix}0\\\vdots\\\vdots\\\vdots\\\vdots\\0\\c\end{matrix}&\underbrace{\begin{matrix}a&&&&b\\&\ddots&&⋰&\\&&a\ b&&\\&&c\ d&&\\&⋰&&\ddots&\\c&&&&d\\0&\cdots&\cdots&\cdots&\cdots\ 0\end{matrix}}_{2(n-1)}\end{vmatrix}$$

$$=adD_{2(n-1)}-bc(-1)^{2n-1+1}D_{2(n-1)}$$

$$=(ad-bc)D_{2(n-1)}$$

以此作递推公式，即得

$$D_{2n}=(ad-bc)D_{2(n-1)}=(ad-bc)^2D_{2(n-2)}=\cdots$$

$$=(ad-bc)^{n-1}D_2=(ad-bc)^{n-1}\begin{vmatrix}a&b\\c&d\end{vmatrix}$$

$$=(ad-bc)^n$$

例 1.4.5 计算 n 阶行列式

$$D=\begin{vmatrix} 1+x_1 & 1 & 1 & \cdots & 1 \\ 1 & 1+x_2 & 1 & \cdots & 1 \\ 1 & 1 & 1+x_3 & \cdots & 1 \\ \vdots & \vdots & \vdots & & \vdots \\ 1 & 1 & 1 & \cdots & 1+x_n \end{vmatrix}$$

其中 $x_i \neq 0$，$i=1, 2, \cdots, n$.

解 方法一：

$$D \xlongequal[\substack{\vdots \\ r_n - r_1}]{\substack{r_2 - r_1 \\ r_3 - r_1}} \begin{vmatrix} 1+x_1 & 1 & 1 & \cdots & 1 \\ -x_1 & x_2 & 0 & \cdots & 0 \\ -x_1 & 0 & x_3 & \cdots & 0 \\ \vdots & \vdots & \vdots & & \vdots \\ -x_1 & 0 & 0 & \cdots & x_n \end{vmatrix}$$

$$\xlongequal[\substack{\vdots \\ c_1 + \frac{x_1}{x_n} c_n}]{\substack{c_1 + \frac{x_1}{x_2} c_2 \\ c_1 + \frac{x_1}{x_3} c_3}} \begin{vmatrix} 1+x_1+\sum\limits_{i=2}^{n} \dfrac{x_1}{x_i} & 1 & 1 & \cdots & 1 \\ 0 & x_2 & 0 & \cdots & 0 \\ 0 & 0 & x_3 & \cdots & 0 \\ \vdots & \vdots & \vdots & & \vdots \\ 0 & 0 & 0 & \cdots & x_n \end{vmatrix}$$

$$= \left(1+x_1+x_1\sum_{i=2}^{n}\frac{1}{x_i}\right)x_2\cdots x_n$$

$$= \left(1+\sum_{i=1}^{n}\frac{1}{x_i}\right)\prod_{i=1}^{n}x_i$$

方法二：构造 $n+1$ 阶行列式

$$D = \begin{vmatrix} 1 & 1 & 1 & 1 & \cdots & 1 \\ 0 & 1+x_1 & 1 & 1 & \cdots & 1 \\ 0 & 1 & 1+x_2 & 1 & \cdots & 1 \\ 0 & 1 & 1 & 1+x_3 & \cdots & 1 \\ \vdots & \vdots & \vdots & \vdots & & \vdots \\ 0 & 1 & 1 & 1 & \cdots & 1+x_n \end{vmatrix}$$

$$\xlongequal[\substack{\vdots \\ r_n - r_1}]{\substack{r_2 - r_1 \\ r_3 - r_1}} \begin{vmatrix} 1 & 1 & 1 & 1 & \cdots & 1 \\ -1 & x_1 & 0 & 0 & \cdots & 0 \\ -1 & 0 & x_2 & 0 & \cdots & 0 \\ -1 & 0 & 0 & x_3 & \cdots & 0 \\ \vdots & \vdots & \vdots & \vdots & & \vdots \\ -1 & 0 & 0 & 0 & \cdots & x_n \end{vmatrix}$$

$$\xlongequal[\substack{\vdots \\ c_1+\frac{1}{x_n}c_{n+1}}]{c_1+\frac{1}{x_1}c_2}\begin{vmatrix} 1+\sum_{i=1}^{n}\frac{1}{x_i} & 1 & 1 & 1 & \cdots & 1 \\ 0 & x_1 & 0 & 0 & \cdots & 0 \\ 0 & 0 & x_2 & 0 & \cdots & 0 \\ 0 & 0 & 0 & x_3 & \cdots & 0 \\ \vdots & \vdots & \vdots & \vdots & & \vdots \\ 0 & 0 & 0 & 0 & \cdots & x_n \end{vmatrix}$$

$$= x_1x_2\cdots x_n\left(1+\sum_{i=1}^{n}\frac{1}{x_i}\right)$$

例 1.4.6 证明范德蒙德(Vandermonde)行列式

$$D_n=\begin{vmatrix} 1 & 1 & \cdots & 1 \\ x_1 & x_2 & \cdots & x_n \\ x_1^2 & x_2^2 & \cdots & x_n^2 \\ \vdots & \vdots & & \vdots \\ x_1^{n-1} & x_2^{n-1} & \cdots & x_n^{n-1} \end{vmatrix}=\prod_{n\geqslant i>j\geqslant 1}(x_i-x_j) \tag{1.4.6}$$

其中，记号“$\prod$”表示全体同类因子的乘积.

证 用数学归纳法.因为

$$D_2=\begin{vmatrix} 1 & 1 \\ x_1 & x_2 \end{vmatrix}=x_2-x_1=\prod_{2\geqslant i>j\geqslant 1}(x_i-x_j)$$

所以当 $n=2$ 时式(1.4.6)成立. 现在假设式(1.4.6)对于 $n-1$ 阶范德蒙德行列式成立，要证式(1.4.6)对于 n 阶范德蒙德行列式也成立.

为此，设法把 D_n 降阶，即从第 n 行开始，后行减去前行的 x_1 倍，有

$$D_n=\begin{vmatrix} 1 & 1 & 1 & \cdots & 1 \\ 0 & x_2-x_1 & x_3-x_1 & \cdots & x_n-x_1 \\ 0 & x_2(x_2-x_1) & x_3(x_3-x_1) & \cdots & x_n(x_n-x_1) \\ \vdots & \vdots & \vdots & & \vdots \\ 0 & x_2^{n-2}(x_2-x_1) & x_3^{n-2}(x_3-x_1) & \cdots & x_n^{n-2}(x_n-x_1) \end{vmatrix}$$

按第 1 列展开，并把每列的公因子(x_i-x_1)提出，就有

$$D_n=(x_2-x_1)(x_3-x_1)\cdots(x_n-x_1)\begin{vmatrix} 1 & 1 & \cdots & 1 \\ x_2 & x_3 & \cdots & x_n \\ \vdots & \vdots & & \vdots \\ x_2^{n-2} & x_3^{n-2} & \cdots & x_n^{n-2} \end{vmatrix}$$

上式右端的行列式是 $n-1$ 阶范德蒙德行列式，按归纳法假设，它等于所有(x_i-x_j)因子的乘积，其中 $n\geqslant i>j\geqslant 2$. 故

$$D_n=(x_2-x_1)(x_3-x_1)\cdots(x_n-x_1)\prod_{n\geqslant i>j\geqslant 2}(x_i-x_j)$$

$$=\prod_{n\geqslant i>j\geqslant 1}(x_i-x_j)$$

证毕

注意 以上过程引入了证明行列式的一种新方法——数学归纳法. 计算或证明行列式用哪一种方法，必须根据具体问题具体分析，读者在学习时应注意总结与归纳. 另外，范德蒙德行列式的结论应该记住.

例 1.4.7 求方程

$$D=\begin{vmatrix}1 & x & x^2 & x^3\\ 1 & -1 & 1 & -1\\ 1 & 2 & 4 & 8\\ 1 & 1 & 1 & 1\end{vmatrix}=0$$

的根.

解 由行列式的定义知，$D=0$ 是 x 的三次方程，又

$$D=\begin{vmatrix}1 & x & x^2 & x^3\\ 1 & -1 & (-1)^2 & (-1)^3\\ 1 & 2 & 2^2 & 2^3\\ 1 & 1 & 1^2 & 1^3\end{vmatrix}=0$$

是四阶范德蒙德行列式的转置，$D=0$ 的充要条件是 D 中有两行元素相同，所以 $D=0$ 的三个根分别是 $x=-1, 2, 1$.

1.5 克莱姆法则

形如

$$\begin{cases}a_{11}x_1+a_{12}x_2+\cdots+a_{1n}x_n=b_1\\ a_{21}x_1+a_{22}x_2+\cdots+a_{2n}x_n=b_2\\ \qquad\vdots\\ a_{n1}x_1+a_{n2}x_2+\cdots+a_{nn}x_n=b_n\end{cases}\tag{1.5.1}$$

的方程组称为 **n 元线性方程组**. 当其右端的常数项 $b_1, b_2, \cdots, b_n$ 不全为零时，该线性方程组称为**非齐次线性方程组**；当 $b_1, b_2, \cdots, b_n$ 全为零时，该线性方程组称为**齐次线性方程组**.

本节主要研究方程的个数与未知量的个数相等时，线性方程组的解法.

1.5.1 非齐次线性方程组

n 元线性方程组与二、三元线性方程组相类似，它的解可以用 n 阶行列式表示，即有

定理 1.5.1(克莱姆法则) 如果线性方程组(1.5.1)的系数行列式不等于零，即

$$D=\begin{vmatrix}a_{11} & a_{12} & \cdots & a_{1n}\\ a_{21} & a_{22} & \cdots & a_{2n}\\ \vdots & \vdots & & \vdots\\ a_{n1} & a_{n2} & \cdots & a_{nn}\end{vmatrix}\neq 0$$

那么，方程组(1.5.1)有唯一解

$$x_1=\frac{D_1}{D},\ x_2=\frac{D_2}{D},\ \cdots,\ x_n=\frac{D_n}{D}\tag{1.5.2}$$

其中，$D_j(j=1, 2, \cdots, n)$是将系数行列式D中第j列的元素用方程组右端的常数项代替后所得到的n阶行列式，即

$$D_j=\begin{vmatrix} a_{11} & \cdots & a_{1,j-1} & b_1 & a_{1,j+1} & \cdots & a_{1n} \\ a_{21} & & a_{2,j-1} & b_2 & a_{2,j+1} & \cdots & a_{2n} \\ \vdots & & \vdots & \vdots & \vdots & & \vdots \\ a_{n1} & \cdots & a_{n,j-1} & b_n & a_{n,j+1} & \cdots & a_{nn} \end{vmatrix}$$

证　用D中第j列元素的代数余子式$A_{1j}, A_{2j}, \cdots, A_{nj}$依次乘方程组(1.5.1)的$n$个方程，再把它们相加，得

$$\left(\sum_{k=1}^{n} a_{k1}A_{kj}\right)x_1+\cdots+\left(\sum_{k=1}^{n} a_{kj}A_{kj}\right)x_j+\cdots+\left(\sum_{k=1}^{n} a_{kn}A_{kj}\right)x_n=\sum_{k=1}^{n} b_kA_{kj} \quad (1.5.3)$$

根据代数余子式的性质可知，式(1.5.3)中x_j的系数等于D，而其余$x_i(i\neq j)$的系数均为0；又等式右端即是D_j，于是

$$Dx_j=D_j \quad (j=1, 2, \cdots, n) \quad (1.5.4)$$

当$D\neq 0$时，方程组(1.5.4)有唯一解

$$x_j=\frac{D_j}{D} \quad (j=1, 2, \cdots, n)$$

证毕

由于方程组(1.5.4)是由方程组(1.5.1)经数乘与相加两种运算而得的，故方程组(1.5.1)的解一定是方程组(1.5.4)的解. 因方程组(1.5.4)仅有一个解，即式(1.5.2)，故方程组(1.5.1)如果有解，就只可能是式(1.5.2).

为证明式(1.5.2)是方程组(1.5.1)的唯一解，只需验证式(1.5.2)确是方程组(1.5.1)的解，也就是要证明

$$a_{i1}\frac{D_1}{D}+a_{i2}\frac{D_2}{D}+\cdots+a_{in}\frac{D_n}{D}=b_i \quad (i=1, 2, \cdots, n)$$

为此，考虑有两行相同的$n+1$阶行列式

$$\begin{vmatrix} b_i & a_{i1} & \cdots & a_{in} \\ b_1 & a_{11} & \cdots & a_{1n} \\ \vdots & \vdots & & \vdots \\ b_n & a_{n1} & \cdots & a_{nn} \end{vmatrix} \quad (i=1, 2, \cdots, n)$$

它的值为0. 把它按第1行展开，由于第1行中a_{ij}的代数余子式为

$$(-1)^{1+j+1}\begin{vmatrix} b_1 & a_{11} & \cdots & a_{1,j-1} & a_{1,j+1} & \cdots & a_{1n} \\ \vdots & \vdots & & \vdots & \vdots & & \vdots \\ b_n & a_{n1} & \cdots & a_{n,j-1} & a_{n,j+1} & \cdots & a_{nn} \end{vmatrix}$$

$$=(-1)^{j+2}(-1)^{j-1}D_j=-D_j$$

所以有

$$0=b_iD-a_{i1}D_1-\cdots-a_{in}D_n$$

即

$$a_{i1}\frac{D_1}{D}+a_{i2}\frac{D_2}{D}+\cdots+a_{in}\frac{D_n}{D}=b_i \quad (i=1, 2, \cdots, n)$$

例 1.5.1 用克莱姆法则求解线性方程组：

$$\begin{cases} 2x_1+3x_2+5x_3=2 \\ x_1+2x_2 \qquad\quad =5 \\ \qquad 3x_2+5x_3=4 \end{cases}$$

解

$$D=\begin{vmatrix} 2 & 3 & 5 \\ 1 & 2 & 0 \\ 0 & 3 & 5 \end{vmatrix} \xlongequal{r_1-r_3} \begin{vmatrix} 2 & 0 & 0 \\ 1 & 2 & 0 \\ 0 & 3 & 5 \end{vmatrix}=2\begin{vmatrix} 2 & 0 \\ 3 & 5 \end{vmatrix}=2\times2\times5=20$$

$$D_1=\begin{vmatrix} 2 & 3 & 5 \\ 5 & 2 & 0 \\ 4 & 3 & 5 \end{vmatrix} \xlongequal{r_1-r_3} \begin{vmatrix} -2 & 0 & 0 \\ 5 & 2 & 0 \\ 4 & 3 & 5 \end{vmatrix}=(-2)\times2\times5=-20$$

$$D_2=\begin{vmatrix} 2 & 2 & 5 \\ 1 & 5 & 0 \\ 0 & 4 & 5 \end{vmatrix} \xlongequal{r_1-2r_2} \begin{vmatrix} 0 & -8 & 5 \\ 1 & 5 & 0 \\ 0 & 4 & 5 \end{vmatrix} \xlongequal{r_1\leftrightarrow r_2} -\begin{vmatrix} 1 & 5 & 0 \\ 0 & -8 & 5 \\ 0 & 4 & 5 \end{vmatrix}$$

$$=-\begin{vmatrix} -8 & 5 \\ 4 & 5 \end{vmatrix}=60$$

$$D_3=\begin{vmatrix} 2 & 3 & 2 \\ 1 & 2 & 5 \\ 0 & 3 & 4 \end{vmatrix} \xlongequal{r_1-2r_2} \begin{vmatrix} 0 & -1 & -8 \\ 1 & 2 & 5 \\ 0 & 3 & 4 \end{vmatrix} \xlongequal{r_1\leftrightarrow r_2} -\begin{vmatrix} 1 & 2 & 5 \\ 0 & -1 & -8 \\ 0 & 3 & 4 \end{vmatrix}$$

$$=-\begin{vmatrix} -1 & -8 \\ 3 & 4 \end{vmatrix}$$

$$=-20$$

由克莱姆法则，可得

$$x_1=\frac{D_1}{D}=-1,\ x_2=\frac{D_2}{D}=3,\ x_3=\frac{D_3}{D}=-1$$

例 1.5.2 设曲线 $y=a_0+a_1x+a_2x^2+a_3x^3$ 通过四点(1，3)、(2，4)、(3，3)、(4，−3)，求系数 a_0、a_1、a_2、a_3。

解 把四个点的坐标代入曲线方程，得线性方程组

$$\begin{cases} a_0+a_1+a_2+a_3=3 \\ a_0+2a_1+4a_2+8a_3=4 \\ a_0+3a_1+9a_2+27a_3=3 \\ a_0+4a_1+16a_2+64a_3=-3 \end{cases}$$

其系数行列式

$$D=\begin{vmatrix} 1 & 1 & 1 & 1 \\ 1 & 2 & 4 & 8 \\ 1 & 3 & 9 & 27 \\ 1 & 4 & 16 & 64 \end{vmatrix}=1\cdot2\cdot3\cdot1\cdot2\cdot1=12$$

而

$$D_1=\begin{vmatrix}3&1&1&1\\4&2&4&8\\3&3&9&27\\-3&4&16&64\end{vmatrix}\xlongequal[c_1-3c_2]{\substack{c_4-c_3\\c_3-c_2}}\begin{vmatrix}0&1&0&0\\-2&2&2&4\\-6&3&6&18\\-15&4&12&48\end{vmatrix}$$

$$=(-1)^3\begin{vmatrix}-2&2&4\\-6&6&18\\-15&12&48\end{vmatrix}\xlongequal{c_1+c_2}-\begin{vmatrix}0&2&4\\0&6&18\\-3&12&48\end{vmatrix}$$

$$=-(-3)\begin{vmatrix}2&4\\6&18\end{vmatrix}=36$$

类似地，计算可得

$$D_2=\begin{vmatrix}1&3&1&1\\1&4&4&8\\1&3&9&27\\1&-3&16&64\end{vmatrix}=-18$$

$$D_3=\begin{vmatrix}1&1&3&1\\1&2&4&8\\1&3&3&27\\1&4&-3&64\end{vmatrix}=24$$

$$D_4=\begin{vmatrix}1&1&1&3\\1&2&4&4\\1&3&9&3\\1&4&16&-3\end{vmatrix}=-6$$

故由克莱姆法则，得唯一解

$$a_0=3,\ a_1=-\frac{3}{2},\ a_2=2,\ a_3=-\frac{1}{2}$$

即曲线方程为

$$y=3-\frac{3}{2}x+2x^2-\frac{1}{2}x^3$$

注意 克莱姆法则的逆否命题为：若方程组(1.5.1)无解或有一个以上的解，则 $D=0$.

1.5.2 齐次线性方程组

对于齐次线性方程组

$$\begin{cases}a_{11}x_1+a_{12}x_2+\cdots+a_{1n}x_n=0\\a_{21}x_1+a_{22}x_2+\cdots+a_{2n}x_n=0\\\qquad\vdots\\a_{n1}x_1+a_{n2}x_2+\cdots+a_{nn}x_n=0\end{cases}\tag{1.5.5}$$

$x_1=x_2=\cdots=x_n=0$ 一定是它的解，这个解叫作齐次线性方程组的**零解**. 如果一组不全为零的数是方程组(1.5.5)的解，则它叫作齐次线性方程组(1.5.5)的**非零解**. 齐次线性方程组(1.5.5)一定有零解，但不一定有非零解. 把定理 1.5.1 应用于齐次线性方程组(1.5.5)，可得如下定理.

定理 1.5.2 如果齐次线性方程组(1.5.5)的系数行列式 $D\neq 0$，则它仅有零解.

注意 由于齐次线性方程组一定有零解 $x_j=0(j=1, 2, \cdots, n)$，故定理 1.5.2 的逆否命题为：若齐次线性方程组有非零解，则 $D=0$.

例 1.5.3 λ 取何值时，齐次线性方程组

$$\begin{cases}(5-\lambda)x_1+2x_2+2x_3=0\\ 2x_1+(6-\lambda)x_2=0\\ 2x_1+(4-\lambda)x_3=0\end{cases}$$

有非零解？

解 由定理 1.5.2 可知，若该齐次线性方程组有非零解，则其系数行列式 $D=0$，而

$$D=\begin{vmatrix}5-\lambda & 2 & 2\\ 2 & 6-\lambda & 0\\ 2 & 0 & 4-\lambda\end{vmatrix}$$
$$=(5-\lambda)(6-\lambda)(4-\lambda)-4(4-\lambda)-4(6-\lambda)$$
$$=(5-\lambda)(2-\lambda)(8-\lambda)$$

由 $D=0$，得 $\lambda=2$、$\lambda=5$ 或 $\lambda=8$.

不难验证，当 $\lambda=2$、5 或 8 时，此齐次线性方程组有非零解.

注意 克莱姆法则的意义主要在于它给出了方程组的解与系数的关系，这一点在以后许多问题的讨论中也是很重要的，但是用此方法解方程组不太方便，因为计算量很大，以后章节中还会介绍其他更简便的方法.

例 1.5.4 《九章算术》是一本综合性的历史著作，是当时世界上最简练有效的应用数学，它的出现标志着中国古代数学形成了完整的体系. 书中提到的谷物称重问题是：在已有的三种谷物中，如果第一种谷物有 3 袋，第二种谷物有 2 袋，第三种谷物有 1 袋，则三种谷物重量总计是 39 个重量单位；如果第一种谷物有 2 袋，第二种谷物有 3 袋，第三种谷物有 1 袋，则三种谷物重量总计是 34 个重量单位；如果第一种谷物有 1 袋，第二种谷物有 2 袋，第三种谷物有 3 袋，则三种谷物重量总计是 26 个重量单位. 请问，每种谷物一袋的重量是多少？

解 设三种谷物的重量分别为 x、y、z，依题意，可建立线性方程组：

$$\begin{cases}3x+2y+3z=39\\ 2x+3y+z=34\\ x+2y+3z=26\end{cases}$$

利用克莱姆法则求解这个方程组，可得

$$D=\begin{vmatrix}3 & 2 & 3\\ 2 & 3 & 1\\ 1 & 2 & 3\end{vmatrix}=4$$

$$D_1=\begin{vmatrix}39 & 2 & 3\\ 34 & 3 & 1\\ 26 & 2 & 3\end{vmatrix}=37$$

$$D_2 = \begin{vmatrix} 3 & 39 & 3 \\ 2 & 34 & 1 \\ 1 & 26 & 3 \end{vmatrix} = 17$$

$$D_3 = \begin{vmatrix} 3 & 2 & 39 \\ 2 & 3 & 34 \\ 1 & 2 & 26 \end{vmatrix} = 11$$

故由克莱姆法则，可得

$$x = \frac{D_1}{D} = \frac{37}{4},\ y = \frac{D_2}{D} = \frac{17}{4},\ z = \frac{D_3}{D} = \frac{11}{4}$$

本 章 小 结

1. 本章要点提示

（1）行列式是把 n^2 个数按 n 行 n 列排列成的一个“记号”，它表示一个算式，即 $n!$ 个项的代数和. 说到底，行列式表示一个数.

（2）本章的重点是行列式的计算. 行列式的计算并没有一般通用的方法，主要是能熟练掌握行列式的性质，并善于利用一些比较特殊的行列式进行计算，通过一些典型例题及实际训练，总结一些常用的方法，从而提高计算能力.

（3）提取行列式的公因子应该是行列式的各行(列)分别提取公因子.

（4）克莱姆法则只适用于方程的个数与未知量的个数相同的线性方程组.

2. 排列的逆序数的计算

排列 $i_1, i_2, \cdots, i_n$ 的逆序数 $t(i_1, i_2, \cdots, i_n)$ 的计算方法有两种：

（1）$t(i_1, i_2, \cdots, i_n)=$($i_2$ 前面比 i_2 大的数的个数)$+$(i_3 前面比 i_3 大的数的个数)$+\cdots+$(i_n 前面比 i_n 大的数的个数).

（2）$t(i_1, i_2, \cdots, i_n)=$($i_1$ 后面比 i_1 小的数的个数)$+$(i_2 后面比 i_2 小的数的个数)$+\cdots+$(i_{n-1} 后面比 i_{n-1} 小的数的个数).

3. 几个重要的行列式

下面几个特殊的行列式很重要，我们要牢记，并能直接应用于行列式的计算之中.

（1）上三角形行列式：

$$\begin{vmatrix} a_{11} & a_{12} & \cdots & a_{1n} \\ 0 & a_{22} & \cdots & a_{2n} \\ \vdots & \vdots & & \vdots \\ 0 & 0 & \cdots & a_{nn} \end{vmatrix} = a_{11}a_{22}\cdots a_{nn}$$

（2）下三角形行列式：

$$\begin{vmatrix} a_{11} & 0 & \cdots & 0 \\ a_{21} & a_{22} & \cdots & 0 \\ \vdots & \vdots & & \vdots \\ a_{n1} & a_{n2} & \cdots & a_{nn} \end{vmatrix} = a_{11}a_{22}\cdots a_{nn}$$

(3) 对角形行列式：

$$\begin{vmatrix} b_1 & & & \\ & b_2 & & \\ & & \ddots & \\ & & & b_n \end{vmatrix} = b_1 b_2 \cdots b_n$$

(4) 对称和反对称行列式.

对称行列式：$D^{\mathrm{T}}=D$，满足 $a_{ij}=a_{ji}(i, j=1, 2, \cdots, n)$.

反对称行列式：$D^{\mathrm{T}}=-D$，满足 $a_{ij}=-a_{ji}(i, j=1, 2, \cdots, n)$.

特别指出，当反对称行列式的阶数为奇数时，行列式为零.

4. 行列式的计算方法

(1) 利用对角线法则计算. 这种方法只适合于二阶、三阶行列式的计算，对于四阶以上的行列式是不适用的.

(2) 利用行列式的性质计算. 利用行列式的性质将行列式化为上(下)三角形行列式来计算，这是计算行列式最常用的方法.

(3) 利用行列式展开公式计算. 利用按行(列)展开行列式的性质将高阶行列式化为低阶行列式来计算，该方法适用于大多数元素为零的行列式的计算.

(4) 利用递推关系计算. 利用行列式的性质或展开公式找出递推关系来计算，该方法适用于高阶且元素有规律的行列式的计算.

(5) 利用升降法计算. 在行列式值不变的情况下，加上特殊的一行或一列再利用行列式的性质化简后计算.

5. 关于克莱姆法则的用法

(1) 克莱姆法则是求系数行列式不等于零的 n 个方程的 n 元线性方程组的一种方法，由于要计算 $n+1$ 个 n 阶行列式，工作量较大，因而在求解阶数较高的方程时一般很少用克莱姆法则，而是利用后面介绍的方法求解，但克莱姆法则在理论上还是有很大意义的，对求二元、三元线性方程组的解十分有用.

(2) 判断 n 个未知数 n 个方程的齐次线性方程组有无非零解的关键是看它的系数行列式是否为零：若为零，则有非零解；若不为零，则无非零解，即只有零解.

习 题 一

1. 按自然数从小到大为标准次序，求下列各排列的逆序数：

(1) 2413

(2) 36715284

(3) $13\cdots(2n-1)(2n)(2n-2)\cdots2$

2. 写出四阶行列式中含有因子 $a_{11}a_{23}$ 的项.

3. 在六阶行列式中，下列各元素的乘积应取什么符号？

(1) $a_{15}a_{23}a_{32}a_{44}a_{51}a_{66}$

(2) $a_{11}a_{26}a_{32}a_{44}a_{53}a_{65}$

4. x 为何值时，$\begin{vmatrix} 3 & 1 & x \\ 4 & x & 0 \\ 1 & 0 & x \end{vmatrix} \neq 0$？

5. 计算下列各行列式：

(1) $\begin{vmatrix} 1 & 2 & 3 \\ 3 & 1 & 2 \\ 2 & 3 & 1 \end{vmatrix}$ (2) $\begin{vmatrix} 2 & 0 & 3 \\ 1 & -2 & -1 \\ -1 & 8 & 3 \end{vmatrix}$

(3) $\begin{vmatrix} 1 & 1 & 1 \\ a & b & c \\ a^2 & b^2 & c^2 \end{vmatrix}$ (4) $\begin{vmatrix} 1 & 1 & 1 & 1 \\ -1 & 1 & 1 & 1 \\ -1 & -1 & 1 & 1 \\ -1 & -1 & -1 & 1 \end{vmatrix}$

(5) $\begin{vmatrix} -ab & ac & ae \\ bd & -cd & de \\ bf & cf & -ef \end{vmatrix}$ (6) $\begin{vmatrix} 2 & 1 & 0 & 0 \\ -1 & 3 & 1 & 0 \\ 0 & -1 & 4 & 1 \\ 0 & 0 & -1 & 5 \end{vmatrix}$

(7) $\begin{vmatrix} 4 & 1 & 2 & 4 \\ 1 & 2 & 0 & 2 \\ 10 & 5 & 2 & 0 \\ 0 & 1 & 1 & 7 \end{vmatrix}$ (8) $\begin{vmatrix} 0 & 0 & 0 & 4 \\ 0 & 0 & 3 & 0 \\ 0 & 2 & 0 & 0 \\ 1 & 0 & 0 & 0 \end{vmatrix}$

6. 设 $D=\begin{vmatrix} 3 & 0 & 4 & 0 \\ 2 & 2 & 2 & 2 \\ 0 & -7 & 0 & 0 \\ 5 & 3 & -2 & 2 \end{vmatrix}$，$D$ 中元素 a_{ij} 的余子式和代数余子式依次记作 M_{ij} 和 A_{ij}，求 $A_{41}+A_{42}+A_{43}+A_{44}$ 及 $M_{41}+M_{42}+M_{43}+M_{44}$.

7. 证明：

(1) $\begin{vmatrix} a_1+kb_1 & b_1+c_1 & c_1 \\ a_2+kb_2 & b_2+c_2 & c_2 \\ a_3+kb_3 & b_3+c_3 & c_3 \end{vmatrix} = \begin{vmatrix} a_1 & b_1 & c_1 \\ a_2 & b_2 & c_2 \\ a_3 & b_3 & c_3 \end{vmatrix}$

(2) $\begin{vmatrix} a_1 & 0 & 0 & b_1 \\ 0 & a_2 & b_2 & 0 \\ 0 & b_3 & a_3 & 0 \\ b_4 & 0 & 0 & a_4 \end{vmatrix} = (a_2a_3-b_2b_3)(a_1a_4-b_1b_4)$

(3) $\begin{vmatrix} x & -1 & 0 & \cdots & 0 & 0 \\ 0 & x & -1 & \cdots & 0 & 0 \\ \vdots & \vdots & \vdots & & \vdots & \vdots \\ 0 & 0 & 0 & \cdots & x & -1 \\ a_n & a_{n-1} & a_{n-2} & \cdots & a_2 & a_1+x \end{vmatrix} = x^n+a_1x^{n-1}+\cdots+a_{n-1}x+a_n$

8. 计算下列 n 阶行列式：

(1) $\begin{vmatrix} a & & 1 \\ & \ddots & \\ 1 & & a \end{vmatrix}$，其中对角线上元素都是 a，未写出的元素都是 0.

(2) $\begin{vmatrix} x & a & \cdots & a \\ a & x & \cdots & a \\ \vdots & \vdots & & \vdots \\ a & a & \cdots & x \end{vmatrix}$　　(3) $\begin{vmatrix} x & y & 0 & \cdots & 0 & 0 \\ 0 & x & y & \cdots & 0 & 0 \\ \vdots & \vdots & \vdots & & \vdots & \vdots \\ 0 & 0 & 0 & \cdots & x & y \\ y & 0 & 0 & \cdots & 0 & x \end{vmatrix}$

(4) $\begin{vmatrix} -a_1 & a_1 & 0 & \cdots & 0 & 0 \\ 0 & -a_2 & a_2 & \cdots & 0 & 0 \\ \vdots & \vdots & \vdots & & \vdots & \vdots \\ 0 & 0 & 0 & \cdots & -a_n & a_n \\ 1 & 1 & 1 & \cdots & 1 & 1 \end{vmatrix}$

9. 用克莱姆法则解下列方程组：

(1) $\begin{cases} 6x_1-4x_2=10 \\ 5x_1+7x_2=29 \end{cases}$

(2) $\begin{cases} x_1+x_2-2x_3=-3 \\ 5x_1-2x_2+7x_3=22 \\ 2x_1-5x_2+4x_3=4 \end{cases}$

(3) $\begin{cases} 5x_1+6x_2=1 \\ x_1+5x_2+6x_3=0 \\ x_2+5x_3+6x_4=0 \\ x_3+5x_4+6x_5=0 \\ x_4+5x_5=1 \end{cases}$

10. 当 λ 取何值时，齐次线性方程组

$$\begin{cases} \lambda x+y+z=0 \\ x+\lambda y-z=0 \\ 2x-y+z=0 \end{cases}$$

有非零解？

11. 当 λ、μ 取何值时，齐次线性方程组

$$\begin{cases} \lambda x_1+x_2+x_3=0 \\ x_1+\mu x_2+x_3=0 \\ x_1+2\mu x_2+x_3=0 \end{cases}$$

有非零解？

自 测 题 一

一、判断题

1. 按自然数从小到大为标准次序，$n(n-1)\cdots321$ 的逆序数为$\frac{n(n+1)}{2}$. （ ）

2. 行列式中有一行的元素全为 0，则它的代数余子式也全为 0. （ ）

3. $\begin{vmatrix}2 & 3\\1 & 1\end{vmatrix}=\begin{vmatrix}1+1 & 3+0\\1 & 1\end{vmatrix}=\begin{vmatrix}1 & 3\\1 & 1\end{vmatrix}+\begin{vmatrix}1 & 0\\1 & 1\end{vmatrix}$. （ ）

4. 互换行列式的任意两行(列)，行列式不变号. （ ）

5. $-a_{31}a_{22}a_{43}a_{14}a_{55}$是五阶行列式中的一项. （ ）

6. 若齐次线性方程组$\begin{cases}\lambda x_1+x_2+x_3=0\\x_1+\lambda x_2+x_3=0\\x_1+x_2+x_3=0\end{cases}$只有零解，则 λ 应满足的条件是$\lambda\neq1$. （ ）

二、填空题

1. $\begin{vmatrix}1 & 1 & 1 & 0\\1 & 1 & 0 & 1\\1 & 0 & 1 & 1\\0 & 1 & 1 & 1\end{vmatrix}=$__________，$\begin{vmatrix}a & b & c\\b & c & a\\c & a & b\end{vmatrix}=$__________.

2. 在行列式 $D_3=\begin{vmatrix}a_{11} & a_{12} & a_{13}\\a_{21} & a_{22} & a_{23}\\a_{31} & a_{32} & a_{33}\end{vmatrix}$中，元素 a_{12} 的余子式为__________，代数余子式为__________.

3. 已知 $f(x)=\begin{vmatrix}x & 1 & 1 & 2\\1 & x & 1 & -1\\3 & 2 & x & 1\\1 & 1 & 2x & 1\end{vmatrix}$，则 x^3 的系数为__________.

4. 设四阶行列式 $D_4=\begin{vmatrix}a & b & c & d\\d & a & c & b\\b & d & c & a\\a & c & c & b\end{vmatrix}$，则 $A_{11}+A_{21}+A_{31}+A_{41}=$__________.

5. 若行列式 $D_1=\begin{vmatrix}a_{11} & a_{12} & a_{13}\\a_{21} & a_{22} & a_{23}\\a_{31} & a_{32} & a_{33}\end{vmatrix}=1$，则行列式 $D=\begin{vmatrix}4a_{11} & 2a_{11}-a_{12} & a_{13}\\4a_{21} & 2a_{21}-a_{22} & a_{23}\\4a_{31} & 2a_{31}-a_{32} & a_{33}\end{vmatrix}=$__________.

三、综合题

1. 计算 n 阶行列式 $D_n=\begin{vmatrix} 2 & 1 & 1 & \cdots & 1 \\ 1 & 2 & 1 & \cdots & 1 \\ 1 & 1 & 2 & \cdots & 1 \\ \vdots & \vdots & \vdots & & \vdots \\ 1 & 1 & 1 & \cdots & 2 \end{vmatrix}$.

2. 设 $D_4=\begin{vmatrix} 3 & 6 & 9 & 12 \\ 2 & 4 & 6 & 8 \\ 1 & 2 & 0 & 3 \\ 5 & 6 & 4 & 3 \end{vmatrix}$，试求 $A_{41}+2A_{42}+3A_{44}$，其中 A_{4j} 为元素 $a_{4j}(j=1, 2, 4)$ 的代数余子式.

3. 已知空间的点(1，1，1)，(2，3，−1)，(3，−1，−1)在平面 $ax+by+cz=d$ 上，求该平面方程.

第二章

矩阵及其运算

本章的主要内容及要求

矩阵是线性代数的主要研究对象和工具，它在数学的其他分支以及自然科学、现代经济学、管理学和工程技术领域等方面具有广泛的应用. 矩阵是研究线性变换、向量的线性相关性及线性方程组的解法等有力的且不可替代的工具，在线性代数中具有重要的地位.

本章主要介绍矩阵的概念、矩阵的基本运算及矩阵的逆矩阵等内容. 矩阵的概念及相关运算贯穿线性代数的始终，因此要全面理解和深入掌握.

本章的基本要求如下：

(1) 理解矩阵的概念，了解零矩阵、单位矩阵、数量矩阵、对角矩阵、上(下)三角矩阵、对称矩阵和反对称矩阵的概念及它们的性质.

(2) 熟练掌握矩阵的线性运算(即矩阵的加法与矩阵的数乘)、矩阵的乘法运算、矩阵的转置以及它们的运算规律，了解方阵的幂和方阵乘积的行列式.

(3) 理解逆矩阵的概念，掌握逆矩阵的性质，以及矩阵可逆的充分必要条件. 理解伴随矩阵的概念，会用伴随矩阵求可逆矩阵.

(4) 了解分块矩阵及其运算，会用分块矩阵解题.

(5) 熟练掌握初等矩阵的概念，了解初等变换与初等矩阵之间的对应关系，熟练掌握利用初等变换求逆矩阵的方法.

2.1 矩阵的概念

2.1.1 矩阵的定义

线性方程组是经济研究和经济管理中常见的一类数学模型，第一章仅对未知量和方程个数相同的线性方程组进行了讨论，而未知量和方程个数不相同时的线性方程组，可设为

$$\begin{cases} a_{11}x_1 + a_{12}x_2 + \cdots + a_{1n}x_n = b_1 \\ a_{21}x_1 + a_{22}x_2 + \cdots + a_{2n}x_n = b_2 \\ \qquad\vdots \\ a_{m1}x_1 + a_{m2}x_2 + \cdots + a_{mn}x_n = b_m \end{cases} \tag{2.1.1}$$

它的解还没有讨论，不过可以明显地感觉到其解完全取决于未知量前面的系数及常数项，取决于由这些数构成的一个矩形表，即

$$\begin{bmatrix} a_{11} & a_{12} & \cdots & a_{1n} & b_1 \\ a_{21} & a_{22} & \cdots & a_{2n} & b_2 \\ \vdots & \vdots & & \vdots & \vdots \\ a_{m1} & a_{m2} & \cdots & a_{mn} & b_m \end{bmatrix} \tag{2.1.2}$$

例 2.1.1 设有线性方程组

$$\begin{cases} 2x_1 - x_2 + x_3 + x_4 = 1 \\ x_1 + x_2 - 3x_3 + 2x_4 = -2 \\ x_2 + 2x_3 - x_4 = -1 \\ 3x_1 - 2x_2 + x_3 + 3x_4 = 4 \end{cases}$$

未知量前面的系数及常数项构成一个矩形表，即

$$\begin{bmatrix} 2 & -1 & 1 & 1 & 1 \\ 1 & 1 & -3 & 2 & -2 \\ 0 & 1 & 2 & -1 & -1 \\ 3 & -2 & 1 & 3 & 4 \end{bmatrix}$$

例 2.1.2 某企业生产 4 种产品，各种产品的季度产值(万元)分别如表 2.1 所示.

表 2.1 4 种产品的季度产值

季度 \ 产值 \ 产品	产品 1	产品 2	产品 3	产品 4
1	45	56	60	70
2	40	55	55	80
3	50	50	60	80
4	55	60	60	85

则该企业各季度产值可以用数表表示成

$$\begin{bmatrix} 45 & 56 & 60 & 70 \\ 40 & 55 & 55 & 80 \\ 50 & 50 & 60 & 80 \\ 55 & 60 & 60 & 85 \end{bmatrix}$$

从表中可以看出：该企业各种产品的季度产值，同时也揭示了产值随季度变化的规律、季增长率和年产量等情况. 在实际中，这种矩形表还有许多，如果不考虑这些数字的具体含义而抽象出来，这种矩形阵表就称做矩阵.

定义 2.1.1 由 $m\times n$ 个数 $a_{ij}(i=1, 2, \cdots, m; j=1, 2, \cdots, n)$按一定次序排列成的 m 行 n 列的数表

$$\mathbf{A} = \begin{bmatrix} a_{11} & a_{12} & \cdots & a_{1n} \\ a_{21} & a_{22} & \cdots & a_{2n} \\ \vdots & \vdots & & \vdots \\ a_{m1} & a_{m2} & \cdots & a_{mn} \end{bmatrix} \tag{2.1.3}$$

称为 m 行 n 列矩阵，或 $m\times n$ 矩阵，简称矩阵．这 $m\times n$ 个数 a_{ij} 称为矩阵 $\boldsymbol{A}$ 的元素，简称为元，数 a_{ij} 位于矩阵 $\boldsymbol{A}$ 的第 i 行第 j 列，称为矩阵 $\boldsymbol{A}$ 的 $(i,\ j)$ 元．

式(2.1.3)可简记作 $\boldsymbol{A}=(a_{ij})_{m\times n}$，$m\times n$ 矩阵 $\boldsymbol{A}$ 也记作 $\boldsymbol{A}_{m\times n}$．一般矩阵用大写字母 $\boldsymbol{A}$，$\boldsymbol{B}$，$\boldsymbol{C}$ …表示．

元素是实数的矩阵称为实矩阵，元素是复数的矩阵称为复矩阵．本书中的矩阵除特别说明外，都指实矩阵．

定义 2.1.2 两个矩阵的行数相等，列数也相等时，则称它们是**同型矩阵**．

定义 2.1.3 如果 $\boldsymbol{A}=(a_{ij})$ 与 $\boldsymbol{B}=(b_{ij})$ 是同型矩阵，并且它们的对应元素**相等**，即 $a_{ij}=b_{ij}$ $(i=1,\ 2,\ \cdots,\ m;\ j=1,\ 2,\ \cdots,\ n)$，则称矩阵 $\boldsymbol{A}$ 与矩阵 $\boldsymbol{B}$ **相等**，记作 $\boldsymbol{A}=\boldsymbol{B}$．

2.1.2 几种特殊矩阵

1. 行矩阵和列矩阵

当 $m=1$ 时，

$$\boldsymbol{A}=(a_{11},\ a_{12},\ \cdots,\ a_{1n})$$

称做行矩阵(在第四章中也称行向量)．

当 $n=1$ 时，

$$\boldsymbol{A}=\begin{bmatrix} a_{11} \\ a_{21} \\ \vdots \\ a_{m1} \end{bmatrix}$$

称做**列矩阵**(在第四章中也称列向量)．

2. 零矩阵

元素都是零的矩阵称为**零矩阵**，记作 $\boldsymbol{O}$．注意不同型的零矩阵是不同的．如

$$\begin{bmatrix} 0 & 0 \\ 0 & 0 \end{bmatrix} 与 \begin{bmatrix} 0 & 0 & 0 \\ 0 & 0 & 0 \\ 0 & 0 & 0 \end{bmatrix}$$

是不同的零矩阵．

3. 方阵

$m=n$ 的矩阵(又称 n 阶方阵)记作 $\boldsymbol{A}$．

4. 三角矩阵

如果 n 阶方阵 $\boldsymbol{A}=(a_{ij})$ 中的元素满足条件

$$a_{ij}=0 \quad (i>j) \quad (i,\ j=1,\ 2,\ \cdots,\ n)$$

即 $\boldsymbol{A}$ 的主对角线以下的元素都为零，则称 $\boldsymbol{A}$ 为上三角矩阵.类似地，当 $i<j$ 时，$a_{ij}=0$，称为下三角矩阵.如

$$\begin{bmatrix} a_{11} & a_{12} & \cdots & a_{1n} \\ & a_{22} & \cdots & a_{2n} \\ & & \ddots & \vdots \\ & & & a_{nn} \end{bmatrix} 与 \begin{bmatrix} a_{11} & & & \\ a_{21} & a_{22} & & \\ \vdots & \vdots & \ddots & \\ a_{n1} & a_{n2} & \cdots & a_{nn} \end{bmatrix}$$

分别为 n 阶**上三角矩阵**和 n 阶**下三角矩阵**.

5. 对角矩阵

主对角线以外的所有元素都为 0 的方阵

$$\boldsymbol{A} = \mathrm{diag}(a_{11}, a_{12}, \cdots, a_{1n}) = \begin{bmatrix} a_{11} & & & \\ & a_{22} & & \\ & & \ddots & \\ & & & a_{nn} \end{bmatrix}$$

称为**对角矩阵**.

如果对角矩阵 $\boldsymbol{A}$ 的对角线元素 $a_{11}=a_{22}=\cdots a_{nn}=a$，则称 $\boldsymbol{A}$ 为**数量矩阵**，记为 $a\boldsymbol{E}$.

6. 单位矩阵

主对角线上元素都为 1 的对角矩阵称为 n 阶**单位矩阵**，记作 $\boldsymbol{E}_n$或 $\boldsymbol{E}$.

$$\boldsymbol{E}_n = \begin{bmatrix} 1 & 0 & \cdots & 0 \\ 0 & 1 & \cdots & 0 \\ \vdots & \vdots & & \vdots \\ 0 & 0 & \cdots & 1 \end{bmatrix}$$

7. 对称矩阵

设 $\boldsymbol{A}$ 为 n 阶方阵，如果满足

$$a_{ij} = a_{ji} \quad (i, j = 1, 2, \cdots, n)$$

则称 $\boldsymbol{A}$ 为**对称矩阵**.

对称矩阵的特点是：它的元素以主对角线为对称轴对应相等. 例如

$$\begin{bmatrix} 0 & 2 \\ 2 & 1 \end{bmatrix} 与 \begin{bmatrix} 1 & 0 & 2 \\ 0 & 2 & -1 \\ 2 & -1 & 3 \end{bmatrix}$$

均为对称矩阵.

8. 反对称矩阵

设 $\boldsymbol{A}$ 为 n 阶方阵，如果满足

$$a_{ij} = -a_{ji} \quad (i, j = 1, 2, \cdots, n)$$

则称 $\boldsymbol{A}$ 为**反对称矩阵**. 显然反对称矩阵的主对角线元都是零. 例如

$$\begin{bmatrix} 0 & -2 \\ 2 & 0 \end{bmatrix} 与 \begin{bmatrix} 0 & 1 & 2 \\ -1 & 0 & 3 \\ -2 & -3 & 0 \end{bmatrix}$$

都为反对称矩阵.

矩阵的应用非常广泛，下面仅举几例.

例 2.1.3 四个城市间单向航线如图 2.1 所示. 若令

$$a_{ij} = \begin{cases} 1, & 从\ i\ 市到\ j\ 市有一条单向航线 \\ 0, & 从\ i\ 市到\ j\ 市没有单向航线 \end{cases}$$

则图 2.1 可用矩阵表示为

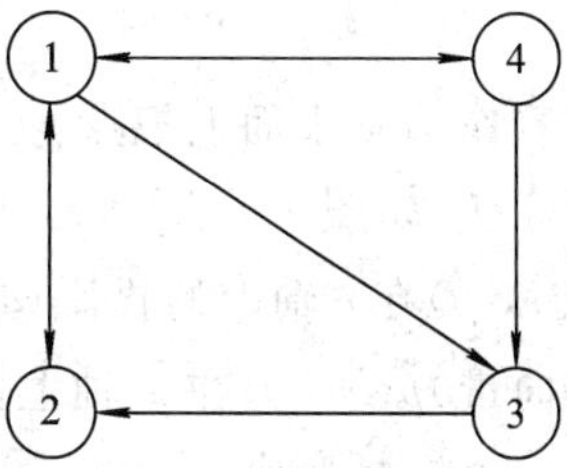

图 2.1 四个城市间单向航线

$$\boldsymbol{A} = (a_{ij}) = \begin{bmatrix} 0 & 1 & 1 & 1 \\ 1 & 0 & 0 & 0 \\ 0 & 1 & 0 & 0 \\ 1 & 0 & 1 & 0 \end{bmatrix}$$

一般地，若干个点之间的单向通道都可用类似的矩阵表示.

例 2.1.4 n 个变量 $x_1, x_2, x_3, \cdots, x_n$ 与 m 个变量 $y_1, y_2, y_3, \cdots, y_m$ 之间的关系式

$$\begin{cases} y_1 = a_{11}x_1 + a_{12}x_2 + \cdots + a_{1n}x_n \\ y_2 = a_{21}x_1 + a_{22}x_2 + \cdots + a_{2n}x_n \\ \vdots \\ y_m = a_{m1}x_1 + a_{m2}x_2 + \cdots + a_{mn}x_n \end{cases} \tag{2.1.4}$$

表示一个从变量 $x_1, x_2, x_3 \cdots, x_n$ 到变量 $y_1, y_2, y_3, \cdots, y_m$ 的线性变换，其中 a_{ij} 为常数. 线性变换(2.1.4)的系数 a_{ij} 构成矩阵 $\boldsymbol{A} = (a_{ij})_{m \times n}$. 给定了线性变换(2.1.4)，它的系数所构成的矩阵(称为系数矩阵)也就确定. 反之，如果给出一个矩阵作为线性变换的系数矩阵，则线性变换也就确定. 在这个意义上，线性变换和矩阵之间存在着一一对应的关系.

如线性变换

$$\begin{cases} y_1 = \lambda_1 x_1 \\ y_2 = \lambda_2 x_2 \\ \vdots \\ y_n = \lambda_n x_n \end{cases}$$

对应 n 阶方阵

$$\boldsymbol{\Lambda} = \begin{bmatrix} \lambda_1 & 0 & \cdots & 0 \\ 0 & \lambda_2 & \cdots & 0 \\ \vdots & \vdots & & \vdots \\ 0 & 0 & \cdots & \lambda_n \end{bmatrix}$$

也可记作

$$\boldsymbol{\Lambda} = \mathrm{diag}(\lambda_1, \lambda_2, \cdots, \lambda_n)$$

由于矩阵和线性变换之间存在一一对应的关系，因此可以利用矩阵来研究线性变换，也可以利用线性变换来解释矩阵的涵义.

例如，矩阵 $\begin{bmatrix} 1 & 0 \\ 0 & 0 \end{bmatrix}$ 所对应的线性变换

$$\begin{cases} x_1 = x \\ y_1 = 0 \end{cases}$$

可看作 xoy 平面上把点 $p(x, y)$ 变为点 $p_1(x, 0)$ 的变换(如图 2.2 所示)，由于点 $p_1(x, 0)$ 是点 $p(x, y)$ 在 x 轴上的投影(也就是向量 $\overrightarrow{op_1}(x, 0)$ 是向量 $\overrightarrow{op}(x, y)$ 在 x 轴上的投影向量)，因此这是一个投影变换.

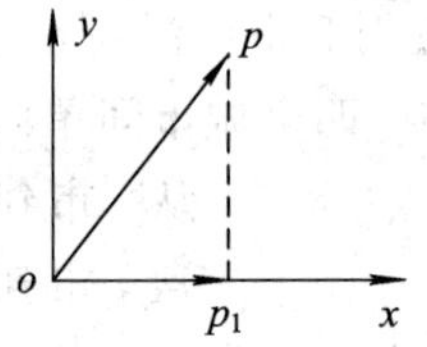

图 2.2 点 p 到点 p_1 的变换

2.2 矩阵的运算

2.2.1 矩阵的加法与减法

定义 2.2.1 设有两个 $m\times n$ 矩阵 $\boldsymbol{A}=(a_{ij})$，$\boldsymbol{B}=(b_{ij})$，那么矩阵 $\boldsymbol{A}$ 与 $\boldsymbol{B}$ 的和记作 $\boldsymbol{A}+\boldsymbol{B}$，并规定

$$\boldsymbol{A}+\boldsymbol{B}=\begin{bmatrix} a_{11}+b_{11} & a_{12}+b_{12} & \cdots & a_{1n}+b_{1n} \\ a_{21}+b_{21} & a_{22}+b_{22} & \cdots & a_{2n}+b_{2n} \\ \vdots & \vdots & & \vdots \\ a_{m1}+b_{m1} & a_{m2}+b_{m2} & \cdots & a_{mn}+b_{mn} \end{bmatrix}$$

由定义，不难证明矩阵加法满足下列运算规律(设 $\boldsymbol{A}$，$\boldsymbol{B}$，$\boldsymbol{C}$，$\boldsymbol{O}$ 都是 $m\times n$ 矩阵)：

(1) 交换律 $\boldsymbol{A}+\boldsymbol{B}=\boldsymbol{B}+\boldsymbol{A}$；

(2) 结合律 $(\boldsymbol{A}+\boldsymbol{B})+\boldsymbol{C}=\boldsymbol{A}+(\boldsymbol{B}+\boldsymbol{C})$；

(3) $\boldsymbol{A}+\boldsymbol{O}=\boldsymbol{A}$；

(4) $\boldsymbol{A}+(-\boldsymbol{A})=\boldsymbol{O}$.

设矩阵 $\boldsymbol{A}=(a_{ij})_{m\times n}$，记

$$-\boldsymbol{A}=(-a_{ij})_{m\times n}$$

$-\boldsymbol{A}$ 称为矩阵 $\boldsymbol{A}$ 的负矩阵，显然有

$$\boldsymbol{A}+(-\boldsymbol{A})=\boldsymbol{O}$$

由此规定矩阵的减法为

$$\boldsymbol{A}-\boldsymbol{B}=\boldsymbol{A}+(-\boldsymbol{B})$$

注意 只有当两个矩阵是同型矩阵时，这两个矩阵才能进行加(减)法运算，且同型矩阵之和(差)与原来两个矩阵仍为同型矩阵.

例 2.2.1 设 $\boldsymbol{A}=\begin{bmatrix} 1 & 2 & 3 \\ 0 & 1 & 2 \end{bmatrix}$，$\boldsymbol{B}=\begin{bmatrix} -2 & 3 & 1 \\ 1 & 2 & 0 \end{bmatrix}$，求 $\boldsymbol{A}+\boldsymbol{B}$.

解

$$\boldsymbol{A}+\boldsymbol{B}=\begin{bmatrix} 1+(-2) & 2+3 & 3+1 \\ 0+1 & 1+2 & 2+0 \end{bmatrix}=\begin{bmatrix} -1 & 5 & 4 \\ 1 & 3 & 2 \end{bmatrix}$$

2.2.2 数与矩阵相乘

定义 2.2.2 设矩阵 $\boldsymbol{A}=(a_{ij})_{m\times n}$，$\lambda$ 为任意实数，则数 λ 与矩阵 $\boldsymbol{A}$ 的乘积(λa_{ij})，记作 $\lambda\boldsymbol{A}$ 或 $\boldsymbol{A}\lambda$，并规定

$$\lambda\boldsymbol{A}=\boldsymbol{A}\lambda=\begin{bmatrix} \lambda a_{11} & \lambda a_{12} & \cdots & \lambda a_{1n} \\ \lambda a_{21} & \lambda a_{22} & \cdots & \lambda a_{2n} \\ \vdots & \vdots & & \vdots \\ \lambda a_{m1} & \lambda a_{m2} & \cdots & \lambda a_{mn} \end{bmatrix}$$

数乘矩阵满足下列运算规律(设 $\boldsymbol{A}$，$\boldsymbol{B}$ 为 $m\times n$ 矩阵；k，λ 为常数)：

(1) $1\boldsymbol{A}=\boldsymbol{A}$；

(2) $(k\lambda)\boldsymbol{A}=k(\lambda\boldsymbol{A})$；

(3) $(k+\lambda)\boldsymbol{A}=k\boldsymbol{A}+\lambda\boldsymbol{A}$；

(4) $\lambda(\boldsymbol{A}+\boldsymbol{B})=\lambda\boldsymbol{A}+\lambda\boldsymbol{B}$.

矩阵相加与数乘矩阵合起来，统称为矩阵的线性运算.

例 2.2.2 已知 $\boldsymbol{A}=\begin{bmatrix}2&1&-1\\3&0&2\end{bmatrix}$，$\boldsymbol{B}=\begin{bmatrix}-1&0&1\\2&3&-1\end{bmatrix}$，求 $\boldsymbol{A}-2\boldsymbol{B}$.

解

$$\begin{aligned}\boldsymbol{A}-2\boldsymbol{B}&=\begin{bmatrix}2&1&-1\\3&0&2\end{bmatrix}-2\begin{bmatrix}-1&0&1\\2&3&-1\end{bmatrix}\\&=\begin{bmatrix}2&1&-1\\3&0&2\end{bmatrix}-\begin{bmatrix}-2&0&2\\4&6&-2\end{bmatrix}\\&=\begin{bmatrix}4&1&-3\\-1&-6&4\end{bmatrix}\end{aligned}$$

例 2.2.3 已知 $\boldsymbol{A}=\begin{bmatrix}3&-1&2&0\\1&5&7&9\\2&4&6&8\end{bmatrix}$，$\boldsymbol{B}=\begin{bmatrix}7&5&-2&4\\5&1&9&7\\3&2&-1&6\end{bmatrix}$，且 $\boldsymbol{A}+2\boldsymbol{X}=\boldsymbol{B}$，求 $\boldsymbol{X}$.

解

$$\begin{aligned}\boldsymbol{X}&=\frac{1}{2}(\boldsymbol{B}-\boldsymbol{A})=\frac{1}{2}\begin{bmatrix}4&6&-4&4\\4&-4&2&-2\\1&-2&-7&-2\end{bmatrix}\\&=\begin{bmatrix}2&3&-2&2\\2&-2&1&-1\\\frac{1}{2}&-1&-\frac{7}{2}&-1\end{bmatrix}\end{aligned}$$

2.2.3 矩阵的乘法

设有两个线性运算，即由变量 x_1，x_2，x_3 到变量 y_1，y_2 的一个线性运算，以及由变量 t_1，t_2 到变量 x_1，x_2，x_3 的一个线性运算，分别为

$$\begin{cases}y_1=a_{11}x_1+a_{12}x_2+a_{13}x_3\\y_2=a_{21}x_1+a_{22}x_2+a_{23}x_3\end{cases}\tag{2.2.1}$$

$$\begin{cases}x_1=b_{11}t_1+b_{12}t_2\\x_2=b_{21}t_1+b_{22}t_2\\x_3=b_{31}t_1+b_{32}t_2\end{cases}\tag{2.2.2}$$

若想求出从 t_1，t_2 到 y_1，y_2 的线性变换，可将式(2.2.2)代入式(2.2.1)，便得

$$\begin{cases}y_1=(a_{11}b_{11}+a_{12}b_{21}+a_{13}b_{31})t_1+(a_{11}b_{12}+a_{12}b_{22}+a_{13}b_{32})t_2\\y_2=(a_{21}b_{11}+a_{22}b_{21}+a_{23}b_{31})t_1+(a_{21}b_{12}+a_{22}b_{22}+a_{23}b_{32})t_2\end{cases}\tag{2.2.3}$$

我们把线性变换(2.2.3) 叫作线性运算式(2.2.1)与式(2.2.2)的乘积，相应地把式(2.2.3)所对应的矩阵定义为式(2.2.1)与式(2.2.2)所对应的矩阵的乘积，即

$$\begin{bmatrix}a_{11}&a_{12}&a_{13}\\a_{21}&a_{22}&a_{23}\end{bmatrix}\begin{bmatrix}b_{11}&b_{12}\\b_{21}&b_{22}\\b_{31}&b_{32}\end{bmatrix}=\begin{bmatrix}a_{11}b_{11}+a_{12}b_{21}+a_{13}b_{31}&a_{11}b_{12}+a_{12}b_{22}+a_{13}b_{32}\\a_{21}b_{11}+a_{22}b_{21}+a_{23}b_{31}&a_{21}b_{12}+a_{22}b_{22}+a_{23}b_{32}\end{bmatrix}$$

定义 2.2.3 设有矩阵 $\boldsymbol{A}=(a_{ij})_{m\times l}$，$\boldsymbol{B}=(b_{ij})_{l\times n}$，则矩阵 $\boldsymbol{C}$ 称为矩阵 $\boldsymbol{A}$ 与矩阵 $\boldsymbol{B}$ 的乘积，记作 $\boldsymbol{C}=\boldsymbol{AB}$，其中 $\boldsymbol{C}=(c_{ij})_{m\times n}$ 满足

$$c_{ij}=a_{i1}b_{1j}+a_{i2}b_{2j}+\cdots+a_{il}b_{lj}=\sum_{k=1}^{l}a_{ik}b_{kj} \tag{2.2.4}$$

$$(i=1,\ 2,\ \cdots,\ m;\ j=1,\ 2,\ \cdots,\ n)$$

由定义 2.2.3 不难发现：

(1) 只有当第一个矩阵(左矩阵)的列数和第二个矩阵(右矩阵)的行数相等时，两矩阵才能相乘；

(2) $\boldsymbol{C}$ 中第 i 行第 j 列的元素 c_{ij} 等于矩阵 $\boldsymbol{A}$ 的第 i 行与矩阵 $\boldsymbol{B}$ 的第 j 列对应元素乘积的和；

(3) 一个行矩阵与一个列矩阵的乘积为一个数，例如

$$\boldsymbol{A}=(a_1,\ a_2,\ \cdots,\ a_n)$$

$$\boldsymbol{B}=\begin{bmatrix}b_1\\b_2\\\vdots\\b_n\end{bmatrix}$$

则

$$\boldsymbol{AB}=(a_1,\ a_2,\ \cdots,\ a_n)\begin{bmatrix}b_1\\b_2\\\vdots\\b_n\end{bmatrix}=a_1b_1+a_2b_2+\cdots+a_nb_n$$

(4) $\boldsymbol{E}_m\boldsymbol{A}_{m\times n}=\boldsymbol{A}_{m\times n}\boldsymbol{E}_n=\boldsymbol{A}_{m\times n}$，其中 $\boldsymbol{E}$ 为单位矩阵，这说明单位矩阵和矩阵的乘法运算中的作用与数“1”在数的乘法中的作用类似.

例 2.2.4 设

$$\boldsymbol{A}=\begin{bmatrix}1&-1\\-1&1\end{bmatrix},\quad \boldsymbol{B}=\begin{bmatrix}1&-1\\1&-1\end{bmatrix},\ \boldsymbol{C}=\begin{bmatrix}1&0\\1&0\end{bmatrix}$$

求 $\boldsymbol{AB}$，$\boldsymbol{BA}$，$\boldsymbol{AC}$.

解 由定义，可得

$$\boldsymbol{AB}=\begin{bmatrix}1&-1\\-1&1\end{bmatrix}\begin{bmatrix}1&-1\\1&-1\end{bmatrix}=\begin{bmatrix}0&0\\0&0\end{bmatrix}$$

$$\boldsymbol{BA}=\begin{bmatrix}1&-1\\1&-1\end{bmatrix}\begin{bmatrix}1&-1\\-1&1\end{bmatrix}=\begin{bmatrix}2&-2\\2&-2\end{bmatrix}$$

$$\boldsymbol{AC}=\begin{bmatrix}1&-1\\-1&1\end{bmatrix}\begin{bmatrix}1&0\\1&0\end{bmatrix}=\begin{bmatrix}0&0\\0&0\end{bmatrix}$$

例 2.2.5 求矩阵

$$\boldsymbol{A}=\begin{bmatrix}1&-1\\-1&1\end{bmatrix}\quad 与\quad \boldsymbol{B}=\begin{bmatrix}1&-1\\1&-1\end{bmatrix}$$

的乘积 $\boldsymbol{AB}$ 与 $\boldsymbol{BA}$.

解 由定义，可得

$$\boldsymbol{AB}=\begin{bmatrix}1 & -1\\ -1 & 1\end{bmatrix}\begin{bmatrix}1 & -1\\ 1 & -1\end{bmatrix}=\begin{bmatrix}0 & 0\\ 0 & 0\end{bmatrix}$$

$$\boldsymbol{BA}=\begin{bmatrix}1 & -1\\ 1 & -1\end{bmatrix}\begin{bmatrix}1 & -1\\ -1 & 1\end{bmatrix}=\begin{bmatrix}2 & -2\\ 2 & -2\end{bmatrix}$$

注意 由上面例题不难得出以下结论：

(1) 矩阵的乘法不满足交换律，即在一般情形下，$\boldsymbol{AB}\neq\boldsymbol{BA}$；

(2) 由 $\boldsymbol{AB}=\boldsymbol{O}$，不能得出 $\boldsymbol{A}=\boldsymbol{O}$ 或 $\boldsymbol{B}=\boldsymbol{O}$ 的结论；

(3) 由 $\boldsymbol{AB}=\boldsymbol{AC}$，且 $\boldsymbol{A}\neq\boldsymbol{O}$，不能推出 $\boldsymbol{B}=\boldsymbol{C}$.

由定义 2.2.3 可以证明，矩阵的乘法和数乘满足下列运算规律(假设运算都是可行的)：

(1) 结合律 $(\boldsymbol{AB})\boldsymbol{C}=\boldsymbol{A}(\boldsymbol{BC})$；

(2) 数乘结合律 $k(\boldsymbol{AB})=(k\boldsymbol{A})\boldsymbol{B}=\boldsymbol{A}(k\boldsymbol{B})$(其中 k 为常数)；

(3) 左分配律 $\boldsymbol{A}(\boldsymbol{B}+\boldsymbol{C})=\boldsymbol{AB}+\boldsymbol{AC}$；

(4) 右分配律 $(\boldsymbol{B}+\boldsymbol{C})\boldsymbol{A}=\boldsymbol{BA}+\boldsymbol{CA}$.

由于矩阵的乘法满足结合律，所以 n 个方阵 $\boldsymbol{A}$ 相乘有意义，因此可以定义方阵 $\boldsymbol{A}$ 的幂.

定义 2.2.4 设 $\boldsymbol{A}$ 是 n 阶方阵，k 为正整数，则称

$$\boldsymbol{A}^k=\boldsymbol{A}\cdot\boldsymbol{A}\cdot\cdots\cdot\boldsymbol{A}$$

为 $\boldsymbol{A}$ 的 k 次幂.

规定 $\boldsymbol{A}^0=\boldsymbol{E}$，由于矩阵乘法适合结合律，但不满足交换律，因此有

(1) $\boldsymbol{A}^k\boldsymbol{A}^l=\boldsymbol{A}^{k+l}$；

(2) $(\boldsymbol{A}^k)^l=\boldsymbol{A}^{kl}$；

(3) 通常情况下，$(\boldsymbol{AB})^k\neq\boldsymbol{A}^k\boldsymbol{B}^k$.

注意 由 $\boldsymbol{A}^k=\boldsymbol{O}(k>1)$，推导不出 $\boldsymbol{A}=\boldsymbol{O}$. 例如，$\boldsymbol{A}=\begin{bmatrix}0 & 0\\ 1 & 0\end{bmatrix}$，$\boldsymbol{A}^2=\boldsymbol{O}$，但 $\boldsymbol{A}\neq\boldsymbol{O}$.

例 2.2.6 证明

$$\begin{bmatrix}\cos\varphi & -\sin\varphi\\ \sin\varphi & \cos\varphi\end{bmatrix}^n=\begin{bmatrix}\cos n\varphi & -\sin n\varphi\\ \sin n\varphi & \cos n\varphi\end{bmatrix}$$

证 用数学归纳法. 当 $n=1$ 时，等式显然成立. 设 $n=k$ 时成立，即设

$$\begin{bmatrix}\cos\varphi & -\sin\varphi\\ \sin\varphi & \cos\varphi\end{bmatrix}^k=\begin{bmatrix}\cos k\varphi & -\sin k\varphi\\ \sin k\varphi & \cos k\varphi\end{bmatrix}$$

要证 $n=k+1$ 时成立. 此时有

$$\begin{aligned}\begin{bmatrix}\cos\varphi & -\sin\varphi\\ \sin\varphi & \cos\varphi\end{bmatrix}^{k+1}&=\begin{bmatrix}\cos\varphi & -\sin\varphi\\ \sin\varphi & \cos\varphi\end{bmatrix}^k\begin{bmatrix}\cos\varphi & -\sin\varphi\\ \sin\varphi & \cos\varphi\end{bmatrix}\\ &=\begin{bmatrix}\cos k\varphi & -\sin k\varphi\\ \sin k\varphi & \cos k\varphi\end{bmatrix}\begin{bmatrix}\cos\varphi & -\sin\varphi\\ \sin\varphi & \cos\varphi\end{bmatrix}\\ &=\begin{bmatrix}\cos(k+1)\varphi & -\sin(k+1)\varphi\\ \sin(k+1)\varphi & \cos(k+1)\varphi\end{bmatrix}\end{aligned}$$

于是等式得证. **证毕**

例 2.2.7 设 $f(x)=3x^2-4x+1$，矩阵

$$A=\begin{bmatrix}1 & -2\\0 & 3\end{bmatrix}$$

求矩阵多项式 $f(\boldsymbol{A})$.

解 因为

$$\boldsymbol{A}^2=\begin{bmatrix}1 & -2\\0 & 3\end{bmatrix}\begin{bmatrix}1 & -2\\0 & 3\end{bmatrix}=\begin{bmatrix}1 & -8\\0 & 9\end{bmatrix}$$

所以

$$f(\boldsymbol{A})=3\boldsymbol{A}^2-4\boldsymbol{A}+\boldsymbol{E}=3\begin{bmatrix}1 & -8\\0 & 9\end{bmatrix}-4\begin{bmatrix}1 & -2\\0 & 3\end{bmatrix}+\begin{bmatrix}1 & 0\\0 & 1\end{bmatrix}=\begin{bmatrix}0 & -16\\0 & 16\end{bmatrix}$$

2.2.4 矩阵的转置

定义 2.2.5 已知 $m\times n$ 矩阵 $\boldsymbol{A}=(a_{ij})_{m\times n}$，将 $\boldsymbol{A}$ 的行列依次互换，得到一个 $n\times m$ 矩阵，称为矩阵 $\boldsymbol{A}$ 的**转置矩阵**，记作 $\boldsymbol{A}^{\mathrm{T}}$ 或 $\boldsymbol{A}'$. 即

$$\boldsymbol{A}^{\mathrm{T}}=\begin{bmatrix}a_{11} & a_{21} & \cdots & a_{m1}\\a_{12} & a_{22} & \cdots & a_{m2}\\\vdots & \vdots & & \vdots\\a_{1n} & a_{2n} & \cdots & a_{mn}\end{bmatrix}$$

例如，$\boldsymbol{A}=\begin{bmatrix}2 & 1 & 0\\3 & -1 & 1\end{bmatrix}$，则 $\boldsymbol{A}^{\mathrm{T}}=\begin{bmatrix}2 & 3\\1 & -1\\0 & 1\end{bmatrix}$.

转置的矩阵具有下述运算规律(假设运算都是可行的)，即法则：

(1) $(\boldsymbol{A}^{\mathrm{T}})^{\mathrm{T}}=\boldsymbol{A}$；

(2) $(\boldsymbol{A}+\boldsymbol{B})^{\mathrm{T}}=\boldsymbol{A}^{\mathrm{T}}+\boldsymbol{B}^{\mathrm{T}}$；

(3) $(\lambda\boldsymbol{A})^{\mathrm{T}}=\lambda\boldsymbol{A}^{\mathrm{T}}$；

(4) $(\boldsymbol{AB})^{\mathrm{T}}=\boldsymbol{B}^{\mathrm{T}}\boldsymbol{A}^{\mathrm{T}}$.

由定义知，法则(1)、(2)、(3)易证，此处仅证明法则(4).

设 $\boldsymbol{A}=(a_{ij})_{m\times s}$，$\boldsymbol{B}=(b_{ij})_{s\times n}$，记 $\boldsymbol{AB}=\boldsymbol{C}=(c_{ij})_{m\times n}$，$\boldsymbol{B}^{\mathrm{T}}\boldsymbol{A}^{\mathrm{T}}=\boldsymbol{D}=(d_{ij})_{n\times m}$，于是按公式(2.2.4)，有

$$c_{ij}=\sum_{k=1}^{s}a_{ik}b_{kj}$$

而 $\boldsymbol{B}^{\mathrm{T}}$ 的第 i 行为 $(b_{1i},\cdots,b_{si})$，$\boldsymbol{A}^{\mathrm{T}}$ 的第 j 列为 $(a_{j1},\cdots,a_{js})$，因此

$$d_{ij}=\sum_{k=1}^{s}b_{ki}a_{jk}=\sum_{k=1}^{s}a_{jk}b_{ki}$$

所以 $d_{ij}=c_{ji}$ $(i=1,2,\cdots,n;\ j=1,2,\cdots,m)$，即 $\boldsymbol{D}=\boldsymbol{C}^{\mathrm{T}}$，亦即

$$\boldsymbol{B}^{\mathrm{T}}\boldsymbol{A}^{\mathrm{T}}=(\boldsymbol{AB})^{\mathrm{T}}$$

注意 法则(2)和(4)可以推广到有限个矩阵的情况，即

$$(\boldsymbol{A}_1+\boldsymbol{A}_2+\cdots+\boldsymbol{A}_s)^{\mathrm{T}}=\boldsymbol{A}_1^{\mathrm{T}}+\boldsymbol{A}_2^{\mathrm{T}}+\cdots+\boldsymbol{A}_s^{\mathrm{T}}$$

$$(\boldsymbol{A}_1\boldsymbol{A}_2\cdots\boldsymbol{A}_s)^{\mathrm{T}}=\boldsymbol{A}_s^{\mathrm{T}}\cdots\boldsymbol{A}_2^{\mathrm{T}}\boldsymbol{A}_1^{\mathrm{T}}$$

例 2.2.8 已知

$$\boldsymbol{A}=\begin{bmatrix}2&0&-1\\1&3&2\end{bmatrix},\quad \boldsymbol{B}=\begin{bmatrix}1&7&-1\\4&2&3\\2&0&1\end{bmatrix}$$

求$(\boldsymbol{AB})^{\mathrm{T}}$.

解 方法一：因为

$$\boldsymbol{AB}=\begin{bmatrix}2&0&-1\\1&3&2\end{bmatrix}\begin{bmatrix}1&7&-1\\4&2&3\\2&0&1\end{bmatrix}=\begin{bmatrix}0&14&-3\\17&13&10\end{bmatrix}$$

所以

$$(\boldsymbol{AB})^{\mathrm{T}}=\begin{bmatrix}0&17\\14&13\\-3&10\end{bmatrix}$$

方法二：

$$(\boldsymbol{AB})^{\mathrm{T}}=\boldsymbol{B}^{\mathrm{T}}\boldsymbol{A}^{\mathrm{T}}=\begin{bmatrix}1&4&2\\7&2&0\\-1&3&1\end{bmatrix}\begin{bmatrix}2&1\\0&3\\-1&2\end{bmatrix}=\begin{bmatrix}0&17\\14&13\\-3&10\end{bmatrix}$$

例 2.2.9 设$\boldsymbol{A}$与$\boldsymbol{B}$是两个n阶反对称矩阵，证明：当且仅当$\boldsymbol{AB}=-\boldsymbol{BA}$时，$\boldsymbol{AB}$是反对称矩阵.

证 因为$\boldsymbol{A}$与$\boldsymbol{B}$是反对称矩阵，所以

$$\boldsymbol{A}=-\boldsymbol{A}^{\mathrm{T}},\quad \boldsymbol{B}=-\boldsymbol{B}^{\mathrm{T}}$$

若$\boldsymbol{AB}=-\boldsymbol{BA}$，则

$$(\boldsymbol{AB})^{\mathrm{T}}=\boldsymbol{B}^{\mathrm{T}}\boldsymbol{A}^{\mathrm{T}}=\boldsymbol{BA}=-\boldsymbol{AB}$$

所以$\boldsymbol{AB}$是反对称矩阵.

反之，若$\boldsymbol{AB}$反对称，即

$$(\boldsymbol{AB})^{\mathrm{T}}=-\boldsymbol{AB}$$

则

$$\boldsymbol{AB}=-(\boldsymbol{AB})^{\mathrm{T}}=-\boldsymbol{B}^{\mathrm{T}}\boldsymbol{A}^{\mathrm{T}}=-(-\boldsymbol{B})(-\boldsymbol{A})=-\boldsymbol{BA}$$

证毕

例 2.2.10 设列矩阵$\boldsymbol{X}=(x_1, x_2, \cdots, x_n)^{\mathrm{T}}$满足$\boldsymbol{X}^{\mathrm{T}}\boldsymbol{X}=1$，$\boldsymbol{E}$为$n$阶单位矩阵，$\boldsymbol{H}=\boldsymbol{E}-2\boldsymbol{XX}^{\mathrm{T}}$，证明$\boldsymbol{H}$是对称矩阵，且$\boldsymbol{HH}^{\mathrm{T}}=\boldsymbol{E}$.

证明前请注意：$\boldsymbol{X}^{\mathrm{T}}\boldsymbol{X}=x_1^2+x_2^2+\cdots+x_n^2$是一阶方阵，也就是一个数，而$\boldsymbol{XX}^{\mathrm{T}}$是$n$阶方阵.

证 $$\boldsymbol{H}^{\mathrm{T}}=(\boldsymbol{E}-2\boldsymbol{XX}^{\mathrm{T}})^{\mathrm{T}}=\boldsymbol{E}^{\mathrm{T}}-2(\boldsymbol{XX}^{\mathrm{T}})^{\mathrm{T}}=\boldsymbol{E}-2\boldsymbol{XX}^{\mathrm{T}}=\boldsymbol{H}$$

所以$\boldsymbol{H}$是对称矩阵.

$$\begin{aligned}\boldsymbol{HH}^{\mathrm{T}}&=\boldsymbol{H}^2=(\boldsymbol{E}-2\boldsymbol{XX}^{\mathrm{T}})^2\\&=\boldsymbol{E}-4\boldsymbol{XX}^{\mathrm{T}}+4(\boldsymbol{XX}^{\mathrm{T}})(\boldsymbol{XX}^{\mathrm{T}})\\&=\boldsymbol{E}-4\boldsymbol{XX}^{\mathrm{T}}+4\boldsymbol{X}(\boldsymbol{X}^{\mathrm{T}}\boldsymbol{X})\boldsymbol{X}^{\mathrm{T}}\\&=\boldsymbol{E}-4\boldsymbol{XX}^{\mathrm{T}}+4\boldsymbol{XX}^{\mathrm{T}}=\boldsymbol{E}\end{aligned}$$

证毕

2.2.5 方阵的行列式

定义 2.2.6 由 n 阶方阵 $\boldsymbol{A}$ 的元素所构成的 n 阶行列式(各元素的位置不变)，称为方阵 $\boldsymbol{A}$ 的行列式，记作 $|\boldsymbol{A}|$ 或 $\det\boldsymbol{A}$，即

$$|\boldsymbol{A}| = |(a_{ij})_{m\times n}| = \begin{vmatrix} a_{11} & a_{12} & \cdots & a_{1n} \\ a_{21} & a_{22} & \cdots & a_{2n} \\ \vdots & \vdots & & \vdots \\ a_{n1} & a_{n2} & \cdots & a_{nn} \end{vmatrix} \qquad (2.2.5)$$

注意 方阵与行列式是两个不同的概念，n 阶方阵是 n^2 个数按一定方式排成的数表，而 n 阶行列式则是这些数(也就是数表 $\boldsymbol{A}$)按一定的运算法则所确定的一个数.

由 $\boldsymbol{A}$ 确定 $|\boldsymbol{A}|$ 的这个运算满足下述运算规律(设 $\boldsymbol{A}$、$\boldsymbol{B}$ 为 n 阶方阵，k 为常数)：

(1) $|\boldsymbol{A}^{\mathrm{T}}| = |\boldsymbol{A}|$ (行列式行列互换，行列式值不变)；

(2) $|k\boldsymbol{A}| = k^n|\boldsymbol{A}|$ (n 为矩阵的阶数)；

(3) $|\boldsymbol{AB}| = |\boldsymbol{A}||\boldsymbol{B}|$.

注意 对于 n 阶方阵 $\boldsymbol{A}$、$\boldsymbol{B}$，一般来说 $\boldsymbol{AB}\neq\boldsymbol{BA}$，但由(3)可知 $|\boldsymbol{AB}| = |\boldsymbol{BA}|$. 另外，(3)还可以推广到有限个方阵的乘积的行列式，即 $|\boldsymbol{A}_1\boldsymbol{A}_2\cdots\boldsymbol{A}_s| = |\boldsymbol{A}_1||\boldsymbol{A}_2|\cdots|\boldsymbol{A}_s|$.

在此我们仅证明(3). 设 $\boldsymbol{A}=(a_{ij})$，$\boldsymbol{B}=(b_{ij})$，记 $2n$ 阶行列式

$$D = \begin{vmatrix} a_{11} & \cdots & a_{1n} & 0 & \cdots & 0 \\ \vdots & & \vdots & \vdots & & \vdots \\ a_{n1} & \cdots & a_{nn} & 0 & \cdots & 0 \\ -1 & \cdots & 0 & b_{11} & \cdots & b_{1n} \\ \vdots & & \vdots & \vdots & & \vdots \\ 0 & \cdots & -1 & b_{n1} & \cdots & b_{nn} \end{vmatrix} = \begin{vmatrix} \boldsymbol{A} & \boldsymbol{O} \\ -\boldsymbol{E} & \boldsymbol{B} \end{vmatrix}$$

由第一章的 1.3 节例 1.3.6 可知 $D=|\boldsymbol{A}||\boldsymbol{B}|$，而在 D 中以 b_{1j} 乘第 1 列，b_{2j} 乘第 2 列，…，b_{nj} 乘第 n 列，都加到第 $n+j$ 列上($j=1, 2, \cdots, n$)，有

$$D = \begin{vmatrix} \boldsymbol{A} & \boldsymbol{C} \\ -\boldsymbol{E} & \boldsymbol{O} \end{vmatrix}$$

其中，$\boldsymbol{C}=(c_{ij})$，$c_{ij}=b_{1j}a_{i1}+b_{2j}a_{i2}+\cdots+b_{nj}a_{in}$，故 $\boldsymbol{C}=\boldsymbol{AB}$.

再对 D 的行作 $r_j\leftrightarrow r_{j+n}$ ($j=1, 2, \cdots, n$)，有

$$D = (-1)^n\begin{vmatrix} \boldsymbol{A} & \boldsymbol{C} \\ -\boldsymbol{E} & \boldsymbol{O} \end{vmatrix}$$

从而按第一章的 1.3 节例 1.3.6 有

$$D = (-1)^n|-\boldsymbol{E}||\boldsymbol{C}| = (-1)^n(-1)^n|\boldsymbol{C}| = |\boldsymbol{C}| = |\boldsymbol{AB}|$$

于是 $|\boldsymbol{AB}| = |\boldsymbol{BA}|$.

例 2.2.11 设 $\boldsymbol{A}$ 为三阶矩阵，$|\boldsymbol{A}|=-2$，求 $|2\boldsymbol{A}|$.

解 由于 $\boldsymbol{A}$ 为三阶矩阵，则 $|2\boldsymbol{A}|=2^3|\boldsymbol{A}|=8\times(-2)=-16$.

例 2.2.12 设 n 阶方阵 $\boldsymbol{A}=(a_{ij})_{m\times n}$，行列式 $|\boldsymbol{A}|$ 的各个元素的代数余子式 A_{ij} 所构成的如下矩阵

$$
\boldsymbol{A}^* = \begin{bmatrix} A_{11} & A_{21} & \cdots & A_{n1} \\ A_{12} & A_{22} & \cdots & A_{n2} \\ \vdots & \vdots & & \vdots \\ A_{1n} & A_{2n} & \cdots & A_{nn} \end{bmatrix} \tag{2.2.6}
$$

称为矩阵 $\boldsymbol{A}$ 的**伴随矩阵**. 试证 $\boldsymbol{AA}^*=\boldsymbol{A}^*\boldsymbol{A}=|\boldsymbol{A}|\boldsymbol{E}$.

证 设 $\boldsymbol{A}=(a_{ij})$，记 $\boldsymbol{AA}^*=(b_{ij})$，则

$$
b_{ij} = a_{i1}A_{j1}+a_{i2}A_{j2}+\cdots+a_{in}A_{jn} = |\boldsymbol{A}|\delta_{ij}
$$

故

$$
\boldsymbol{AA}^* = (|\boldsymbol{A}|\delta_{ij}) = |\boldsymbol{A}|(\delta_{ij}) = |\boldsymbol{A}|E
$$

类似有

$$
\boldsymbol{A}^*\boldsymbol{A} = \sum_{k=1}^{n} A_{ki}a_{kj} = (|\boldsymbol{A}|\delta_{ij}) = |\boldsymbol{A}|(\delta_{ij}) = |\boldsymbol{A}|\boldsymbol{E}
$$

证毕

注意 此题的结论 $\boldsymbol{AA}^*=\boldsymbol{A}^*\boldsymbol{A}=|\boldsymbol{A}|\boldsymbol{E}$ 经常要用到.

2.3 可逆矩阵

解一元线性方程 $ax=1$，当 $a\neq 0$ 时，存在一个数 $a^{-1}=\dfrac{1}{a}$是该方程的解，此时称 a^{-1} 为 a 的倒数，也称为 a 的逆数.

由于单位矩阵 $\boldsymbol{E}$ 在矩阵的乘法运算中的作用相当于数 1 在数的乘法中的作用，那么是否也存在一个类似于 a^{-1} 的矩阵(记为 $\boldsymbol{A}^{-1}$)，使 $\boldsymbol{AA}^{-1}=\boldsymbol{A}^{-1}\boldsymbol{A}=\boldsymbol{E}$ 呢？若有，则称 $\boldsymbol{A}$ 可逆，$\boldsymbol{A}^{-1}$ 称为 $\boldsymbol{A}$ 的逆阵.

定义 2.3.1 设 $\boldsymbol{A}$ 为 n 阶方阵，如果存在一个 n 阶方阵 $\boldsymbol{B}$，使

$$
\boldsymbol{AB} = \boldsymbol{BA} = \boldsymbol{E} \tag{2.3.1}
$$

则称矩阵 $\boldsymbol{A}$ 是可逆的，并称矩阵 $\boldsymbol{B}$ 为 $\boldsymbol{A}$ 的**逆矩阵**(或逆阵).

由定义不难发现：

(1) 由式(2.3.1)可以看出，$\boldsymbol{A}$ 和 $\boldsymbol{B}$ 的地位是平等的，故 $\boldsymbol{A}$、$\boldsymbol{B}$ 两矩阵互为逆矩阵，也称 $\boldsymbol{A}$ 是 $\boldsymbol{B}$ 的逆矩阵；

(2) 单位矩阵 $\boldsymbol{E}$ 是可逆的，即 $\boldsymbol{E}^{-1}=\boldsymbol{E}$；

(3) 零矩阵是不可逆的，即取不到 $\boldsymbol{B}$，使 $\boldsymbol{OB}=\boldsymbol{BO}=\boldsymbol{E}$；

(4) 如果 $\boldsymbol{A}$ 可逆，那么 $\boldsymbol{A}$ 的逆矩阵是唯一的.

事实上，设 $\boldsymbol{B}$、$\boldsymbol{C}$ 都是 $\boldsymbol{A}$ 的逆矩阵，则有

$$
\boldsymbol{B} = \boldsymbol{BE} = \boldsymbol{B}(\boldsymbol{AC}) = (\boldsymbol{BA})\boldsymbol{C} = \boldsymbol{EC} = \boldsymbol{C}
$$

$\boldsymbol{A}$ 的逆矩阵记作 $\boldsymbol{A}^{-1}$. 即若 $\boldsymbol{AB}=\boldsymbol{BA}=\boldsymbol{E}$，则 $\boldsymbol{B}=\boldsymbol{A}^{-1}$.

定义 2.3.2 若 n 阶方阵 $\boldsymbol{A}$ 的行列式 $|\boldsymbol{A}|\neq 0$，则称 $\boldsymbol{A}$ 是**非奇异矩阵**(或非退化矩阵)，否则称 $\boldsymbol{A}$ 为**奇异矩阵**(或退化矩阵).

定理 2.3.1 n 阶方阵 $\boldsymbol{A}$ 可逆 $\Leftrightarrow |\boldsymbol{A}|\neq 0$，即 $\boldsymbol{A}$ 是非奇异矩阵，且当 $\boldsymbol{A}$ 可逆时

$$
\boldsymbol{A}^{-1} = \frac{1}{|\boldsymbol{A}|}\boldsymbol{A}^* \tag{2.3.2}
$$

证 必要性. 因为 $\boldsymbol{A}$ 可逆，由定义有 $\boldsymbol{AA}^{-1}=\boldsymbol{E}$，故 $|\boldsymbol{A}|\,|\boldsymbol{A}^{-1}|=|\boldsymbol{E}|=1$，所以 $|\boldsymbol{A}|\neq 0$.

充分性. 由例 2.2.12 知，$AA^* = A^*A = |A|E$.

由于 $|A| \neq 0$，故 $A\dfrac{1}{|A|}A^* = \dfrac{1}{|A|}A^*A = E$.

由定义 2.3.1 知，A 可逆，且 $A^{-1} = \dfrac{1}{|A|}A^*$. **证毕**

推论 设 A、B 都是 n 阶方阵，若 $AB=E$（或 $BA=E$），则 A、B 都是可逆矩阵，且 $A^{-1}=B$，$B^{-1}=A$.

证 因为 $AB=E$，故有 $|A||B|=|E|=1$，从而 $|A|\neq 0$，$|B|\neq 0$.

根据定理 2.3.1 知，A、B 均可逆，故

$$A^{-1} = A^{-1}E = A^{-1}(AB) = (A^{-1}A)B = EB = B$$

同理，$B^{-1}=A$. **证毕**

注意 由推论知，在证明 A 可逆时，只需验证 $AB=E$ 或 $BA=E$ 中一个成立即可.

可逆矩阵还具有以下性质：

(1) 若 A 可逆，则 A^{-1} 亦可逆，且 $(A^{-1})^{-1}=A$；

(2) 若 A 可逆，则 A^{T} 亦可逆，且 $(A^{\mathrm{T}})^{-1}=(A^{-1})^{\mathrm{T}}$；

(3) 若 A 可逆，数 $\lambda\neq 0$，则 λA 可逆，且 $(\lambda A)^{-1}=\dfrac{1}{\lambda}A^{-1}$；

(4) 若 A、B 为同阶方阵且均可逆，则 AB 亦可逆，且

$$(AB)^{-1} = B^{-1}A^{-1}$$

(5) 若 A 可逆，则 $|A^{-1}|=\dfrac{1}{|A|}$.

性质(1)、(2)、(5)的证明由读者完成，以下仅证明性质(3)、(4).

证 性质(3) 因为

$$(\lambda A)\left(\frac{1}{\lambda}A^{-1}\right) = \left(\lambda\frac{1}{\lambda}\right)(AA^{-1}) = E$$ **证毕**

所以由推论知，λA 可逆，且 $(\lambda A)^{-1}=\dfrac{1}{\lambda}A^{-1}$.

性质(4) 因为

$$(AB)(B^{-1}A^{-1}) = A(BB^{-1})A^{-1} = AEA^{-1} = AA^{-1} = E$$ **证毕**

所以由推论知，AB 可逆，且 $(AB)^{-1}=B^{-1}A^{-1}$。

注意 性质(4)可推广到有限个可逆方阵相乘的情形. 即若 A_1，A_2，…，A_k 为同阶可逆方阵，则 $A_1A_2\cdots A_k$ 也可逆，且 $(A_1A_2\cdots A_k)^{-1}=A_k^{-1}\cdots A_2^{-1}A_1^{-1}$.

例 2.3.1 如果 $A=\begin{bmatrix} a_1 & 0 & \cdots & 0 \\ 0 & a_2 & \cdots & 0 \\ \vdots & \vdots & & \vdots \\ 0 & 0 & \cdots & a_n \end{bmatrix}$，其中 $a_i\neq 0(i=1, 2, \cdots, n)$. 验证

$$A^{-1} = \begin{bmatrix} 1/a_1 & 0 & \cdots & 0 \\ 0 & 1/a_2 & \cdots & 0 \\ \vdots & \vdots & & \vdots \\ 0 & 0 & \cdots & 1/a_n \end{bmatrix}$$

证 因为

$$\begin{bmatrix} a_1 & 0 & \cdots & 0 \\ 0 & a_2 & \cdots & 0 \\ \vdots & \vdots & & \vdots \\ 0 & 0 & \cdots & a_n \end{bmatrix}\begin{bmatrix} 1/a_1 & 0 & \cdots & 0 \\ 0 & 1/a_2 & \cdots & 0 \\ \vdots & \vdots & & \vdots \\ 0 & 0 & \cdots & 1/a_n \end{bmatrix}$$

$$=\begin{bmatrix} 1/a_1 & 0 & \cdots & 0 \\ 0 & 1/a_2 & \cdots & 0 \\ \vdots & \vdots & & \vdots \\ 0 & 0 & \cdots & 1/a_n \end{bmatrix}\begin{bmatrix} a_1 & 0 & \cdots & 0 \\ 0 & a_2 & \cdots & 0 \\ \vdots & \vdots & & \vdots \\ 0 & 0 & \cdots & a_n \end{bmatrix}=\begin{bmatrix} 1 & 0 & \cdots & 0 \\ 0 & 1 & \cdots & 0 \\ \vdots & \vdots & & \vdots \\ 0 & 0 & \cdots & 1 \end{bmatrix}$$

所以

$$\boldsymbol{A}^{-1}=\begin{bmatrix} 1/a_1 & 0 & \cdots & 0 \\ 0 & 1/a_2 & \cdots & 0 \\ \vdots & \vdots & & \vdots \\ 0 & 0 & \cdots & 1/a_n \end{bmatrix}$$

证毕

例 2.3.2 判断下列矩阵是否可逆，若可逆，求其逆矩阵：

$$\boldsymbol{A}=\begin{bmatrix} 1 & 2 & 3 \\ 2 & 2 & 1 \\ 3 & 4 & 3 \end{bmatrix}$$

解 求得 $|\boldsymbol{A}|=\begin{vmatrix} 1 & 2 & 3 \\ 2 & 2 & 1 \\ 3 & 4 & 3 \end{vmatrix}=2\neq 0$，所以 $\boldsymbol{A}$ 可逆，又因为

$$A_{11}=2,\ A_{21}=6,\ A_{31}=-4$$
$$A_{12}=-3,\ A_{22}=-6,\ A_{32}=5$$
$$A_{13}=2,\ A_{23}=2,\ A_{33}=-2$$

得

$$\boldsymbol{A}^*=\begin{bmatrix} 2 & 6 & -4 \\ -3 & -6 & 5 \\ 2 & 2 & -2 \end{bmatrix}$$

所以

$$\boldsymbol{A}^{-1}=\frac{1}{|\boldsymbol{A}|}\boldsymbol{A}^*=\begin{bmatrix} 1 & 3 & -2 \\ -\frac{3}{2} & -3 & \frac{5}{2} \\ 1 & 1 & -1 \end{bmatrix}$$

例 2.3.3 证明矩阵 $\boldsymbol{A}=\begin{bmatrix} 1 & 0 \\ 0 & 0 \end{bmatrix}$ 无逆矩阵.

证 假定 $\boldsymbol{A}$ 有逆矩阵 $\boldsymbol{B}=(b_{ij})_{2\times 2}$ 使 $\boldsymbol{AB}=\boldsymbol{BA}=\boldsymbol{E}_2$，则

$$\begin{bmatrix} 1 & 0 \\ 0 & 0 \end{bmatrix}\begin{bmatrix} b_{11} & b_{12} \\ b_{21} & b_{22} \end{bmatrix}=\begin{bmatrix} b_{11} & b_{12} \\ 0 & 0 \end{bmatrix}=\boldsymbol{E}_2=\begin{bmatrix} 1 & 0 \\ 0 & 1 \end{bmatrix}$$

但这是不可能的，因为由 $\begin{bmatrix} b_{11} & b_{12} \\ 0 & 0 \end{bmatrix}=\begin{bmatrix} 1 & 0 \\ 0 & 1 \end{bmatrix}$ 将推出 $0=1$ 的谬论来. 因此 $\boldsymbol{A}$ 无逆矩阵.

证毕

例 2.3.4 设

$$A=\begin{bmatrix}1&2&3\\2&2&1\\3&4&3\end{bmatrix},\quad B=\begin{bmatrix}2&1\\5&3\end{bmatrix},\quad C=\begin{bmatrix}1&3\\2&0\\3&1\end{bmatrix}$$

求矩阵 X 使其满足

$$AXB=C$$

解 若 A^{-1}，B^{-1}存在，则用 A^{-1}左乘上式，B^{-1}右乘上式，有

$$A^{-1}AXBB^{-1}=A^{-1}CB^{-1}$$

即

$$X=A^{-1}CB^{-1}$$

由例 2.3.2 知，$|A|\neq 0$，而$|B|=1\neq 0$，故知 A，B 都可逆，且

$$A^{-1}=\begin{bmatrix}1&3&-2\\-\frac{3}{2}&-3&\frac{5}{2}\\1&1&-1\end{bmatrix},\quad B^{-1}=\begin{bmatrix}3&-1\\-5&2\end{bmatrix}$$

于是

$$X=A^{-1}CB^{-1}=\begin{bmatrix}1&3&-2\\-\frac{3}{2}&-3&\frac{5}{2}\\1&1&-1\end{bmatrix}\begin{bmatrix}1&3\\2&0\\3&1\end{bmatrix}\begin{bmatrix}3&-1\\-5&2\end{bmatrix}$$

$$=\begin{bmatrix}1&1\\0&-2\\0&2\end{bmatrix}\begin{bmatrix}3&-1\\-5&2\end{bmatrix}=\begin{bmatrix}-2&1\\10&-4\\-10&4\end{bmatrix}$$

例 2.3.5 若方阵 A 满足 $A^2-3A-4E=O$，证明 A 和 $A-2E$ 都可逆，并求 A^{-1}，$(A-2E)^{-1}$.

证 由 $A^2-3A-4E=O$ 得 $A(A-3E)=4E$，即

$$A\left[\frac{1}{4}(A-3E)\right]=E$$

由定理 2.3.1 的推论知 A 可逆，且 $A^{-1}=\frac{1}{4}(A-3E)$.

再由 $A^2-3A-4E=O$，得$(A-2E)(A-E)=6E$.

由定理 2.3.1 的推论知 $A-2E$ 可逆，且$(A-2E)^{-1}=\frac{1}{6}(A-E)$. **证毕**

例 2.3.6 设 $P=\begin{bmatrix}1&2\\1&4\end{bmatrix}$，$\Lambda=\begin{bmatrix}1&0\\0&2\end{bmatrix}$，$AP=P\Lambda$，求 A^n.

解

$$|P|=2,\ P^{-1}=\frac{1}{2}\begin{bmatrix}4&-2\\-1&1\end{bmatrix}$$

$$A=P\Lambda P^{-1},\ A^2=P\Lambda P^{-1}P\Lambda P^{-1}=P\Lambda^2P^{-1},\ \cdots,\ A^n=P\Lambda^nP^{-1}$$

而

$$\Lambda^2=\begin{bmatrix}1&0\\0&2\end{bmatrix}\begin{bmatrix}1&0\\0&2\end{bmatrix}=\begin{bmatrix}1&0\\0&2^2\end{bmatrix},\ \cdots,\ \Lambda^n=\begin{bmatrix}1&0\\0&2^n\end{bmatrix}$$

故

$$A^n=\begin{bmatrix}1&2\\1&4\end{bmatrix}\begin{bmatrix}1&0\\0&2^n\end{bmatrix}\frac{1}{2}\begin{bmatrix}4&-2\\-1&1\end{bmatrix}=\frac{1}{2}\begin{bmatrix}1&2^{n+1}\\1&2^{n+2}\end{bmatrix}\begin{bmatrix}4&-2\\-1&1\end{bmatrix}$$

$$=\frac{1}{2}\begin{bmatrix}4-2^{n+1}&2^{n+1}-2\\4-2^{n+2}&2^{n+2}-2\end{bmatrix}=\begin{bmatrix}2-2^n&2^n-1\\2-2^{n+1}&2^{n+1}-1\end{bmatrix}$$

2.4 矩阵的分块

在矩阵的运算中，如果矩阵是行数和列数较大的矩阵，可以考虑将它们进行分块，将大矩阵的运算转化成小矩阵的运算.

所谓矩阵的分块，就是用若干条纵线和横线把一个矩阵 $\boldsymbol{A}$ 分成多个小矩阵，每个小矩阵称为 $\boldsymbol{A}$ 的子块，以子块作为元素，这种形式上的矩阵称为分块矩阵. 对于一个矩阵，可以给出多种分块的方法.

例如将 3×4 矩阵

$$\boldsymbol{A}=\begin{bmatrix}a_{11}&a_{12}&a_{13}&a_{14}\\a_{21}&a_{22}&a_{23}&a_{24}\\a_{31}&a_{32}&a_{33}&a_{34}\end{bmatrix}$$

分成子块的分法很多，下面举出其中四种分块形式：

(1) $\boldsymbol{A}=\left[\begin{array}{cc:cc}a_{11}&a_{12}&a_{13}&a_{14}\\a_{21}&a_{22}&a_{23}&a_{24}\\\hdashline a_{31}&a_{32}&a_{33}&a_{34}\end{array}\right]$

(2) $\boldsymbol{A}=\left[\begin{array}{c:ccc}a_{11}&a_{12}&a_{13}&a_{14}\\a_{21}&a_{22}&a_{23}&a_{24}\\\hdashline a_{31}&a_{32}&a_{33}&a_{34}\end{array}\right]$

(3) $\boldsymbol{A}=\left[\begin{array}{c:c:c:c}a_{11}&a_{12}&a_{13}&a_{14}\\a_{21}&a_{22}&a_{23}&a_{24}\\a_{31}&a_{32}&a_{33}&a_{34}\end{array}\right]$

(4) $\boldsymbol{A}=\left[\begin{array}{c:cc:c}a_{11}&a_{12}&a_{13}&a_{14}\\a_{21}&a_{22}&a_{23}&a_{24}\\\hdashline a_{31}&a_{32}&a_{33}&a_{34}\end{array}\right]$

分法(1)可记为

$$\boldsymbol{A}=\begin{bmatrix}\boldsymbol{A}_{11}&\boldsymbol{A}_{12}\\\boldsymbol{A}_{21}&\boldsymbol{A}_{22}\end{bmatrix}$$

其中

$$\boldsymbol{A}_{11}=\begin{bmatrix}a_{11}&a_{12}\\a_{21}&a_{22}\end{bmatrix},\quad \boldsymbol{A}_{12}=\begin{bmatrix}a_{13}&a_{14}\\a_{23}&a_{24}\end{bmatrix}$$

$$\boldsymbol{A}_{21}=\begin{bmatrix}a_{31}&a_{32}\end{bmatrix},\quad \boldsymbol{A}_{22}=\begin{bmatrix}a_{33}&a_{34}\end{bmatrix}$$

即 $\boldsymbol{A}_{11}$，$\boldsymbol{A}_{12}$，$\boldsymbol{A}_{21}$，$\boldsymbol{A}_{22}$ 为 $\boldsymbol{A}$ 的子块，而 $\boldsymbol{A}$ 形式上成为以这些子块为元素的分块矩阵. 分法(2)及(3)的分块矩阵很容易写出.

注意 矩阵 $\boldsymbol{A}$ 本身就可以看成一个只有一块的分块矩阵.

以下列出分块矩阵的几种运算：

(1) 设 $\boldsymbol{A}$、$\boldsymbol{B}$ 均为 $m\times n$ 矩阵，将 $\boldsymbol{A}$、$\boldsymbol{B}$ 按同样的方式分块，即得分块矩阵

$$\boldsymbol{A}=\begin{bmatrix}\boldsymbol{A}_{11} & \boldsymbol{A}_{12} & \cdots & \boldsymbol{A}_{1r}\\ \boldsymbol{A}_{21} & \boldsymbol{A}_{22} & \cdots & \boldsymbol{A}_{2r}\\ \vdots & \vdots & & \vdots\\ \boldsymbol{A}_{s1} & \boldsymbol{A}_{s2} & \cdots & \boldsymbol{A}_{sr}\end{bmatrix},\quad \boldsymbol{B}=\begin{bmatrix}\boldsymbol{B}_{11} & \boldsymbol{B}_{12} & \cdots & \boldsymbol{B}_{1r}\\ \boldsymbol{B}_{21} & \boldsymbol{B}_{22} & \cdots & \boldsymbol{B}_{2r}\\ \vdots & \vdots & & \vdots\\ \boldsymbol{B}_{s1} & \boldsymbol{B}_{s2} & \cdots & \boldsymbol{B}_{sr}\end{bmatrix}$$

其中 $\boldsymbol{A}_{ij}$ 与 $\boldsymbol{B}_{ij}$ 的行数相同、列数相同，则

$$\boldsymbol{A}+\boldsymbol{B}=\begin{bmatrix}\boldsymbol{A}_{11}+\boldsymbol{B}_{11} & \boldsymbol{A}_{12}+\boldsymbol{B}_{12} & \cdots & \boldsymbol{A}_{1r}+\boldsymbol{B}_{1r}\\ \boldsymbol{A}_{21}+\boldsymbol{B}_{21} & \boldsymbol{A}_{22}+\boldsymbol{B}_{22} & \cdots & \boldsymbol{A}_{2r}+\boldsymbol{B}_{2r}\\ \vdots & \vdots & & \vdots\\ \boldsymbol{A}_{s1}+\boldsymbol{B}_{s1} & \boldsymbol{A}_{s2}+\boldsymbol{B}_{s2} & \cdots & \boldsymbol{A}_{sr}+\boldsymbol{B}_{sr}\end{bmatrix}. \tag{2.4.1}$$

(2) 设 $\boldsymbol{A}=\begin{bmatrix}\boldsymbol{A}_{11} & \boldsymbol{A}_{12} & \cdots & \boldsymbol{A}_{1r}\\ \boldsymbol{A}_{21} & \boldsymbol{A}_{22} & \cdots & \boldsymbol{A}_{2r}\\ \vdots & \vdots & & \vdots\\ \boldsymbol{A}_{s1} & \boldsymbol{A}_{s2} & \cdots & \boldsymbol{A}_{sr}\end{bmatrix}$，$k$ 为常数，那么

$$k\boldsymbol{A}=\begin{bmatrix}k\boldsymbol{A}_{11} & k\boldsymbol{A}_{12} & \cdots & k\boldsymbol{A}_{1r}\\ k\boldsymbol{A}_{21} & k\boldsymbol{A}_{22} & \cdots & k\boldsymbol{A}_{2r}\\ \vdots & \vdots & & \vdots\\ k\boldsymbol{A}_{s1} & k\boldsymbol{A}_{s2} & \cdots & k\boldsymbol{A}_{sr}\end{bmatrix} \tag{2.4.2}$$

(3) 设 $\boldsymbol{A}$ 为 $m\times n$ 矩阵，$\boldsymbol{B}$ 为 $n\times m$ 矩阵，分块成

$$\boldsymbol{A}=\begin{bmatrix}\boldsymbol{A}_{11} & \cdots & \boldsymbol{A}_{1t}\\ \vdots & & \vdots\\ \boldsymbol{A}_{s1} & \cdots & \boldsymbol{A}_{st}\end{bmatrix},\quad \boldsymbol{B}=\begin{bmatrix}\boldsymbol{B}_{11} & \cdots & \boldsymbol{B}_{1r}\\ \vdots & & \vdots\\ \boldsymbol{B}_{t1} & \cdots & \boldsymbol{B}_{tr}\end{bmatrix}$$

其中 $\boldsymbol{A}_{i1}$，$\boldsymbol{A}_{i2}$，…，$\boldsymbol{A}_{it}$ 的列数分别等于 $\boldsymbol{B}_{1j}$，$\boldsymbol{B}_{2j}$，…，$\boldsymbol{B}_{tj}$ 的行数，那么

$$\boldsymbol{AB}=\begin{bmatrix}\boldsymbol{C}_{11} & \cdots & \boldsymbol{C}_{1r}\\ \vdots & & \vdots\\ \boldsymbol{C}_{s1} & \cdots & \boldsymbol{C}_{sr}\end{bmatrix} \tag{2.4.3}$$

其中 $\boldsymbol{C}_{ij}=\sum\limits_{k=1}^{t}\boldsymbol{A}_{ik}\boldsymbol{B}_{kj}\,(i=1,2,\cdots,s;\ j=1,2,\cdots,r)$.

(4) 设 $\boldsymbol{A}=\begin{bmatrix}\boldsymbol{A}_{11} & \boldsymbol{A}_{12} & \cdots & \boldsymbol{A}_{1r}\\ \boldsymbol{A}_{21} & \boldsymbol{A}_{22} & \cdots & \boldsymbol{A}_{2r}\\ \vdots & \vdots & & \vdots\\ \boldsymbol{A}_{s1} & \boldsymbol{A}_{s2} & \cdots & \boldsymbol{A}_{sr}\end{bmatrix}$，则

$$A^T=\begin{bmatrix}A_{11}^T & A_{21}^T & \cdots & A_{s1}^T\\ A_{12}^T & A_{22}^T & \cdots & A_{s2}^T\\ \vdots & \vdots & & \vdots\\ A_{1r}^T & A_{2r}^T & \cdots & A_{sr}^T\end{bmatrix} \tag{2.4.4}$$

注意 分块矩阵转置时，不但要将子块行、列互换，而且行、列互换后的各个子块都应转置.

(5) 设 $\boldsymbol{A}$ 为 n 阶矩阵，若 $\boldsymbol{A}$ 的分块矩阵只有在主对角线上有非零子块，其余子块都为零矩阵，且非零子块都是方阵，即

$$A=\begin{bmatrix}A_1 & O & \cdots & O\\ O & A_2 & \cdots & O\\ \vdots & \vdots & & \vdots\\ O & O & \cdots & A_s\end{bmatrix}$$

则 $\boldsymbol{A}$ 为分块对角矩阵，其行列式为

$$|A|=|A_1||A_2|\cdots|A_n| \tag{2.4.5}$$

若 $|A_i|\neq 0(i=1, 2, \cdots, s)$，则 $|A|\neq 0$，易求得

$$A^{-1}=\begin{bmatrix}A_1^{-1} & O & \cdots & O\\ O & A_2^{-1} & \cdots & O\\ \vdots & \vdots & & \vdots\\ O & O & \cdots & A_s^{-1}\end{bmatrix} \tag{2.4.6}$$

例 2.4.1 设

$$A=\begin{bmatrix}1 & 0 & 0 & 0\\ 0 & 1 & 0 & 0\\ -1 & 2 & 1 & 0\\ 1 & 1 & 0 & 1\end{bmatrix},\quad B=\begin{bmatrix}1 & 0 & 1 & 0\\ -1 & 2 & 0 & 1\\ 1 & 0 & 4 & 1\\ -1 & -1 & 2 & 0\end{bmatrix}$$

求 $\boldsymbol{AB}$.

解 把 $\boldsymbol{A}$、$\boldsymbol{B}$ 分块成

$$A=\left[\begin{array}{cc:cc}1 & 0 & 0 & 0\\ 0 & 1 & 0 & 0\\ \hdashline -1 & 2 & 1 & 0\\ 1 & 1 & 0 & 1\end{array}\right]=\begin{bmatrix}E & O\\ A_1 & E\end{bmatrix}$$

$$B=\left[\begin{array}{cc:cc}1 & 0 & 1 & 0\\ -1 & 2 & 0 & 1\\ \hdashline 1 & 0 & 4 & 1\\ -1 & -1 & 2 & 0\end{array}\right]=\begin{bmatrix}B_{11} & E\\ B_{21} & B_{22}\end{bmatrix}$$

而

$$AB=\begin{bmatrix}E & O\\ A_1 & E\end{bmatrix}\begin{bmatrix}B_{11} & E\\ B_{21} & B_{22}\end{bmatrix}=\begin{bmatrix}B_{11} & E\\ A_1B_{11}+B_{21} & A_1+B_{22}\end{bmatrix}$$

$$A_1B_{11}+B_{21}=\begin{bmatrix}-1 & 2\\ 1 & 1\end{bmatrix}\begin{bmatrix}1 & 0\\ -1 & 2\end{bmatrix}+\begin{bmatrix}1 & 0\\ -1 & -1\end{bmatrix}$$

$$=\begin{bmatrix}-3 & 4\\ 0 & 2\end{bmatrix}+\begin{bmatrix}1 & 0\\ -1 & -1\end{bmatrix}=\begin{bmatrix}-2 & 4\\ -1 & 1\end{bmatrix}$$

$$A_1+B_{22}=\begin{bmatrix}-1 & 2\\ 1 & 1\end{bmatrix}+\begin{bmatrix}4 & 1\\ 2 & 0\end{bmatrix}=\begin{bmatrix}3 & 3\\ 3 & 1\end{bmatrix}$$

于是

$$AB=\left[\begin{array}{cc:cc}1 & 0 & 1 & 0\\ -1 & 2 & 0 & 1\\ \hdashline -2 & 4 & 3 & 3\\ -1 & 1 & 3 & 1\end{array}\right]$$

例 2.4.2 设 $A=\begin{bmatrix}2 & 0 & 0\\ 0 & 3 & 1\\ 0 & 2 & 1\end{bmatrix}$，求 A^{-1}.

解

$$A=\begin{bmatrix}2 & 0 & 0\\ 0 & 3 & 1\\ 0 & 2 & 1\end{bmatrix}=\begin{bmatrix}A_1 & O\\ O & A_2\end{bmatrix}$$

$$A_1=(2),\quad A_1^{-1}=\left(\frac{1}{2}\right),\quad A_2=\begin{bmatrix}3 & 1\\ 2 & 1\end{bmatrix},\quad A_2^{-1}=\begin{bmatrix}1 & -1\\ -2 & 3\end{bmatrix}$$

所以

$$A^{-1}=\begin{bmatrix}\frac{1}{2} & 0 & 0\\ 0 & 1 & -1\\ 0 & -2 & 3\end{bmatrix}$$

例 2.4.3 设 A 为 $m\times n$ 矩阵，C 为 $n\times p$ 矩阵，则 $AC=O$ 的充分必要条件是 C 的各列均是齐次线性方程组 $Ax=O$ 的解.

证 将矩阵 C 分块为 $C=(c_1, c_2, \cdots, c_p)$，其中 c_i 是 C 的第 i 列，于是由分块矩阵的乘法运算得

$$AC=A(c_1, c_2, \cdots, c_p)=(Ac_1, Ac_2, \cdots, Ac_p)$$

所以

$$AC=O\Leftrightarrow(Ac_1, Ac_2, \cdots, Ac_p)=(0, 0, \cdots, 0)$$

$$\Leftrightarrow Ac_1=0, Ac_2=0, \cdots, Ac_p=0$$

$$\Leftrightarrow c_1, c_2, \cdots, c_p$$

是齐次线性方程组 $Ax=0$ 的解. **证毕**

2.5 矩阵的初等变换

前面对于方阵求逆阵时，由于 A^* 的计算量较大，显得较为困难. 本节介绍另一种方法，即用矩阵的初等变换求逆矩阵. 当然，矩阵初等变换的应用并不局限于此，后面将陆续地体现.

2.5.1 初等变换

定义 2.5.1 设$\boldsymbol{A}=(a_{ij})_{m\times n}$，下面给出三种对矩阵$\boldsymbol{A}$的变换：

(1) 交换$\boldsymbol{A}$的i，j行(列)，记作$r_i\leftrightarrow r_j(c_i\leftrightarrow c_j)$；

(2) 用一个非零常数k乘$\boldsymbol{A}$的第i行(列)，记作kr_i或kc_i；

(3) 将$\boldsymbol{A}$的第j行(列)的k倍加到第i行(列)，k为任意常数，记作$r_i+kr_j(c_i+kc_j)$，称为矩阵的**初等行(列)变换**. 一般地，矩阵的初等行变换与初等列变换，统称为矩阵的**初等变换**.

定义 2.5.2 如果矩阵$\boldsymbol{A}$经过有限次初等变换变成矩阵$\boldsymbol{B}$，则称矩阵$\boldsymbol{A}$与$\boldsymbol{B}$是**等价的**，记作$\boldsymbol{A}\sim\boldsymbol{B}$.

等价是矩阵之间的一种关系，显然满足下列性质：

(1) 反身性：$\boldsymbol{A}\sim\boldsymbol{A}$.

(2) 对称性：若$\boldsymbol{A}\sim\boldsymbol{B}$，则$\boldsymbol{B}\sim\boldsymbol{A}$.

(3) 传递性：若$\boldsymbol{A}\sim\boldsymbol{B}$，$\boldsymbol{B}\sim\boldsymbol{C}$，则$\boldsymbol{A}\sim\boldsymbol{C}$.

例 2.5.1 已知矩阵$\boldsymbol{A}=\begin{bmatrix}1&-2&-1&-2\\4&1&2&1\\2&5&4&-1\\1&1&1&1\end{bmatrix}$，对其进行初等变换.

解

$$\boldsymbol{A}=\begin{bmatrix}1&-2&-1&-2\\4&1&2&1\\2&5&4&-1\\1&1&1&1\end{bmatrix}\xrightarrow[r_4-r_1]{\substack{r_2-4r_1\\r_3-2r_1}}\begin{bmatrix}1&-2&-1&-2\\0&9&6&9\\0&9&6&3\\0&3&2&3\end{bmatrix}$$

$$\xrightarrow[r_4-\frac{1}{3}r_2]{r_3-r_2}\begin{bmatrix}1&-2&-1&-2\\0&9&6&9\\0&0&0&-6\\0&0&0&0\end{bmatrix}$$

$$=\boldsymbol{B}$$

这里的矩阵$\boldsymbol{B}$依其形状的特征称为**行阶梯形矩阵**.

定义 2.5.3 一般地，称满足下列条件的矩阵为行阶梯形矩阵：

(1) 矩阵的零行(元素全为零的行)位于矩阵的下方；

(2) 各非零行的首非零元素(从左至右的第一个不为零的元素)均在上一非零行的首元素的右侧.

对例 2.5.1 中的矩阵$\boldsymbol{B}=\begin{bmatrix}1&-2&-1&-2\\0&9&6&9\\0&0&0&-6\\0&0&0&0\end{bmatrix}$再做初等行变换：

$$B \xrightarrow[-\frac{1}{6}r_3]{\frac{1}{9}r_2} \begin{bmatrix} 1 & -2 & -1 & -2 \\ 0 & 1 & \frac{2}{3} & 1 \\ 0 & 0 & 0 & 1 \\ 0 & 0 & 0 & 0 \end{bmatrix} \xrightarrow[r_2 - r_3]{r_1 + 2r_2} \begin{bmatrix} 1 & 0 & \frac{1}{3} & 0 \\ 0 & 1 & \frac{2}{3} & 0 \\ 0 & 0 & 0 & 1 \\ 0 & 0 & 0 & 0 \end{bmatrix} = C$$

称这种特殊形状的阶梯型矩阵 C 为**行最简形矩阵**.

定义 2.5.4 一般地，称满足下列条件的矩阵为**行最简形矩阵**：

(1) 各非零行的首非零元都是 1；

(2) 每个首非零元所在列的其余元素都是零.

如果对上述矩阵 $C=\begin{bmatrix} 1 & 0 & \frac{1}{3} & 0 \\ 0 & 1 & \frac{2}{3} & 0 \\ 0 & 0 & 0 & 1 \\ 0 & 0 & 0 & 0 \end{bmatrix}$ 再施以初等列变换，则可以将矩阵 C 简化成下面的矩阵：

$$C \xrightarrow[c_3 \leftrightarrow c_4]{\substack{c_3 - \frac{1}{3}c_1 \\ c_3 - \frac{2}{3}c_2}} \begin{bmatrix} 1 & 0 & 0 & 0 \\ 0 & 1 & 0 & 0 \\ 0 & 0 & 1 & 0 \\ 0 & 0 & 0 & 0 \end{bmatrix} = D = \begin{bmatrix} E & O \\ O & O \end{bmatrix}$$

矩阵 D 的左上角是一个单位矩阵，其他元素为零，称为**标准形**.

定理 2.5.1 任意矩阵 $A=(a_{ij})_{m\times n}$，都与一个形如

$$\begin{bmatrix} E_{r\times r} & O_{r\times(n-r)} \\ O_{(m-r)\times r} & O_{(m-r)\times(n-r)} \end{bmatrix}$$

的矩阵等价，这个矩阵称为矩阵 A 的等价标准形(左上角是 r 阶单位矩阵，其他元素均为零).

证 设 $A=(a_{ij})_{m\times n}$，则 $A=O$ 已经是所要的形式，此时 $r=0$.

若 $A\neq O$，不妨设 $a_{11}\neq 0$(假如 $a_{11}=0$，由于 A 中必有 $a_{ij}\neq 0$，可将 A 的第 i 行与第一行交换，再将所得矩阵的第 j 列与第一列交换，即可将 a_{ij} 移到矩阵的左上角的位置). 用 a_{11} 通过行、列的初等交换将 A 的第一行和第一列全部变为零，再用 $\frac{1}{a_{11}}$ 乘以第一行，于是 A 化为 $A\to\begin{bmatrix} 1 & 0 \\ 0 & A_1 \end{bmatrix}$. 其中，$A_1$ 是 $(m-1)\times(n-1)$ 矩阵，对 A_1 重复以上的过程，直到出现的 $(m-r)\times(n-r)$ 矩阵是零矩阵为止.

证毕

2.5.2 初等矩阵

矩阵的初等变换是矩阵运算中的一种基本运算，它有着广泛的应用. 下面我们进一步介绍有关的知识.

定义 2.5.5 对单位矩阵 $\boldsymbol{E}$ 实施一次初等变换后得到的矩阵称为**初等矩阵**. 对应于三种初等变换，可以得到以下三种初等矩阵.

(1) 交换 n 阶单位矩阵 $\boldsymbol{E}$ 的第 i，j 行，得到的初等矩阵记作 $\boldsymbol{E}(i, j)$，即

$$\boldsymbol{E}(i, j)=\left[\begin{array}{ccccccccccc}
1 &&&&&&&&&& \\
& \ddots &&&&&&&&& \\
&& 1 &&&&&&&& \\
&&& 0 && \cdots && 1 &&& \\
&&&& 1 &&&&&& \\
&&& \vdots && \ddots && \vdots &&& \\
&&&&&& 1 &&&& \\
&&& 1 && \cdots && 0 &&& \\
&&&&&&&& 1 && \\
&&&&&&&&& \ddots & \\
&&&&&&&&&& 1
\end{array}\right]\begin{array}{l}
\\ \\ \\ \leftarrow \text{第 } i \text{ 行} \\ \\ \\ \\ \leftarrow \text{第 } j \text{ 行} \\ \\ \\ \\
\end{array} \tag{2.5.1}$$

显然，把单位矩阵 $\boldsymbol{E}$ 的第 i 列与第 j 列交换，得到的初等矩阵仍是 $\boldsymbol{E}(i, j)$.

(2) 用数 $k(k\neq 0)$乘以 $\boldsymbol{E}$ 的第 i 行，得到的初等矩阵记作 $\boldsymbol{E}(i(k))$，即

$$\boldsymbol{E}(i(k))=\left[\begin{array}{ccccccc}
1 &&&&&& \\
& \ddots &&&&& \\
&& 1 &&&& \\
&&& k &&& \\
&&&& 1 && \\
&&&&& \ddots & \\
&&&&&& 1
\end{array}\right]\begin{array}{l}
\\ \\ \\ \leftarrow \text{第 } i \text{ 行} \\ \\ \\ \\
\end{array} \tag{2.5.2}$$

显然，把单位矩阵 $\boldsymbol{E}$ 的第 i 列乘以数 $k(k\neq 0)$，得到的初等矩阵仍是 $\boldsymbol{E}(i(k))$.

(3) 把 $\boldsymbol{E}$ 的第 j 行的 k 倍加到第 i 行，得到的初等矩阵记作 $\boldsymbol{E}(i, j(k))$，即

$$\boldsymbol{E}(i, j(k))=\left[\begin{array}{ccccccc}
1 &&&&&& \\
& \ddots &&&&& \\
&& 1 & \cdots & k && \\
&&& \ddots & \vdots && \\
&&&& 1 && \\
&&&&& \ddots & \\
&&&&&& 1
\end{array}\right]\begin{array}{l}
\\ \\ \leftarrow \text{第 } i \text{ 行} \\ \\ \leftarrow \text{第 } j \text{ 行} \\ \\ \\
\end{array} \tag{2.5.3}$$

显然，把 $\boldsymbol{E}$ 的第 i 列的 k 倍加到第 j 列，得到的初等矩阵记作 $\boldsymbol{E}(i, j(k))$.

注意 容易验证，初等矩阵都是可逆的，且它们的逆阵仍为初等矩阵，即

$$\boldsymbol{E}(i, j)^{-1}=\boldsymbol{E}(i, j)$$

$$\boldsymbol{E}(i(k))^{-1}=\boldsymbol{E}\left(i\left(\frac{1}{k}\right)\right)$$

$$\boldsymbol{E}(i, j(k))^{-1}=\boldsymbol{E}(i, j(-k))$$

矩阵的初等变换和初等矩阵具有下面的关系.

定理 2.5.2 设 $\boldsymbol{A}=(a_{ij})_{m\times n}$，则

(1) 对 $\boldsymbol{A}$ 施行一次初等行变换，相当于在 $\boldsymbol{A}$ 的左边乘以相应的 m 阶初等矩阵；

(2) 对 $\boldsymbol{A}$ 施行一次初等列变换，相当于在 $\boldsymbol{A}$ 的右边乘以相应的 n 阶初等矩阵.

证 仅对第三种初等行变换进行证明.

将矩阵 $\boldsymbol{A}$ 和 m 阶单位矩阵分块，记为

$$\boldsymbol{A}=\begin{bmatrix}\boldsymbol{A}_1\\ \vdots\\ \boldsymbol{A}_i\\ \vdots\\ \boldsymbol{A}_j\\ \vdots\\ \boldsymbol{A}_m\end{bmatrix},\qquad \boldsymbol{E}=\begin{bmatrix}\boldsymbol{\varepsilon}_1\\ \vdots\\ \boldsymbol{\varepsilon}_i\\ \vdots\\ \boldsymbol{\varepsilon}_j\\ \vdots\\ \boldsymbol{\varepsilon}_m\end{bmatrix}$$

使得

$$\boldsymbol{A}_k=(a_{k1},a_{k2},\cdots,a_{kn})$$

$$\boldsymbol{\varepsilon}_k=(0,0,\cdots,1,\cdots,0)\qquad(k=1,2,\cdots,m)$$

其中，$\boldsymbol{\varepsilon}_k$表示第 k 个元素为 1、其余元素为零的 $1\times m$ 矩阵.

将 $\boldsymbol{A}$ 的第 j 行乘以 k 加到第 i 行上，即

$$\boldsymbol{A}=\begin{bmatrix}\boldsymbol{A}_1\\ \vdots\\ \boldsymbol{A}_i\\ \vdots\\ \boldsymbol{A}_j\\ \vdots\\ \boldsymbol{A}_m\end{bmatrix}\xrightarrow{r_i+kr_j}\begin{bmatrix}\boldsymbol{A}_1\\ \vdots\\ \boldsymbol{A}_i+k\boldsymbol{A}_j\\ \vdots\\ \boldsymbol{A}_j\\ \vdots\\ \boldsymbol{A}_m\end{bmatrix}$$

则相应的初等矩阵为

$$\boldsymbol{E}(i,j(k))=\begin{bmatrix}\boldsymbol{\varepsilon}_1\\ \vdots\\ \boldsymbol{\varepsilon}_i+k\boldsymbol{\varepsilon}_j\\ \vdots\\ \boldsymbol{\varepsilon}_j\\ \vdots\\ \boldsymbol{\varepsilon}_m\end{bmatrix}$$

由分块矩阵的乘法运算得

$$\boldsymbol{E}(i,j(k))\boldsymbol{A}=\begin{bmatrix}\boldsymbol{\varepsilon}_1\\ \vdots\\ \boldsymbol{\varepsilon}_i+k\boldsymbol{\varepsilon}_j\\ \vdots\\ \boldsymbol{\varepsilon}_j\\ \vdots\\ \boldsymbol{\varepsilon}_m\end{bmatrix}\boldsymbol{A}=\begin{bmatrix}\boldsymbol{\varepsilon}_1\boldsymbol{A}\\ \vdots\\ (\boldsymbol{\varepsilon}_i+k\boldsymbol{\varepsilon}_j)\boldsymbol{A}\\ \vdots\\ \boldsymbol{\varepsilon}_j\boldsymbol{A}\\ \vdots\\ \boldsymbol{\varepsilon}_m\boldsymbol{A}\end{bmatrix}=\begin{bmatrix}\boldsymbol{A}_1\\ \vdots\\ \boldsymbol{A}_i+k\boldsymbol{A}_j\\ \vdots\\ \boldsymbol{A}_j\\ \vdots\\ \boldsymbol{A}_m\end{bmatrix}$$

这表明施行上述的初等行变换，相当于在 $\boldsymbol{A}$ 的左边乘以一个相应的 m 阶初等矩阵. **证毕**

注意 对于其他两种形式的初等行变换及结论(2)，读者可以用类似的方法证明.

例 2.5.2 设有矩阵 $\boldsymbol{A}=\begin{bmatrix}3 & 0 & 1\\1 & -1 & 2\\0 & 1 & 1\end{bmatrix}$，而

$$\boldsymbol{E}(1,\ 2)=\begin{bmatrix}0 & 1 & 0\\1 & 0 & 0\\0 & 0 & 1\end{bmatrix},\ \boldsymbol{E}(3,\ 1(2))=\begin{bmatrix}1 & 0 & 0\\0 & 1 & 0\\2 & 0 & 1\end{bmatrix}$$

则

$$\boldsymbol{E}(1,\ 2)\boldsymbol{A}=\begin{bmatrix}0 & 1 & 0\\1 & 0 & 0\\0 & 0 & 1\end{bmatrix}\begin{bmatrix}3 & 0 & 1\\1 & -1 & 2\\0 & 1 & 1\end{bmatrix}=\begin{bmatrix}1 & -1 & 2\\3 & 0 & 1\\0 & 1 & 1\end{bmatrix}$$

即在 $\boldsymbol{E}(1,\ 2)$左边乘以 $\boldsymbol{A}$，相当于交换矩阵 $\boldsymbol{A}$ 的第一行与第二行. 又

$$\boldsymbol{AE}(3,\ 1(2))=\begin{bmatrix}3 & 0 & 1\\1 & -1 & 2\\0 & 1 & 1\end{bmatrix}\begin{bmatrix}1 & 0 & 0\\0 & 1 & 0\\2 & 0 & 1\end{bmatrix}=\begin{bmatrix}5 & 0 & 1\\5 & -1 & 2\\2 & 1 & 1\end{bmatrix}$$

即在 $\boldsymbol{E}(3,\ 1(2))$右边乘以 $\boldsymbol{A}$，相当于将矩阵 $\boldsymbol{A}$ 的第三列乘以 2 加于第一列.

例 2.5.3 计算下列矩阵与初等矩阵的乘积：

(1) $\begin{bmatrix}0 & 1 & 0\\1 & 0 & 0\\0 & 0 & 1\end{bmatrix}\begin{bmatrix}a_{11} & a_{12} & a_{13}\\a_{21} & a_{22} & a_{23}\\a_{31} & a_{32} & a_{33}\end{bmatrix}$

(2) $\begin{bmatrix}1 & 0 & 0\\0 & 1 & 2\\0 & 0 & 1\end{bmatrix}\begin{bmatrix}a_{11} & a_{12} & a_{13}\\a_{21} & a_{22} & a_{23}\\a_{31} & a_{32} & a_{33}\end{bmatrix}$

(3) $\begin{bmatrix}a_{11} & a_{12} & a_{13}\\a_{21} & a_{22} & a_{23}\end{bmatrix}\begin{bmatrix}1 & 0 & 0\\0 & 0 & 1\\0 & 1 & 0\end{bmatrix}$

解 (1) $\begin{bmatrix}0 & 1 & 0\\1 & 0 & 0\\0 & 0 & 1\end{bmatrix}\begin{bmatrix}a_{11} & a_{12} & a_{13}\\a_{21} & a_{22} & a_{23}\\a_{31} & a_{32} & a_{33}\end{bmatrix}=\begin{bmatrix}a_{21} & a_{22} & a_{23}\\a_{11} & a_{12} & a_{13}\\a_{31} & a_{32} & a_{33}\end{bmatrix}$

(2) $\begin{bmatrix}1 & 0 & 0\\0 & 1 & 2\\0 & 0 & 1\end{bmatrix}\begin{bmatrix}a_{11} & a_{12} & a_{13}\\a_{21} & a_{22} & a_{23}\\a_{31} & a_{32} & a_{33}\end{bmatrix}=\begin{bmatrix}a_{11} & a_{12} & a_{13}\\a_{21}+2a_{31} & a_{22}+2a_{32} & a_{23}+2a_{33}\\a_{31} & a_{32} & a_{33}\end{bmatrix}$

(3) $\begin{bmatrix}a_{11} & a_{12} & a_{13}\\a_{21} & a_{22} & a_{23}\end{bmatrix}\begin{bmatrix}1 & 0 & 0\\0 & 0 & 1\\0 & 1 & 0\end{bmatrix}=\begin{bmatrix}a_{11} & a_{13} & a_{12}\\a_{21} & a_{23} & a_{22}\end{bmatrix}$

定理 2.5.3 设 $\boldsymbol{A}$ 为可逆矩阵，则存在有限个初等矩阵 $\boldsymbol{P}_1$，$\boldsymbol{P}_2$，…，$\boldsymbol{P}_l$，使 $\boldsymbol{A}=\boldsymbol{P}_1\boldsymbol{P}_2\cdots\boldsymbol{P}_l$.

证 因 $\boldsymbol{A}\sim\boldsymbol{E}$，故 $\boldsymbol{E}$ 经过有限次初等变换后可变成 $\boldsymbol{A}$，也就存在有限个初等矩阵 $\boldsymbol{P}_1$，$\boldsymbol{P}_2$，…，$\boldsymbol{P}_l$，使得

$$P_1P_2\cdots P_rEP_{r+1}\cdots P_l = A$$

即

$$A = P_1P_2\cdots P_l$$

证毕

由定理2.5.2和定理2.5.3，很容易得到以下几个推论：

推论1 n阶方阵$\boldsymbol{A}$可逆的充分必要条件是$\boldsymbol{A}$等价于n阶单位矩阵$\boldsymbol{E}$.

推论2 设$\boldsymbol{A}$，$\boldsymbol{B}$都是$m\times n$矩阵，$\boldsymbol{A}$等价于$\boldsymbol{B}$的充分必要条件是：存在m阶可逆矩阵$\boldsymbol{P}$和n阶可逆矩阵$\boldsymbol{Q}$，使$\boldsymbol{PAQ}=\boldsymbol{B}$.

以上推论读者可自己证明.

2.5.3 用初等变换求逆矩阵

如果$\boldsymbol{A}$是可逆的，则$\boldsymbol{A}^{-1}$也是可逆的. 由定理2.5.3知道，当$|\boldsymbol{A}|\neq 0$时，由$\boldsymbol{A}=\boldsymbol{P}_1\boldsymbol{P}_2\cdots\boldsymbol{P}_l$，有

$$P_l^{-1}P_{l-1}^{-1}\cdots P_1^{-1}A = E \tag{2.5.4}$$

及

$$P_l^{-1}P_{l-1}^{-1}\cdots P_1^{-1}E = A^{-1} \tag{2.5.5}$$

式(2.5.4)表示对$\boldsymbol{A}$施行一系列的初等行变换变成$\boldsymbol{E}$，式(2.5.5)表示对$\boldsymbol{E}$施行相同的初等行变换变成$\boldsymbol{A}^{-1}$.

可以采用下列方法求逆矩阵：将$\boldsymbol{A}$和$\boldsymbol{E}$并排放在一起，组成一个$n\times 2n$矩阵$(\boldsymbol{A}|\boldsymbol{E})$，对矩阵$(\boldsymbol{A}|\boldsymbol{E})$施行一系列的初等行变换，将其左半部分化为单位矩阵，这时右半部分就化成了$\boldsymbol{A}^{-1}$，即

$$P_l^{-1}P_{l-1}^{-1}\cdots P_1^{-1}(A \mid E) = (E \mid A^{-1})$$

例2.5.4 设$\boldsymbol{A}=\begin{bmatrix}1&2&3\\2&2&1\\3&4&3\end{bmatrix}$，求$\boldsymbol{A}^{-1}$.

解

$$(A \mid E) = \begin{bmatrix}1&2&3&1&0&0\\2&2&1&0&1&0\\3&4&3&0&0&1\end{bmatrix}\xrightarrow[r_3-3r_1]{r_2-2r_1}\begin{bmatrix}1&2&3&1&0&0\\0&-2&-5&-2&1&0\\0&-2&-6&-3&0&1\end{bmatrix}$$

$$\xrightarrow[r_3-r_2]{r_1+r_2}\begin{bmatrix}1&0&-2&-1&1&0\\0&-2&-5&-2&1&0\\0&0&-1&-1&-1&1\end{bmatrix}\xrightarrow[r_2-5r_3]{r_1-2r_3}\begin{bmatrix}1&0&0&1&3&-2\\0&-2&0&3&6&-5\\0&0&-1&-1&-1&1\end{bmatrix}$$

$$\xrightarrow[r_3\times(-1)]{r_2\times\left(-\frac{1}{2}\right)}\begin{bmatrix}1&0&0&1&3&-2\\0&1&0&-\frac{3}{2}&-3&\frac{5}{2}\\0&0&1&1&1&-1\end{bmatrix}$$

$$A^{-1} = \begin{bmatrix}1&3&-2\\-\frac{3}{2}&-3&\frac{5}{2}\\1&1&-1\end{bmatrix}$$

注意 利用初等行变换，还可用于求矩阵$\boldsymbol{A}^{-1}\boldsymbol{B}$. 由$\boldsymbol{A}^{-1}(\boldsymbol{A}|\boldsymbol{B})=(\boldsymbol{E}|\boldsymbol{A}^{-1}\boldsymbol{B})$可知，若对

矩阵$(\boldsymbol{A}|\boldsymbol{B})$施行初等行变换，把$\boldsymbol{A}$变成$\boldsymbol{E}$时，$\boldsymbol{B}$就变成了$\boldsymbol{A}^{-1}\boldsymbol{B}$.

例 2.5.5 求矩阵$\boldsymbol{X}$，使$\boldsymbol{AX}=\boldsymbol{B}$，其中

$$\boldsymbol{A}=\begin{bmatrix}1&2&3\\2&2&1\\3&4&3\end{bmatrix},\qquad \boldsymbol{B}=\begin{bmatrix}2&5\\3&1\\4&3\end{bmatrix}$$

解 若$\boldsymbol{A}$可逆，则$\boldsymbol{X}=\boldsymbol{A}^{-1}\boldsymbol{B}$.

$$(\boldsymbol{A}\mid\boldsymbol{B})=\begin{bmatrix}1&2&3&2&5\\2&2&1&3&1\\3&4&3&4&3\end{bmatrix}\xrightarrow[r_3-3r_1]{r_2-2r_1}\begin{bmatrix}1&2&3&2&5\\0&-2&-5&-1&-9\\0&-2&-6&-2&-12\end{bmatrix}$$

$$\xrightarrow[r_3-r_2]{r_1+r_2}\begin{bmatrix}1&0&-2&1&-4\\0&-2&-5&-1&-9\\0&0&-1&-1&-3\end{bmatrix}$$

$$\xrightarrow[r_2-5r_3]{r_1-2r_3}\begin{bmatrix}1&0&0&3&2\\0&-2&0&4&6\\0&0&-1&-1&-3\end{bmatrix}$$

$$\xrightarrow[r_3\times(-1)]{r_2\times\left(-\frac{1}{2}\right)}\begin{bmatrix}1&0&0&3&2\\0&1&0&-2&-3\\0&0&1&1&3\end{bmatrix}$$

$$\boldsymbol{X}=\begin{bmatrix}3&2\\-2&-3\\1&3\end{bmatrix}$$

注意 也可对矩阵施行初等列变换求逆阵，此时，做$2n\times n$矩阵$\begin{bmatrix}\boldsymbol{A}\\\boldsymbol{E}\end{bmatrix}$，对$\begin{bmatrix}\boldsymbol{A}\\\boldsymbol{E}\end{bmatrix}$施行一系列的初等列变换，当将其上半部分化为单位矩阵时，其下半部分就化成了$\boldsymbol{A}^{-1}$.

2.6 矩阵的秩

矩阵的秩的概念是研究线性方程组的重要理论之一，同时在确定向量组的秩、向量组的极大无关组时也起着重要作用.

2.6.1 矩阵秩的定义

定义 2.6.1 设$\boldsymbol{A}$是$m\times n$矩阵，在$\boldsymbol{A}$中任取k行k列($1\leqslant k\leqslant\min\{m,n\}$)，位于$k$行$k$列交叉位置上的$k^2$个元素按原有的次序组成的$k$阶行列式，称为矩阵$\boldsymbol{A}$的一个$\boldsymbol{k}$**阶子式**.

如果$\boldsymbol{A}$是n阶方阵，那么$\boldsymbol{A}$的n阶子式就是方阵$\boldsymbol{A}$的行列式$|\boldsymbol{A}|$.

$m\times n$矩阵$\boldsymbol{A}$共有$C_m^kC_n^k$个k阶子式. 例如，在矩阵

$$\boldsymbol{A}=\begin{bmatrix}1&-2&-1&-2\\4&1&2&1\\2&5&4&-1\\1&1&1&1\end{bmatrix}$$

中，取第 2、3 行，第 1、2 列得到 $\boldsymbol{A}$ 的一个二阶子式 $\begin{vmatrix} 4 & 1 \\ 2 & 5 \end{vmatrix}$，又取第 1、2、4 行，第 2、3、4 列得到 $\boldsymbol{A}$ 的一个三阶子式 $\begin{vmatrix} -2 & -1 & -2 \\ 1 & 2 & 1 \\ 1 & 1 & 1 \end{vmatrix}$.

可以看出，$\boldsymbol{A}$ 的一、二、三阶子式有很多，但是由于 $\boldsymbol{A}$ 是四阶方阵，所以 $\boldsymbol{A}$ 的四阶子式只有一个 $|\boldsymbol{A}|$.

定义 2.6.2 $\boldsymbol{A}=(a_{ij})_{m\times n}$，如果矩阵 $\boldsymbol{A}$ 中有一个不等于零的 r 阶子式 D，而所有的 $r+1$ 阶子式(如果存在的话)都等于零，则 D 称为矩阵 $\boldsymbol{A}$ 的最高阶非零子式. 数 r 称为矩阵 $\boldsymbol{A}$ 的**秩**，记作 $R(\boldsymbol{A})=r$.

规定零矩阵的秩为零.

显然

$$R(\boldsymbol{A}) = R(\boldsymbol{A}^{\mathrm{T}})$$

$$0 \leqslant R(\boldsymbol{A}) \leqslant \min\{m,\ n\}$$

当 $R(\boldsymbol{A})=\min\{m,\ n\}$时，称矩阵 $\boldsymbol{A}$ 为满秩矩阵.

例 2.6.1 求下列矩阵的秩：

(1) $\boldsymbol{A}=\begin{bmatrix} 1 & 1 \\ 2 & 2 \end{bmatrix}$　　(2) $\boldsymbol{A}=\begin{bmatrix} 1 & 2 & 4 & 1 \\ 2 & 4 & 8 & 2 \\ 3 & 6 & 0 & 2 \end{bmatrix}$

解 (1) 因为 $\boldsymbol{A}$ 的一阶子式全不等于零，而二阶子式只有一个，即

$$|\boldsymbol{A}| = \begin{vmatrix} 1 & 1 \\ 2 & 2 \end{vmatrix} = 0$$

所以，$R(\boldsymbol{A})=1$.

(2) 因为 $\boldsymbol{A}$ 中二阶子式

$$\begin{vmatrix} 4 & 1 \\ 0 & 2 \end{vmatrix} = 8 \neq 0$$

$\boldsymbol{A}$ 中三阶子式共有四个，分别为

$$\begin{vmatrix} 1 & 2 & 4 \\ 2 & 4 & 8 \\ 3 & 6 & 0 \end{vmatrix},\quad \begin{vmatrix} 1 & 2 & 1 \\ 2 & 4 & 2 \\ 3 & 6 & 2 \end{vmatrix},\quad \begin{vmatrix} 1 & 4 & 1 \\ 2 & 8 & 2 \\ 3 & 0 & 2 \end{vmatrix},\quad \begin{vmatrix} 2 & 4 & 1 \\ 4 & 8 & 2 \\ 6 & 0 & 2 \end{vmatrix}$$

由计算可知，这四个三阶子式全等于零，所以 $R(\boldsymbol{A})=2$.

2.6.2 用初等变换求矩阵的秩

由例 2.6.1 知，用定义确定 $\boldsymbol{A}$ 的秩不是一件容易的事. 但对于阶梯形矩阵，确定它的秩变得很简单，它的秩就等于非零行的行数. 所以我们自然会想到用初等行变换把矩阵化为行阶梯形矩阵求秩，但两个等价的矩阵的秩是否相等呢? 下面的定理对此作出肯定的回答.

定理 2.6.1 若 $\boldsymbol{A}\sim\boldsymbol{B}$，则 $R(\boldsymbol{A})=R(\boldsymbol{B})$.

证 (1) 先证明 $\boldsymbol{A}$ 经一次初等行变换变为 $\boldsymbol{B}$，则 $R(\boldsymbol{A})\leqslant R(\boldsymbol{B})$.

设 $R(\boldsymbol{A})=r$，且 $\boldsymbol{A}$ 的某个 r 阶子式 $D_r\neq 0$.

当 $\boldsymbol{A}\overset{r_i\leftrightarrow r_j}{\sim}\boldsymbol{B}$ 或 $\boldsymbol{A}\overset{r_i\times k}{\sim}\boldsymbol{B}$ 时，在 $\boldsymbol{B}$ 中总能找到与 D_r 相对应的子式 $\overline{D_r}$，由于 $\overline{D_r}=D_r$ 或 $\overline{D_r}=-D_r$ 或 $\overline{D_r}=kD_r$，因此 $\overline{D_r}\neq 0$，从而 $R(\boldsymbol{B})\geqslant r$.

(2) 当 $\boldsymbol{A}\overset{r_i+kr_j}{\sim}\boldsymbol{B}$ 时，分三种情形讨论：① D_r 中不含第 i 行；② D_r 中同时含第 i 行和第 j 行；③ D_r 中含第 i 行但不含第 j 行. 对①、②两种情形，显然 $\boldsymbol{B}$ 中与 D_r 对应的子式 $\overline{D_r}=D_r\neq 0$，故 $R(\boldsymbol{B})\geqslant r$；对情形③，由

$$\overline{D_r}=\begin{vmatrix}\vdots\\ r_i+kr_j\\ \vdots\end{vmatrix}=\begin{vmatrix}\vdots\\ r_i\\ \vdots\end{vmatrix}+k\begin{vmatrix}\vdots\\ r_j\\ \vdots\end{vmatrix}=D_r+k\hat{D}_r$$

若 $\hat{D}_r\neq 0$，则因 $\hat{D}_r$ 中不含第 i 行知 $\boldsymbol{A}$ 中有不含第 i 行的 r 阶非零子式，从而根据情形①知 $R(\boldsymbol{B})\geqslant r$；若 $\hat{D}_r=0$，则 $\overline{D_r}=D_r\neq 0$，也有 $R(\boldsymbol{B})\geqslant r$.

以上证明了若 $\boldsymbol{A}$ 经一次初等行变换变为 $\boldsymbol{B}$，则 $R(\boldsymbol{A})\leqslant R(\boldsymbol{B})$. 由于 $\boldsymbol{B}$ 也可经过一次初等行变换变为 $\boldsymbol{A}$，故也有 $R(\boldsymbol{B})\leqslant R(\boldsymbol{A})$. 因此 $R(\boldsymbol{A})=R(\boldsymbol{B})$.

经一次初等行变换矩阵的秩不变，即可知经有限次初等行变换矩阵的秩仍不变.

设 $\boldsymbol{A}$ 经初等列变换变为 $\boldsymbol{B}$，则 $\boldsymbol{A}^{\mathrm{T}}$ 经初等行变换变为 $\boldsymbol{B}^{\mathrm{T}}$，由上段说明知 $R(\boldsymbol{A}^{\mathrm{T}})=R(\boldsymbol{B}^{\mathrm{T}})$，又 $R(\boldsymbol{A})=R(\boldsymbol{A}^{\mathrm{T}})$，$R(\boldsymbol{B})=R(\boldsymbol{B}^{\mathrm{T}})$，因此 $R(\boldsymbol{A})=R(\boldsymbol{B})$.

总之，若 $\boldsymbol{A}$ 经有限次初等变换变为 $\boldsymbol{B}$(即 $\boldsymbol{A}\sim\boldsymbol{B}$)，则 $R(\boldsymbol{A})=R(\boldsymbol{B})$. **证毕**

定理 2.6.1 表明：初等变换不改变矩阵的秩，而且任何一个 $m\times n$ 矩阵 $\boldsymbol{A}$ 都等价于一个行阶梯形矩阵，且行阶梯形矩阵的秩等于它的非零行的行数. 因此，求矩阵的秩只需要将其化成行阶梯形矩阵，进一步统计非零行数即可.

例 2.6.2 求矩阵 $\boldsymbol{A}=\begin{bmatrix}2&0&3&1&4\\3&-5&4&2&7\\1&5&2&0&1\end{bmatrix}$ 的秩.

解

$$\boldsymbol{A}=\begin{bmatrix}2&0&3&1&4\\3&-5&4&2&7\\1&5&2&0&1\end{bmatrix}\xrightarrow{r_1\leftrightarrow r_3}\begin{bmatrix}1&5&2&0&1\\3&-5&4&2&7\\2&0&3&1&4\end{bmatrix}$$

$$\xrightarrow[r_3-2r_1]{r_2-3r_1}\begin{bmatrix}1&5&2&0&1\\0&-20&-2&2&4\\0&-10&-1&1&2\end{bmatrix}$$

$$\xrightarrow{r_3-\frac{1}{2}r_2}\begin{bmatrix}1&5&2&0&1\\0&-20&-2&2&4\\0&0&0&0&0\end{bmatrix}=\boldsymbol{B}$$

所以

$$R(\boldsymbol{A})=R(\boldsymbol{B})=2$$

例 2.6.3 求矩阵 $\boldsymbol{A}=\begin{bmatrix}1&0&0&1\\1&2&0&-1\\3&-1&0&4\\1&4&5&1\end{bmatrix}$ 的秩，并求 $\boldsymbol{A}$ 的一个最高阶非零子式.

解 对 $\boldsymbol{A}$ 做初等行变换，化 $\boldsymbol{A}$ 为行阶梯形矩阵.

$$\boldsymbol{A}\xrightarrow[r_4-r_1]{\substack{r_2-r_1\\r_3-3r_1}}\begin{bmatrix}1&0&0&1\\0&2&0&-2\\0&-1&0&1\\0&4&5&0\end{bmatrix}\xrightarrow[r_4+4r_3]{r_2+2r_3}\begin{bmatrix}1&0&0&1\\0&0&0&0\\0&-1&0&1\\0&0&5&4\end{bmatrix}$$

$$\xrightarrow[r_3\leftrightarrow r_4]{r_2\leftrightarrow r_3}\begin{bmatrix}1&0&0&1\\0&-1&0&1\\0&0&5&4\\0&0&0&0\end{bmatrix}=\boldsymbol{B}$$

所以 $R(\boldsymbol{A})=3$.

再求 $\boldsymbol{A}$ 的一个最高阶非零子式. 因 $R(\boldsymbol{A})=3$，知 $\boldsymbol{A}$ 的最高阶非零子式为三阶. $\boldsymbol{A}$ 的三阶子式共有 16 个，要从 16 个子式中找出一个非零子式是比较麻烦的. 考虑 $\boldsymbol{A}$ 的行阶梯形矩阵，由矩阵 $\boldsymbol{B}$ 可知，$\boldsymbol{A}$ 的第 1、2、3 列所构成的矩阵

$$\boldsymbol{A}_1=\begin{bmatrix}1&0&0\\1&2&0\\3&-1&0\\1&4&5\end{bmatrix}$$

做初等行变换得到的行阶梯形矩阵为

$$\boldsymbol{A}_1\rightarrow\begin{bmatrix}1&0&0\\0&-1&0\\0&0&5\\0&0&0\end{bmatrix}$$

所以 $R(\boldsymbol{A}_1)=3$，故 $\boldsymbol{A}_1$ 中必有三阶非零子式，其共有四个三阶子式，从中找一个非零子式比在 $\boldsymbol{A}$ 中找非零子式容易许多. 经检验可知其第 1、3、4 行所构成的三阶子式

$$\begin{vmatrix}1&0&0\\3&-1&0\\1&4&5\end{vmatrix}=\begin{vmatrix}-1&0\\4&5\end{vmatrix}\neq 0$$

显然这个子式就是 $\boldsymbol{A}$ 的一个最高阶非零子式.

例 2.6.4 设矩阵

$$\boldsymbol{A}=\begin{bmatrix}1&-2&2&-1\\2&-4&8&0\\-2&4&-2&3\\3&-6&0&-6\end{bmatrix},\qquad \boldsymbol{b}=\begin{bmatrix}1\\2\\3\\4\end{bmatrix}$$

求矩阵 $\boldsymbol{A}$ 及矩阵 $\boldsymbol{B}=(\boldsymbol{A}\,|\,\boldsymbol{b})$ 的秩.

解 对 $\boldsymbol{B}$ 做初等行变换变为行阶梯形矩阵，设 $\boldsymbol{B}$ 的行阶梯形矩阵为$\widetilde{\boldsymbol{B}}=(\widetilde{\boldsymbol{A}}, \widetilde{\boldsymbol{b}})$，则 $\widetilde{\boldsymbol{A}}$ 就是 $\boldsymbol{A}$ 的行阶梯形矩阵，故从 $\widetilde{\boldsymbol{B}}=(\widetilde{\boldsymbol{A}}, \widetilde{\boldsymbol{b}})$中可以同时求出$R(\boldsymbol{A})$和 $R(\boldsymbol{B})$.

$$\boldsymbol{B}=\begin{bmatrix}1 & -2 & 2 & -1 & 1\\ 2 & -4 & 8 & 0 & 2\\ -2 & 4 & -2 & 3 & 3\\ 3 & -6 & 0 & -6 & 4\end{bmatrix}\xrightarrow[r_4-3r_1]{\substack{r_2-2r_1\\ r_3+2r_1}}\begin{bmatrix}1 & -2 & 2 & -1 & 1\\ 0 & 0 & 4 & 2 & 0\\ 0 & 0 & 2 & 1 & 5\\ 0 & 0 & -6 & -3 & 1\end{bmatrix}$$

$$\xrightarrow[r_4+3r_2]{\substack{r_2\times\left(\frac{1}{2}\right)\\ r_3-r_2}}\begin{bmatrix}1 & -2 & 2 & -1 & 1\\ 0 & 0 & 2 & 1 & 0\\ 0 & 0 & 0 & 0 & 5\\ 0 & 0 & 0 & 0 & 1\end{bmatrix}\xrightarrow[r_4-r_3]{r_3\times\left(\frac{1}{5}\right)}\begin{bmatrix}1 & -2 & 2 & -1 & 1\\ 0 & 0 & 2 & 1 & 0\\ 0 & 0 & 0 & 0 & 1\\ 0 & 0 & 0 & 0 & 0\end{bmatrix}$$

因此，$R(\boldsymbol{A})=2$，$R(\boldsymbol{B})=3$.

例 2.6.5 已知

$$\boldsymbol{A}=\begin{bmatrix}1 & -1 & 1 & 2\\ 3 & \lambda & -1 & 2\\ 5 & 3 & \mu & 6\end{bmatrix}$$

$R(\boldsymbol{A})=2$，求 λ 和 μ 的值.

解

$$\boldsymbol{A}\xrightarrow[r_3-5r_1]{r_2-3r_1}\begin{bmatrix}1 & -1 & 1 & 2\\ 0 & \lambda+3 & -4 & -4\\ 0 & 8 & \mu-5 & -4\end{bmatrix}\xrightarrow{r_3-r_2}\begin{bmatrix}1 & -1 & 1 & 2\\ 0 & \lambda+3 & -4 & -4\\ 0 & 5-\lambda & \mu-1 & 0\end{bmatrix}$$

因为 $R(\boldsymbol{A})=2$，故$\begin{cases}5-\lambda=0\\ \mu-1=0\end{cases}$，即 $\lambda=5$，$\mu=1$.

由定理 2.5.3、推论 1 及定理 2.6.1 可以得到如下定理成立.

定理 2.6.2 n 阶方阵 $\boldsymbol{A}$ 可逆$\Leftrightarrow\boldsymbol{A}$ 为满秩矩阵，即 $R(\boldsymbol{A})=n$.

对于矩阵的秩，不加证明地给出下面的结论：

设矩阵 $\boldsymbol{A}=(a_{ij})_{m\times n}$，$\boldsymbol{B}=(a_{ij})_{n\times p}$

(1) 若 $\boldsymbol{P}$、$\boldsymbol{Q}$ 可逆，则 $R(\boldsymbol{PAQ})=R(\boldsymbol{A})$；

(2) $R(\boldsymbol{AB})\leqslant\min\{R(\boldsymbol{A}), R(\boldsymbol{B})\}$；

(3) 若 $\boldsymbol{AB}=\boldsymbol{O}$，则 $R(\boldsymbol{A})+R(\boldsymbol{B})\leqslant n$；

若 $\boldsymbol{A}$，$\boldsymbol{B}$ 是同型矩阵. 有

(4) $\max\{R(\boldsymbol{A}), R(\boldsymbol{B})\}\leqslant R(\boldsymbol{A}, \boldsymbol{B})\leqslant R(\boldsymbol{A})+R(\boldsymbol{B})$；

(5) $R(\boldsymbol{A}+\boldsymbol{B})\leqslant R(\boldsymbol{A})+R(\boldsymbol{B})$.

例 2.6.6 设 $\boldsymbol{A}$ 为 n 阶矩阵，证明 $R(\boldsymbol{A}+\boldsymbol{E})+\boldsymbol{R}(\boldsymbol{A}-\boldsymbol{E})\geqslant n$.

解 因$(\boldsymbol{A}+\boldsymbol{E})+(\boldsymbol{E}-\boldsymbol{A})=2\boldsymbol{E}$，由结论(5)，有

$$R(\boldsymbol{A}+\boldsymbol{E})+R(\boldsymbol{E}-\boldsymbol{A})\geqslant\boldsymbol{R}(2\boldsymbol{E})=n$$

而 $R(\boldsymbol{A}+\boldsymbol{E})=R(\boldsymbol{A}-\boldsymbol{E})$，所以

$$R(\boldsymbol{A}+\boldsymbol{E})+R(\boldsymbol{A}-\boldsymbol{E})\geqslant n$$

由于矩阵的初等变换不改变矩阵的秩，因此 $R(\boldsymbol{A})=r$ 的充分必要条件是 $\boldsymbol{A}$ 的标准形

是$\begin{bmatrix} E_r & O \\ O & O \end{bmatrix}$. 从而 A 的标准形由 A 唯一确定.

2.7 矩阵的应用

矩阵中的数据可以代表实际问题中的某种信息，因此，可以利用矩阵数表中存储的庞大信息解决生产计划、销售管理、人口流动、工业增长、动物种群生态及密码编制等方面的具体问题.

例 2.7.1 新型冠状病毒肺炎疫情给我国的制造业带来了不小的挑战，如何客观、理性、妥善地应对疫情对生产的影响，对企业来说是一个重大的考验. 某小微企业主要生产桌子、椅子和沙发，该企业一个月可用 550 单位木材，475 单位劳力和 222 单位纺织品. 该企业要为每月用完这些资源制订生产计划表. 不同产品所需资源的数量如表 2.2 所示.

表 2.2 不同产品所需资源的数量

资　源	桌子	椅子	沙发
木材	4	2	5
劳力	3	2	5
纺织品	0	2	4

试确定：

(1) 该企业一个月每种产品应生产多少个?

(2) 由于担心疫情影响，企业希望多储备一些生产要素，例如纺织品的数量增加 10 个单位，所生产沙发的数量应改变多少?

解 (1) 设每月生产桌子、椅子和沙发的数量应分别是 x_1、x_2、x_3，并令

$$\boldsymbol{X}=\begin{bmatrix} x_1 \\ x_2 \\ x_3 \end{bmatrix},\ \boldsymbol{A}=\begin{bmatrix} 4 & 2 & 5 \\ 3 & 2 & 5 \\ 0 & 2 & 4 \end{bmatrix},\ \boldsymbol{b}=\begin{bmatrix} 550 \\ 475 \\ 222 \end{bmatrix}$$

则有 $\boldsymbol{AX}=\boldsymbol{b}$. 故

$$\boldsymbol{A}^{-1}=\begin{bmatrix} 1 & -1 & 0 \\ 6 & -8 & \frac{5}{2} \\ -3 & 4 & -1 \end{bmatrix},\ \boldsymbol{X}=\boldsymbol{A}^{-1}\boldsymbol{b}=\begin{bmatrix} 75 \\ 55 \\ 28 \end{bmatrix}$$

(2) 在许多实际问题中，人们不仅要知道在已知原材料情况下的生产数量，还需要分析原材料发生微小改变后对生产数量所产生的影响，这个分析称为敏感度分析，即扰动分析.

纺织品的数量增加 10 个单位，即 $\boldsymbol{b}$ 的增值为 $\Delta\boldsymbol{b}=\begin{bmatrix} 0 \\ 0 \\ 10 \end{bmatrix}$. 为了研究 $\Delta\boldsymbol{b}$ 对解的影响，需建立新的关系式 $\boldsymbol{AX}^*=\boldsymbol{b}+\Delta\boldsymbol{b}$，则

$$X^* = X + \Delta X = A^{-1}(b + \Delta b) = A^{-1}b + A^{-1}\Delta b$$

于是

$$\Delta X = A^{-1}\Delta b = \begin{bmatrix} 1 & -1 & 0 \\ 6 & -8 & \frac{5}{2} \\ -3 & 4 & -1 \end{bmatrix} \begin{bmatrix} 0 \\ 0 \\ 10 \end{bmatrix} = \begin{bmatrix} 0 \\ 25 \\ -10 \end{bmatrix}$$

故所生产沙发的数量减少 10 个单位.

由此可见，生产要素数量的变化，对企业的生产有着较大的影响. 面对这场“不可抗力”，企业供应链信息的预警应及时可靠，以便企业合理安排生产经营，控制成本风险，避免不必要的损失.

例 2.7.2 华为是全球领先的信息与通信技术解决方案供应商，2019 年美国将华为列入实体清单，开启了全方位的制裁. 但华为顶住了压力，不断创新，销售收入不断增加. 已知华为生产的四种型号的手机分别为 H、M、N、P，2019 年第一季度三个月每种型号手机的销售量如表 2.3 所示，销售价格和利润如表 2.4 所示。求这四种型号手机第一季度的销售总额和总利润.

表 2.3 各型号手机的销售量 单位：万台

月份	手机型号			
	H	M	N	P
1 月	20	25	56	20
2 月	25	36	45	19
3 月	30	23	39	21

表 2.4 各型号手机的销售价格和利润 单位：万元

手机型号	销售价格	利润
H	4500	600
M	8000	1300
N	3600	300
P	12 000	900

解 将表 2.3 和表 2.4 用矩阵形式表示如下：

$$A = \begin{bmatrix} 20 & 25 & 56 & 20 \\ 25 & 36 & 45 & 19 \\ 30 & 23 & 39 & 21 \end{bmatrix}, B = \begin{bmatrix} 4500 & 600 \\ 8000 & 1300 \\ 3600 & 300 \\ 12\,000 & 900 \end{bmatrix}$$

做乘积，有

$$Q = AB = \begin{bmatrix} 20 & 25 & 56 & 20 \\ 25 & 36 & 45 & 19 \\ 30 & 23 & 39 & 21 \end{bmatrix} \begin{bmatrix} 4500 & 600 \\ 8000 & 1300 \\ 3600 & 300 \\ 12\ 000 & 900 \end{bmatrix} = \begin{bmatrix} 731\ 600 & 79\ 300 \\ 790\ 500 & 92\ 400 \\ 711\ 400 & 78\ 500 \end{bmatrix}$$

可以看出1月、2月、3月华为四种型号手机的销售总额分别为731 600万元、790 500万元、711 400万元，销售总利润分别为79 300万元、92 400万元、78 500万元.

时至今日，在美国的持续制裁下，华为的研发投入和销售收入仍在持续增长，这种逆势而动的定力和魄力，未来必定会给华为带来丰厚的回报.

例 2.7.3 密码学在通信及军事上都有重要的应用. 在密码学中，信息代码称为密码，没有被转换成密码的文字信息称为明文，用密码表示的信息称为密文. 从明文向密文转换的过程称为加密，反之称为解密. 矩阵密码法是信息编码与解码的常用技巧，其中一种利用逆矩阵来求解明文的方法是：首先在空格及26个英文字母与0～26个整数之间建立一一对应关系；然后收发双方约定加密矩阵 $\boldsymbol{A}$，利用矩阵乘法(即加密算法 $\boldsymbol{C}=\boldsymbol{AB}$ 对"明文"(即明文矩阵 $\boldsymbol{B}$)进行加密，让其变成"密文"(即密文矩阵 $\boldsymbol{C}$)后再进行传送；最后接收方利用 $\boldsymbol{A}^{-1}$ 对密文进行解密. 现在我们约定数字1～26分别对应英文字母 $A\sim Z$，0对应空格，且收发双方约定的加密矩阵为

$$\boldsymbol{A} = \begin{bmatrix} 4 & 3 & 7 \\ 9 & 0 & 10 \\ 0 & 7 & 6 \end{bmatrix}$$

已知密文矩阵

$$\boldsymbol{C} = \begin{bmatrix} 207 & 210 & 135 \\ 231 & 318 & 135 \\ 244 & 161 & 175 \end{bmatrix}$$

问：明文信息是什么？

解 设明文矩阵为 $\boldsymbol{B}$，由 $\boldsymbol{C}=\boldsymbol{AB}$ 得

$$\begin{bmatrix} 4 & 3 & 7 \\ 9 & 0 & 10 \\ 0 & 7 & 6 \end{bmatrix} \boldsymbol{B} = \begin{bmatrix} 207 & 210 & 135 \\ 231 & 318 & 135 \\ 244 & 161 & 175 \end{bmatrix}$$

则

$$\boldsymbol{B} = \boldsymbol{A}^{-1}\boldsymbol{C} = \begin{bmatrix} 4 & 3 & 7 \\ 9 & 0 & 10 \\ 0 & 7 & 6 \end{bmatrix}^{-1} \begin{bmatrix} 207 & 210 & 135 \\ 231 & 318 & 135 \\ 244 & 161 & 175 \end{bmatrix}$$

解得

$$\boldsymbol{B} = \begin{bmatrix} 9 & 12 & 15 \\ 22 & 5 & 25 \\ 15 & 21 & 0 \end{bmatrix}$$

由英文字母与整数之间的对应关系即得明文信息为"ILOVEYOU"。

这个例子是矩阵乘法与逆矩阵的一个实际应用，它将线性代数与密码学紧密联系了起来. 运用矩阵知识可破译密码，可见矩阵的作用非常强大.

例 2.7.4 某城市及郊区乡镇共有 50 万人从事农业、工业、商业工作，假设总人数在若干年内不会改变，而社会调查表明：

(1) 在这 50 万人中，目前大约有 25 万人从事农业工作，15 万人从事工业工作，10 万人从事商业工作.

(2) 在务农的人员中，每年大约有 20％改为务工，10％改为经商.

(3) 在务工的人员中，每年大约有 20％改为务农，10％改为经商.

(4) 在经商的人员中，每年大约有 10％改为务农，10％改为务工.

如果每年这个改变的比例不变，请预测一、二年后从事农业、工业、商业工作的人数，以及多年之后，从事各行业人员的总数及发展趋势.

解 设 x_i、y_i、z_i 分别表示第 i 年后从事农业、工业、商业工作的人数，则 $x_0=25$，$y_0=15$，$z_0=10$. 现在要求出 x_1、y_1、z_1 和 x_2、y_2、z_2，并考察经过 n 年后 x_n、y_n、z_n 的发展趋势.

根据题意，可以列出一年后从事农业、工业、商业工作的人员总数的方程为

$$\begin{cases} x_1 = 0.7x_0 + 0.2y_0 + 0.1z_0 \\ y_1 = 0.2x_0 + 0.7y_0 + 0.1z_0 \\ z_1 = 0.1x_0 + 0.1y_0 + 0.8z_0 \end{cases}$$

用矩阵表示为

$$\begin{bmatrix} x_1 \\ y_1 \\ z_1 \end{bmatrix} = \begin{bmatrix} 0.7 & 0.2 & 0.1 \\ 0.2 & 0.7 & 0.1 \\ 0.1 & 0.1 & 0.8 \end{bmatrix} \begin{bmatrix} x_0 \\ y_0 \\ z_0 \end{bmatrix} = \boldsymbol{A} \begin{bmatrix} x_0 \\ y_0 \\ z_0 \end{bmatrix}$$

其中递增矩阵为

$$\boldsymbol{A} = \begin{bmatrix} 0.7 & 0.2 & 0.1 \\ 0.2 & 0.7 & 0.1 \\ 0.1 & 0.1 & 0.8 \end{bmatrix}$$

现将 $x_0=25$，$y_0=15$，$z_0=10$ 代入上式，得

$$\begin{bmatrix} x_1 \\ y_1 \\ z_1 \end{bmatrix} = \boldsymbol{A} \begin{bmatrix} 25 \\ 15 \\ 10 \end{bmatrix} = \begin{bmatrix} 22.9 \\ 16.9 \\ 10.2 \end{bmatrix}$$

即得到一年后从事农业、工业、商业工作的人数分别为 22.9 万人、16.9 万人、10.2 万人.

当 $n=2$ 时，有

$$\begin{bmatrix} x_2 \\ y_2 \\ z_2 \end{bmatrix} = \boldsymbol{A} \begin{bmatrix} x_1 \\ y_1 \\ z_1 \end{bmatrix} = \boldsymbol{A}^2 \begin{bmatrix} x_0 \\ y_0 \\ z_0 \end{bmatrix} = \begin{bmatrix} 0.7 & 0.2 & 0.1 \\ 0.2 & 0.7 & 0.1 \\ 0.1 & 0.1 & 0.8 \end{bmatrix}^2 \begin{bmatrix} 25 \\ 15 \\ 10 \end{bmatrix} = \begin{bmatrix} 21.73 \\ 17.23 \\ 11.04 \end{bmatrix}$$

即得到两年后从事农业、工业、商业工作的人数分别为 21.73 万人、17.23 万人、11.04 万人.

综上推得

$$\begin{bmatrix} x_n \\ y_n \\ z_n \end{bmatrix} = \boldsymbol{A} \begin{bmatrix} x_{n-1} \\ y_{n-1} \\ z_{n-1} \end{bmatrix} = \boldsymbol{A}^n \begin{bmatrix} x_0 \\ y_0 \\ z_0 \end{bmatrix} = \begin{bmatrix} 0.7 & 0.2 & 0.1 \\ 0.2 & 0.7 & 0.1 \\ 0.1 & 0.1 & 0.8 \end{bmatrix}^n \begin{bmatrix} 25 \\ 15 \\ 10 \end{bmatrix}$$

即 n 年后从事农业、工业、商业工作的人数完全由 $\boldsymbol{A}^n$ 来决定.

本章小结

1. 本章要点提示

(1) 规定一阶方阵表示数 a，即$(a)=a$，这时它和一阶行列式是一致的.

(2) 注意矩阵与行列式概念的区别和联系. 首先，矩阵是 $m\times n$ 个数排列而成的一个数表或者说是一个数的阵列，除一阶方阵外，矩阵一般不是数，而行列式是一个数. 其次，矩阵的行数和列数可以不同，一般是 m 行 n 列的，而行列式的行数和列数必须相同. 另一方面，方阵与它的行列式又是紧密联系的. 可以利用方阵 $\boldsymbol{A}$ 的行列式$|\boldsymbol{A}|$来研究方阵的性质，这在讨论方阵的逆、方阵的秩、方阵的乘法性质以及线性方程组的有关理论问题时，起到了至关重要的作用.

(3) 注意矩阵运算与行列式运算的比较.

(4) 理解初等变换的概念，三种初等变换对应着三种初等矩阵，初等矩阵的逆矩阵仍然是初等矩阵，即

$$\boldsymbol{E}(i,j)^{-1}=\boldsymbol{E}(i,j)$$

$$\boldsymbol{E}(i(k))^{-1}=\boldsymbol{E}\left(i\left(\frac{1}{k}\right)\right)$$

$$\boldsymbol{E}(i,j(k))^{-1}=\boldsymbol{E}(i,j(-k))$$

(5) 正确理解矩阵秩的定义，会熟练地求矩阵的秩.

2. 矩阵的乘法

矩阵的乘法是本章的难点和重点，运算时应该注意以下几点：

(1) 只有当左边的矩阵 $\boldsymbol{A}$ 的列数等于右边的矩阵 $\boldsymbol{B}$ 的行数时，$\boldsymbol{A}$ 与 $\boldsymbol{B}$ 才能进行乘法运算.

(2) 矩阵的乘法不满足交换律，即在一般情形下，$\boldsymbol{AB}\neq\boldsymbol{BA}$，但当 $\boldsymbol{A}$ 与 $\boldsymbol{B}$ 均为方阵时，恒有$|\boldsymbol{AB}|=|\boldsymbol{A}|\,|\boldsymbol{B}|=|\boldsymbol{BA}|$.

(3) 一些关于数的代数恒等式对矩阵来讲不一定成立，如设 $\boldsymbol{A}$、$\boldsymbol{B}$ 均为 n 阶方阵，则

$$(\boldsymbol{A}+\boldsymbol{B})^2\neq\boldsymbol{A}^2+2\boldsymbol{AB}+\boldsymbol{B}^2$$

$$(\boldsymbol{A}+\boldsymbol{B})(\boldsymbol{A}-\boldsymbol{B})\neq\boldsymbol{A}^2-\boldsymbol{B}^2$$

$$(\boldsymbol{AB})^k\neq\boldsymbol{A}^k\boldsymbol{B}^k$$

但当 $\boldsymbol{A}$ 与 $\boldsymbol{B}$ 可交换，即 $\boldsymbol{AB}=\boldsymbol{BA}$ 时，它们是成立的.

(4) 数的乘法中消去律对于矩阵来讲也不成立，一般情况下由 $\boldsymbol{AB}=\boldsymbol{O}$，不能得出 $\boldsymbol{A}=\boldsymbol{O}$ 或 $\boldsymbol{B}=\boldsymbol{O}$ 的结论，同样由 $\boldsymbol{AB}=\boldsymbol{AC}$，且 $\boldsymbol{A}\neq\boldsymbol{O}$，不能推出 $\boldsymbol{B}=\boldsymbol{C}$.

(5) 当 $\boldsymbol{A}$ 是一个 n 阶方阵，而 k 是一个常数时，特别要注意$|k\boldsymbol{A}|$和$k|\boldsymbol{A}|$的区别，$|k\boldsymbol{A}|=k^n|\boldsymbol{A}|$，而 $k|\boldsymbol{A}|$表示一个常数 k 乘以行列式，即行列式中的某一行(列)的元素乘 k.

(6) 在矩阵的转置运算中，要特别注意$(\boldsymbol{AB})^{\mathrm{T}}=\boldsymbol{B}^{\mathrm{T}}\boldsymbol{A}^{\mathrm{T}}$，同样在矩阵的求逆运算中，也要注意$(\boldsymbol{AB})^{-1}=\boldsymbol{B}^{-1}\boldsymbol{A}^{-1}$，同时要注意只有方阵才可能存在逆矩阵.

3. 求逆矩阵常用的方法

(1) 伴随矩阵法. 利用公式 $\boldsymbol{A}^{-1}=\frac{1}{|\boldsymbol{A}|}\boldsymbol{A}^{*}$，求 $\boldsymbol{A}$ 的逆矩阵. 这里应该注意以下几点：

① 伴随矩阵的求法，特别是伴随矩阵 $\boldsymbol{A}^{*}$ 中元素和矩阵 $\boldsymbol{A}$ 中元素的对应关系，设 $\boldsymbol{A}=(a_{ij})_{m\times n}$，$a_{ij}$ 的代数余子式是 A_{ij}，则 $\boldsymbol{A}^{*}=(A_{ji})_{m\times n}$；

② 利用伴随矩阵求逆矩阵计算量较大，因此常用它来求三阶以下方阵的逆矩阵；

③ 伴随矩阵是常考的知识点之一，注意伴随矩阵的性质：

$$\boldsymbol{A}\boldsymbol{A}^{*}=\boldsymbol{A}^{*}\boldsymbol{A}=|\boldsymbol{A}|\boldsymbol{E},\ |\boldsymbol{A}^{*}|=|\boldsymbol{A}|^{n-1},\quad \boldsymbol{A}^{*}=|\boldsymbol{A}|\boldsymbol{A}^{-1}$$

$$(\boldsymbol{A}^{*})^{-1}=(\boldsymbol{A}^{-1})^{*}=\frac{1}{|\boldsymbol{A}|}\boldsymbol{A}$$

$$(k\boldsymbol{A})^{*}=k^{n-1}\boldsymbol{A}^{*},\quad (\boldsymbol{A}^{*})^{*}=|\boldsymbol{A}|^{n-2}\boldsymbol{A}$$

(2) 初等变换法.

① 利用初等行变换，对矩阵$(\boldsymbol{A},\boldsymbol{E})$进行一系列初等行变换将其化为$(\boldsymbol{E},\boldsymbol{B})$，则 $\boldsymbol{B}=\boldsymbol{A}^{-1}$；

② 利用初等列变换，对矩阵$\begin{bmatrix}\boldsymbol{A}\\ \boldsymbol{E}\end{bmatrix}$进行一系列初等列变换将其化为$\begin{bmatrix}\boldsymbol{E}\\ \boldsymbol{B}\end{bmatrix}$，则 $\boldsymbol{B}=\boldsymbol{A}^{-1}$.

(3) 分块矩阵法. 将矩阵分块，利用下面的结论：

$$\begin{bmatrix}\boldsymbol{A}_1 & & & \\ & \boldsymbol{A}_2 & & \\ & & \ddots & \\ & & & \boldsymbol{A}_s\end{bmatrix}^{-1}=\begin{bmatrix}\boldsymbol{A}_1^{-1} & & & \\ & \boldsymbol{A}_2^{-1} & & \\ & & \ddots & \\ & & & \boldsymbol{A}_s^{-1}\end{bmatrix}$$

$$\begin{bmatrix} & & & \boldsymbol{A}_1\\ & & \boldsymbol{A}_2 & \\ & ⋰ & & \\ \boldsymbol{A}_s & & & \end{bmatrix}^{-1}=\begin{bmatrix} & & & \boldsymbol{A}_s^{-1}\\ & & \boldsymbol{A}_{s-1}^{-1} & \\ & ⋰ & & \\ \boldsymbol{A}_1^{-1} & & & \end{bmatrix}$$

$$\begin{bmatrix}\boldsymbol{A} & \boldsymbol{C}\\ \boldsymbol{O} & \boldsymbol{B}\end{bmatrix}^{-1}=\begin{bmatrix}\boldsymbol{A}^{-1} & -\boldsymbol{A}^{-1}\boldsymbol{C}\boldsymbol{B}^{-1}\\ \boldsymbol{O} & \boldsymbol{B}^{-1}\end{bmatrix},\ \begin{bmatrix}\boldsymbol{A} & \boldsymbol{O}\\ \boldsymbol{C} & \boldsymbol{B}\end{bmatrix}^{-1}=\begin{bmatrix}\boldsymbol{A}^{-1} & \boldsymbol{O}\\ -\boldsymbol{B}^{-1}\boldsymbol{C}\boldsymbol{A}^{-1} & \boldsymbol{B}^{-1}\end{bmatrix}$$

4. 证明矩阵可逆常用的方法

(1) 利用定义，若方阵 $\boldsymbol{A}$、$\boldsymbol{B}$ 满足 $\boldsymbol{AB}=\boldsymbol{BA}=\boldsymbol{E}$，则 $\boldsymbol{A}$、$\boldsymbol{B}$ 都是可逆的，且 $\boldsymbol{A}=\boldsymbol{B}^{-1}$，$\boldsymbol{B}=\boldsymbol{A}^{-1}$.

(2) 利用矩阵可逆的充分必要条件证明 $|\boldsymbol{A}|\neq 0$.

(3) 利用反证法，假设 $\boldsymbol{A}$ 不可逆，推出矛盾.

(4) 利用其他方法，如：

① 证明 $R(\boldsymbol{A})=n$；

② 证明齐次线性方程组 $\boldsymbol{Ax}=\boldsymbol{0}$ 只有零解(第四章介绍)；

③ 证明 $\boldsymbol{A}$ 的行(列)向量线性无关(第三章介绍)；

④ 证明 $\boldsymbol{A}$ 的特征值全不为零(第五章介绍).

5. 矩阵秩的求法

(1) 利用矩阵秩的定义. 若能找到矩阵 $\boldsymbol{A}$ 中有一个 r 阶子式不为零，而所有 $r+1$ 阶子式

(如果有的话)全为零，则 $R(\boldsymbol{A})=n$.

(2) 利用初等变换. 利用初等行(列)变换化矩阵 $\boldsymbol{A}$ 为行(列)阶梯形矩阵 $\boldsymbol{B}$，则 $\boldsymbol{B}$ 中非零行(列)的个数即为矩阵 $\boldsymbol{A}$ 的秩.

习 题 二

1. 设矩阵 $\boldsymbol{A}=\begin{bmatrix}1&4&1\\-4&2&8\end{bmatrix}$，$\boldsymbol{B}=\begin{bmatrix}-2&1&0\\2&-5&4\end{bmatrix}$，求 $\boldsymbol{A}+\boldsymbol{B}$，$2\boldsymbol{A}-5\boldsymbol{B}$.

2. 设 $\boldsymbol{A}=\begin{bmatrix}1&1&1\\1&1&-1\\1&-1&1\end{bmatrix}$，$\boldsymbol{B}=\begin{bmatrix}1&2&3\\-1&-2&4\\0&5&1\end{bmatrix}$，求 $3\boldsymbol{AB}-2\boldsymbol{A}$ 及 $\boldsymbol{A}^{\mathrm{T}}\boldsymbol{B}$.

3. 计算：

(1) $(1,2,3)\begin{pmatrix}3\\2\\1\end{pmatrix}$

(2) $\begin{pmatrix}3\\2\\1\end{pmatrix}(1,2,3)$

(3) $\begin{bmatrix}1&2&3\\-2&1&2\end{bmatrix}\begin{bmatrix}1&2&0\\0&1&1\\3&0&-1\end{bmatrix}$

(4) $(x_1,x_2,x_3)\begin{bmatrix}a_{11}&a_{12}&a_{13}\\a_{21}&a_{22}&a_{23}\\a_{31}&a_{32}&a_{33}\end{bmatrix}\begin{pmatrix}x_1\\x_2\\x_3\end{pmatrix}$

(5) $\begin{bmatrix}1&2&1&0\\0&3&0&1\\0&0&2&1\\0&0&0&3\end{bmatrix}\begin{bmatrix}1&0&3&1\\0&1&2&-1\\0&0&-2&3\\0&0&0&-3\end{bmatrix}$

4. 举反例说明下列命题是错误的：

(1) 若 $\boldsymbol{A}^2=\boldsymbol{O}$，则 $\boldsymbol{A}=\boldsymbol{O}$；

(2) 若 $\boldsymbol{A}^2=\boldsymbol{A}$，则 $\boldsymbol{A}=\boldsymbol{O}$ 或 $\boldsymbol{A}=\boldsymbol{E}$.

5. 设 $\boldsymbol{A}=\begin{bmatrix}1&2\\1&3\end{bmatrix}$，$\boldsymbol{B}=\begin{bmatrix}1&0\\1&2\end{bmatrix}$，证明：

(1) $\boldsymbol{AB}=\boldsymbol{BA}$ 是否成立；

(2) $(\boldsymbol{A}+\boldsymbol{B})^2=\boldsymbol{A}^2+2\boldsymbol{AB}+\boldsymbol{B}^2$ 是否成立；

(3) $(\boldsymbol{A}+\boldsymbol{B})(\boldsymbol{A}-\boldsymbol{B})=\boldsymbol{A}^2-\boldsymbol{B}^2$ 是否成立.

6. 设 $\boldsymbol{A}$，$\boldsymbol{B}$ 都是 n 阶对称矩阵，证明 $\boldsymbol{AB}$ 是对称矩阵的充分必要条件是 $\boldsymbol{AB}=\boldsymbol{BA}$.

7. 证明对任意 $m\times n$ 矩阵 $\boldsymbol{A}$，$\boldsymbol{A}^{\mathrm{T}}\boldsymbol{A}$ 及 $\boldsymbol{AA}^{\mathrm{T}}$ 都是对称矩阵.

8. 求下列矩阵的逆矩阵：

(1) $\begin{bmatrix}1 & 2\\2 & 5\end{bmatrix}$　　(2) $\begin{bmatrix}1 & 2 & 1\\3 & 4 & -2\\5 & -4 & 1\end{bmatrix}$

(3) $\begin{bmatrix}1 & 0 & 0\\1 & 2 & 0\\1 & 2 & 3\end{bmatrix}$　　(4) $\begin{bmatrix}5 & 2 & 0 & 0\\2 & 1 & 0 & 0\\0 & 0 & 8 & 3\\0 & 0 & 5 & 2\end{bmatrix}$

9. 解下列矩阵方程：

(1) $\begin{bmatrix}2 & 5\\1 & 3\end{bmatrix}\boldsymbol{X}=\begin{bmatrix}4 & -6\\2 & 1\end{bmatrix}$

(2) $\boldsymbol{X}\begin{bmatrix}2 & 1 & -1\\2 & 1 & 0\\1 & -1 & 1\end{bmatrix}=\begin{bmatrix}1 & -1 & 3\\4 & 3 & 2\end{bmatrix}$

(3) $\begin{bmatrix}0 & 1 & 0\\1 & 0 & 0\\0 & 0 & 1\end{bmatrix}\boldsymbol{X}\begin{bmatrix}1 & 0 & 0\\0 & 0 & 1\\0 & 1 & 0\end{bmatrix}=\begin{bmatrix}1 & -4 & 3\\2 & 0 & -1\\1 & -2 & 0\end{bmatrix}$

10. 求下列矩阵的秩，并求一个最高阶非零子式：

(1) $\begin{bmatrix}3 & 1 & 0 & 2\\1 & -1 & 2 & -1\\1 & 3 & -4 & 4\end{bmatrix}$

(2) $\begin{bmatrix}3 & 2 & -1 & -3 & -1\\2 & -1 & 3 & 1 & -3\\7 & 0 & 5 & -1 & -8\end{bmatrix}$

(3) $\begin{bmatrix}1 & -1 & 2 & 1 & 0\\2 & -2 & 4 & 2 & 0\\3 & 0 & 6 & -1 & 1\\0 & 3 & 0 & 0 & 1\end{bmatrix}$

11. 已知矩阵 $\boldsymbol{A}=\begin{bmatrix}1 & 1 & 1\\1 & 2 & 1\\2 & 3 & \lambda+1\end{bmatrix}$ 的秩 $R(\boldsymbol{A})=2$，求 λ.

12. 计算下列矩阵的幂：

(1) $\begin{bmatrix}1 & 1\\0 & 0\end{bmatrix}^n$　　(2) $\begin{bmatrix}1 & 0\\\lambda & 1\end{bmatrix}^n$

(3) $\begin{bmatrix}\lambda & 1 & 0\\0 & \lambda & 1\\0 & 0 & \lambda\end{bmatrix}^2$　　(4) $\begin{bmatrix}a & 0 & 0\\0 & b & 0\\0 & 0 & c\end{bmatrix}^n$

13. 设方阵 $\boldsymbol{A}$ 满足 $\boldsymbol{A}^2-\boldsymbol{A}-2\boldsymbol{E}=\boldsymbol{O}$，证明 $\boldsymbol{A}$ 及 $\boldsymbol{A}+2\boldsymbol{E}$ 都可逆，并求 $\boldsymbol{A}^{-1}$ 及 $(\boldsymbol{A}+2\boldsymbol{E})^{-1}$.

14. 设 $\boldsymbol{A}$ 为 n 阶矩阵，若已知 $|\boldsymbol{A}|=m$，求 $\left|2|\boldsymbol{A}|\cdot\boldsymbol{A}^{\mathrm{T}}\right|$.

15. 设 $\boldsymbol{A}=\begin{bmatrix} 3 & 2 & & \\ -2 & -3 & \multicolumn{2}{c}{\boldsymbol{O}} \\ & \boldsymbol{O} & 2 & 0 \\ & & 2 & 1 \end{bmatrix}$，求 $|\boldsymbol{A}^4|$ 及 $\boldsymbol{A}^4$.

16. 设 $\boldsymbol{A}=\begin{bmatrix} 0 & 3 & 3 \\ 1 & 1 & 0 \\ -1 & 2 & 3 \end{bmatrix}$，$\boldsymbol{AB}=\boldsymbol{A}+2\boldsymbol{B}$，求 $\boldsymbol{B}$.

17. 设 $\boldsymbol{A}=\begin{bmatrix} 1 & 0 & 1 \\ 0 & 2 & 0 \\ 1 & 0 & 1 \end{bmatrix}$，正整数 $n\geqslant 2$，求 $\boldsymbol{A}^n-2\boldsymbol{A}^{n-1}$.

18. 设 n 阶矩阵 $\boldsymbol{A}$ 的伴随矩阵为 $\boldsymbol{A}^*$，证明：

(1) 若 $|\boldsymbol{A}|=0$，则 $|\boldsymbol{A}^*|=0$；

(2) $|\boldsymbol{A}^*|=|\boldsymbol{A}|^{n-1}$.

19. 若三阶矩阵 $\boldsymbol{A}$ 的伴随矩阵为 $\boldsymbol{A}^*$，已知 $|\boldsymbol{A}|=\dfrac{1}{2}$，求 $|(3\boldsymbol{A})^{-1}-2\boldsymbol{A}^*|$.

20. 设 $\boldsymbol{A}$，$\boldsymbol{B}$ 都是 n 阶矩阵，且满足 $2\boldsymbol{B}^{-1}\boldsymbol{A}=\boldsymbol{A}-4\boldsymbol{E}$，其中 $\boldsymbol{E}$ 为 n 阶单位矩阵.

(1) 证明：$\boldsymbol{B}-2\boldsymbol{E}$ 为可逆矩阵，并求 $(\boldsymbol{B}-2\boldsymbol{E})^{-1}$；

(2) 已知 $\boldsymbol{A}=\begin{bmatrix} 1 & -2 & 0 \\ 1 & 2 & 0 \\ 0 & 0 & 2 \end{bmatrix}$，求矩阵 $\boldsymbol{B}$.

自 测 题 二

一、判断题

1. 设 $\boldsymbol{A}$、$\boldsymbol{B}$ 均为 n 阶方阵，则 $(\boldsymbol{A}+\boldsymbol{B})^2=\boldsymbol{A}^2+2\boldsymbol{AB}+\boldsymbol{B}^2$. ( )
2. 若 $\boldsymbol{A}$ 为三阶方阵，则必有 $|2\boldsymbol{A}|=2|\boldsymbol{A}|$. ( )
3. 若 $\boldsymbol{A}$、$\boldsymbol{B}$ 是 n 阶方阵，则 $|\boldsymbol{AB}|=|\boldsymbol{BA}|=|\boldsymbol{A}||\boldsymbol{B}|$. ( )
4. 若 n 阶矩阵 $\boldsymbol{A}$ 或 $\boldsymbol{B}$ 不可逆，则 $\boldsymbol{AB}$ 一定不可逆. ( )
5. 若矩阵 $\boldsymbol{A}$ 的秩为 r，则 $\boldsymbol{A}$ 中不存在等于 0 的 r 阶子式. ( )
6. 若 $|\boldsymbol{A}|\neq 0$，则 $\boldsymbol{A}\neq\boldsymbol{0}$. ( )

二、填空题

1. 设 $\boldsymbol{A}=\begin{bmatrix} 4 & 3 \\ 2 & 1 \end{bmatrix}$，$\boldsymbol{B}=\begin{bmatrix} 1 & -1 \\ 2 & 3 \end{bmatrix}$，则 $2\boldsymbol{AB}-\boldsymbol{A}^{\mathrm{T}}\boldsymbol{B}=$______.

2. 设 $\boldsymbol{A}$ 为五阶方阵，且 $|\boldsymbol{A}|=3$，则 $|\boldsymbol{A}^{-1}|=$______，$|\boldsymbol{A}^2|=$______.

3. 设 $\boldsymbol{B}=\begin{bmatrix} 3 & 0 & 0 \\ 1 & 4 & 0 \\ 0 & 0 & 3 \end{bmatrix}$，则 $(\boldsymbol{B}-2\boldsymbol{E})^{-1}=$________.

4. 已知矩阵 $\boldsymbol{A}=\begin{bmatrix}1 & 1 & 1\\ 1 & 1 & 2\\ a+1 & 2 & 3\end{bmatrix}$，则当_______时，$R(\boldsymbol{A})=2$，当________时，$R(\boldsymbol{A})=3$.

5. 矩阵 $\begin{bmatrix}1 & 2 & 1 & 1\\ 0 & 1 & -1 & 0\\ 1 & 1 & 2 & 1\end{bmatrix}$ 的秩是________；矩阵的一个最高阶非零子式是________.

6. 设 $\boldsymbol{A}$, $\boldsymbol{B}$ 为 n 阶可逆矩阵，$\boldsymbol{O}$ 为 n 阶零矩阵，则 $\begin{bmatrix}\boldsymbol{O} & \boldsymbol{A}\\ \boldsymbol{B} & \boldsymbol{O}\end{bmatrix}^{-1}=$________.

三、综合题

1. 设矩阵 $\boldsymbol{A}=\begin{bmatrix}1 & -1\\ 2 & 3\end{bmatrix}$，$\boldsymbol{B}=\boldsymbol{A}^2-3\boldsymbol{A}+2\boldsymbol{E}$，求 $\boldsymbol{B}^{-1}$.

2. 设 $\boldsymbol{A}^k=\boldsymbol{O}$($k$ 为正整数)，证明：

$$(\boldsymbol{E}-\boldsymbol{A})^{-1}=\boldsymbol{E}+\boldsymbol{A}+\boldsymbol{A}^2+\cdots+\boldsymbol{A}^{k-1}$$

3. 解矩阵方程 $\boldsymbol{A}\boldsymbol{X}+\boldsymbol{B}=\boldsymbol{X}$，其中 $\boldsymbol{A}=\begin{bmatrix}0 & 1 & 0\\ -1 & 1 & 1\\ -1 & 0 & -1\end{bmatrix}$，$\boldsymbol{B}=\begin{bmatrix}1 & -1\\ 2 & 0\\ 5 & -3\end{bmatrix}$.

第三章

n 维向量空间

本章的主要内容及要求

本章主要介绍向量的线性运算、向量组的线性相关与线性无关、极大无关组、向量组的秩及 n 维向量空间的定义.

本章的基本要求如下：

(1) 理解 n 维向量、向量的线性组合和线性表示的概念，掌握向量的加法和数乘运算.

(2) 理解向量组的线性相关与线性无关的概念，掌握有关的性质及证明线性相关与线性无关的方法，掌握线性相关性的主要判定定理.

(3) 理解极大无关组和向量组的秩的概念，了解向量组等价的概念及向量组的秩和矩阵的秩之间的关系，会求向量组的极大无关组和秩.

(4) 理解 n 维向量空间的定义、维数和基.

3.1 n 维向量及其运算

3.1.1 n 维向量

定义 3.1.1 n 个有序的数 $a_1, a_2, \cdots, a_n$ 所组成的数组称为 ***n* 维向量**，记为

$$\boldsymbol{\alpha}=\begin{bmatrix}a_1\\a_2\\\vdots\\a_n\end{bmatrix} \quad 或 \quad \boldsymbol{\alpha}^{\mathrm{T}}=(a_1, a_2, \cdots, a_n)$$

其中，第 i 个数 a_i 称为向量 $\boldsymbol{\alpha}$ 的第 i 个分量(或坐标).

分量全为 0 的向量称为零向量，记为 $\mathbf{0}=(0, 0, \cdots, 0)$.

当 $n\leqslant 3$ 时，n 维向量可用有向线段表示，但当 $n>3$ 时，n 维向量不再有这种几何直观形象了.

分量全部为实数的向量称为**实向量**，分量中有复数的向量称为复向量. 本书中除做特殊说明外，只讨论实向量.

n 维向量可以写成一列，也可以写成一行，分别称为列向量和行向量. 按第二章中的规定，也就是行矩阵和列矩阵，并规定行向量与列向量按矩阵的运算规则进行运算. 因此，n 维列向量

$$\boldsymbol{\alpha}=\begin{bmatrix}a_1\\a_2\\\vdots\\a_n\end{bmatrix}$$

与 n 维行向量

$$\boldsymbol{\alpha}^{\mathrm{T}}=(a_1, a_2, \cdots, a_n)$$

总看作是不同的向量(按定义 3.1.1，$\boldsymbol{\alpha}$ 与 $\boldsymbol{\alpha}^{\mathrm{T}}$应是同一向量).

所有 n 维向量构成的集合称为 n 维向量空间，记为

$$\mathbf{R}^n=\{\boldsymbol{x}=(x_1, x_2, \cdots, x_n)^{\mathrm{T}}\mid x_i\in\mathbf{R}\}$$

若干个同维数的列向量(或同维数的行向量)所构成的集合叫作**向量组**. 一个向量组中可以含有有限个向量，也可以含有无限个向量.

在解析几何中，如果取定一个空间坐标系$[o: x, y, z]$，并以 $\boldsymbol{i}$，$\boldsymbol{j}$，$\boldsymbol{k}$ 分别表示与三个坐标轴方向一致的单位向量，那么空间的任一向量 $\boldsymbol{\alpha}$ 可分解为

$$\boldsymbol{\alpha}=x\boldsymbol{i}+y\boldsymbol{j}+z\boldsymbol{k}$$

其中，x，y，z 称为向量 $\boldsymbol{\alpha}$ 在坐标系$[o: x, y, z]$中的坐标(或分量). 向量 $\boldsymbol{\alpha}$ 也可以简单表示为

$$\boldsymbol{\alpha}=\begin{bmatrix}x\\y\\z\end{bmatrix}$$

这就是三维向量，它也可以看成按三个分量顺序排列的有序数组. 因此，n 维向量是三维向量的推广.

另外，几何中“空间”通常为点的集合，即“空间”的元素是点，这样的空间叫作点空间. 我们把三维向量的全体所组成的集合

$$\mathbf{R}^3=\{\boldsymbol{r}=(x, y, z)^{\mathrm{T}}\mid x, y, z\in\mathbf{R}\}$$

叫作三维向量空间.

向量的集合

$$\pi=\{\boldsymbol{r}=(x, y, z)^{\mathrm{T}}\mid ax+by+cz=d\}$$

也叫作向量空间 $\mathbf{R}^3$ 中的平面.

类似地，n 维向量的全体所组成的集合

$$\mathbf{R}^n=\{\boldsymbol{r}=(x_1, x_2, \cdots, x_n)^{\mathrm{T}}\mid x_1, x_2, \cdots, x_n\in\mathbf{R}\}$$

叫作 n 维向量空间. n 维向量的集合

$$\boldsymbol{\pi}=\{\boldsymbol{x}=(x_1, x_2, \cdots, x_n)^{\mathrm{T}}\mid a_1x_1+a_2x_2+\cdots+a_nx_n=b\}$$

叫作 n 维向量空间中的 $n-1$ 维超平面.

例 3.1.1 任意一个 m 行 n 列矩阵 $\mathbf{A}$，它的每一行是一个 n 维行向量，称为矩阵 $\mathbf{A}$ 的行向量，它的每一列是一个 m 维列向量，称为矩阵 $\mathbf{A}$ 的列向量. 矩阵 $\mathbf{A}$ 的各个行构成了 $\mathbf{A}$ 的行向量组，$\mathbf{A}$ 的各个列构成了 $\mathbf{A}$ 的列向量组. 反之，给定了有限个向量构成的向量组，可以用这些向量作为行(列)构成一个矩阵. 向量与矩阵关系密切，既可以利用向量组研究矩阵，也可以利用矩阵研究向量组.

3.1.2 向量的运算

n 维向量可如同矩阵一样进行运算.

设 λ 是实数，$\boldsymbol{\alpha}$，$\boldsymbol{\beta}$ 是 n 维向量

$$\boldsymbol{\alpha}=\begin{bmatrix}a_1\\a_2\\\vdots\\a_n\end{bmatrix},\qquad \boldsymbol{\beta}=\begin{bmatrix}b_1\\b_2\\\vdots\\b_n\end{bmatrix}$$

则

$$\boldsymbol{\alpha}+\boldsymbol{\beta}=\begin{bmatrix}a_1+b_1\\a_2+b_2\\\vdots\\a_n+b_n\end{bmatrix},\qquad \lambda\boldsymbol{\alpha}=\begin{bmatrix}\lambda a_1\\\lambda a_2\\\vdots\\\lambda a_n\end{bmatrix}$$

分别是向量 $\boldsymbol{\alpha}$ 与 $\boldsymbol{\beta}$ 的和以及数 λ 与向量 $\boldsymbol{\alpha}$ 的乘积. 向量加法以及向量的数乘两种运算统称为向量的线性运算. 称 $-\boldsymbol{\alpha}=\begin{bmatrix}-a_1\\-a_2\\\vdots\\-a_n\end{bmatrix}$ 为 $\boldsymbol{\alpha}$ 的负向量.

向量的线性运算满足以下运算规则(设 $\boldsymbol{\alpha}$，$\boldsymbol{\beta}$，$\boldsymbol{\gamma}$ 是 n 维向量；λ，μ 都是实数)：

(1) $\boldsymbol{\alpha}+\boldsymbol{\beta}=\boldsymbol{\beta}+\boldsymbol{\alpha}$；

(2) $(\boldsymbol{\alpha}+\boldsymbol{\beta})+\boldsymbol{\gamma}=\boldsymbol{\alpha}+(\boldsymbol{\beta}+\boldsymbol{\gamma})$；

(3) $\boldsymbol{\alpha}+\boldsymbol{0}=\boldsymbol{\alpha}$；

(4) $\boldsymbol{\alpha}+(-\boldsymbol{\alpha})=\boldsymbol{0}$；

(5) $1\cdot\boldsymbol{\alpha}=\boldsymbol{\alpha}$；

(6) $\lambda(\mu\boldsymbol{\alpha})=(\lambda\mu)\boldsymbol{\alpha}$；

(7) $\lambda(\boldsymbol{\alpha}+\boldsymbol{\beta})=\lambda\boldsymbol{\alpha}+\lambda\boldsymbol{\beta}$；

(8) $(\lambda+\mu)\boldsymbol{\alpha}=\lambda\boldsymbol{\alpha}+\mu\boldsymbol{\alpha}$.

例 3.1.2 已知 $\boldsymbol{\beta}=(1,0,1)^{\mathrm{T}}$，$\boldsymbol{\gamma}=(3,2,-1)^{\mathrm{T}}$，且 $2\boldsymbol{x}+3\boldsymbol{\beta}=\boldsymbol{\gamma}+4\boldsymbol{x}$，求 $\boldsymbol{x}$.

解

$$\boldsymbol{x}=\frac{1}{2}(3\boldsymbol{\beta}-\boldsymbol{\gamma})=\frac{1}{2}\left(3\begin{bmatrix}1\\0\\1\end{bmatrix}-\begin{bmatrix}3\\2\\-1\end{bmatrix}\right)=\begin{bmatrix}0\\-1\\2\end{bmatrix}$$

3.1.3 向量组的线性组合

定义 3.1.2 给定向量组 A：$\boldsymbol{\alpha}_1$，$\boldsymbol{\alpha}_2$，…，$\boldsymbol{\alpha}_m$，向量 $k_1\boldsymbol{\alpha}_1+k_2\boldsymbol{\alpha}_2+\cdots+k_m\boldsymbol{\alpha}_m$ 称为向量组 A 的一个**线性组合**，k_1，k_2，…，k_m 称为这个线性组合的系数.

如果向量 $\boldsymbol{\beta}$ 可以表示为

$$\boldsymbol{\beta}=k_1\boldsymbol{\alpha}_1+k_2\boldsymbol{\alpha}_2+\cdots+k_m\boldsymbol{\alpha}_m$$

则称 $\boldsymbol{\beta}$ 是向量组 A 的线性组合，这时也称向量 $\boldsymbol{\beta}$ 能由向量组 A 线性表示.

例 3.1.3 向量组 $\boldsymbol{\varepsilon}_1=\begin{bmatrix}1\\0\\\vdots\\0\end{bmatrix}$，$\boldsymbol{\varepsilon}_2=\begin{bmatrix}0\\1\\\vdots\\0\end{bmatrix}$，…，$\boldsymbol{\varepsilon}_n=\begin{bmatrix}0\\0\\\vdots\\1\end{bmatrix}$ 称为 n 维单位坐标向量组. 显然任一 n 维向量 $\boldsymbol{\alpha}=\begin{bmatrix}a_1\\a_2\\\vdots\\a_n\end{bmatrix}$ 都可以表示为 $\boldsymbol{\varepsilon}_1$，$\boldsymbol{\varepsilon}_2$，…，$\boldsymbol{\varepsilon}_n$ 的线性组合，即

$$\boldsymbol{\alpha}=a_1\boldsymbol{\varepsilon}_1+a_2\boldsymbol{\varepsilon}_2+\cdots+a_n\boldsymbol{\varepsilon}_n$$

例 3.1.4 设向量组 $\boldsymbol{\alpha}_1=\begin{bmatrix}0\\1\\1\end{bmatrix}$，$\boldsymbol{\alpha}_2=\begin{bmatrix}1\\0\\1\end{bmatrix}$，$\boldsymbol{\alpha}_3=\begin{bmatrix}1\\1\\0\end{bmatrix}$ 和向量 $\boldsymbol{\beta}=\begin{bmatrix}1\\1\\1\end{bmatrix}$，向量 $\boldsymbol{\beta}$ 能否由向量组 $\boldsymbol{\alpha}_1$，$\boldsymbol{\alpha}_2$，$\boldsymbol{\alpha}_3$ 线性表示？若能，求表示的系数.

解 设 $\boldsymbol{\beta}=k_1\boldsymbol{\alpha}_1+k_2\boldsymbol{\alpha}_2+k_3\boldsymbol{\alpha}_3$，即

$$\begin{bmatrix}0&1&1\\1&0&1\\1&1&0\end{bmatrix}\begin{bmatrix}k_1\\k_2\\k_3\end{bmatrix}=\begin{bmatrix}1\\1\\1\end{bmatrix}$$

方程组的系数行列式

$$D=\begin{vmatrix}0&1&1\\1&0&1\\1&1&0\end{vmatrix}=2\neq 0$$

由克莱姆法则知，方程组有唯一解，即向量 $\boldsymbol{\beta}$ 能由向量组 $\boldsymbol{\alpha}_1$，$\boldsymbol{\alpha}_2$，$\boldsymbol{\alpha}_3$ 线性表示，且表示法唯一.

利用克莱姆法则可以计算方程组的解为

$$k_1=\frac{1}{2},\quad k_2=\frac{1}{2},\quad k_3=\frac{1}{2}$$

所以

$$\boldsymbol{\beta}=\frac{1}{2}\boldsymbol{\alpha}_1+\frac{1}{2}\boldsymbol{\alpha}_2+\frac{1}{2}\boldsymbol{\alpha}_3$$

3.2 向量组的线性相关性

3.2.1 线性相关的概念

定义 3.2.1 设向量组 A：$\boldsymbol{\alpha}_1$，$\boldsymbol{\alpha}_2$，…，$\boldsymbol{\alpha}_m$ 是 n 维向量组，如果存在一组不全为零的实数 k_1，k_2，…，k_m，使

$$k_1\boldsymbol{a}_1+k_2\boldsymbol{a}_2+\cdots+k_m\boldsymbol{a}_m=\mathbf{0}$$

则称向量组 A 是**线性相关**的；如果上述等式只能在 k_1，k_2，…，k_m 全为零时才成立，则称向量

组 A 是**线性无关**的.

例 3.2.1 证明：单独一个零向量组成的向量组是线性相关的，单独一个非零向量 $\boldsymbol{\alpha}$ 组成的向量组是线性无关的.

证 取 $\lambda=1\neq 0$，使 $\lambda\mathbf{0}=\mathbf{0}$ 成立，所以零向量线性相关.

设 $\lambda\boldsymbol{\alpha}=\mathbf{0}$，若 $\boldsymbol{\alpha}\neq\mathbf{0}$，必有 $\lambda=0$，所以非零向量线性无关. **证毕**

例 3.2.2 证明：含有零向量的向量组必线性相关.

证 设向量组 A：$\mathbf{0}$，$\boldsymbol{\alpha}_1$，$\boldsymbol{\alpha}_2$，…，$\boldsymbol{\alpha}_m$，容易知道有不全为零的数 $\lambda(\lambda\neq 0)$，0，0，…，0 使得

$$\lambda\mathbf{0}+0\boldsymbol{\alpha}_1+0\boldsymbol{\alpha}_2+\cdots+0\boldsymbol{\alpha}_m=\mathbf{0}\ (\lambda\neq 0)$$

所以，向量组 $\mathbf{0}$，$\boldsymbol{\alpha}_1$，$\boldsymbol{\alpha}_2$，…，$\boldsymbol{\alpha}_m$ 线性相关. **证毕**

3.2.2 线性相关的判定

定理 3.2.1 向量组 $\boldsymbol{\alpha}_1$，$\boldsymbol{\alpha}_2$，…，$\boldsymbol{\alpha}_m(m\geqslant 2)$ 线性相关的充分必要条件是其中至少有一个向量可以由其余 $m-1$ 个向量线性表示.

证 必要性 设 $\boldsymbol{\alpha}_1$，$\boldsymbol{\alpha}_2$，…，$\boldsymbol{\alpha}_m$ 线性相关，即有一组不全为零的数 k_1，k_2，…，k_m，使

$$k_1\boldsymbol{\alpha}_1+k_2\boldsymbol{\alpha}_2+\cdots+k_m\boldsymbol{\alpha}_m=\mathbf{0}$$

因为 k_1，k_2，…，k_m 中至少有一个不为零，不妨令 $k_1\neq 0$，则有

$$\boldsymbol{\alpha}_1=-\frac{k_2}{k_1}\boldsymbol{\alpha}_2-\cdots-\frac{k_m}{k_1}\boldsymbol{\alpha}_m$$

即 $\boldsymbol{\alpha}_1$ 可由其余 $m-1$ 个向量线性表示.

充分性 在 $\boldsymbol{\alpha}_1$，$\boldsymbol{\alpha}_2$，…，$\boldsymbol{\alpha}_m$ 中至少有一个向量(不妨设 $\boldsymbol{\alpha}_1$)能由其余 $m-1$ 个向量线性表示，即有

$$\boldsymbol{\alpha}_1=k_2\boldsymbol{\alpha}_2+\cdots+k_m\boldsymbol{\alpha}_m$$

也就是

$$(-1)\boldsymbol{\alpha}_1+k_2\boldsymbol{\alpha}_2+\cdots+k_m\boldsymbol{\alpha}_m=\mathbf{0}$$

因为(-1)，k_2，…，k_m 这 m 个数不全为零(至少 $-1\neq 0$)，所以 $\boldsymbol{\alpha}_1$，$\boldsymbol{\alpha}_2$，…，$\boldsymbol{\alpha}_m$ 线性相关.

证毕

例 3.2.3 讨论向量组

$$\boldsymbol{\alpha}_1=\begin{bmatrix}1\\1\\1\end{bmatrix},\quad \boldsymbol{\alpha}_2=\begin{bmatrix}1\\2\\1\end{bmatrix},\quad \boldsymbol{\alpha}_3=\begin{bmatrix}1\\0\\0\end{bmatrix}$$

的线性相关性.

解 设有数 k_1，k_2，k_3，使

$$k_1\boldsymbol{\alpha}_1+k_2\boldsymbol{\alpha}_2+\cdots+k_3\boldsymbol{\alpha}_3=\mathbf{0}$$

即

$$\begin{cases}k_1+k_2+k_3=0\\k_1+2k_2=0\\k_1+k_2=0\end{cases}$$

由方程组的系数行列式

$$D=\begin{vmatrix}1&1&1\\1&2&0\\1&1&0\end{vmatrix}=-1\neq 0$$

可知，上述的线性方程组只有零解 $k_1=k_2=k_3=0$，所以向量组 $\boldsymbol{\alpha}_1$，$\boldsymbol{\alpha}_2$，$\boldsymbol{\alpha}_3$ 是线性无关的.

注意 讨论或证明一个向量组的线性相关性的步骤为：首先按定义，令这个向量组的线性组合等于零向量；再利用方程组的理论确定系数全为零或不全为零，若系数全为零，则向量组线性无关，若不全为零，则向量组线性相关.

例 3.2.4 讨论 n 维单位坐标向量的线性相关性.

解 设有 k_1，k_2，…，k_n，使

$$k_1\boldsymbol{\varepsilon}_1+k_2\boldsymbol{\varepsilon}_2+\cdots+k_n\boldsymbol{\varepsilon}_n=\mathbf{0}$$

则

$$\begin{bmatrix}k_1\\0\\\vdots\\0\end{bmatrix}+\begin{bmatrix}0\\k_2\\\vdots\\0\end{bmatrix}+\cdots+\begin{bmatrix}0\\0\\\vdots\\k_n\end{bmatrix}=\begin{bmatrix}0\\0\\\vdots\\0\end{bmatrix}$$

于是

$$\begin{bmatrix}k_1\\k_2\\\vdots\\k_n\end{bmatrix}=\begin{bmatrix}0\\0\\\vdots\\0\end{bmatrix}$$

所以 $k_1=k_2=\cdots=k_n=0$，因此单位坐标向量线性无关.

可以证明，两个向量线性相关的充分必要条件是它们的坐标对应成比例；它们线性无关的充分必要条件是坐标不对应成比例.

例 3.2.5 讨论向量组 $\boldsymbol{\alpha}_1=\begin{bmatrix}1\\3\\-2\\5\end{bmatrix}$，$\boldsymbol{\alpha}_2=\begin{bmatrix}2\\7\\0\\3\end{bmatrix}$的线性相关性.

解 因为 $\boldsymbol{\alpha}_1$，$\boldsymbol{\alpha}_2$ 的对应坐标不成比例，所以 $\boldsymbol{\alpha}_1$，$\boldsymbol{\alpha}_2$ 线性无关.

例 3.2.6 讨论向量组

$$\boldsymbol{\alpha}_1=\begin{bmatrix}5\\2\\9\end{bmatrix},\quad \boldsymbol{\alpha}_2=\begin{bmatrix}2\\-1\\-1\end{bmatrix},\quad \boldsymbol{\alpha}_3=\begin{bmatrix}7\\1\\8\end{bmatrix}$$

的线性相关性.

解 设有一组数 k_1，k_2，k_3，使

$$k_1\boldsymbol{\alpha}_1+k_2\boldsymbol{\alpha}_2+\cdots+k_3\boldsymbol{\alpha}_3=\mathbf{0}$$

即

$$\begin{cases}5k_1+2k_2+7k_3=0\\2k_1-k_2+k_3=0\\9k_1-k_2+8k_3=0\end{cases}$$

由方程组的系数行列式

$$D=\begin{vmatrix}5 & 2 & 7\\ 2 & -1 & 1\\ 9 & -1 & 8\end{vmatrix}=0$$

可知，上述的线性方程组有非零解，即存在不全为零的数 k_1，k_2，k_3，使得 $k_1\boldsymbol{\alpha}_1+k_2\boldsymbol{\alpha}_2+k_3\boldsymbol{\alpha}_3=\mathbf{0}$ 成立，因此向量组 $\boldsymbol{\alpha}_1$，$\boldsymbol{\alpha}_2$，$\boldsymbol{\alpha}_3$线性相关.

例 3.2.7 设向量组 $\boldsymbol{\alpha}_1$，$\boldsymbol{\alpha}_2$，$\boldsymbol{\alpha}_3$线性无关，$\boldsymbol{\beta}_1=\boldsymbol{\alpha}_1+\boldsymbol{\alpha}_2$，$\boldsymbol{\beta}_2=\boldsymbol{\alpha}_2+\boldsymbol{\alpha}_3$，$\boldsymbol{\beta}_3=\boldsymbol{\alpha}_3+\boldsymbol{\alpha}_1$，证明向量组 $\boldsymbol{\beta}_1$，$\boldsymbol{\beta}_2$，$\boldsymbol{\beta}_3$也线性无关.

证 设有一组数 k_1，k_2，k_3，使

$$k_1\boldsymbol{\beta}_1+k_2\boldsymbol{\beta}_2+k_3\boldsymbol{\beta}_3=\mathbf{0}$$

即有

$$k_1(\boldsymbol{\alpha}_1+\boldsymbol{\alpha}_2)+k_2(\boldsymbol{\alpha}_2+\boldsymbol{\alpha}_3)+k_3(\boldsymbol{\alpha}_3+\boldsymbol{\alpha}_1)=\mathbf{0}$$

从而得

$$(k_1+k_3)\boldsymbol{\alpha}_1+(k_1+k_2)\boldsymbol{\alpha}_2+(k_2+k_3)\boldsymbol{\alpha}_3=\mathbf{0}$$

因为 $\boldsymbol{\alpha}_1$，$\boldsymbol{\alpha}_2$，$\boldsymbol{\alpha}_3$线性无关，所以

$$\begin{cases}k_1 \quad\quad +k_3=0\\ k_1+k_2 \quad\quad =0\\ \quad\quad k_2+k_3=0\end{cases}$$

由于此齐次线性方程组的系数行列式

$$\begin{vmatrix}1 & 0 & 1\\ 1 & 1 & 0\\ 0 & 1 & 1\end{vmatrix}=2\neq 0$$

故由克莱姆法则知，方程组只有零解 $k_1=k_2=k_3=0$，所以向量组 $\boldsymbol{\beta}_1$，$\boldsymbol{\beta}_2$，$\boldsymbol{\beta}_3$线性无关. **证毕**

定理 3.2.2 若向量组 $\boldsymbol{\alpha}_1$，$\boldsymbol{\alpha}_2$，…，$\boldsymbol{\alpha}_n$线性无关，而向量组 $\boldsymbol{\alpha}_1$，$\boldsymbol{\alpha}_2$，…，$\boldsymbol{\alpha}_n$，$\boldsymbol{\beta}$ 线性相关，则 $\boldsymbol{\beta}$ 可以由 $\boldsymbol{\alpha}_1$，$\boldsymbol{\alpha}_2$，…，$\boldsymbol{\alpha}_n$线性表示，且表示式唯一.

证 因为向量组 $\boldsymbol{\alpha}_1$，$\boldsymbol{\alpha}_2$，…，$\boldsymbol{\alpha}_n$，$\boldsymbol{\beta}$ 线性相关，故有一组不全为零的数 k_1，k_2，…，k_n，k，使得

$$k_1\boldsymbol{\alpha}_1+k_2\boldsymbol{\alpha}_2+\cdots+k_n\boldsymbol{\alpha}_n+k\boldsymbol{\beta}=\mathbf{0}$$

成立，若 $k=0$，则有

$$k_1\boldsymbol{\alpha}_1+k_2\boldsymbol{\alpha}_2+\cdots+k_n\boldsymbol{\alpha}_n=\mathbf{0}$$

因为 $\boldsymbol{\alpha}_1$，$\boldsymbol{\alpha}_2$，…，$\boldsymbol{\alpha}_n$线性无关，所以

$$k_1=k_2=\cdots=k_n=0$$

即 $k_1=k_2=\cdots=k_n=k=0$，这与 k_1，k_2，…，k_n，k 不全为零矛盾，故必有 $k\neq 0$. 于是

$$\boldsymbol{\beta}=-\frac{k_1}{k}\boldsymbol{\alpha}_1-\frac{k_2}{k}\boldsymbol{\alpha}_2\cdots-\frac{k_n}{k}\boldsymbol{\alpha}_n$$

即 $\boldsymbol{\beta}$ 可以由 $\boldsymbol{\alpha}_1$，$\boldsymbol{\alpha}_2$，…，$\boldsymbol{\alpha}_n$线性表示.

设有两组数 k_1，k_2，…，k_n和 λ_1，λ_2，…，λ_n，使得

$$\boldsymbol{\beta}=k_1\boldsymbol{\alpha}_1+k_2\boldsymbol{\alpha}_2+\cdots+k_n\boldsymbol{\alpha}_n$$

$$\boldsymbol{\beta}=\lambda_1\boldsymbol{\alpha}_1+\lambda_2\boldsymbol{\alpha}_2+\cdots+\lambda_n\boldsymbol{\alpha}_n$$

两式相减得

$$(k_1-\lambda_1)\boldsymbol{\alpha}_1+(k_2-\lambda_2)\boldsymbol{\alpha}_2+\cdots+(k_n-\lambda_n)\boldsymbol{\alpha}_n=\mathbf{0}$$

因为向量组 $\boldsymbol{\alpha}_1$，$\boldsymbol{\alpha}_2$，…，$\boldsymbol{\alpha}_n$线性无关，所以

$$k_1-\lambda_1=k_2-\lambda_2=\cdots=k_n-\lambda_n=0$$

即

$$k_1=\lambda_1,\ k_2=\lambda_2,\ \cdots,\ k_n=\lambda_n$$

所以 β 能由向量组 $\boldsymbol{\alpha}_1$，$\boldsymbol{\alpha}_2$，…，$\boldsymbol{\alpha}_n$线性表示且表示式是唯一的. **证毕**

定理 3.2.3 如果向量组 A：$\boldsymbol{\alpha}_1$，$\boldsymbol{\alpha}_2$，…，$\boldsymbol{\alpha}_n$中有部分向量线性相关，则向量组 A 线性相关. 反言之，若 A：$\boldsymbol{\alpha}_1$，$\boldsymbol{\alpha}_2$，…，$\boldsymbol{\alpha}_n$线性无关，则 A 的任意部分组也线性无关.

证 此定理的两个部分互为逆否命题，故只证明前一部分.

不妨设 A 的部分向量 $\boldsymbol{\alpha}_1$，$\boldsymbol{\alpha}_2$，…，$\boldsymbol{\alpha}_r$($r\leqslant n$)线性相关，由定义知必有不全为零的数 k_1，k_2，…，k_r，使得

$$k_1\boldsymbol{\alpha}_1+k_2\boldsymbol{\alpha}_2+\cdots+k_r\boldsymbol{\alpha}_r=\mathbf{0}$$

从而

$$k_1\boldsymbol{\alpha}_1+k_2\boldsymbol{\alpha}_2+\cdots+k_r\boldsymbol{\alpha}_r+0\boldsymbol{\alpha}_{r+1}+\cdots+0\boldsymbol{\alpha}_n=\mathbf{0}$$

且上式中系数不全为零，所以向量组 A 线性相关. **证毕**

例 3.2.8 讨论向量组

$$\boldsymbol{a}=\begin{bmatrix}1\\2\\-1\\3\end{bmatrix},\quad \boldsymbol{b}=\begin{bmatrix}3\\4\\6\\4\end{bmatrix},\quad \boldsymbol{c}=\begin{bmatrix}1\\-1\\-1\\3\end{bmatrix},\quad \boldsymbol{d}=\begin{bmatrix}2\\4\\-2\\6\end{bmatrix}$$

的线性相关性.

解 易知向量组 $\boldsymbol{a}$，$\boldsymbol{d}$ 线性相关，由定理 3.2.3 知，向量组 $\boldsymbol{a}$，$\boldsymbol{b}$，$\boldsymbol{c}$，$\boldsymbol{d}$ 线性相关.

例 3.2.9 设向量组 $\boldsymbol{\alpha}_1$，$\boldsymbol{\alpha}_2$，$\boldsymbol{\alpha}_3$线性相关，向量组 $\boldsymbol{\alpha}_2$，$\boldsymbol{\alpha}_3$，$\boldsymbol{\alpha}_4$线性无关，证明：

(1) $\boldsymbol{\alpha}_1$能由 $\boldsymbol{\alpha}_2$，$\boldsymbol{\alpha}_3$线性表示；

(2) $\boldsymbol{\alpha}_4$不能由 $\boldsymbol{\alpha}_1$，$\boldsymbol{\alpha}_2$，$\boldsymbol{\alpha}_3$线性表示.

证 (1) 因为 $\boldsymbol{\alpha}_2$，$\boldsymbol{\alpha}_3$，$\boldsymbol{\alpha}_4$线性无关，由定理 3.2.3 知，$\boldsymbol{\alpha}_2$，$\boldsymbol{\alpha}_3$必线性无关. 由已知 $\boldsymbol{\alpha}_1$，$\boldsymbol{\alpha}_2$，$\boldsymbol{\alpha}_3$线性相关和定理 3.2.2 知，$\boldsymbol{\alpha}_1$能由 $\boldsymbol{\alpha}_2$，$\boldsymbol{\alpha}_3$线性表示，且表示式唯一.

(2) 假设 $\boldsymbol{\alpha}_4$能由 $\boldsymbol{\alpha}_1$，$\boldsymbol{\alpha}_2$，$\boldsymbol{\alpha}_3$线性表示，由(1)得，$\boldsymbol{\alpha}_1$能由 $\boldsymbol{\alpha}_2$，$\boldsymbol{\alpha}_3$线性表示，所以 $\boldsymbol{\alpha}_4$能由 $\boldsymbol{\alpha}_2$，$\boldsymbol{\alpha}_3$线性表示，即 $\boldsymbol{\alpha}_2$，$\boldsymbol{\alpha}_3$，$\boldsymbol{\alpha}_4$线性相关，这与已知条件矛盾，所以 $\boldsymbol{\alpha}_4$不能由 $\boldsymbol{\alpha}_1$，$\boldsymbol{\alpha}_2$，$\boldsymbol{\alpha}_3$线性表示. **证毕**

定理 3.2.4 设

$$\boldsymbol{\alpha}_j=\begin{bmatrix}a_{1j}\\a_{2j}\\\vdots\\a_{rj}\end{bmatrix},\qquad \boldsymbol{\beta}_j=\begin{bmatrix}a_{1j}\\a_{2j}\\\vdots\\a_{rj}\\a_{r+1,\,j}\end{bmatrix}\qquad (j=1,\ 2,\ \cdots,\ m)$$

即向量 $\boldsymbol{a}_j$添上一个分量后得向量 $\boldsymbol{\beta}_j$，如果向量组 A：$\boldsymbol{\alpha}_1$，$\boldsymbol{\alpha}_2$，…，$\boldsymbol{\alpha}_m$线性无关，则向量组 B：

$\boldsymbol{\beta}_1$，$\boldsymbol{\beta}_2$，…，$\boldsymbol{\beta}_m$ 也线性无关；反言之，若向量组 B 线性相关，则向量组 A 也线性相关.

证 此定理的两个部分互为逆否命题，故只证明前一部分. 设

$$\begin{cases} a_{11}x_1 + a_{12}x_2 + \cdots + a_{1m}x_m = 0 \\ a_{21}x_1 + a_{22}x_2 + \cdots + a_{2m}x_m = 0 \\ \qquad\qquad\vdots \\ a_{r1}x_1 + a_{r2}x_2 + \cdots + a_{rm}x_m = 0 \end{cases}$$

若向量组 A 线性无关，则上述方程组只有零解. 因此方程组

$$\begin{cases} a_{11}x_1 + a_{12}x_2 + \cdots + a_{1m}x_m = 0 \\ a_{21}x_1 + a_{22}x_2 + \cdots + a_{2m}x_m = 0 \\ \qquad\qquad\vdots \\ a_{r1}x_1 + a_{r2}x_2 + \cdots + a_{rm}x_m = 0 \\ a_{r+1,\,1}x_1 + a_{r+1,\,2}x_2 + \cdots + a_{r+1,\,m}x_m = 0 \end{cases}$$

也只有零解，即向量组 B 线性无关. **证毕**

注意 定理 3.2.4 是对向量增加一个分量(即维数增加一维)而言的，如果增加多个分量，结论仍然成立.

3.3 极大无关组与向量组的秩

3.3.1 等价向量组

定义 3.3.1 给定两个向量组 A：$\boldsymbol{\alpha}_1$，$\boldsymbol{\alpha}_2$，…，$\boldsymbol{\alpha}_r$ 和向量组 B：$\boldsymbol{\beta}_1$，$\boldsymbol{\beta}_2$，…，$\boldsymbol{\beta}_s$，若向量组 A 中的每一个向量 $\boldsymbol{a}_i$($i=1, 2, \cdots, r$)都能由向量组 B 线性表示，即存在矩阵 $\boldsymbol{K}$，使 $\boldsymbol{A}=\boldsymbol{BK}$，其中

$$\boldsymbol{A} = (\boldsymbol{\alpha}_1, \boldsymbol{\alpha}_2, \cdots, \boldsymbol{\alpha}_r)$$
$$\boldsymbol{B} = (\boldsymbol{\beta}_1, \boldsymbol{\beta}_2, \cdots, \boldsymbol{\beta}_s)$$

则称向量组 A 可以由向量组 B 线性表示. 如果向量组 A 可以由向量组 B 线性表示，同时向量组 B 也可以由向量组 A 线性表示，则称向量组 A 与向量组 B 等价.

注意 向量组 A 中列向量可由向量组 B 中列向量线性表示⇔矩阵方程 $\boldsymbol{Bx}=\boldsymbol{A}$ 有解；向量组 A 中列向量不能由向量组 B 中列向量线性表示⇔矩阵方程 $\boldsymbol{Bx}=\boldsymbol{A}$ 无解.

向量组的等价具有以下性质：

(1) 反身性：向量组 A 与向量组 A 等价.

(2) 对称性：如果向量组 A 与向量组 B 等价，则向量组 B 与向量组 A 等价.

(3) 传递性：如果向量组 A 与向量组 B 等价，向量组 B 与向量组 C 等价，则向量组 A 与向量组 C 等价.

3.3.2 向量组的秩

定义 3.3.2 设 A 是 n 维向量组，如果满足：

(1) A 中存在 r 个向量 $\boldsymbol{\alpha}_1$，$\boldsymbol{\alpha}_2$，…，$\boldsymbol{\alpha}_r$ 线性无关；

(2) A 中任意 $r+1$ 个向量(如果存在的话)线性相关，

则称 $\boldsymbol{\alpha}_1$，$\boldsymbol{\alpha}_2$，…，$\boldsymbol{\alpha}_r$ 是向量组 A 的一个**极大线性无关组**，简称**极大无关组**. 数 r 称为向量组 A 的**秩**.

一个向量组的极大线性无关组的实质是：一方面，从原向量组中挑出一部分向量构成一个新向量组，使新向量组与原向量组等价，从而在一定意义下可用新向量组代替原向量组；另一方面，新向量组中的每个向量都不能由其余的向量线性表示，所以新向量组中没有多余的向量，因而称此向量组为原向量组的一个极大线性无关组.

注意　只含零向量的向量组没有极大无关组，规定只含零向量的向量组的秩为 0.

由定义 3.3.2 可得到如下结论：

(1) 线性无关向量组 $\boldsymbol{\alpha}_1$，$\boldsymbol{\alpha}_2$，…，$\boldsymbol{\alpha}_m$ 的极大无关组就是它本身. 因此，线性无关向量组的秩等于它所含向量的个数.

(2) 设向量组 $\boldsymbol{\alpha}_1$，$\boldsymbol{\alpha}_2$，…，$\boldsymbol{\alpha}_r$ 是向量组 A 的一个极大无关组，则对任意 $\boldsymbol{\alpha}\in A$，向量组 $\boldsymbol{\alpha}_1$，$\boldsymbol{\alpha}_2$，…，$\boldsymbol{\alpha}_r$，$\boldsymbol{\alpha}$ 这 $r+1$ 个向量必线性相关，由定理 3.2.2 可知，$\boldsymbol{\alpha}$ 可由 $\boldsymbol{\alpha}_1$，$\boldsymbol{\alpha}_2$，…，$\boldsymbol{\alpha}_r$ 线性表示，即向量组 A 可由 $\boldsymbol{\alpha}_1$，$\boldsymbol{\alpha}_2$，…，$\boldsymbol{\alpha}_r$ 线性表示；反之，向量组 $\boldsymbol{\alpha}_1$，$\boldsymbol{\alpha}_2$，…，$\boldsymbol{\alpha}_r$ 是向量组 A 的一部分，从而 $\boldsymbol{\alpha}_1$，$\boldsymbol{\alpha}_2$，…，$\boldsymbol{\alpha}_r$ 也可以由向量组 A 线性表示，因此，向量组的极大无关组与向量组本身等价.

定理 3.3.1　向量组中的每个向量都可用其一个极大线性无关组线性表示，且表示是唯一的.

此定理可用定理 3.2.2 来证明，请读者自己完成.

例 3.3.1　求全体 n 维向量构成的向量组 $\mathbf{R}^n$ 的一个极大线性无关组.

解　由例 3.2.4 知，$\mathbf{R}^n$ 中单位坐标向量组 $\boldsymbol{\varepsilon}_1$，$\boldsymbol{\varepsilon}_2$，…，$\boldsymbol{\varepsilon}_n$ 线性无关，而 $\mathbf{R}^n$ 中任一向量 $\boldsymbol{\alpha}=(a_1, a_2, \cdots, a_n)$ 都可以表示为

$$\boldsymbol{\alpha}=a_1\boldsymbol{\varepsilon}_1+a_2\boldsymbol{\varepsilon}_2+\cdots+a_n\boldsymbol{\varepsilon}_n$$

即 $\mathbf{R}^n$ 中任意向量都可由 $\boldsymbol{\varepsilon}_1$，$\boldsymbol{\varepsilon}_2$，…，$\boldsymbol{\varepsilon}_n$ 线性表示，所以 $\boldsymbol{\varepsilon}_1$，$\boldsymbol{\varepsilon}_2$，…，$\boldsymbol{\varepsilon}_n$ 为 $\mathbf{R}^n$ 的一个极大线性无关组.

例 3.3.2　设有向量组

$$\boldsymbol{\alpha}_1=\begin{bmatrix}1\\1\\1\end{bmatrix},\quad \boldsymbol{\alpha}_2=\begin{bmatrix}1\\3\\0\end{bmatrix},\quad \boldsymbol{\alpha}_3=\begin{bmatrix}2\\4\\1\end{bmatrix}$$

试求向量组的一个极大无关组.

解　因为向量 $\boldsymbol{\alpha}_1$，$\boldsymbol{\alpha}_2$ 对应分量不成比例，所以向量组 $\boldsymbol{\alpha}_1$，$\boldsymbol{\alpha}_2$ 线性无关. 又因为 $\boldsymbol{\alpha}_3=\boldsymbol{\alpha}_1+\boldsymbol{\alpha}_2$，即向量组 $\boldsymbol{\alpha}_1$，$\boldsymbol{\alpha}_2$，$\boldsymbol{\alpha}_3$ 线性相关，所以 $\boldsymbol{\alpha}_1$，$\boldsymbol{\alpha}_2$ 是向量组 $\boldsymbol{\alpha}_1$，$\boldsymbol{\alpha}_2$，$\boldsymbol{\alpha}_3$ 的一个极大无关组.

显然，向量组 $\boldsymbol{\alpha}_1$,$\boldsymbol{\alpha}_2$,$\boldsymbol{\alpha}_3$ 任意两个向量对应分量都不成比例，所以 $\boldsymbol{\alpha}_1$,$\boldsymbol{\alpha}_2$,$\boldsymbol{\alpha}_3$ 中任意两个向量都是它的极大无关组. 由此可见，一个向量组的极大无关组不唯一.

例 3.3.3　求向量组

$$\boldsymbol{\alpha}_1^{\mathrm{T}}=(1, 0, 0),\quad \boldsymbol{\alpha}_2^{\mathrm{T}}=(0, -1, 0),\quad \boldsymbol{\alpha}_3^{\mathrm{T}}=(0, 0, 2)$$

$$\boldsymbol{\alpha}_4^{\mathrm{T}}=(1, 1, 1),\quad \boldsymbol{\alpha}_5^{\mathrm{T}}=(1, 1, 0)$$

的秩，并求出它的一个极大线性无关组.

解 显然，$\boldsymbol{\alpha}_1$，$\boldsymbol{\alpha}_2$，$\boldsymbol{\alpha}_3$线性无关，$\boldsymbol{\alpha}_4$，$\boldsymbol{\alpha}_5$都可由$\boldsymbol{\alpha}_1$，$\boldsymbol{\alpha}_2$，$\boldsymbol{\alpha}_3$线性表示，根据定义 3.3.2 知，$\boldsymbol{\alpha}_1$，$\boldsymbol{\alpha}_2$，$\boldsymbol{\alpha}_3$为向量组的一个极大无关组，且所给向量组的秩为 3.

定理 3.3.2 $m\times n$ 矩阵 $\boldsymbol{A}$ 的秩等于矩阵 $\boldsymbol{A}$ 的列向量组的秩，也等于矩阵 $\boldsymbol{A}$ 的行向量组的秩.

证 设有 $m\times n$ 矩阵

$$\boldsymbol{A}=\begin{bmatrix} a_{11} & a_{12} & \cdots & a_{1n} \\ a_{21} & a_{22} & \cdots & a_{2n} \\ \vdots & \vdots & & \vdots \\ a_{m1} & a_{m2} & \cdots & a_{mn} \end{bmatrix}$$

将 $\boldsymbol{A}$ 写成列向量矩阵

$$\boldsymbol{A}=[\boldsymbol{\alpha}_1,\ \boldsymbol{\alpha}_2,\ \cdots,\ \boldsymbol{\alpha}_n]$$

其中，$\boldsymbol{\alpha}_j(j=1,\ 2,\ \cdots,\ n)$是 $\boldsymbol{A}$ 的第 j 列.

如果向量组$\boldsymbol{\alpha}_1$，$\boldsymbol{\alpha}_2$，…，$\boldsymbol{\alpha}_n$的秩为$n(n\leqslant m)$，则$\boldsymbol{\alpha}_1$，$\boldsymbol{\alpha}_2$，…，$\boldsymbol{\alpha}_n$线性无关. 由定义 3.3.2 可知，$R(\boldsymbol{A})=n$.

如果向量组$\boldsymbol{\alpha}_1$，$\boldsymbol{\alpha}_2$，…，$\boldsymbol{\alpha}_n$的秩 $r<n$，则$\boldsymbol{\alpha}_1$，$\boldsymbol{\alpha}_2$，…，$\boldsymbol{\alpha}_n$的极大无关组含 r 个向量. 不妨设$\boldsymbol{\alpha}_1$，$\boldsymbol{\alpha}_2$，…，$\boldsymbol{\alpha}_r$是它的一个极大无关组，由$\boldsymbol{\alpha}_1$，$\boldsymbol{\alpha}_2$，…，$\boldsymbol{\alpha}_r$构成的矩阵$\boldsymbol{B}$ 的秩为r，因为 $\boldsymbol{B}$ 含在 $\boldsymbol{A}$ 中，所以 $R(\boldsymbol{A})\geqslant R(\boldsymbol{B})=r$.

再证 $R(\boldsymbol{A})\leqslant r$，只要证 $\boldsymbol{A}$ 中所有 $r+1$ 阶子式全等于零即可. 用反证法证明，假设 $\boldsymbol{A}$ 中有一个 $r+1$ 阶子式不等于零，则此 $r+1$ 阶子式所在的 $r+1$ 个列向量构成的矩阵的秩为 $r+1$. 由定义 3.3.2 知，这 $r+1$ 个向量线性无关，这与向量组$\boldsymbol{\alpha}_1$，$\boldsymbol{\alpha}_2$，…，$\boldsymbol{\alpha}_n$的秩为 r 矛盾，所以 $R(\boldsymbol{A})\leqslant r$.

于是证得 $R(\boldsymbol{A})=r$，即 $\boldsymbol{A}$ 的秩等于 $\boldsymbol{A}$ 的列向量组的秩.

又因为 $R(\boldsymbol{A})=R(\boldsymbol{A}^{\mathrm{T}})$，$\boldsymbol{A}$ 的行向量又是 $\boldsymbol{A}^{\mathrm{T}}$的列向量，于是 $\boldsymbol{A}$ 的秩等于 $\boldsymbol{A}$ 行向量组的秩. **证毕**

由定理 3.3.2 可知，设 $m\times n$ 矩阵 $\boldsymbol{A}$ 中有一个 r 阶子式 D 不等于零，则 D 所在的 r 个列(行)向量线性无关；$\boldsymbol{A}$ 中所有 $r+1$ 阶子式全等于零，则 $\boldsymbol{A}$ 中任意 $r+1$ 个列(行)向量线性相关. 从而，$\boldsymbol{A}$ 中最高阶非零子式所在的列(行)向量组是 $\boldsymbol{A}$ 的列(行)向量组的一个极大无关组.

例 3.3.4 求矩阵

$$\boldsymbol{A}=\begin{bmatrix} 2 & -3 & 8 & 2 \\ 2 & 12 & -2 & 12 \\ 1 & 3 & 1 & 4 \end{bmatrix}$$

的列向量组的秩和它的一个极大无关组.

解 $\boldsymbol{A}$ 的二阶子式为

$$D=\begin{vmatrix} 2 & -3 \\ 2 & 12 \end{vmatrix}=30\neq 0$$

$\boldsymbol{A}$ 的三阶子式共有 4 个，且都等于零，可见二阶子式 D 是 $\boldsymbol{A}$ 的最高阶非零子式，$R(\boldsymbol{A})=2$.

由定理 3.3.2 知，$\boldsymbol{A}$ 的列向量组的秩为 2，它的一个极大无关组是

$$\boldsymbol{\alpha}_1=\begin{bmatrix}2\\2\\1\end{bmatrix},\quad \boldsymbol{\alpha}_2=\begin{bmatrix}-3\\12\\3\end{bmatrix}$$

例 3.3.5 求向量组

$$\boldsymbol{\alpha}_1=\begin{bmatrix}1\\2\\3\end{bmatrix},\quad \boldsymbol{\alpha}_2=\begin{bmatrix}1\\0\\-1\end{bmatrix},\quad \boldsymbol{\alpha}_3=\begin{bmatrix}2\\2\\1\end{bmatrix},\quad \boldsymbol{\alpha}_4=\begin{bmatrix}2\\2\\4\end{bmatrix}$$

的一个极大无关组.

解 设 $\boldsymbol{\alpha}_1$，$\boldsymbol{\alpha}_2$，$\boldsymbol{\alpha}_3$，$\boldsymbol{\alpha}_4$ 构成的矩阵 $\boldsymbol{A}=(\boldsymbol{\alpha}_1,\ \boldsymbol{\alpha}_2,\ \boldsymbol{\alpha}_3,\ \boldsymbol{\alpha}_4)$，对 $\boldsymbol{A}$ 施以初等行变换，可得

$$\boldsymbol{A}=\begin{bmatrix}1&1&2&2\\2&0&2&2\\3&-1&1&4\end{bmatrix}\xrightarrow[r_3-3r_1]{r_2-2r_1}\begin{bmatrix}1&1&2&2\\0&-2&-2&-2\\0&-4&-5&-2\end{bmatrix}$$

$$\xrightarrow[\left(-\frac{1}{2}\right)\times r_2]{r_3-2r_2}\begin{bmatrix}1&1&2&2\\0&1&1&1\\0&0&-1&2\end{bmatrix}=\boldsymbol{A}_1$$

由此可知 $R(\boldsymbol{A})=3$，所以向量组 $\boldsymbol{\alpha}_1$，$\boldsymbol{\alpha}_2$，$\boldsymbol{\alpha}_3$，$\boldsymbol{\alpha}_4$ 的秩为 3，$\boldsymbol{A}_1$ 的三阶子式

$$D=\begin{vmatrix}1&1&2\\0&1&1\\0&0&-1\end{vmatrix}=-1\neq 0$$

由此可知，$\boldsymbol{\alpha}_1$，$\boldsymbol{\alpha}_2$，$\boldsymbol{\alpha}_3$ 是向量组 $\boldsymbol{\alpha}_1$，$\boldsymbol{\alpha}_2$，$\boldsymbol{\alpha}_3$，$\boldsymbol{\alpha}_4$ 的一个极大无关组.

定理 3.3.3 设向量组 B：$\boldsymbol{\beta}_1$，$\boldsymbol{\beta}_2$，…，$\boldsymbol{\beta}_t$ 能由向量组 A：$\boldsymbol{\alpha}_1$，$\boldsymbol{\alpha}_2$，…，$\boldsymbol{\alpha}_s$ 线性表示，则 $R(\boldsymbol{\beta}_1,\ \boldsymbol{\beta}_2,\ \cdots,\ \boldsymbol{\beta}_t)\leqslant R(\boldsymbol{\alpha}_1,\ \boldsymbol{\alpha}_2,\ \cdots,\ \boldsymbol{\alpha}_s)$.

证 不妨设向量组 A 的一个极大无关组为

$$\boldsymbol{\alpha}_1',\ \boldsymbol{\alpha}_2',\ \cdots,\ \boldsymbol{\alpha}_r'\quad (r\leqslant s)$$

由已知条件易知向量组$(A,\ B)$：$\boldsymbol{\alpha}_1$，$\boldsymbol{\alpha}_2$，…，$\boldsymbol{\alpha}_s$，$\boldsymbol{\beta}_1$，$\boldsymbol{\beta}_2$，…，$\boldsymbol{\beta}_t$ 中每个向量皆可由向量组 A 的极大无关组表示，因此向量组 A 的秩即为向量组$(A,\ B)$的秩，即

$$R(\boldsymbol{\alpha}_1,\ \boldsymbol{\alpha}_2,\ \cdots,\ \boldsymbol{\alpha}_s)=R(\boldsymbol{\alpha}_1,\ \boldsymbol{\alpha}_2,\ \cdots,\ \boldsymbol{\alpha}_s,\ \boldsymbol{\beta}_1,\ \boldsymbol{\beta}_2,\ \cdots,\ \boldsymbol{\beta}_t)$$

而向量组 B 作为向量组$(A,\ B)$的部分组，其秩不大于向量组$(A,\ B)$的秩，因此

$$R(\boldsymbol{\beta}_1,\ \boldsymbol{\beta}_2,\ \cdots,\ \boldsymbol{\beta}_t)\leqslant R(\boldsymbol{\alpha}_1,\ \boldsymbol{\alpha}_2,\ \cdots,\ \boldsymbol{\alpha}_s)$$

证毕

推论 1 向量组 B：$\boldsymbol{\beta}_1$，$\boldsymbol{\beta}_2$，…，$\boldsymbol{\beta}_t$ 能由向量组 A：$\boldsymbol{\alpha}_1$，$\boldsymbol{\alpha}_2$，…，$\boldsymbol{\alpha}_s$ 线性表示的充分必要条件是

$$R(\boldsymbol{\alpha}_1,\ \boldsymbol{\alpha}_2,\ \cdots,\ \boldsymbol{\alpha}_s)=R(\boldsymbol{\alpha}_1,\ \boldsymbol{\alpha}_2,\ \cdots,\ \boldsymbol{\alpha}_s,\ \boldsymbol{\beta}_1,\ \boldsymbol{\beta}_2,\ \cdots,\ \boldsymbol{\beta}_t)$$

推论 2 向量组 B：$\boldsymbol{\beta}_1$，$\boldsymbol{\beta}_2$，…，$\boldsymbol{\beta}_t$ 与向量组 A：$\boldsymbol{\alpha}_1$，$\boldsymbol{\alpha}_2$，…，$\boldsymbol{\alpha}_s$ 等价的充分必要条件是

$$R(\boldsymbol{\beta}_1,\ \boldsymbol{\beta}_2,\ \cdots,\ \boldsymbol{\beta}_t)=R(\boldsymbol{\alpha}_1,\ \boldsymbol{\alpha}_2,\ \cdots,\ \boldsymbol{\alpha}_s)=R(\boldsymbol{\alpha}_1,\ \boldsymbol{\alpha}_2,\ \cdots,\ \boldsymbol{\alpha}_s,\ \boldsymbol{\beta}_1,\ \boldsymbol{\beta}_2,\ \cdots,\ \boldsymbol{\beta}_t)$$

推论 3 设在向量组 A 中，有 r 个向量 $\boldsymbol{\alpha}_1$，$\boldsymbol{\alpha}_2$，…，$\boldsymbol{\alpha}_r$ 满足以下条件：

(1) $\boldsymbol{\alpha}_1$，$\boldsymbol{\alpha}_2$，…，$\boldsymbol{\alpha}_r$ 线性无关；

(2) 任取 $\boldsymbol{\alpha}\in A$，$\boldsymbol{\alpha}$ 能由 $\boldsymbol{\alpha}_1$，$\boldsymbol{\alpha}_2$，…，$\boldsymbol{\alpha}_r$ 线性表示，则 $\boldsymbol{\alpha}_1$，$\boldsymbol{\alpha}_2$，…，$\boldsymbol{\alpha}_r$ 是向量组 A 的一个极大无关组，数 r 即是向量组 A 的秩.

证 只要证 A 中任意 $r+1$ 个向量线性相关.

设 A_0 是 A 的一个极大无关组，则 A_0 可以由 $\boldsymbol{\alpha}_1$，$\boldsymbol{\alpha}_2$，…，$\boldsymbol{\alpha}_r$ 线性表示. 由定理 3.2.3 知，A_0 所含向量个数不大于 r，即向量组 A 的秩不大于 r，所以 A 中任意 $r+1$ 个向量线性相关. **证毕**

例 3.3.6 设向量组 B：$\boldsymbol{\beta}_1$，$\boldsymbol{\beta}_2$，…，$\boldsymbol{\beta}_r$ 可由向量组 A：$\boldsymbol{\alpha}_1$，$\boldsymbol{\alpha}_2$，…，$\boldsymbol{\alpha}_s$ 线性表示，证明：

(1) 若向量组 B 线性无关，则 $r\leqslant s$；

(2) 若 $r>s$，则向量组 B 线性相关.

证 (1) 因为向量组 B 线性无关，故其秩为 r；又向量组 B 可由向量组 A 线性表示，所以

$$R(\boldsymbol{\beta}_1,\boldsymbol{\beta}_2,\cdots,\boldsymbol{\beta}_r)\leqslant R(\boldsymbol{\alpha}_1,\boldsymbol{\alpha}_2,\cdots,\boldsymbol{\alpha}_s)\leqslant s$$

因此 $r\leqslant s$.

(2) 因为向量组 B 可由向量组 A 线性表示，故

$$R(\boldsymbol{\beta}_1,\boldsymbol{\beta}_2,\cdots,\boldsymbol{\beta}_r)\leqslant R(\boldsymbol{\alpha}_1,\boldsymbol{\alpha}_2,\cdots,\boldsymbol{\alpha}_r)\leqslant s$$

因为 $r>s$，所以 $r>R(\boldsymbol{\beta}_1,\boldsymbol{\beta}_2,\cdots,\boldsymbol{\beta}_r)$，即向量组 B 的秩小于该组中向量的个数，因此向量组 B 线性相关. **证毕**

例 3.3.7 已知 $\boldsymbol{\beta}_1=\boldsymbol{\alpha}_1+\boldsymbol{\alpha}_2$，$\boldsymbol{\beta}_2=\boldsymbol{\alpha}_2+\boldsymbol{\alpha}_3$，$\boldsymbol{\beta}_3=\boldsymbol{\alpha}_3+\boldsymbol{\alpha}_1$，证明：

$$R(\boldsymbol{\alpha}_1,\boldsymbol{\alpha}_2,\boldsymbol{\alpha}_3)=R(\boldsymbol{\beta}_1,\boldsymbol{\beta}_2,\boldsymbol{\beta}_3)$$

证 易知

$$(\boldsymbol{\beta}_1,\boldsymbol{\beta}_2,\boldsymbol{\beta}_3)=(\boldsymbol{\alpha}_1,\boldsymbol{\alpha}_2,\boldsymbol{\alpha}_3)\begin{bmatrix}1&0&1\\1&1&0\\0&1&1\end{bmatrix}$$

此式表明 $\boldsymbol{\beta}_1$，$\boldsymbol{\beta}_2$，$\boldsymbol{\beta}_3$ 可由向量 $\boldsymbol{\alpha}_1$，$\boldsymbol{\alpha}_2$，$\boldsymbol{\alpha}_3$ 线性表示，因此

$$R(\boldsymbol{\beta}_1,\boldsymbol{\beta}_2,\boldsymbol{\beta}_3)\leqslant R(\boldsymbol{\alpha}_1,\boldsymbol{\alpha}_2,\boldsymbol{\alpha}_3)$$

因为

$$\begin{vmatrix}1&0&1\\1&1&0\\0&1&1\end{vmatrix}=2\neq 0$$

所以 $\begin{bmatrix}1&0&1\\1&1&0\\0&1&1\end{bmatrix}$ 可逆，那么

$$(\boldsymbol{\beta}_1,\boldsymbol{\beta}_2,\boldsymbol{\beta}_3)\begin{bmatrix}1&0&1\\1&1&0\\0&1&1\end{bmatrix}^{-1}=(\boldsymbol{\alpha}_1,\boldsymbol{\alpha}_2,\boldsymbol{\alpha}_3)$$

此式表明 $\boldsymbol{\alpha}_1$，$\boldsymbol{\alpha}_2$，$\boldsymbol{\alpha}_3$ 可由向量 $\boldsymbol{\beta}_1$，$\boldsymbol{\beta}_2$，$\boldsymbol{\beta}_3$ 线性表示，因此又有

$$R(\boldsymbol{\alpha}_1,\boldsymbol{\alpha}_2,\boldsymbol{\alpha}_3)\leqslant R(\boldsymbol{\beta}_1,\boldsymbol{\beta}_2,\boldsymbol{\beta}_3)$$

所以

$$R(\boldsymbol{\alpha}_1,\boldsymbol{\alpha}_2,\boldsymbol{\alpha}_3)=R(\boldsymbol{\beta}_1,\boldsymbol{\beta}_2,\boldsymbol{\beta}_3)$$ **证毕**

由该例的证明过程可以看出，该例的两组向量等价.

3.3.3 向量组等价的应用

向量组的秩、向量组的极大无关组以及向量之间的线性关系是向量理论非常重要的一部分内容，下面的定理介绍了利用初等变换求解向量组的秩以及向量组的极大无关组的方法.

定理 3.3.4 如果矩阵 $\boldsymbol{A}$ 经有限次初等行(列)变换变到矩阵 $\boldsymbol{B}$，则 $\boldsymbol{A}$ 与 $\boldsymbol{B}$ 的行(列)向量组等价，且 $\boldsymbol{A}$ 的任意 r 个列(行)向量与 $\boldsymbol{B}$ 的对应的 r 个列(行)向量有相同的线性相关性.

证 只证初等行变换的情形. 记

$$\boldsymbol{A}=(\boldsymbol{\alpha}_1,\boldsymbol{\alpha}_2,\cdots,\boldsymbol{\alpha}_n),\quad \boldsymbol{B}=(\boldsymbol{\beta}_1,\boldsymbol{\beta}_2,\cdots,\boldsymbol{\beta}_n)$$

设矩阵 $\boldsymbol{A}$ 经过初等行变换得到矩阵 $\boldsymbol{B}$，则 $\boldsymbol{A}$ 与 $\boldsymbol{B}$ 的行向量组可以互相线性表示，即 $\boldsymbol{A}$ 的行向量组与 $\boldsymbol{B}$ 的行向量组等价.

考虑任意 r 个列向量(不妨考虑前 r 个列向量)的线性相关性. 由于 $\boldsymbol{A}$ 经有限次初等行变换变到 $\boldsymbol{B}$，故矩阵$(\boldsymbol{\alpha}_1,\boldsymbol{\alpha}_2,\cdots,\boldsymbol{\alpha}_r)$经有限次初等行变换变到矩阵$(\boldsymbol{\beta}_1,\boldsymbol{\beta}_2,\cdots,\boldsymbol{\beta}_r)$，从而方程组

$$x_1\boldsymbol{\alpha}_1+x_2\boldsymbol{\alpha}_2+\cdots+x_r\boldsymbol{\alpha}_r=\boldsymbol{0}$$

与方程组

$$x_1\boldsymbol{\beta}_1+x_2\boldsymbol{\beta}_2+\cdots+x_r\boldsymbol{\beta}_r=\boldsymbol{0}$$

同解，所以列向量组 $\boldsymbol{\alpha}_1,\boldsymbol{\alpha}_2,\cdots,\boldsymbol{\alpha}_r$ 与 $\boldsymbol{\beta}_1,\boldsymbol{\beta}_2,\cdots,\boldsymbol{\beta}_r$ 有相同的线性相关性. **证毕**

注意 定理 3.3.4 表明，求一个向量组的极大线性无关组时，可以用向量为列做成矩阵 $\boldsymbol{A}$，对 $\boldsymbol{A}$ 施以初等行变换化为行阶梯形矩阵，阶梯数即为向量组的秩. 同时在行阶梯形矩阵中取出同样多个线性无关的列向量，则 $\boldsymbol{A}$ 中对应的列向量即为极大线性无关组.

例 3.3.8 求列向量组

$$\boldsymbol{\alpha}_1=\begin{bmatrix}2\\2\\1\end{bmatrix},\quad \boldsymbol{\alpha}_2=\begin{bmatrix}-3\\12\\3\end{bmatrix},\quad \boldsymbol{\alpha}_3=\begin{bmatrix}8\\-2\\1\end{bmatrix},\quad \boldsymbol{\alpha}_4=\begin{bmatrix}2\\12\\4\end{bmatrix}$$

的一个极大无关组，并用此极大无关组表示其他列向量.

解 设 $\boldsymbol{\alpha}_1,\boldsymbol{\alpha}_2,\boldsymbol{\alpha}_3,\boldsymbol{\alpha}_4$ 构成的矩阵 $\boldsymbol{A}=(\boldsymbol{\alpha}_1,\boldsymbol{\alpha}_2,\boldsymbol{\alpha}_3,\boldsymbol{\alpha}_4)$，对 $\boldsymbol{A}$ 施以初等行变换，可得

$$\boldsymbol{A}=\begin{bmatrix}2&-3&8&2\\2&12&-2&12\\1&3&1&4\end{bmatrix}\xrightarrow[\substack{r_2-2r_1\\r_3-2r_1}]{r_1\leftrightarrow r_3}\begin{bmatrix}1&3&1&4\\0&6&-4&4\\0&-9&6&-6\end{bmatrix}$$

$$\quad\ \boldsymbol{\alpha}_1\quad \boldsymbol{\alpha}_2\quad \boldsymbol{\alpha}_3\quad \boldsymbol{\alpha}_4$$

$$\xrightarrow{r_3+\frac{3}{2}r_2}\begin{bmatrix}1&3&1&4\\0&6&-4&4\\0&0&0&0\end{bmatrix}$$

$$\boldsymbol{\alpha}_1'\quad \boldsymbol{\alpha}_2'\quad \boldsymbol{\alpha}_3'\quad \boldsymbol{\alpha}_4'$$

$$=\boldsymbol{B}$$

$\boldsymbol{B}$ 中有 2 个阶梯，所以向量组 $\boldsymbol{\alpha}_1,\boldsymbol{\alpha}_2,\boldsymbol{\alpha}_3,\boldsymbol{\alpha}_4$ 的秩为 2.

$\boldsymbol{B}$ 中有 2 个阶梯，第一个阶梯包含第一列，第二个阶梯包含第二列，所以在 $\boldsymbol{B}$ 中选取第一、二列 $\boldsymbol{\alpha}_1'$，$\boldsymbol{\alpha}_2'$，因此 $\boldsymbol{\alpha}_1'$，$\boldsymbol{\alpha}_2'$是 $\boldsymbol{B}$ 的列向量组的一个极大无关组，从而 $\boldsymbol{\alpha}_1$，$\boldsymbol{\alpha}_2$是 $\boldsymbol{A}$ 的列向量组的一个极大无关组.

继续施以初等行变换，化为行最简形矩阵

$$\boldsymbol{B}\xrightarrow[r_1-3r_2]{r_2\times\frac{1}{6}}\begin{bmatrix}1 & 0 & 3 & 2\\ 0 & 1 & -\dfrac{2}{3} & \dfrac{2}{3}\\ 0 & 0 & 0 & 0\end{bmatrix}=\boldsymbol{C}$$

$$\quad\boldsymbol{\beta}_1\quad\boldsymbol{\beta}_2\quad\boldsymbol{\beta}_3\quad\boldsymbol{\beta}_4$$

在 $\boldsymbol{C}$ 中，$\boldsymbol{\beta}_1$，$\boldsymbol{\beta}_2$是列向量组的极大无关组，且

$$\boldsymbol{\beta}_3=3\boldsymbol{\beta}_1-\frac{2}{3}\boldsymbol{\beta}_2,\quad \boldsymbol{\beta}_4=2\boldsymbol{\beta}_1+\frac{2}{3}\boldsymbol{\beta}_2$$

所以，$\boldsymbol{A}$ 的列向量也有线性关系

$$\boldsymbol{\alpha}_3=3\boldsymbol{\alpha}_1-\frac{2}{3}\boldsymbol{\alpha}_2,\quad \boldsymbol{\alpha}_4=2\boldsymbol{\alpha}_1+\frac{2}{3}\boldsymbol{\alpha}_2$$

例 3.3.9 证明：当 $m>n$ 时，m 个 n 维向量线性相关.

证 m 个 n 维向量可构成 $m\times n$ 矩阵 $\boldsymbol{A}$，由于 $R(\boldsymbol{A})\leqslant n$，故这 m 个向量的秩也不大于 n，因此 m 个向量的秩小于 m，故线性相关. **证毕**

注意 此例说明，m 个 n 维向量组成的向量组，当维数 n 小于向量的个数 m 时，该向量组一定线性相关.

例 3.3.10 证明：向量组 A：$\boldsymbol{\alpha}_1^{\mathrm{T}}=(1, 1, 1)$，$\boldsymbol{\alpha}_2^{\mathrm{T}}=(2, 3, 4)$，$\boldsymbol{\alpha}_3^{\mathrm{T}}=(5, 7, 9)$与向量组 B：$\boldsymbol{\beta}_1=(3, 4, 5)^{\mathrm{T}}$，$\boldsymbol{\beta}_2=(0, 1, 2)^{\mathrm{T}}$等价，并将 $\boldsymbol{\beta}_1$，$\boldsymbol{\beta}_2$分别用 $\boldsymbol{\alpha}_1$，$\boldsymbol{\alpha}_2$，$\boldsymbol{\alpha}_3$线性表示.

证 由定理 3.3.3 的推论 2，只需证

$$R(\boldsymbol{A})=R(\boldsymbol{B})=R(\boldsymbol{A}, \boldsymbol{B})$$

将矩阵$(\boldsymbol{A}, \boldsymbol{B})$化为行阶梯形矩阵，并继续化为行最简形，即

$$(\boldsymbol{A}, \boldsymbol{B})=\begin{bmatrix}1 & 2 & 5 & 3 & 0\\ 1 & 3 & 7 & 4 & 1\\ 1 & 4 & 9 & 5 & 2\end{bmatrix}\xrightarrow[r_3-r_1]{r_2-r_1}\begin{bmatrix}1 & 2 & 5 & 3 & 0\\ 0 & 1 & 2 & 1 & 1\\ 0 & 2 & 4 & 2 & 2\end{bmatrix}$$

$$\xrightarrow{r_3-2r_2}\begin{bmatrix}1 & 2 & 5 & 3 & 0\\ 0 & 1 & 2 & 1 & 1\\ 0 & 0 & 0 & 0 & 0\end{bmatrix}\xrightarrow{r_1-2r_2}\begin{bmatrix}1 & 0 & 1 & 1 & -2\\ 0 & 1 & 2 & 1 & 1\\ 0 & 0 & 0 & 0 & 0\end{bmatrix}$$

$$=\boldsymbol{C}$$

显然

$$R(\boldsymbol{A})=R(\boldsymbol{B})=R(\boldsymbol{A}, \boldsymbol{B})$$

因此向量组 A 与向量组 B 等价，观察矩阵 $\boldsymbol{C}$，有

$$\boldsymbol{\beta}_1=\boldsymbol{\alpha}_1+\boldsymbol{\alpha}_2+0\boldsymbol{\alpha}_3$$

$$\boldsymbol{\beta}_2=-2\boldsymbol{\alpha}_1+\boldsymbol{\alpha}_2+0\boldsymbol{\alpha}_3$$

证毕

3.4 向量空间

3.4.1 向量空间与子空间

在 3.1 节中把 n 维向量的全体所构成的集合 $\mathbf{R}^n$ 称为 n 维向量空间. 下面介绍向量空间的有关知识.

定义 3.4.1 设 V 为 n 维向量的集合，如果集合 V 非空，且集合 V 对于加法及数乘两种运算封闭，即若 $\boldsymbol{\alpha}\in V$，$\boldsymbol{\beta}\in V$，则 $\boldsymbol{\alpha}+\boldsymbol{\beta}\in V$；若 $\boldsymbol{\alpha}\in V$，$\lambda\in\mathbf{R}$，则 $\lambda\boldsymbol{\alpha}\in V$，那么称集合 V 为**向量空间**.

例如，$\mathbf{R}^3=\{(x, y, z)\mid x, y, z\in\mathbf{R}\}$是向量空间. 因为任意两个 3 维向量之和仍是 3 维向量，数 λ 乘 3 维向量仍是 3 维向量，它们都属于 $\mathbf{R}^3$.

$V_1=\{(x, y, 0)\mid x, y\in\mathbf{R}\}$是坐标平面 xoy，它也构成一个向量空间.

$V_2=\{(x, y, 1)\mid x, y\in\mathbf{R}\}$是过点 $P(0, 0, 1)$且平行于 xoy 平面的平面，它不构成一个向量空间，因为 $\boldsymbol{\alpha}=(0, 0, 1)\in V_2$，而 $2\boldsymbol{\alpha}=(0, 0, 2)\notin V_2$.

全体 n 维实向量的集合 $\mathbf{R}^n=\{(x_1, x_2, \cdots, x_n)\mid x_i\in\mathbf{R}, i=1, 2, \cdots, n\}$是一个向量空间.

单独一个零向量构成的集合$\{\mathbf{0}\}$是一个向量空间.

例 3.4.1 集合

$$V=\{\boldsymbol{x}=(0, x_2, \cdots, x_n)^{\mathrm{T}}\mid x_2, \cdots, x_n\in\mathbf{R}\}$$

是一个向量空间. 因为若 $\boldsymbol{\alpha}=(0, a_2, \cdots, a_n)^{\mathrm{T}}\in V$，$\boldsymbol{\beta}=(0, b_2, \cdots, b_n)^{\mathrm{T}}\in V$，则 $\boldsymbol{\alpha}+\boldsymbol{\beta}=(0, a_2+b_2, \cdots, a_n+b_n)^{\mathrm{T}}\in V$，$\lambda\boldsymbol{\alpha}=(0, \lambda a_2, \cdots, \lambda a_n)^{\mathrm{T}}\in V$.

例 3.4.2 集合

$$V=\{\boldsymbol{x}=(1, x_2, \cdots, x_n)^{\mathrm{T}}\mid x_2, \cdots, x_n\in\mathbf{R}\}$$

不是向量空间，因为若 $\boldsymbol{\alpha}=(1, a_2, \cdots, a_n)^{\mathrm{T}}\in V$，则

$$3\boldsymbol{\alpha}=(3, 3a_2, \cdots, 3a_n)^{\mathrm{T}}\notin V$$

例 3.4.3 讨论集合 $V=\{\boldsymbol{x}=(x_1, x_2, \cdots, x_n)^{\mathrm{T}}\mid \sum\limits_{i=1}^{n}x_i=1, x_i\in\mathbf{R}\}$ 是否为向量空间.

解 不是，因为若 $\boldsymbol{\alpha}=(x_1, x_2, \cdots x_n)^{\mathrm{T}}\in V$，则 $\sum\limits_{i=1}^{n}x_i=1$，取 $\lambda=3$，则

$$\sum_{i=1}^{n}\lambda x_i=\lambda\sum_{i=1}^{n}x_i=\lambda=3\neq 1$$

所以，$\lambda\boldsymbol{\alpha}\notin V$，$V$ 不是向量空间.

定义 3.4.2 设有向量空间 V_1及 V_2，若 $V_1\subseteq V_2$，$V_1\neq\varnothing$，且 V_1对加法运算及数乘运算封闭，则称 V_1是 V_2的子空间.

例如，任何由 n 维向量所组成的向量空间 V，总有 $V=\mathbf{R}^n$，所以这样的向量空间总是 $\mathbf{R}^n$的子空间.

3.4.2 向量空间的基与维数

定义 3.4.3 设 V 为向量空间，向量组 $\boldsymbol{\alpha}_1$，$\boldsymbol{\alpha}_2$，…，$\boldsymbol{\alpha}_r \in V$ 满足：

(1) $\boldsymbol{\alpha}_1$，$\boldsymbol{\alpha}_2$，…，$\boldsymbol{\alpha}_r$线性无关；

(2) V 中任一向量都可由 $\boldsymbol{\alpha}_1$，$\boldsymbol{\alpha}_2$，…，$\boldsymbol{\alpha}_r$组线性表示，

则称向量组 $\boldsymbol{\alpha}_1$，$\boldsymbol{\alpha}_2$，…，$\boldsymbol{\alpha}_r$为向量空间 V 的一个基，r 为向量空间 V 的**维数**，V 为 r 维向量空间.

例如，对于向量空间

$$V = \{\boldsymbol{x} = (0,\ x_2,\ \cdots,\ x_n)^{\mathrm{T}} \mid x_2,\ \cdots,\ x_n \in \mathbf{R}\}$$

它的一个基可取为：$\boldsymbol{e}_2=(0,\ 1,\ 0,\ \cdots,\ 0)^{\mathrm{T}}$，…，$\boldsymbol{e}_n=(0,\ 0,\ 0,\ \cdots,\ 1)^{\mathrm{T}}$，并由此可知，它是 $n-1$ 维向量空间.

注意 定义 3.4.3 与向量组的极大线性无关组的定义非常相似，可以把向量空间 V 看作向量组，按定理 3.3.3 推论 3 可知，V 的基就是向量组的极大线性无关组，V 的维数就是向量组的秩.

如果向量空间 V 没有基，那么 V 的维数为 0. 0 维向量空间没有基，只含有一个向量 $\mathbf{0}$. $\mathbf{R}^n$的一个基可取为 $\boldsymbol{e}_1=(1,\ 0,\ 0,\ \cdots,\ 0)^{\mathrm{T}}$，$\boldsymbol{e}_2=(0,\ 1,\ 0,\ \cdots,\ 0)^{\mathrm{T}}$，…，$\boldsymbol{e}_n=(0,\ 0,\ 0,\ \cdots,\ 1)^{\mathrm{T}}$，所以 $\mathbf{R}^n$的维数为 n.

例 3.4.4 设 $\boldsymbol{\alpha}_1$，$\boldsymbol{\alpha}_2$，…，$\boldsymbol{\alpha}_r$为一个已知的向量组，记

$$V = \{\boldsymbol{x} = \lambda_1\boldsymbol{\alpha}_1 + \lambda_2\boldsymbol{\alpha}_2 + \cdots + \lambda_r\boldsymbol{\alpha}_r \mid \lambda_1,\ \lambda_2,\ \cdots,\ \lambda_r \in \mathbf{R}\}$$

证明 V 为一个向量空间，并且称 V 是由 $\boldsymbol{\alpha}_1$，$\boldsymbol{\alpha}_2$，…，$\boldsymbol{\alpha}_r$所生成的向量空间.

证 若

$$\boldsymbol{x}_1 = \lambda_{11}\boldsymbol{\alpha}_1 + \lambda_{12}\boldsymbol{\alpha}_2 + \cdots + \lambda_{1r}\boldsymbol{\alpha}_r \in V$$
$$\boldsymbol{x}_2 = \lambda_{21}\boldsymbol{\alpha}_1 + \lambda_{22}\boldsymbol{\alpha}_2 + \cdots + \lambda_{2r}\boldsymbol{\alpha}_r \in V$$

则

$$\boldsymbol{x}_1 + \boldsymbol{x}_2 = (\lambda_{11} + \lambda_{21})\boldsymbol{\alpha}_1 + (\lambda_{12} + \lambda_{22})\boldsymbol{\alpha}_2 + \cdots + (\lambda_{1r} + \lambda_{2r})\boldsymbol{\alpha}_r \in V$$

对任意的 $\lambda \in \mathbf{R}$，有

$$\lambda\boldsymbol{x}_1 = \lambda\lambda_{11}\boldsymbol{\alpha}_1 + \lambda\lambda_{12}\boldsymbol{\alpha}_2 + \cdots + \lambda\lambda_{1r}\boldsymbol{\alpha}_r \in V$$

所以 V 为向量空间. **证毕**

例 3.4.5 设向量组 $\boldsymbol{\alpha}_1$，$\boldsymbol{\alpha}_2$，…，$\boldsymbol{\alpha}_m$与向量组 $\boldsymbol{\beta}_1$，$\boldsymbol{\beta}_2$，…，$\boldsymbol{\beta}_s$等价，记

$$V_1 = \{\boldsymbol{x} = \lambda_1\boldsymbol{\alpha}_1 + \lambda_2\boldsymbol{\alpha}_2 + \cdots + \lambda_m\boldsymbol{\alpha}_m \mid \lambda_1,\ \lambda_2,\ \cdots,\ \lambda_m \in \mathbf{R}\}$$
$$V_2 = \{\boldsymbol{x} = \mu_1\boldsymbol{\beta}_1 + \mu_2\boldsymbol{\beta}_2 + \cdots + \mu_s\boldsymbol{\beta}_s \mid \mu_1,\ \mu_2,\ \cdots,\ \mu_s \in \mathbf{R}\}$$

试证 $V_1=V_2$.

证 设 $\boldsymbol{x}\in V_1$，则 $\boldsymbol{x}$ 可由 $\boldsymbol{\alpha}_1$，$\boldsymbol{\alpha}_2$，…，$\boldsymbol{\alpha}_m$线性表示. 又因为 $\boldsymbol{\alpha}_1$，$\boldsymbol{\alpha}_2$，…，$\boldsymbol{\alpha}_m$可由 $\boldsymbol{\beta}_1$，$\boldsymbol{\beta}_2$，…，$\boldsymbol{\beta}_s$线性表示，故 $\boldsymbol{x}$ 可由 $\boldsymbol{\beta}_1$，$\boldsymbol{\beta}_2$，…，$\boldsymbol{\beta}_s$线性表示，所以 $\boldsymbol{x}\in V_2$. 也就是，若 $\boldsymbol{x}\in V_1$，则 $\boldsymbol{x}\in V_2$，因此 $V_1\subset V_2$.

类似地可证：若 $\boldsymbol{x}\in V_2$，则 $\boldsymbol{x}\in V_1$，即 $V_2\subset V_1$.

因为 $V_1\subset V_2$，$V_2\subset V_1$，所以 $V_1=V_2$. **证毕**

注意 由例 3.4.4 和例 3.4.5，不难建立起向量空间的结构：

(1) 若 V 是由 $\boldsymbol{\alpha}_1$，$\boldsymbol{\alpha}_2$，…，$\boldsymbol{\alpha}_r$所生成的向量空间，则 V 可以看作是由 $\boldsymbol{\alpha}_1$，$\boldsymbol{\alpha}_2$，…，$\boldsymbol{\alpha}_r$

的一个极大线性无关组所生成的向量空间；

(2) 若 $\boldsymbol{\alpha}_1, \boldsymbol{\alpha}_2, \cdots, \boldsymbol{\alpha}_r$ 为向量空间的一组基，则 V 可以看作是由 $\boldsymbol{\alpha}_1, \boldsymbol{\alpha}_2, \cdots, \boldsymbol{\alpha}_r$ 所生成的向量空间.

还应该注意的是，向量组的极大线性无关组一般不唯一，向量空间的基也不唯一. 利用向量空间的基可以很清楚地将向量空间中的每个向量表示出来.

定义 3.4.4 设 $\boldsymbol{\alpha}_1, \boldsymbol{\alpha}_2, \cdots, \boldsymbol{\alpha}_r$ 为向量空间 V 的一个基，显然对任意的 $\boldsymbol{\alpha} \in V$，$\boldsymbol{\alpha}$ 可唯一地表示为

$$\boldsymbol{\alpha} = x_1\boldsymbol{\alpha}_1 + x_2\boldsymbol{\alpha}_2 + \cdots + x_r\boldsymbol{\alpha}_r$$

数 $x_1, x_2, \cdots, x_r$ 称为向量 $\boldsymbol{\alpha}$ 在基 $\boldsymbol{\alpha}_1, \boldsymbol{\alpha}_2, \cdots, \boldsymbol{\alpha}_r$ 下的坐标，记为 $(x_1, x_2, \cdots, x_r)$.

例 3.4.6 n 维向量空间 $\mathbf{R}^n$ 中的任一向量 $\boldsymbol{\alpha} = (\boldsymbol{\alpha}_1, \boldsymbol{\alpha}_2, \cdots, \boldsymbol{\alpha}_r)$ 在基 $\boldsymbol{e}_1 = (1, 0, 0, \cdots, 0)^{\mathrm{T}}$，$\boldsymbol{e}_2 = (0, 1, 0, \cdots, 0)^{\mathrm{T}}$，$\cdots$，$\boldsymbol{e}_n = (0, 0, 0, \cdots, 1)^{\mathrm{T}}$ 下的坐标为 $(\boldsymbol{\alpha}_1, \boldsymbol{\alpha}_2, \cdots, \boldsymbol{\alpha}_r)$. 这里 $\boldsymbol{e}_1, \boldsymbol{e}_2, \cdots, \boldsymbol{e}_n$ 称为 $\mathbf{R}^n$ 的标准基.

例 3.4.7 在 $\mathbf{R}^4$ 中，求由向量组

$$\boldsymbol{\alpha}_1 = (1, 3, 2, 1)^{\mathrm{T}}, \quad \boldsymbol{\alpha}_2 = (4, 9, 5, 4)^{\mathrm{T}}, \quad \boldsymbol{\alpha}_3 = (3, 7, 4, 3)^{\mathrm{T}}$$

所生成的向量空间 V 的一个基和维数.

解 向量组 $\boldsymbol{\alpha}_1, \boldsymbol{\alpha}_2, \boldsymbol{\alpha}_3$ 的极大线性无关组及秩分别为向量空间 V 的基和维数. 因为

$$\boldsymbol{A} = \begin{bmatrix} 1 & 3 & 2 & 1 \\ 4 & 9 & 5 & 4 \\ 3 & 7 & 4 & 3 \end{bmatrix} \xrightarrow[r_3 - 3r_1]{r_2 - 4r_1} \begin{bmatrix} 1 & 3 & 2 & 1 \\ 0 & -3 & -3 & 0 \\ 0 & -2 & -2 & 0 \end{bmatrix} \xrightarrow[r_3 + 2r_2]{r_2 \times \left(-\frac{1}{3}\right)} \begin{bmatrix} 1 & 3 & 2 & 1 \\ 0 & 1 & 1 & 0 \\ 0 & 0 & 0 & 0 \end{bmatrix}$$

所以 $\boldsymbol{\alpha}_1, \boldsymbol{\alpha}_2$ 为向量组 $\boldsymbol{\alpha}_1, \boldsymbol{\alpha}_2, \boldsymbol{\alpha}_3$ 的一个极大线性无关组，则向量空间 V 的一个基为 $\boldsymbol{\alpha}_1, \boldsymbol{\alpha}_2$，维数为 2.

例 3.4.8 设

$$\boldsymbol{A} = (\boldsymbol{\alpha}_1, \boldsymbol{\alpha}_2, \boldsymbol{\alpha}_3) = \begin{bmatrix} 2 & 2 & -1 \\ 2 & -1 & 2 \\ -1 & 2 & 2 \end{bmatrix}$$

$$\boldsymbol{B} = (\boldsymbol{\beta}_1, \boldsymbol{\beta}_2) = \begin{bmatrix} 1 & 4 \\ 0 & 3 \\ -4 & 2 \end{bmatrix}$$

验证 $\boldsymbol{\alpha}_1, \boldsymbol{\alpha}_2, \boldsymbol{\alpha}_3$ 是 $\mathbf{R}^3$ 的一个基，并求向量 $\boldsymbol{\beta}_1, \boldsymbol{\beta}_2$ 在这个基下的坐标.

解 要证 $\boldsymbol{\alpha}_1, \boldsymbol{\alpha}_2, \boldsymbol{\alpha}_3$ 是 $\mathbf{R}^3$ 的一个基，只要证 $\boldsymbol{\alpha}_1, \boldsymbol{\alpha}_2, \boldsymbol{\alpha}_3$ 线性无关. 因为

$$|\boldsymbol{A}| = \begin{vmatrix} 2 & 2 & -1 \\ 2 & -1 & 2 \\ -1 & 2 & 2 \end{vmatrix} = -27 \neq 0$$

所以 $R(\boldsymbol{A}) = 3$，即 $\boldsymbol{A}$ 的列向量线性无关，其构成了 $\mathbf{R}^3$ 的一个基.

设 $(\boldsymbol{\beta}_1, \boldsymbol{\beta}_2) = (\boldsymbol{\alpha}_1, \boldsymbol{\alpha}_2, \boldsymbol{\alpha}_3)\begin{bmatrix} x_{11} & x_{12} \\ x_{21} & x_{22} \\ x_{31} & x_{32} \end{bmatrix}$，记作 $\boldsymbol{B} = \boldsymbol{A}\boldsymbol{X}$，而方阵 $\boldsymbol{A}$ 可逆，故 $\boldsymbol{X} = \boldsymbol{A}^{-1}\boldsymbol{B}$.

对分块矩阵 $(\boldsymbol{A} \mid \boldsymbol{B})$ 施行初等行变换，当 $\boldsymbol{A}$ 变为单位矩阵 $\boldsymbol{E}$ 时，$\boldsymbol{B}$ 变为 $\boldsymbol{X} = \boldsymbol{A}^{-1}\boldsymbol{B}$.

$$(\boldsymbol{A}\mid\boldsymbol{B})=\begin{bmatrix}2&2&-1&1&4\\2&-1&2&0&3\\-1&2&2&-4&2\end{bmatrix}\xrightarrow[\substack{r_2-2r_1\\r_3+r_1}]{\frac{1}{3}(r_1+r_2+r_3)}\begin{bmatrix}1&1&1&-1&3\\0&-3&0&2&-3\\0&3&3&-5&5\end{bmatrix}$$

$$\xrightarrow[r_3\div 3]{r_2\div(-3)}\begin{bmatrix}1&1&1&-1&3\\0&1&0&-\frac{2}{3}&1\\0&1&1&-\frac{5}{3}&\frac{5}{3}\end{bmatrix}$$

$$\xrightarrow[r_3-r_2]{r_1-r_3}\begin{bmatrix}1&0&0&\frac{2}{3}&\frac{4}{3}\\0&1&0&-\frac{2}{3}&1\\0&0&1&-1&\frac{2}{3}\end{bmatrix}$$

即

$$(\boldsymbol{\beta}_1,\boldsymbol{\beta}_2)=(\boldsymbol{\alpha}_1,\boldsymbol{\alpha}_2,\boldsymbol{\alpha}_3)\begin{bmatrix}\frac{2}{3}&\frac{4}{3}\\-\frac{2}{3}&1\\-1&\frac{2}{3}\end{bmatrix}$$

所以向量 $\boldsymbol{\beta}_1$ 在基 $\boldsymbol{\alpha}_1,\boldsymbol{\alpha}_2,\boldsymbol{\alpha}_3$ 下的坐标为 $\left(\frac{2}{3},-\frac{2}{3},-1\right)$，$\boldsymbol{\beta}_2$ 在基 $\boldsymbol{\alpha}_1,\boldsymbol{\alpha}_2,\boldsymbol{\alpha}_3$ 下的坐标为 $\left(\frac{4}{3},1,\frac{2}{3}\right)$.

3.5　向量的应用

本节给出一些关于向量应用的例子，包括向量组的线性表示、向量组的线性相关、向量组的秩. 通过这些实际应用的例子，读者可加深对所学知识点的理解，并能够用所学知识解决类似的问题.

3.5.1　产品的配置问题

1978 年 12 月，党的十一届三中全会通过了关于改革开放的政策. 改革开放四十余年来，我国经济的发展可谓是日新月异，人们的生活也发生了翻天覆地的变化.

随着人们生活水平的不断提高，当温饱已不再是问题时，人们开始关注养生保健. 保健食品公司如雨后春笋般出现.

保健食品在销售过程中存在销量好坏的情况。下面我们以某公司生产的 6 种产品为例，讨论一下，在不添加配料的情况下，如何将销量不好的产品配制成销量好的产品.

例 3.5.1　某公司用 7 种原材料(A～G)，根据比例配制成 6 种产品，具体用量见表 3.1.

表 3.1　产品用量　　　　单位：g

原材料	产品					
	1号	2号	3号	4号	5号	6号
A	5	3	11	0	5	14
B	12	0	12	25	35	60
C	25	5	35	5	35	55
D	7	9	25	5	15	47
E	1	2	5	25	0	33
F	10	2	14	12	20	38
G	8	2	12	0	2	6

现在 3 号和 6 号产品脱销，问：是否可以用其他 4 种产品配制 3 号、6 号产品？

解　这个问题实质上相当于：对于 6 个 7 维列向量 $\boldsymbol{A}=(\boldsymbol{a}_1, \boldsymbol{a}_2, \boldsymbol{a}_4, \boldsymbol{a}_5, \boldsymbol{a}_3, \boldsymbol{a}_6)$，是否存在两组数 k_1, k_2, k_4, k_5 和 $\lambda_1, \lambda_2, \lambda_4, \lambda_5$，使得线性表示 $\boldsymbol{a}_3=k_1\boldsymbol{a}_1+k_2\boldsymbol{a}_2+k_4\boldsymbol{a}_4+k_5\boldsymbol{a}_5$ 和 $\boldsymbol{a}_6=\lambda_1\boldsymbol{a}_1+\lambda_2\boldsymbol{a}_2+\lambda_4\boldsymbol{a}_4+\lambda_5\boldsymbol{a}_5$ 成立.

我们将表 3.1 写成向量组和矩阵的形式，并将矩阵初等变换至最简矩阵：

$$\boldsymbol{A}=(\boldsymbol{a}_1, \boldsymbol{a}_2, \boldsymbol{a}_4, \boldsymbol{a}_5, \boldsymbol{a}_3, \boldsymbol{a}_6)=\begin{bmatrix} 5 & 3 & 0 & 5 & 11 & 14 \\ 12 & 0 & 25 & 35 & 12 & 60 \\ 25 & 5 & 5 & 35 & 35 & 55 \\ 7 & 9 & 5 & 15 & 25 & 47 \\ 1 & 2 & 25 & 0 & 5 & 33 \\ 10 & 2 & 12 & 20 & 14 & 38 \\ 8 & 2 & 0 & 2 & 12 & 6 \end{bmatrix}$$

$$\xrightarrow{\text{行最简}}\begin{bmatrix} 1 & 0 & 0 & 0 & 1 & 0 \\ 0 & 1 & 0 & 0 & 2 & 3 \\ 0 & 0 & 1 & 0 & 0 & 1 \\ 0 & 0 & 0 & 1 & 0 & 1 \\ 0 & 0 & 0 & 0 & 0 & 0 \\ 0 & 0 & 0 & 0 & 0 & 0 \\ 0 & 0 & 0 & 0 & 0 & 0 \end{bmatrix}$$

由最简矩阵可得

$$\boldsymbol{a}_3 = 1\boldsymbol{a}_1 + 2\boldsymbol{a}_2 + 0\boldsymbol{a}_4 + 0\boldsymbol{a}_5 = \boldsymbol{a}_1 + 2\boldsymbol{a}_2$$

$$\boldsymbol{a}_6 = 0\boldsymbol{a}_1 + 3\boldsymbol{a}_2 + 1\boldsymbol{a}_4 + 1\boldsymbol{a}_5 = 3\boldsymbol{a}_2 + \boldsymbol{a}_4 + \boldsymbol{a}_5$$

由计算结果可以看出，如果 3 号和 6 号产品脱销，是可以用其他 4 种产品的原材料配制 3 号、6 号产品的，各向量前面的系数就代表了配制过程中其他 4 种产品所占的比重.

这个例题用到了向量组的线性表示知识，是一个向量与一个向量组的线性关系问题.

例 3.5.2　某公司用 7 种原材料(A～G)，根据比例配制成 6 种产品，具体用量见表 3.1.

由例 3.5.1 可知，可以用其他 4 种产品配制 3 号、6 号产品，即

$$\boldsymbol{a}_3 = \boldsymbol{a}_1 + 2\boldsymbol{a}_2$$

$$\boldsymbol{a}_6 = 3\boldsymbol{a}_2 + \boldsymbol{a}_4 + \boldsymbol{a}_5$$

那么，可否用 1 号、2 号、4 号产品配制 5 号产品？

解

$$\boldsymbol{A} = (\boldsymbol{a}_1, \boldsymbol{a}_2, \boldsymbol{a}_4, \boldsymbol{a}_5, \boldsymbol{a}_3, \boldsymbol{a}_6) = \begin{bmatrix} 5 & 3 & 0 & 5 & 11 & 14 \\ 12 & 0 & 25 & 35 & 12 & 60 \\ 25 & 5 & 5 & 35 & 35 & 55 \\ 7 & 9 & 5 & 15 & 25 & 47 \\ 1 & 2 & 25 & 0 & 5 & 33 \\ 10 & 2 & 12 & 20 & 14 & 38 \\ 8 & 2 & 0 & 2 & 12 & 6 \end{bmatrix}$$

$$\xrightarrow{\text{行最简}} \begin{bmatrix} 1 & 0 & 0 & 0 & 1 & 0 \\ 0 & 1 & 0 & 0 & 2 & 3 \\ 0 & 0 & 1 & 0 & 0 & 1 \\ 0 & 0 & 0 & 1 & 0 & 1 \\ 0 & 0 & 0 & 0 & 0 & 0 \\ 0 & 0 & 0 & 0 & 0 & 0 \\ 0 & 0 & 0 & 0 & 0 & 0 \end{bmatrix}$$

根据已学过的知识，可知 $\boldsymbol{a}_1$，$\boldsymbol{a}_2$，$\boldsymbol{a}_4$，$\boldsymbol{a}_5$ 这四个向量线性无关，显然不能用 1 号、2 号、4 号产品配制 5 号产品，也就是说，$\boldsymbol{a}_1$，$\boldsymbol{a}_2$，$\boldsymbol{a}_4$，$\boldsymbol{a}_5$ 这四种产品缺一不可，任何一个都不能由其余的线性表示.

这个例题用到了向量组的线性相关与线性无关知识，是向量组内部的线性关系问题。

3.5.2 篮球比赛中参赛运动员选取问题

中华人民共和国成立后，由于中国奥委会与国际奥委会一度断绝关系，中国男篮直到 1984 年才重新出现在奥运会的赛场上.

随着我国经济的发展，综合国力的提升，中国男篮取得了长足的进步. 在 1996 年亚特兰大奥运会、2004 年雅典奥运会、2008 年北京奥运会上，中国男篮均取得第八名的好成绩. 同时，涌现出了王治郅、姚明、易建联、孙悦等一批世界级的球星.

CBA 联赛是中国男子篮球职业联赛，简称“中职篮”，开始于 1995 年. CBA 中的优秀球员，是国家队球员的主要人选. 每次在重大国际赛事开始之前，都要从 *CBA* 联赛中选取优秀的球员进行集训. 但是，每次入选集训队的人数要大于最终的参赛人数. 例如，为备战 2021 年奥运会预选赛和 2021 年亚洲杯及预选赛，中国男篮选择了 27 人进入集训队.

我们知道，一场 5 人制的篮球赛，加上替补，一共需要 12 名球员. 为什么需要选择这么多的球员参加集训呢？是不是没有入选最终比赛大名单的球员就不够优秀呢？

下面我们从数学的角度来分析这个问题. 如果所有入选的球员都是健康的，并且没有伤病的困扰，那么对下面问题作如下假设：

问题 1 假如你是中国男篮的主教练，你会如何挑选参加比赛的 12 名球员？

假设 淘汰那些可以被替代的球员，留下者是球队缺一不可的，最终是一种刚刚好的状态.

问题 2 什么是刚刚好的状态？

假设 留下者能满足教练的战术意图，使比赛有效的进行.

问题 3 留下者的选择方式唯一吗？留下者的人数唯一吗？

假设 选择方式不唯一，但是人数是唯一的.

例 3.5.3 假如你是中国男篮的主教练，为了应对接下来的比赛，特制定了 A、B、C、D、E、F 6 种战术. 表 3.2 给出了 6 种战术中不同位置球员的数量. 比赛报名人数只能是 12 名，问可否用其中 3 种战术的人员来实现 6 种战术？若能，如何实现？

表 3.2 6 种战术中不同位置球员的数量

位置	战术					
	A	B	C	D	E	F
SG	3	2	4	1	2	1
PG	3	4	2	2	2	3
SF	3	3	3	3	3	3
PF	3	3	3	3	3	3
C	0	0	0	3	2	2

解 每种战术安排都可以看成是一个 5 维向量，因此 6 种战术安排可以看成是 6 个 5 维向量，记为 $\boldsymbol{A}=(\boldsymbol{a}_1, \boldsymbol{a}_2, \cdots, \boldsymbol{a}_6)$. 这一问题的实质就是寻找最大无关组。

把向量组 $\boldsymbol{A}=(\boldsymbol{a}_1, \boldsymbol{a}_2, \cdots, \boldsymbol{a}_6)$变为矩阵形式，并通过行初等变换将其化为行阶梯形矩阵：

$$\boldsymbol{A}=(\boldsymbol{a}_1, \boldsymbol{a}_2, \cdots, \boldsymbol{a}_6)$$

$$=\begin{bmatrix} 3 & 2 & 4 & 1 & 2 & 1 \\ 3 & 4 & 2 & 2 & 2 & 3 \\ 3 & 3 & 3 & 3 & 3 & 3 \\ 3 & 3 & 3 & 3 & 3 & 3 \\ 0 & 0 & 0 & 3 & 2 & 2 \end{bmatrix} \longrightarrow \begin{bmatrix} 3 & 2 & 4 & 1 & 2 & 1 \\ 0 & 1 & -1 & 1 & 0 & 2 \\ 0 & 0 & 0 & 3 & 2 & 2 \\ 0 & 0 & 0 & 0 & 0 & 0 \\ 0 & 0 & 0 & 0 & 0 & 0 \end{bmatrix}$$

所以 $R(\boldsymbol{A})=3$，即最大无关组有 3 个向量，且最大无关组不唯一. 因此，可以根据其中 3 种战术安排，选择能同时满足这 3 种战术要求的人员参加比赛，比如，可选取能同时满足 A、B、D(也可以选择 A、C、E 或者 A、C、F)3 种战术的人员参加比赛. 按照以上分析，能同时满足这 3 种战术的人员也一定能满足全部 6 种战术.

通过以上的分析和求解可知，入选最终大名单的球员是因为自身的打法和技术能够适应主教练的战术意图，而没有入选大名单的球员，并不是训练不刻苦、球技不精，而是他的打法和技术不能很好地适应主教练的战术意图. 所以，凡是能够进入国家集训队的球员，他们都是非常优秀的，她们都为中国篮球事业的发展付出了努力.

本章小结

1. 本章要点提示

(1) 本章的重点和难点比较集中，内容比较抽象，同时也是极为重要的一章，需要重点掌握. 首先是向量的概念，它是通常几何空间中向量概念的推广；其次是线性相关和线性无关的概念，特别是线性相关的定义中“不全为零”与线性无关的定义中“否则”的概念要很好地理解.

(2) 设 $\boldsymbol{\alpha}_1$，$\boldsymbol{\alpha}_2$，…，$\boldsymbol{\alpha}_r$ 是某一向量组的极大线性无关组，则有如下特性：

① 无关性：$\boldsymbol{\alpha}_1$，$\boldsymbol{\alpha}_2$，…，$\boldsymbol{\alpha}_r$ 线性无关；

② 极大性：向量个数不能再多，再多一个便线性相关，即有“任意 $r+1$ 个向量(如果有的话)都线性相关”；

③ 极小性：向量个数不能再少，再少一个便不能线性表示原向量组中的所有向量.

(3) 等价的向量组有相同的秩，但有相同的秩的向量组不一定等价. 例如，向量组 $\boldsymbol{\alpha}=(1, 0)$ 的秩 $R(\boldsymbol{\alpha})=1$，向量组 $\boldsymbol{\beta}=(0, 1)$ 的秩 $R(\boldsymbol{\beta})=1$，显然这两个向量组不能互相线性表示. 而若两个向量组的秩相等，并且其中一个可由另一个线性表示，则这两个向量组等价.

与此类似，等价的矩阵有相同的秩，但有相同的秩的矩阵不一定等价. 而若两个矩阵同型且有相同的秩，则它们等价.

(4) 求向量组的秩与极大线性无关组时，按列排成的矩阵经过初等变换，化为阶梯形矩阵一般比较方便，向量之间的线性无关也比较清晰. 若还要将其余向量用极大线性无关组线性表示，只需再将阶梯形矩阵化为行最简形矩阵即可.

(5) 注意向量空间与向量组的联系与区别. 显然，向量空间是向量组，但向量组一般不是向量空间. 这是因为向量空间中可以进行线性运算，即对于加法和数乘是封闭的；而向量组中的向量之间虽然也可以做加法和数乘，但结果所得的向量一般已不再是原向量组中的向量了. 同时要指出，除了零空间外，向量空间都应包含无穷多个向量.

2. *n* 维向量的定义

向量有两种表示形式：行向量形式和列向量形式. 同一个有序数组写成行或列的形式，按定义应该是同一个向量，但在参与运算时，通常看成是两个不同的向量. 按照矩阵的运算规则进行运算，行向量是行矩阵，列向量是列矩阵.

3. 向量组线性相关性的判断

(1) 定义法. 设有常数 k_1，k_2，…，k_m，使得 $k_1\boldsymbol{\alpha}_1+k_2\boldsymbol{\alpha}_2+\cdots+k_m\boldsymbol{\alpha}_m=\mathbf{0}$ 成立，根据已知条件来判断，若仅当 k_1，k_2，…，k_m 全为零时此式才成立，则可判定 $\boldsymbol{\alpha}_1$，$\boldsymbol{\alpha}_2$，…，$\boldsymbol{\alpha}_m$ 线性无关；否则，判定 $\boldsymbol{\alpha}_1$，$\boldsymbol{\alpha}_2$，…，$\boldsymbol{\alpha}_m$ 线性相关.

(2) 反证法. 这是讨论向量组线性无关的又一重要方法，假设向量组线性相关，推出矛盾.

(3) 秩方法. 结合向量组的秩进行讨论，若向量组的秩小于向量组中向量的个数，则可判定向量组线性相关；若两者相等，则判定向量组线性无关. 一般来讲，若向量组具体给出，将向量组构成一个矩阵，利用初等变换来求矩阵的秩，该矩阵的秩即为该向量组的秩.

(4) 行列式法. 当向量组中向量的个数和向量的维数相同时，可用向量组组成方阵，通过判断方阵的行列式是否为零，判断向量组线性相关还是线性无关. 若行列式为零，则向量组线性相关；若行列式不为零，则向量组线性无关.

(5) 等价性方法. 通过讨论一个与原向量组等价的、较易判定线性相关性的新向量组来讨论原向量组的线性相关性.

4. 关于向量组的秩

关于向量组的秩的计算或证明，一般可从以下几个方面来考虑：

(1) 以定义为基础进行考察.

(2) 转化为矩阵的秩来考察，这是最常用的方法，因此可以利用初等行变换来求向量组的秩. 若考察的向量组是列向量组，我们将其组成一个矩阵，通过初等行变换将其化为最简形，由于初等行变换不改变列向量的线性关系，故我们可以由最简形求出向量组的秩、向量组的极大无关组及其余向量用极大无关组的线性表示.

(3) 利用有关向量组的秩的基本结论来考察.

习 题 三

1. 设 $\boldsymbol{\alpha}_1=(3, 5, -3)^{\mathrm{T}}$，$\boldsymbol{\alpha}_2=(2, -2, 3)^{\mathrm{T}}$，$\boldsymbol{\alpha}_3=(4, 1, -3)^{\mathrm{T}}$，求：

(1) $\boldsymbol{\alpha}_1+\boldsymbol{\alpha}_2-\boldsymbol{\alpha}_3$

(2) $3\boldsymbol{\alpha}_1-2\boldsymbol{\alpha}_2+\boldsymbol{\alpha}_3$

2. 设 $3(\boldsymbol{\alpha}_1-\boldsymbol{\alpha})+2(\boldsymbol{\alpha}_2+\boldsymbol{\alpha})=5(\boldsymbol{\alpha}_3+\boldsymbol{\alpha})$，其中 $\boldsymbol{\alpha}_1=(2, 5, 1, 3)^{\mathrm{T}}$，$\boldsymbol{\alpha}_2=(10, 1, 5, 10)^{\mathrm{T}}$，$\boldsymbol{\alpha}_3=(4, 1, -1, 1)^{\mathrm{T}}$，求 $\boldsymbol{\alpha}$.

3. 将向量 $\boldsymbol{b}$ 表示成向量 $\boldsymbol{\alpha}_1$，$\boldsymbol{\alpha}_2$，$\boldsymbol{\alpha}_3$ 的线性组合：

(1) $\boldsymbol{\alpha}_1=\begin{bmatrix}1\\1\\-1\end{bmatrix}$，$\boldsymbol{\alpha}_2=\begin{bmatrix}1\\2\\1\end{bmatrix}$，$\boldsymbol{\alpha}_3=\begin{bmatrix}0\\0\\1\end{bmatrix}$，$\boldsymbol{b}=\begin{bmatrix}1\\0\\-2\end{bmatrix}$

(2) $\boldsymbol{\alpha}_1=\begin{bmatrix}1\\2\\3\end{bmatrix}$，$\boldsymbol{\alpha}_2=\begin{bmatrix}1\\0\\4\end{bmatrix}$，$\boldsymbol{\alpha}_3=\begin{bmatrix}1\\3\\1\end{bmatrix}$，$\boldsymbol{b}=\begin{bmatrix}3\\1\\11\end{bmatrix}$

4. 判断下列向量组的线性相关性，并说明理由：

(1) $\boldsymbol{\alpha}_1=\begin{bmatrix}1\\2\\3\end{bmatrix}$， $\boldsymbol{\alpha}_2=\begin{bmatrix}3\\1\\5\end{bmatrix}$

(2) $\boldsymbol{\alpha}_1=\begin{bmatrix}1\\1\\0\end{bmatrix}$， $\boldsymbol{\alpha}_2=\begin{bmatrix}0\\1\\1\end{bmatrix}$， $\boldsymbol{\alpha}_3=\begin{bmatrix}3\\1\\2\end{bmatrix}$， $\boldsymbol{\alpha}_4=\begin{bmatrix}1\\3\\3\end{bmatrix}$

(3) $\boldsymbol{\alpha}_1=\begin{bmatrix}2\\2\\7\\-1\end{bmatrix}$， $\boldsymbol{\alpha}_2=\begin{bmatrix}3\\-1\\2\\4\end{bmatrix}$， $\boldsymbol{\alpha}_3=\begin{bmatrix}1\\1\\3\\1\end{bmatrix}$

(4) $\boldsymbol{\alpha}_1=\begin{bmatrix}1\\1\\2\end{bmatrix}$, $\boldsymbol{\alpha}_2=\begin{bmatrix}1\\3\\0\end{bmatrix}$, $\boldsymbol{\alpha}_3=\begin{bmatrix}3\\-1\\10\end{bmatrix}$

5. 设向量组

$$\boldsymbol{\alpha}_1=\begin{bmatrix}1\\2\\3\end{bmatrix},\quad \boldsymbol{\alpha}_2=\begin{bmatrix}1\\1\\1\end{bmatrix},\quad \boldsymbol{\alpha}_3=\begin{bmatrix}1\\3\\k\end{bmatrix}$$

问：

(1) k 为何值时，$\boldsymbol{\alpha}_1$，$\boldsymbol{\alpha}_2$，$\boldsymbol{\alpha}_3$线性无关；

(2) k 为何值时，$\boldsymbol{\alpha}_1$，$\boldsymbol{\alpha}_2$，$\boldsymbol{\alpha}_3$线性相关，若$\boldsymbol{\alpha}_1$，$\boldsymbol{\alpha}_2$，$\boldsymbol{\alpha}_3$线性相关，将$\boldsymbol{\alpha}_3$表示为$\boldsymbol{\alpha}_1$，$\boldsymbol{\alpha}_2$的线性组合.

6. 设 $\boldsymbol{b}_1=\boldsymbol{a}_1$，$\boldsymbol{b}_2=\boldsymbol{a}_1+\boldsymbol{a}_2$，…，$\boldsymbol{b}_r=\boldsymbol{a}_1+\boldsymbol{a}_2+\cdots+\boldsymbol{a}_r$，且向量组 $\boldsymbol{a}_1$，$\boldsymbol{a}_2$，…，$\boldsymbol{a}_r$线性无关，证明向量组 $\boldsymbol{b}_1$，$\boldsymbol{b}_2$，…，$\boldsymbol{b}_r$线性无关.

7. 求下列向量组的秩及其一个极大无关组.

(1) $\boldsymbol{\alpha}_1=\begin{bmatrix}2\\1\\1\end{bmatrix}$, $\boldsymbol{\alpha}_2=\begin{bmatrix}1\\2\\-1\end{bmatrix}$, $\boldsymbol{\alpha}_3=\begin{bmatrix}-2\\3\\0\end{bmatrix}$

(2) $\boldsymbol{\alpha}_1=\begin{bmatrix}1\\1\\3\\1\end{bmatrix}$, $\boldsymbol{\alpha}_2=\begin{bmatrix}-1\\1\\-1\\3\end{bmatrix}$, $\boldsymbol{\alpha}_3=\begin{bmatrix}5\\-2\\8\\9\end{bmatrix}$, $\boldsymbol{\alpha}_4=\begin{bmatrix}-1\\3\\1\\7\end{bmatrix}$

(3) $\boldsymbol{\alpha}_1=\begin{bmatrix}1\\1\\1\\1\end{bmatrix}$, $\boldsymbol{\alpha}_2=\begin{bmatrix}1\\1\\-1\\-1\end{bmatrix}$, $\boldsymbol{\alpha}_3=\begin{bmatrix}1\\-1\\-1\\1\end{bmatrix}$, $\boldsymbol{\alpha}_4=\begin{bmatrix}-1\\-1\\-1\\1\end{bmatrix}$

8. 求下列向量组的一个极大无关组，并将其余向量由此极大无关组线性表示：

(1) $\boldsymbol{\alpha}_1=\begin{bmatrix}1\\2\\-3\end{bmatrix}$, $\boldsymbol{\alpha}_2=\begin{bmatrix}2\\-1\\-1\end{bmatrix}$, $\boldsymbol{\alpha}_3=\begin{bmatrix}-1\\3\\-2\end{bmatrix}$, $\boldsymbol{\alpha}_4=\begin{bmatrix}-2\\1\\-4\end{bmatrix}$

(2) $\boldsymbol{\alpha}_1=\begin{bmatrix}1\\1\\2\\3\end{bmatrix}$, $\boldsymbol{\alpha}_2=\begin{bmatrix}1\\-1\\1\\1\end{bmatrix}$, $\boldsymbol{\alpha}_3=\begin{bmatrix}1\\3\\3\\5\end{bmatrix}$, $\boldsymbol{\alpha}_4=\begin{bmatrix}4\\-2\\5\\6\end{bmatrix}$

9. 设 $\boldsymbol{\alpha}_1$，$\boldsymbol{\alpha}_2$，…，$\boldsymbol{\alpha}_n$是一组 n 维向量，已知 n 维单位向量 $\boldsymbol{\varepsilon}_1$，$\boldsymbol{\varepsilon}_2$，…，$\boldsymbol{\varepsilon}_n$能由它们线性表示，证明 $\boldsymbol{\alpha}_1$，$\boldsymbol{\alpha}_2$，…，$\boldsymbol{\alpha}_n$线性无关.

10. 设向量组 $\boldsymbol{\alpha}_1=\begin{bmatrix}a\\3\\1\end{bmatrix}$，$\boldsymbol{\alpha}_2=\begin{bmatrix}2\\b\\3\end{bmatrix}$，$\boldsymbol{\alpha}_3=\begin{bmatrix}1\\2\\1\end{bmatrix}$，$\boldsymbol{\alpha}_4=\begin{bmatrix}2\\3\\1\end{bmatrix}$的秩为 2，求 a，b.

11. 已知：等价的向量组的秩必相等. 反之，秩相等的向量组必等价吗？试举例说明.

12. 证明：向量组

$$\boldsymbol{\alpha}_1=\begin{bmatrix}3\\4\\8\end{bmatrix},\quad \boldsymbol{\alpha}_2=\begin{bmatrix}2\\2\\5\end{bmatrix},\quad \boldsymbol{\alpha}_3=\begin{bmatrix}0\\2\\1\end{bmatrix}$$

与向量组

$$\boldsymbol{\beta}_1=\begin{bmatrix}1\\2\\3\end{bmatrix},\quad \boldsymbol{\beta}_2=\begin{bmatrix}1\\0\\2\end{bmatrix}$$

等价.

13. 下列子集哪些是向量空间 $\mathbf{R}^n$ 的子空间：

(1) $\{\boldsymbol{\alpha}=(a_1, a_2, \cdots, a_n) \mid a_i\in\mathbf{Z}, i=1, 2, \cdots, n\}$

(2) $\{\boldsymbol{x}=(x_1, x_2, \cdots, x_n) \mid \sum_{i=1}^{n}x_i=0, x_i\in\mathbf{R}, i=1, 2, \cdots, n\}$

14. 已知向量空间 V 的一个基为 $\boldsymbol{\alpha}_1=\begin{bmatrix}1\\1\\1\end{bmatrix}$，$\boldsymbol{\alpha}_2=\begin{bmatrix}0\\1\\0\end{bmatrix}$，$\boldsymbol{\alpha}_3=\begin{bmatrix}0\\1\\-1\end{bmatrix}$，试求 $\boldsymbol{\alpha}=\begin{bmatrix}1\\3\\5\end{bmatrix}$ 在这个基下的坐标.

15. 验证 $\boldsymbol{\alpha}_1=\begin{bmatrix}1\\-1\\0\end{bmatrix}$，$\boldsymbol{\alpha}_2=\begin{bmatrix}2\\1\\3\end{bmatrix}$，$\boldsymbol{\alpha}_3=\begin{bmatrix}3\\1\\2\end{bmatrix}$ 为 $\mathbf{R}^3$ 的一个基，并把 $\boldsymbol{\beta}_1=\begin{bmatrix}5\\0\\7\end{bmatrix}$，$\boldsymbol{\beta}_2=\begin{bmatrix}-9\\-8\\-13\end{bmatrix}$ 用这个基线性表示.

16. 由向量组 $\boldsymbol{\alpha}_1=\begin{bmatrix}2\\-1\\3\\3\end{bmatrix}$，$\boldsymbol{\alpha}_2=\begin{bmatrix}0\\1\\-1\\-1\end{bmatrix}$ 生成的向量空间为 V_1，由向量组 $\boldsymbol{\beta}_1=\begin{bmatrix}1\\1\\0\\0\end{bmatrix}$，$\boldsymbol{\beta}_2=\begin{bmatrix}1\\0\\1\\1\end{bmatrix}$ 生成的向量空间为 V_2，证明：$V_1=V_2$.

自 测 题 三

一、判断题

1. 如果向量组 $\boldsymbol{\alpha}_1, \boldsymbol{\alpha}_2, \cdots, \boldsymbol{\alpha}_s$ 的秩为 s，则向量组 $\boldsymbol{a}_1, \boldsymbol{a}_2, \cdots, \boldsymbol{a}_s$ 中任一部分组都线性无关.（　　）

2. 设 $\mathbf{A}$ 为 n 阶矩阵，$R(\mathbf{A})=r<n$，则矩阵 $\mathbf{A}$ 的任意 r 个列向量线性无关.（　　）

3. 设 $\mathbf{A}$ 为 $m\times n$ 阶矩阵，如果矩阵 $\mathbf{A}$ 的 n 个列向量线性无关，那么 $R(\mathbf{A})=n$.（　　）

4. 集合 $V=\{(x_1, x_2, \cdots, x_n,)^{\mathrm{T}} | x_1, x_2, \cdots, x_n \in \mathbf{R}$，且 $x_1+2x_2+\cdots+nx_n=0\}$ 是向量空间.（　）

5. 设向量组 $\boldsymbol{\alpha}_1, \boldsymbol{\alpha}_2, \cdots, \boldsymbol{\alpha}_s$ 线性无关，且可由向量组 $\boldsymbol{\beta}_1, \boldsymbol{\beta}_2, \cdots, \boldsymbol{\beta}_t$ 线性表示，则必有 $s<t$.（　）

6. 设 $\boldsymbol{A}$ 为 n 阶矩阵，且 $|\boldsymbol{A}|=0$，则 $\boldsymbol{A}$ 中必有一列向量可由其他列向量线性表示 .（　）

二、填空题

1. 设 $\boldsymbol{\beta}=(3, 5, -6)^{\mathrm{T}}$，$\boldsymbol{\alpha}_1=(1, 0, 1)^{\mathrm{T}}$，$\boldsymbol{\alpha}_2=(1, 1, 1)^{\mathrm{T}}$，$\boldsymbol{\alpha}_3=(0, -1, -1)^{\mathrm{T}}$，将向量 $\boldsymbol{\beta}$ 表示成 $\boldsymbol{\alpha}_1, \boldsymbol{\alpha}_2, \boldsymbol{\alpha}_3$ 的线性组合，则 $\boldsymbol{\beta}=$________.

2. 若向量组 $\boldsymbol{\alpha}_1=(\lambda, 1, 1)^{\mathrm{T}}$，$\boldsymbol{\alpha}_2=(1, \lambda, 1)^{\mathrm{T}}$，$\boldsymbol{\alpha}_3=(1, 1, \lambda)^{\mathrm{T}}$ 线性相关，则 $\lambda=$________.

3. 已知向量组 $\boldsymbol{\alpha}_1=(1, -1, 2, 4)^{\mathrm{T}}$，$\boldsymbol{\alpha}_2=(0, 3, 1, 2)^{\mathrm{T}}$，$\boldsymbol{\alpha}_3=(3, 0, 7, 14)^{\mathrm{T}}$，$\boldsymbol{\alpha}_4=(1, -1, 2, 0)^{\mathrm{T}}$，$\boldsymbol{\alpha}_5=(2, 1, 5, 6)^{\mathrm{T}}$，则该向量组的一个极大线性无关组是________.

4. 设向量组 $\boldsymbol{B}$ 能够由向量组 $\boldsymbol{A}$ 线性表示，则 $R(\boldsymbol{A})$ 与 $R(\boldsymbol{B})$ 必须满足的条件为________.

5. 设 $\boldsymbol{A}$ 是 4×3 的矩阵，$R(\boldsymbol{A})=2$，$\boldsymbol{B}=\begin{bmatrix}1 & 0 & 2\\ 0 & 2 & 0\\ -1 & 0 & 3\end{bmatrix}$，则 $R(\boldsymbol{AB})=$________.

6. 设 $\boldsymbol{\alpha}_1=(1, 1, 0)^{\mathrm{T}}$，$\boldsymbol{\alpha}_2=(1, 0, 1)^{\mathrm{T}}$，$\boldsymbol{\alpha}_3=(0, 1, 1)^{\mathrm{T}}$ 是一组基，则 $\boldsymbol{\beta}=(2, 0, 0)^{\mathrm{T}}$ 在这组基下的坐标为________.

三、综合题

1. 已知向量 $\boldsymbol{\alpha}=(3, 5, 7, 9)$，$\boldsymbol{\beta}=(-1, 5, 2, 0)$，若 $3\boldsymbol{\alpha}-2\boldsymbol{\eta}=5\boldsymbol{\beta}$，求 $\boldsymbol{\eta}$.

2. 已知向量 $\boldsymbol{\gamma}_1, \boldsymbol{\gamma}_2$ 由向量 $\boldsymbol{\beta}_1, \boldsymbol{\beta}_2, \boldsymbol{\beta}_3$ 的线性表示式为 $\boldsymbol{\gamma}_1=3\boldsymbol{\beta}_1-\boldsymbol{\beta}_2+\boldsymbol{\beta}_3$，$\boldsymbol{\gamma}_2=\boldsymbol{\beta}_1+2\boldsymbol{\beta}_2+4\boldsymbol{\beta}_3$，向量 $\boldsymbol{\beta}_1, \boldsymbol{\beta}_2, \boldsymbol{\beta}_3$ 由向量 $\boldsymbol{\alpha}_1, \boldsymbol{\alpha}_2, \boldsymbol{\alpha}_3$ 的线性表示式为 $\boldsymbol{\beta}_1=2\boldsymbol{\alpha}_1+\boldsymbol{\alpha}_2-5\boldsymbol{\alpha}_3$，$\boldsymbol{\beta}_2=\boldsymbol{\alpha}_1+3\boldsymbol{\alpha}_2+\boldsymbol{\alpha}_3$，$\boldsymbol{\beta}_3=-\boldsymbol{\alpha}_1+4\boldsymbol{\alpha}_2-\boldsymbol{\alpha}_3$，求向量 $\boldsymbol{\gamma}_1, \boldsymbol{\gamma}_2$ 由向量 $\boldsymbol{\alpha}_1, \boldsymbol{\alpha}_2, \boldsymbol{\alpha}_3$ 的线性表示式.

3. 判断下列各向量组的线性相关性，求它的秩和一个极大无关组，并将其余向量用这个极大无关组线性表示.

(1) $\boldsymbol{\alpha}_1=(1, 0, 2, 1)^{\mathrm{T}}$，$\boldsymbol{\alpha}_2=(1, 2, 0, 1)^{\mathrm{T}}$，$\boldsymbol{\alpha}_3=(2, 1, 3, 0)^{\mathrm{T}}$，$\boldsymbol{\alpha}_4=(2, 5, -1, 4)^{\mathrm{T}}$；

(2) $\boldsymbol{\beta}_1=(1, 2, -1, 4)^{\mathrm{T}}$，$\boldsymbol{\beta}_2=(9, 100, 10, 4)^{\mathrm{T}}$，$\boldsymbol{\beta}_3=(-2, -4, 2, -8)^{\mathrm{T}}$.

4. 设 $\boldsymbol{A}=\begin{bmatrix}a & 1 & 1\\ 1 & a & 1\\ 1 & 1 & a\end{bmatrix}$，试求 $R(\boldsymbol{A})$.

第四章

线性方程组

本章的主要内容及要求

求解线性方程组是线性代数讨论的核心问题之一. 本章分别研究了齐次和非齐次线性方程组的解、解的结构及通解.

本章的基本要求如下：

(1) 理解齐次线性方程组的解的结构，以及基础解系、通解及解空间的概念；熟练掌握判断一个齐次线性方程组有没有非零解的方法；熟练掌握齐次线性方程组的基础解系及通解的求法.

(2) 理解非齐次线性方程组的解的结构以及通解的概念；熟练掌握判断一个非齐次线性方程组是否有解、有多少解的方法；熟练掌握非齐次线性方程组的通解的求法.

4.1 线性方程组的消元解法

4.1.1 线性方程组的矩阵表示

形如

$$\begin{cases} a_{11}x_1 + a_{12}x_2 + \cdots + a_{1n}x_n = b_1 \\ a_{21}x_1 + a_{22}x_2 + \cdots + a_{2n}x_n = b_2 \\ \qquad\qquad \vdots \\ a_{m1}x_1 + a_{m2}x_2 + \cdots + a_{mn}x_n = b_m \end{cases} \tag{4.1.1}$$

的方程组，称为线性方程组. 若令

$$\boldsymbol{A} = \begin{bmatrix} a_{11} & a_{12} & \cdots & a_{1n} \\ a_{21} & a_{22} & \cdots & a_{2n} \\ \vdots & \vdots & & \vdots \\ a_{m1} & a_{m2} & \cdots & a_{mn} \end{bmatrix}, \quad \boldsymbol{x} = \begin{bmatrix} x_1 \\ x_2 \\ \vdots \\ x_n \end{bmatrix}, \quad \boldsymbol{b} = \begin{bmatrix} b_1 \\ b_2 \\ \vdots \\ b_m \end{bmatrix}$$

其中，$\boldsymbol{A}$ 称为系数矩阵，$\boldsymbol{x}$ 称为未知向量，$\boldsymbol{b}$ 称为常数向量，则方程组可用矩阵表示为

$$\boldsymbol{Ax} = \boldsymbol{b} \tag{4.1.2}$$

矩阵 $\boldsymbol{B}=(\boldsymbol{A}\vdots\boldsymbol{b})=\begin{bmatrix} a_{11} & a_{12} & \cdots & a_{1n} & b_1 \\ a_{21} & a_{22} & \cdots & a_{2n} & b_2 \\ \vdots & \vdots & & \vdots & \vdots \\ a_{m1} & a_{m2} & \cdots & a_{mn} & b_m \end{bmatrix}=(\boldsymbol{a}_1, \boldsymbol{a}_2, \cdots, \boldsymbol{a}_n, \boldsymbol{b})$ 称为增广矩阵.

在式(4.1.2)中，若 $\boldsymbol{b}=\mathbf{0}$，则线性方程组为 $\boldsymbol{A}\boldsymbol{x}=\mathbf{0}$，称为齐次线性方程组；若 $\boldsymbol{b}\neq\mathbf{0}$，则线性方程组为 $\boldsymbol{A}\boldsymbol{x}=\boldsymbol{b}$，称为非齐次线性方程组.

4.1.2 线性方程组的消元解法——高斯消元法

例 4.1.1 解线性方程组(每写一个方程组，同时写出对应的增广矩阵)

$$\text{(a)}\begin{cases}x_1+x_2-x_3=0 & ①\\ 2x_1+3x_2+x_3=7 & ②\\ 3x_1-2x_2-2x_3=-3 & ③\end{cases}$$

解 线性方程组(a)对应的增广矩阵为

$$\boldsymbol{B}=(\boldsymbol{A}\,\vdots\,\boldsymbol{b})=\begin{bmatrix}1&1&-1&0\\2&3&1&7\\3&-2&-2&-3\end{bmatrix}$$

对线性方程组(a)做消元法：式②+式①×(−2)，式③+式①×(−3)后，线性方程组及其增广矩阵变为

$$\text{(b)}\begin{cases}x_1+x_2-x_3=0\\ x_2+3x_3=7 & ④\\ -5x_2+x_3=-3 & ⑤\end{cases}\qquad \boldsymbol{B}\to\boldsymbol{C}=\begin{bmatrix}1&1&-1&0\\0&1&3&7\\0&-5&1&-3\end{bmatrix}$$

式④×5+式⑤，得

$$\text{(c)}\begin{cases}x_1+x_2-x_3=0\\ x_2+3x_3=7\\ 16x_3=32 & ⑥\end{cases}\qquad \boldsymbol{D}=\begin{bmatrix}1&1&-1&0\\0&1&3&7\\0&0&16&32\end{bmatrix}$$

式⑥×$\dfrac{1}{16}$，得

$$\text{(d)}\begin{cases}x_1+x_2-x_3=0\\ x_2+3x_3=7\\ x_3=2\end{cases}\qquad \boldsymbol{F}=\begin{bmatrix}1&1&-1&0\\0&1&3&7\\0&0&1&2\end{bmatrix}$$

$$\text{(e)}\begin{cases}x_1=1\\ x_2=1\\ x_3=2\end{cases}\qquad \boldsymbol{G}=\begin{bmatrix}1&0&0&1\\0&1&0&1\\0&0&1&2\end{bmatrix}$$

通过以上解方程的过程，可以看到方程组从(a)到(e)为同解方程组，而矩阵从 $\boldsymbol{A}$ 到 $\boldsymbol{G}$ 是等价的矩阵.

因此，消元法的目的就是利用方程组的初等变换将原方程组化为阶梯形方程组，显然这个阶梯形方程组与原线性方程组同解，解这个阶梯形方程组得原方程组的解. 如果用矩阵表示其系数及常数项，那么，消元法的过程就是对增广矩阵施以初等行变换，得到一系列的等价矩阵，虽然这些矩阵形式不同，但它们所对应的方程组为同解方程组，利用这个原理可以解方程组. 这就是高斯消元法，其步骤如下：

(1) 对增广矩阵 $\boldsymbol{B}=(\boldsymbol{A}\,\vdots\,\boldsymbol{b})$ 施以初等行变换，直到将增广矩阵化为最简行阶梯形矩阵；

(2) 根据最终的最简行阶梯形矩阵得到与原方程组的同解方程组，从而解出 x_i.

将一个方程组化为行阶梯形方程组的步骤并不是唯一的，所以，同一个方程组的行阶梯形方程组也不是唯一的.

例 4.1.2 解线性方程组

$$\begin{cases}-x_1+3x_3=3\\3x_1-x_2-5x_3=0\\4x_1-x_2+x_3=3\end{cases}$$

解 对增广矩阵做初等行变换

$$\boldsymbol{B}=(\boldsymbol{A}\vdots\boldsymbol{b})=\begin{bmatrix}-1&0&3&3\\3&-1&-5&0\\4&-1&1&3\end{bmatrix}\to\begin{bmatrix}1&0&0&-1\\0&1&0&-\frac{19}{3}\\0&0&1&\frac{2}{3}\end{bmatrix}$$

对应的同解方程组为

$$\begin{cases}x_1=-1\\x_2=-\dfrac{19}{3}\\x_3=\dfrac{2}{3}\end{cases}$$

这就是原方程组的解.

例 4.1.3 求解齐次线性方程组 $\begin{cases}x_1+2x_2+2x_3+x_4=0\\2x_1+x_2-2x_3-2x_4=0.\\x_1-x_2-4x_3-3x_4=0\end{cases}$

解 对系数矩阵 **A** 施行初等行变换

$$\boldsymbol{A}=\begin{bmatrix}1&2&2&1\\2&1&-2&-2\\1&-1&-4&-3\end{bmatrix}\xrightarrow[r_3-r_1]{r_2-2r_1}\begin{bmatrix}1&2&2&1\\0&-3&-6&-4\\0&-3&-6&-4\end{bmatrix}$$

$$\xrightarrow[r_2\div(-3)]{r_3-r_2}\begin{bmatrix}1&2&2&1\\0&1&2&\frac{4}{3}\\0&0&0&0\end{bmatrix}\xrightarrow{r_1-2r_2}\begin{bmatrix}1&0&-2&-\frac{5}{3}\\0&1&2&\frac{4}{3}\\0&0&0&0\end{bmatrix}$$

即得与原方程组同解的方程组

$$\begin{cases}x_1=2x_3+\left(\dfrac{5}{3}\right)x_4\\x_2=-2x_3-\left(\dfrac{4}{3}\right)x_4\end{cases}\quad(x_3,x_4\text{ 可任意取值})$$

令 $x_3=c_1$，$x_4=c_2$，把它写成向量形式为

$$\begin{bmatrix}x_1\\x_2\\x_3\\x_4\end{bmatrix}=c_1\begin{bmatrix}2\\-2\\1\\0\end{bmatrix}+c_2\begin{bmatrix}\frac{5}{3}\\-\frac{4}{3}\\0\\1\end{bmatrix}$$

它表达了方程组的全部解.

4.2 齐次线性方程组

4.2.1 齐次线性方程组的解的判定

对于齐次线性方程组

$$\begin{cases} a_{11}x_1 + a_{12}x_2 + \cdots + a_{1n}x_n = 0 \\ a_{21}x_1 + a_{22}x_2 + \cdots + a_{2n}x_n = 0 \\ \quad \vdots \\ a_{m1}x_1 + a_{m2}x_2 + \cdots + a_{mn}x_n = 0 \end{cases} \tag{4.2.1}$$

它的矩阵形式为

$$\boldsymbol{Ax} = \boldsymbol{0} \tag{4.2.2}$$

齐次线性方程组 $\boldsymbol{Ax}=\boldsymbol{0}$ 总是有解的，因为 $x_1=x_2=\cdots=x_n=0$ 就是它的一个解. 因此，齐次线性方程组(4.2.1)的解只有两种情况：① 唯一解(即只有零解)；② 有无穷多个解(即有非零解). 于是有下面的定理：

定理 4.2.1 齐次线性方程组(4.2.2)有非零解的充分必要条件是系数矩阵 $\boldsymbol{A}$ 的秩 $R(\boldsymbol{A})<n$.

本定理所述条件 $R(\boldsymbol{A})<n$ 的必要性是克莱姆定理的推广(克莱姆定理只适用于 $m=n$ 的情形)，其充分性则包含了克莱姆定理的逆定理.

证 先证必要性. 设方程组(4.2.2)有非零解，要证 $R(\boldsymbol{A})<n$，用反证法. 设 $R(\boldsymbol{A})=n$，则在 $\boldsymbol{A}$ 中应有一个 n 阶非零子式 D_n，从而 D_n 所对应的 n 个方程只有零解(根据克莱姆定理)，这与原方程组有非零解矛盾，因此 $R(\boldsymbol{A})=n$ 不成立，即 $R(\boldsymbol{A})<n$.

再证充分性. 设 $R(\boldsymbol{A})=r<n$，则 $\boldsymbol{A}$ 的行阶梯形矩阵只含 r 个非零行，从而知其有 $n-r$ 个自由未知量. 任取一个自由未知量为1，其余自由未知量为0，即得方程组的一个非零解.

证毕

例 4.2.1 求解齐次线性方程组

$$\begin{cases} 2x_1 - 4x_2 + 5x_3 + 3x_4 = 0 \\ 3x_1 - 6x_2 + 4x_3 + 2x_4 = 0 \\ 4x_1 - 8x_2 + 17x_3 + 11x_4 = 0 \end{cases}$$

解 对系数矩阵 $\boldsymbol{A}$ 施以初等行变换，得

$$\boldsymbol{A} = \begin{bmatrix} 2 & -4 & 5 & 3 \\ 3 & -6 & 4 & 2 \\ 4 & -8 & 17 & 11 \end{bmatrix} \xrightarrow[r_3 - 2r_1]{2r_2 - 3r_1} \begin{bmatrix} 2 & -4 & 5 & 3 \\ 0 & 0 & -7 & -5 \\ 0 & 0 & 7 & 5 \end{bmatrix}$$

$$\xrightarrow[r_3 + r_2]{7r_1 + 5r_2} \begin{bmatrix} 14 & -28 & 0 & -4 \\ 0 & 0 & -7 & -5 \\ 0 & 0 & 0 & 0 \end{bmatrix} \xrightarrow[\left(-\frac{1}{7}\right)r_2]{\frac{1}{14}r_1} \begin{bmatrix} 1 & -2 & 0 & -\frac{2}{7} \\ 0 & 0 & 1 & \frac{5}{7} \\ 0 & 0 & 0 & 0 \end{bmatrix}$$

因 $R(\mathbf{A})=2<4$(方程组中未知数的个数)，所以齐次线性方程组有无穷多个解. 而它的同解线性方程组为

$$\begin{cases} x_1-2x_2 \quad -\frac{2}{7}x_4=0 \\ \qquad\qquad x_3+\frac{5}{7}x_4=0 \end{cases}$$

选取 x_2，x_4 为自由未知量，令 $x_2=k_1$，$x_4=7k_2$，得

$$\begin{cases} x_1=2k_1+2k_2 \\ x_2=k_1 \\ x_3=-5k_2 \\ x_4=7k_2 \end{cases}$$

从而得

$$\begin{bmatrix} x_1 \\ x_2 \\ x_3 \\ x_4 \end{bmatrix}=k_1\begin{bmatrix} 2 \\ 1 \\ 0 \\ 0 \end{bmatrix}+k_2\begin{bmatrix} 2 \\ 0 \\ -5 \\ 7 \end{bmatrix} \qquad (k_1,\ k_2 \in \mathbf{R})$$

由定理 4.2.1 可以得到下面的推论：

推论 若齐次线性方程组(4.2.1)的方程个数小于未知数的个数，即 $m<n$，则它必有非零解.

证 由矩阵的定义可知，$m\times n$ 矩阵 $\mathbf{A}$ 的秩 $R(\mathbf{A})\leqslant\min\{m,\ n\}=m<n$，由定理 4.2.1 知，齐次线性方程组有非零解. **证毕**

4.2.2 齐次线性方程组的解的结构

若 $x_1=\xi_{11}$，$x_2=\xi_{21}$，…，$x_n=\xi_{n1}$ 是齐次线性方程组(4.2.1)的解，那么

$$\boldsymbol{x}=\boldsymbol{\xi}_1=\begin{bmatrix} \xi_{11} \\ \xi_{21} \\ \vdots \\ \xi_{n1} \end{bmatrix}$$

称为齐次线性方程组(4.2.1)的解向量，也是矩阵方程(4.2.2)的解.

根据矩阵方程(4.2.2)，我们来讨论解向量的性质.

性质 1 若 $\boldsymbol{\xi}_1$，$\boldsymbol{\xi}_2$ 为矩阵方程(4.2.2)的解，则 $\boldsymbol{x}=\boldsymbol{\xi}_1+\boldsymbol{\xi}_2$ 也是矩阵方程(4.2.2)的解.

证 只要验证 $\boldsymbol{x}=\boldsymbol{\xi}_1+\boldsymbol{\xi}_2$ 满足矩阵方程(4.2.2)即可.

$$\mathbf{A}(\boldsymbol{\xi}_1+\boldsymbol{\xi}_2)=\mathbf{A}\boldsymbol{\xi}_1+\mathbf{A}\boldsymbol{\xi}_2=\mathbf{0}+\mathbf{0}=\mathbf{0}$$

证毕

性质 2 若 $\boldsymbol{\xi}_1$ 为矩阵方程(4.2.2)的解，k 为实数，则 $\boldsymbol{x}=k\boldsymbol{\xi}_1$ 也是矩阵方程(4.2.2)的解.

证

$$\mathbf{A}(k\boldsymbol{\xi}_1)=k(\mathbf{A}\boldsymbol{\xi}_1)=k\mathbf{0}=\mathbf{0}$$

齐次线性方程组(4.2.1)解的两个性质表明：如果 $\boldsymbol{\xi}_1$，$\boldsymbol{\xi}_2$，…，$\boldsymbol{\xi}_t$ 是齐次线性方程组(4.2.1)的解，则它们的线性组合

$$k_1\boldsymbol{\xi}_1+k_2\boldsymbol{\xi}_2+\cdots+k_t\boldsymbol{\xi}_t$$

仍是齐次线性方程组(4.2.1)的解，其中 k_1，k_2，…，$k_t\in\mathbf{R}$. 证毕

定义 4.2.1 设 $\boldsymbol{\xi}_1$，$\boldsymbol{\xi}_2$，…，$\boldsymbol{\xi}_t$ 是齐次线性方程组(4.2.1)的 t 个解，如果

(1) $\boldsymbol{\xi}_1$，$\boldsymbol{\xi}_2$，…，$\boldsymbol{\xi}_t$ 线性无关；

(2) 齐次线性方程组任一个解都可由 $\boldsymbol{\xi}_1$，$\boldsymbol{\xi}_2$，…，$\boldsymbol{\xi}_t$ 线性表示，

则称 $\boldsymbol{\xi}_1$，$\boldsymbol{\xi}_2$，…，$\boldsymbol{\xi}_t$ 为齐次线性方程组(4.2.1)的一个**基础解系**.

表达式

$$\boldsymbol{x}=k_1\boldsymbol{\xi}_1+k_2\boldsymbol{\xi}_2+\cdots+k_t\boldsymbol{\xi}_t\qquad(k_1,\ k_2,\ \cdots,\ k_t\in\mathbf{R})$$

称为齐次线性方程组(4.2.1)的**通解**.

例 4.2.2 求齐次线性方程组

$$\begin{cases}x_1-x_2+5x_3-x_4=0\\x_1+x_2-2x_3+3x_4=0\\3x_1-x_2+8x_3+x_4=0\\x_1+3x_2-9x_3+7x_4=0\end{cases}$$

的基础解系.

解 对系数矩阵 $\boldsymbol{A}$ 做初等行变换

$$\boldsymbol{A}=\begin{bmatrix}1&-1&5&-1\\1&1&-2&3\\3&-1&8&1\\1&3&-9&7\end{bmatrix}\xrightarrow[r_4-r_1]{\substack{r_2-r_1\\r_3-3r_1}}\begin{bmatrix}1&-1&5&-1\\0&2&-7&4\\0&2&-7&4\\0&4&-14&8\end{bmatrix}$$

$$\xrightarrow[r_2\times\frac{1}{2}]{\substack{r_4-2r_2\\r_3-r_2}}\begin{bmatrix}1&-1&5&-1\\0&1&-\frac{7}{2}&2\\0&0&0&0\\0&0&0&0\end{bmatrix}$$

$$\xrightarrow{r_1+r_2}\begin{bmatrix}1&0&\frac{3}{2}&1\\0&1&-\frac{7}{2}&2\\0&0&0&0\\0&0&0&0\end{bmatrix}$$

知 $R(\boldsymbol{A})=2<4$. 原方程组的同解线性方程组为

$$\begin{cases}x_1+\dfrac{3}{2}x_3+x_4=0\\x_2-\dfrac{7}{2}x_3+2x_4=0\end{cases}$$

其中，x_3，x_4 是自由未知数，取 $x_3=2k_1$，$x_4=k_2$，得原线性方程组的通解为

$$\begin{bmatrix} x_1 \\ x_2 \\ x_3 \\ x_4 \end{bmatrix} = k_1 \begin{bmatrix} -3 \\ 7 \\ 2 \\ 0 \end{bmatrix} + k_2 \begin{bmatrix} -1 \\ -2 \\ 0 \\ 1 \end{bmatrix} \qquad (k_1, k_2 \in \mathbf{R})$$

所以，原线性方程组的基础解系为

$$\boldsymbol{\xi}_1 = \begin{bmatrix} -3 \\ 7 \\ 2 \\ 0 \end{bmatrix}, \quad \boldsymbol{\xi}_2 = \begin{bmatrix} -1 \\ -2 \\ 0 \\ 1 \end{bmatrix}$$

其通解可由基础解系表示为

$$\boldsymbol{x} = k_1\boldsymbol{\xi}_1 + k_2\boldsymbol{\xi}_2 \qquad (k_1, k_2 \in \mathbf{R})$$

例 4.2.3 设 $\boldsymbol{\xi}_1$，$\boldsymbol{\xi}_2$是齐次方程组 $\boldsymbol{Ax}=\mathbf{0}$ 的一个基础解系，证明 $\boldsymbol{\xi}_1+\boldsymbol{\xi}_2$，$k\boldsymbol{\xi}_2$也是这个方程组的基础解系，其中 $k\neq 0$.

证 根据齐次方程组解的性质可知，$\boldsymbol{\xi}_1+\boldsymbol{\xi}_2$，$k\boldsymbol{\xi}_2$也是齐次方程组 $\boldsymbol{Ax}=\mathbf{0}$ 的两个解，因为 $\boldsymbol{\xi}_1$，$\boldsymbol{\xi}_2$是基础解系，所以向量组 $\boldsymbol{\xi}_1$，$\boldsymbol{\xi}_2$线性无关，因此向量组$\boldsymbol{\xi}_1+\boldsymbol{\xi}_2$，$k\boldsymbol{\xi}_2$ 也线性无关，于是 $\boldsymbol{\xi}_1+\boldsymbol{\xi}_2$，$k\boldsymbol{\xi}_2$是此方程组的两个线性无关的解.

又因为齐次方程组 $\boldsymbol{Ax}=\mathbf{0}$ 的基础解系只包含两个解，因此它的两个线性无关的解 $\boldsymbol{\xi}_1+\boldsymbol{\xi}_2$，$k\boldsymbol{\xi}_2$也是基础解系. **证毕**

把齐次线性方程组(4.2.1)的全体解向量组成的集合记作 S，则性质 1、2 即为

(1) 若 $\boldsymbol{\xi}_1$，$\boldsymbol{\xi}_2\in S$，则 $\boldsymbol{\xi}_1+\boldsymbol{\xi}_2\in S$；

(2) 若 $\boldsymbol{\xi}_1\in S$，$k\in\mathbf{R}$，则 $k\boldsymbol{\xi}_1\in S$.

这就说明集合 S 对向量的线性运算是封闭的，所以集合 S 是一个向量空间，称为齐次线性方程组(4.2.1)的解空间.

按定义 4.2.1 可知，齐次线性方程组的基础解系就是解空间 S 的基底，基础解系所含向量的个数就是解空间 S 的维数. 下面我们进一步讨论通解与基础解系之间的联系.

定理 4.2.2 设 n 元齐次线性方程组(4.2.1)有非零解(即其系数矩阵的秩 $R(\mathbf{A})=r<n$)，则它必有基础解系，且基础解系所含线性无关的解的个数等于 $n-r$(这里 $n-r$ 也是齐次线性方程组(4.2.1)的自由未知量的个数).

证 不妨设齐次线性方程组(4.2.1)的系数矩阵 $\mathbf{A}$ 的前 r 个列向量线性无关，则 $\mathbf{A}$ 可以经过有限次初等行变换化成行最简形矩阵，从而得齐次线性方程组(4.2.1)的同解线性方程组为

$$\begin{cases} x_1 \qquad\qquad + b_{11}x_{r+1} + b_{12}x_{r+2} + \cdots + b_{1,n-r}x_n = 0 \\ \quad x_2 \qquad + b_{21}x_{r+1} + b_{22}x_{r+2} + \cdots + b_{2,n-r}x_n = 0 \\ \qquad\qquad \vdots \\ \qquad\quad x_r + b_{r1}x_{r+1} + b_{r2}x_{r+2} + \cdots + b_{r,n-r}x_n = 0 \end{cases} \tag{4.2.3}$$

其中，x_{r+1}，x_{r+2}，…，x_n是$n-r$ 个自由未知数. 取 $x_{r+1}=k_1$，$x_{r+2}=k_2$，…，$x_n=k_{n-r}$，得

$$\begin{cases} x_1 = -b_{11}k_1 - b_{12}k_2 - \cdots - b_{1,\, n-r}k_{n-r} \\ x_2 = -b_{12}k_1 - b_{22}k_2 - \cdots - b_{2,\, n-r}k_{n-r} \\ \qquad \vdots \\ x_r = -b_{r1}k_1 - b_{r2}k_2 - \cdots - b_{r,\, n-r}k_{n-r} \\ x_{r+1} = k_1 \\ x_{r+2} = k_2 \\ \qquad \vdots \\ x_n = k_{n-r} \end{cases}$$

若令

$$\boldsymbol{x} = \begin{bmatrix} x_1 \\ x_2 \\ \vdots \\ x_r \\ x_{r+1} \\ x_{r+2} \\ \vdots \\ x_n \end{bmatrix}, \boldsymbol{\xi}_1 = \begin{bmatrix} -b_{11} \\ -b_{21} \\ \vdots \\ -b_{r1} \\ 1 \\ 0 \\ \vdots \\ 0 \end{bmatrix}, \boldsymbol{\xi}_2 = \begin{bmatrix} -b_{12} \\ -b_{22} \\ \vdots \\ -b_{r2} \\ 0 \\ 1 \\ \vdots \\ 0 \end{bmatrix}, \cdots, \boldsymbol{\xi}_{n-r} = \begin{bmatrix} -b_{1,\, n-r} \\ -b_{2,\, n-r} \\ \vdots \\ -b_{r,\, n-r} \\ 0 \\ 0 \\ \vdots \\ 1 \end{bmatrix}$$

得齐次线性方程组(4.2.1)的通解为

$$\boldsymbol{x} = k_1\boldsymbol{\xi}_1 + k_2\boldsymbol{\xi}_2 + \cdots + k_{n-r}\boldsymbol{\xi}_{n-r} \qquad (k_1, k_2, \cdots, k_{n-r} \in \mathbf{R}) \tag{4.2.4}$$

下面说明 $\boldsymbol{\xi}_1, \boldsymbol{\xi}_2, \cdots, \boldsymbol{\xi}_{n-r}$ 就是齐次线性方程组(4.2.1)的一个基础解系.

(1) 对自由未知数 $x_{r+1}, x_{r+2}, \cdots, x_n$ 分别取

$$\begin{bmatrix} x_{r+1} \\ x_{r+2} \\ \vdots \\ x_n \end{bmatrix} = \begin{bmatrix} 1 \\ 0 \\ \vdots \\ 0 \end{bmatrix}, \begin{bmatrix} 0 \\ 1 \\ \vdots \\ 0 \end{bmatrix}, \cdots, \begin{bmatrix} 0 \\ 0 \\ \vdots \\ 1 \end{bmatrix}$$

并代入式(4.2.3)，可得方程组(4.2.1)的 $n-r$ 个解 $\boldsymbol{\xi}_1, \boldsymbol{\xi}_2, \cdots, \boldsymbol{\xi}_{n-r}$(即 $\boldsymbol{\xi}_1, \boldsymbol{\xi}_2, \cdots, \boldsymbol{\xi}_{n-r}$ 都是齐次线性方程组(4.2.1)的解)；

(2) 因为 $\boldsymbol{\xi}_1, \boldsymbol{\xi}_2, \cdots, \boldsymbol{\xi}_{n-r}$ 后 $n-r$ 个分量组成了 $n-r$ 个 $n-r$ 维的向量，这 $n-r$ 个向量是线性无关的，所以 $\boldsymbol{\xi}_1, \boldsymbol{\xi}_2, \cdots, \boldsymbol{\xi}_{n-r}$ 也线性无关；

(3) 齐次线性方程组(4.2.1)任一解都可由 $\boldsymbol{\xi}_1, \boldsymbol{\xi}_2, \cdots, \boldsymbol{\xi}_{n-r}$ 线性表示，这是因为

设 $\boldsymbol{x}=\boldsymbol{\xi}=\begin{bmatrix} \lambda_1 \\ \vdots \\ \lambda_r \\ \lambda_{r+1} \\ \vdots \\ \lambda_n \end{bmatrix}$ 是齐次线性方程组(4.2.1)的任一解. 做向量

$$\boldsymbol{\eta} = \lambda_{r+1}\boldsymbol{\xi}_1 + \lambda_{r+2}\boldsymbol{\xi}_2 + \cdots + \lambda_n\boldsymbol{\xi}_{n-r}$$

由于 $\boldsymbol{\xi}_1, \boldsymbol{\xi}_2, \cdots, \boldsymbol{\xi}_{n-r}$ 是方程组(4.2.1)的解，故 $\boldsymbol{\eta}$ 也是方程组(4.2.1)的解. 比较 $\boldsymbol{\eta}$ 与 $\boldsymbol{\xi}$，可知它们后面 $n-r$ 个分量对应相等. 由于它们都满足方程组(4.2.3)，可知它们的前 r 个分量亦必对应相等(方程组(4.2.3)表明任一解的前 r 个分量由后 $n-r$ 个分量唯一确定)，因此 $\boldsymbol{\xi}=\boldsymbol{\eta}$，即

$$\boldsymbol{\xi} = \lambda_{r+1}\boldsymbol{\xi}_1 + \lambda_{r+2}\boldsymbol{\xi}_2 + \cdots + \lambda_n\boldsymbol{\xi}_{n-r}$$

从而，$\boldsymbol{\xi}_1, \boldsymbol{\xi}_2, \cdots, \boldsymbol{\xi}_{n-r}$ 是齐次线性方程组(4.2.1)的一个基础解系，其所含线性无关解的个数恰等于 $n-r$. **证毕**

设 $\boldsymbol{\xi}_1, \boldsymbol{\xi}_2, \cdots, \boldsymbol{\xi}_{n-r}$ 是齐次线性方程组(4.2.1)的一个基础解系. 由定义4.2.1可知，齐次线性方程组(4.2.1)的任一解可由基础解系线性表示为

$$\boldsymbol{x} = k_1\boldsymbol{\xi}_1 + k_2\boldsymbol{\xi}_2 + \cdots + k_{n-r}\boldsymbol{\xi}_{n-r} \qquad (k_1, k_2, \cdots, k_{n-r} \in \mathbf{R})$$

它包含了齐次线性方程组的全部解，所以它是齐次线性方程组的通解.

例 4.2.4 求齐次线性方程组 $\begin{cases} x_1+x_2-x_3-x_4=0 \\ 2x_1-5x_2+3x_3+2x_4=0 \\ 7x_1-7x_2+3x_3+x_4=0 \end{cases}$ 的基础解系与通解.

解 对系数矩阵 $\boldsymbol{A}$ 做初等行变换，化为行最简形矩阵

$$\boldsymbol{A} = \begin{bmatrix} 1 & 1 & -1 & -1 \\ 2 & -5 & 3 & 2 \\ 7 & -7 & 3 & 1 \end{bmatrix} \longrightarrow \begin{bmatrix} 1 & 0 & -\frac{2}{7} & -\frac{3}{7} \\ 0 & 1 & -\frac{5}{7} & -\frac{4}{7} \\ 0 & 0 & 0 & 0 \end{bmatrix}$$

得到原方程组的同解方程组

$$\begin{cases} x_1 = \frac{2}{7}x_3 + \frac{3}{7}x_4 \\ x_2 = \frac{5}{7}x_3 + \frac{4}{7}x_4 \end{cases}$$

令 $\begin{bmatrix} x_3 \\ x_4 \end{bmatrix} = \begin{bmatrix} 1 \\ 0 \end{bmatrix}$ 及 $\begin{bmatrix} 0 \\ 1 \end{bmatrix}$，即得基础解系

$$\boldsymbol{\eta}_1 = \begin{bmatrix} \frac{2}{7} \\ \frac{5}{7} \\ 1 \\ 0 \end{bmatrix}, \qquad \boldsymbol{\eta}_2 = \begin{bmatrix} \frac{3}{7} \\ \frac{4}{7} \\ 0 \\ 1 \end{bmatrix}$$

并由此得到通解

$$\begin{bmatrix} x_1 \\ x_2 \\ x_3 \\ x_4 \end{bmatrix} = c_1 \begin{bmatrix} \frac{2}{7} \\ \frac{5}{7} \\ 1 \\ 0 \end{bmatrix} + c_2 \begin{bmatrix} \frac{3}{7} \\ \frac{4}{7} \\ 0 \\ 1 \end{bmatrix} \qquad (c_1, c_2 \in \mathbf{R})$$

例 4.2.5 用基础解系表示如下线性方程组的通解：

$$\begin{cases}x_1+x_2+x_3+4x_4-3x_5=0\\x_1-x_2+3x_3-2x_4-x_5=0\\2x_1+x_2+3x_3+5x_4-5x_5=0\\3x_1+x_2+5x_3+6x_4-7x_5=0\end{cases}$$

解 $m=4$，$n=5$，$m<n$，因此所给方程组有无穷多个解. 对系数矩阵 $\boldsymbol{A}$ 施以初等行变换：

$$\boldsymbol{A}=\begin{bmatrix}1&1&1&4&-3\\1&-1&3&-2&-1\\2&1&3&5&-5\\3&1&5&6&-7\end{bmatrix}\longrightarrow\begin{bmatrix}1&1&1&4&-3\\0&-2&2&-6&2\\0&-1&1&-3&1\\0&-2&2&-6&2\end{bmatrix}$$

$$\longrightarrow\begin{bmatrix}1&0&2&1&-2\\0&0&0&0&0\\0&1&-1&3&-1\\0&0&0&0&0\end{bmatrix}$$

即原方程组与下面方程组同解

$$\begin{cases}x_1=-2x_3-x_4+2x_5\\x_2=x_3-3x_4+x_5\end{cases}$$

其中 x_3，x_4，x_5 为自由未知量. 令自由未知量 $\begin{bmatrix}x_3\\x_4\\x_5\end{bmatrix}$ 取值 $\begin{bmatrix}1\\0\\0\end{bmatrix}$，$\begin{bmatrix}0\\1\\0\end{bmatrix}$，$\begin{bmatrix}0\\0\\1\end{bmatrix}$，分别得出方程组的解为

$$\boldsymbol{\eta}_1=(-2,1,1,0,0)^{\mathrm{T}}$$

$$\boldsymbol{\eta}_2=(-1,-3,0,1,0)^{\mathrm{T}}$$

$$\boldsymbol{\eta}_3=(2,1,0,0,1)^{\mathrm{T}}$$

$\boldsymbol{\eta}_1$，$\boldsymbol{\eta}_2$，$\boldsymbol{\eta}_3$ 就是所给方程组的一个基础解系. 因此，方程组的通解为

$$\boldsymbol{\eta}=c_1\boldsymbol{\eta}_1+c_2\boldsymbol{\eta}_2+c_3\boldsymbol{\eta}_3\quad(c_1,c_2,c_3\text{ 为任意常数})$$

例 4.2.6 证明：若 $\boldsymbol{A}_{m\times n}\boldsymbol{B}_{n\times l}=\boldsymbol{O}$，则 $R(\boldsymbol{A})+R(\boldsymbol{B})\leqslant n$.

证 设 $\boldsymbol{B}=(\boldsymbol{b}_1,\boldsymbol{b}_2,\cdots,\boldsymbol{b}_l)$，则

$$\boldsymbol{A}(\boldsymbol{b}_1,\boldsymbol{b}_2,\cdots,\boldsymbol{b}_l)=(\boldsymbol{0},\boldsymbol{0},\cdots,\boldsymbol{0})$$

即

$$\boldsymbol{A}\boldsymbol{b}_i=\boldsymbol{0}\qquad(i=1,2,\cdots,l)$$

上式表明矩阵 $\boldsymbol{B}$ 的 l 个列向量都是齐次方程 $\boldsymbol{A}\boldsymbol{x}=\boldsymbol{0}$ 的解.

设方程 $\boldsymbol{A}\boldsymbol{x}=\boldsymbol{0}$ 的解集为 S，由 $\boldsymbol{b}_i\in S$ 可知

$$R(\boldsymbol{b}_1,\boldsymbol{b}_2,\cdots,\boldsymbol{b}_l)\leqslant R_S\text{，即 }R(B)\leqslant R_S$$

其中 R_S 表示解集 S 的秩，而由定理 4.2.2 有 $R(\boldsymbol{A})+R_S=n$，故 $R(\boldsymbol{A})+R(\boldsymbol{B})\leqslant n$. **证毕**

例 4.2.7 求出一个齐次线性方程组，使它的基础解系由下列向量组成：

$$\boldsymbol{\xi}_1 = \begin{pmatrix}1\\2\\3\\4\end{pmatrix}, \quad \boldsymbol{\xi}_2 = \begin{pmatrix}4\\3\\2\\1\end{pmatrix}$$

解 设所求的齐次线性方程组为 $\boldsymbol{Ax}=\boldsymbol{0}$，矩阵 $\boldsymbol{A}$ 的行向量形如 $\boldsymbol{\alpha}^{\mathrm{T}} = (a_1, a_2, a_3, a_4)$，根据题意，有

$$\boldsymbol{\alpha}^{\mathrm{T}}\boldsymbol{\xi}_1 = 0, \quad \boldsymbol{\alpha}^{\mathrm{T}}\boldsymbol{\xi}_2 = 0$$

即

$$\begin{cases} a_1 + 2a_2 + 3a_3 + 4a_4 = 0 \\ 4a_1 + 3a_2 + 2a_3 + a_4 = 0 \end{cases}$$

设这个方程组的系数矩阵为 $\boldsymbol{B}$，对 $\boldsymbol{B}$ 进行初等行变换，得

$$\boldsymbol{B} = \begin{bmatrix}1 & 2 & 3 & 4\\4 & 3 & 2 & 1\end{bmatrix} \longrightarrow \begin{bmatrix}1 & 2 & 3 & 4\\0 & -5 & -10 & -15\end{bmatrix} \longrightarrow \begin{bmatrix}1 & 0 & -1 & -2\\0 & 1 & 2 & 3\end{bmatrix}$$

这个方程组的同解方程组为

$$\begin{cases} a_1 - a_3 - 2a_4 = 0 \\ a_2 + 2a_3 + 3a_4 = 0 \end{cases}$$

其基础解系为 $\begin{bmatrix}1\\-2\\1\\0\end{bmatrix}, \begin{bmatrix}2\\-3\\0\\1\end{bmatrix}$，故可取矩阵 $\boldsymbol{A}$ 的行向量为

$$\boldsymbol{\alpha}_1^{\mathrm{T}} = (1, -2, 1, 0), \quad \boldsymbol{\alpha}_2^{\mathrm{T}} = (2, -3, 0, 1)$$

于是所求齐次线性方程组的系数矩阵为

$$\boldsymbol{A} = \begin{bmatrix}1 & -2 & 1 & 0\\2 & -3 & 0 & 1\end{bmatrix}$$

所求齐次线性方程组为

$$\begin{cases} x_1 - 2x_2 + x_3 = 0 \\ 2x_1 - 3x_2 + x_4 = 0 \end{cases}$$

4.3 非齐次线性方程组

4.3.1 非齐次线性方程组的解的判定

对于非齐次线性方程组

$$\begin{cases} a_{11}x_1 + a_{12}x_2 + \cdots + a_{1n}x_n = b_1 \\ a_{21}x_1 + a_{22}x_2 + \cdots + a_{2n}x_n = b_2 \\ \qquad \vdots \\ a_{m1}x_1 + a_{m2}x_2 + \cdots + a_{mn}x_n = b_m \end{cases} \tag{4.3.1}$$

它的矩阵记法为

$$Ax = b \tag{4.3.2}$$

不同的非齐次线性方程组解的情况是不同的：解唯一、解不唯一和无解. 出现上述三种情况主要与线性方程组的系数矩阵的秩和增广矩阵的秩有关. 下面我们将深入地讨论非齐次线性方程组解的情况.

定理 4.3.1 n 元非齐次线性方程组(4.3.1)有解的充分必要条件是系数矩阵 $\boldsymbol{A}$ 的秩等于增广矩阵 $\boldsymbol{B}=(\boldsymbol{A}\vdots\boldsymbol{b})$的秩.

证 先证必要性. 设方程组 $\boldsymbol{Ax}=\boldsymbol{b}$ 有解，要证 $R(\boldsymbol{A})=R(\boldsymbol{B})$，用反证法. 设 $R(\boldsymbol{A})<R(\boldsymbol{B})$，则 $\boldsymbol{B}$ 的行阶梯形矩阵中最后一个非零行对应矛盾方程 $0=1$，这与方程组有解相矛盾. 因此，$R(\boldsymbol{A})=R(\boldsymbol{B})$.

再证充分性. 设 $R(\boldsymbol{A})=R(\boldsymbol{B})$，要证方程组有解. 将 $\boldsymbol{B}$ 化为行阶梯形矩阵，设 $R(\boldsymbol{A})=R(\boldsymbol{B})=r(r\leqslant n)$，则 $\boldsymbol{B}$ 的行阶梯形矩阵中含有 r 个非零行，把这 r 行的第一个非零元所对应的未知量作为非自由未知量，其余 $n-r$ 个作为自由未知量，并令 $n-r$ 个自由未知量全取 0，即可得方程组的一个解. **证毕**

对于非齐次线性方程组，只需把它的增广矩阵化成行最简形矩阵，依据定理 4.3.1 即可判断它是否有解；在有解时，将增广矩阵进一步化成行最简形矩阵，便能写出它的通解.

为使读者熟练掌握这种方法，下面再举几例.

例 4.3.1 非齐次线性方程组

$$\begin{cases} x_1 - 2x_2 + 3x_3 - x_4 = 1 \\ 3x_1 - x_2 + 5x_3 - 3x_4 = 2 \\ 2x_1 + x_2 + 2x_3 - 2x_4 = 3 \end{cases}$$

是否有解？

解 对增广矩阵 $\boldsymbol{B}$ 施行初等行变换

$$\boldsymbol{B} = \begin{bmatrix} 1 & -2 & 3 & -1 & 1 \\ 3 & -1 & 5 & -3 & 2 \\ 2 & 1 & 2 & -2 & 3 \end{bmatrix}$$

$$\xrightarrow[r_3-2r_1]{r_2-3r_1} \begin{bmatrix} 1 & -2 & 3 & -1 & 1 \\ 0 & 5 & -4 & 0 & -1 \\ 0 & 5 & -4 & 0 & 1 \end{bmatrix}$$

$$\xrightarrow{r_3-r_2} \begin{bmatrix} 1 & -2 & 3 & -1 & 1 \\ 0 & 5 & -4 & 0 & -1 \\ 0 & 0 & 0 & 0 & 2 \end{bmatrix}$$

可见 $R(\boldsymbol{A})=2$，$R(\boldsymbol{B})=3$，故方程组无解.

例 4.3.2 解非齐次线性方程组

$$\begin{cases} x_1 + x_2 - 3x_3 + x_4 = 1 \\ x_1 + 5x_2 - 9x_3 - x_4 = 0 \\ 3x_1 - x_2 - 3x_3 = 4 \end{cases}$$

解 对非齐次线性方程组的增广矩阵 $\boldsymbol{B}$ 施行初等行变换：

$$\boldsymbol{B}=\begin{bmatrix}1&1&-3&1&1\\1&5&-9&-1&0\\3&-1&-3&0&4\end{bmatrix}\xrightarrow[r_3-3r_1]{r_2-r_1}\begin{bmatrix}1&1&-3&1&1\\0&4&-6&-2&-1\\0&-4&6&-3&1\end{bmatrix}$$

$$\xrightarrow[r_3+r_2]{4r_1-r_2}\begin{bmatrix}4&0&-6&6&5\\0&4&-6&-2&-1\\0&0&0&-5&0\end{bmatrix}\xrightarrow[\substack{r_2\times\frac{1}{4}\\ r_3\times\left(-\frac{1}{5}\right)}]{r_1\times\frac{1}{4}}\begin{bmatrix}1&0&-\frac{3}{2}&\frac{3}{2}&\frac{5}{4}\\0&1&-\frac{3}{2}&-\frac{1}{2}&-\frac{1}{4}\\0&0&0&1&0\end{bmatrix}$$

$$\xrightarrow[r_2+\frac{1}{2}r_3]{r_1-\frac{3}{2}r_3}\begin{bmatrix}1&0&-\frac{3}{2}&0&\frac{5}{4}\\0&1&-\frac{3}{2}&0&-\frac{1}{4}\\0&0&0&1&0\end{bmatrix}=\boldsymbol{R}$$

矩阵 $\boldsymbol{R}$ 对应的线性方程组为

$$\begin{cases}x_1-\frac{3}{2}x_3=\frac{5}{4}\\x_2-\frac{3}{2}x_3=-\frac{1}{4}\\x_4=0\end{cases}$$

将 x_3 看成自由未知数，取 $x_3=2k$，k 为任意实数，得

$$\begin{cases}x_1=3k+\frac{5}{4}\\x_2=3k-\frac{1}{4}\\x_3=2k\\x_4=0\end{cases}.$$

可写成下列的解向量形式：

$$\begin{bmatrix}x_1\\x_2\\x_3\\x_4\end{bmatrix}=\begin{bmatrix}3k+\frac{5}{4}\\3k-\frac{1}{4}\\2k\\0\end{bmatrix}=\begin{bmatrix}3k\\3k\\2k\\0\end{bmatrix}+\begin{bmatrix}\frac{5}{4}\\-\frac{1}{4}\\0\\0\end{bmatrix}$$

即得

$$\begin{bmatrix}x_1\\x_2\\x_3\\x_4\end{bmatrix}=k\begin{bmatrix}3\\3\\2\\0\end{bmatrix}+\begin{bmatrix}\frac{5}{4}\\-\frac{1}{4}\\0\\0\end{bmatrix}\qquad(k\in\mathbf{R})$$

推论 当 $R(\boldsymbol{A})=R(\boldsymbol{B})=n$ 时，非齐次线性方程组(4.3.1)只有唯一解. 当 $R(\boldsymbol{A})=R(\boldsymbol{B})=r<n$ 时，非齐次线性方程组(4.3.1)有无穷多个解.

事实上，当 $R(\boldsymbol{A})=R(\boldsymbol{B})=n$ 时，非齐次线性方程组(4.3.1)没有自由未知量. 所以只有唯一解. 而当 $R(\boldsymbol{A})=R(\boldsymbol{B})=r<n$ 时，方程组有 $n-r$ 个自由未知量. 令这 $n-r$ 个自由未知量分别为 $c_1, c_2, \cdots, c_{n-r}$，可得含 $n-r$ 个参数 $c_1, c_2, \cdots, c_{n-r}$ 的解，这些参数可以任意取值，因此这时方程组有无穷多个解.

例 4.3.3 设线性方程组为

$$\begin{cases}(1+\lambda)x_1+x_2+x_3=0\\ x_1+(1+\lambda)x_2+x_3=3\\ x_1+x_2+(1+\lambda)x_3=\lambda\end{cases}$$

则 λ 为何值时，此方程组有唯一解、无解、有无穷多个解，并在有无穷多个解时求通解.

解 对增广矩阵 $\boldsymbol{B}=(\boldsymbol{A} \vdots \boldsymbol{b})$ 做初等行变换，把它变为行阶梯形矩阵：

$$\boldsymbol{B}=\begin{bmatrix}1+\lambda & 1 & 1 & 0\\ 1 & 1+\lambda & 1 & 3\\ 1 & 1 & 1+\lambda & \lambda\end{bmatrix}\xrightarrow{r_1\leftrightarrow r_3}\begin{bmatrix}1 & 1 & 1+\lambda & \lambda\\ 1 & 1+\lambda & 1 & 3\\ 1+\lambda & 1 & 1 & 0\end{bmatrix}$$

$$\xrightarrow[r_3-(1+\lambda)r_1]{r_2-r_1}\begin{bmatrix}1 & 1 & 1+\lambda & \lambda\\ 0 & \lambda & -\lambda & 3-\lambda\\ 0 & -\lambda & -\lambda(2+\lambda) & -\lambda(1+\lambda)\end{bmatrix}$$

$$\xrightarrow{r_3+r_2}\begin{bmatrix}1 & 1 & 1+\lambda & \lambda\\ 0 & \lambda & -\lambda & 3-\lambda\\ 0 & 0 & -\lambda(3+\lambda) & (1-\lambda)(3+\lambda)\end{bmatrix}$$

由此可得

当 $\lambda\neq 0$ 且 $\lambda\neq -3$ 时，$R(\boldsymbol{A})=R(\boldsymbol{B})=3$，方程组有唯一解；

当 $\lambda=0$ 时，$R(\boldsymbol{A})=1$，$R(\boldsymbol{B})=2$，方程组无解；

当 $\lambda=-3$ 时，$R(\boldsymbol{A})=R(\boldsymbol{B})=2$，方程组有无穷多个解.

当 $\lambda=-3$ 时，有

$$\boldsymbol{B}\to\begin{bmatrix}1 & 1 & -2 & -3\\ 0 & -3 & 3 & 6\\ 0 & 0 & 0 & 0\end{bmatrix}\to\begin{bmatrix}1 & 0 & -1 & -1\\ 0 & 1 & -1 & -2\\ 0 & 0 & 0 & 0\end{bmatrix}$$

由此便得通解

$$\begin{cases}x_1=x_3-1\\ x_2=x_3-2\end{cases}\quad(x_3\text{ 可任意取值})$$

即

$$\begin{bmatrix}x_1\\ x_2\\ x_3\end{bmatrix}=k\begin{bmatrix}1\\ 1\\ 1\end{bmatrix}+\begin{bmatrix}-1\\ -2\\ 0\end{bmatrix}\qquad(k\in\mathbf{R})$$

注意 本例中矩阵 $\boldsymbol{B}$ 是一个含参数的矩阵，由于 $\lambda+1$，$\lambda+3$ 等因式可以等于 0，故不宜做诸如 $r_2-\dfrac{1}{\lambda+1}r_1$，$r_2(\lambda+1)$，$r_3\div(\lambda+3)$ 这样的变换，如果做了这样的变换，则需要对 $\lambda+1=0$(或 $\lambda+3=0$)的情形另做讨论. 因此，对含参数的矩阵做初等变换较不方便.

例 4.3.4 已知$\begin{cases} x_1+x_2+x_3=1 \\ 2x_1+3x_2-x_3=\lambda \\ 4x_1+5x_2+\lambda^2 x_3=3 \end{cases}$，试讨论 λ 取何值时，方程组无解、有唯一解、有无穷多个解.

解

$$(\boldsymbol{A} \vdots \boldsymbol{b})=\begin{bmatrix} 1 & 1 & 1 & 1 \\ 2 & 3 & -1 & \lambda \\ 4 & 5 & \lambda^2 & 3 \end{bmatrix} \to \begin{bmatrix} 1 & 1 & 1 & 1 \\ 0 & 1 & -3 & \lambda-2 \\ 0 & 0 & \lambda^2-1 & 1-\lambda \end{bmatrix}$$

要使方程组无解，需要 $R(\boldsymbol{A}) \neq R(\boldsymbol{A} \vdots \boldsymbol{b})$，即 $\lambda^2-1=0$，而 $1-\lambda \neq 0$，于是 $\lambda=-1$.

要使方程组有唯一解，需要 $R(\boldsymbol{A})=R(\boldsymbol{A} \vdots \boldsymbol{b})=n$，即 $\lambda^2-1 \neq 0$，于是 $\lambda \neq \pm 1$.

要使方程组有无穷多个解，需要 $R(\boldsymbol{A})=R(\boldsymbol{A} \vdots \boldsymbol{b})<n$，即 $\lambda^2-1=0$，$\lambda-1=0$，于是 $\lambda=1$.

4.3.2 非齐次线性方程组的解的结构

对非齐次线性方程组(4.3.2)

$$\boldsymbol{Ax}=\boldsymbol{b}$$

称齐次线性方程组

$$\boldsymbol{Ax}=\boldsymbol{0} \tag{4.3.3}$$

是非齐次线性方程组(4.3.2)导出的齐次线性方程组，简称导出组. 非齐次线性方程组(4.3.2)的解与其导出组(4.3.3)的解有着密切的联系.

性质 1 如果 $\boldsymbol{\eta}_1$，$\boldsymbol{\eta}_2$ 都是非齐次线性方程组(4.3.2)的解，则 $\boldsymbol{x}=\boldsymbol{\eta}_2-\boldsymbol{\eta}_1$ 是其导出组(4.3.3)的解.

证 因为

$$\boldsymbol{A}(\boldsymbol{\eta}_1-\boldsymbol{\eta}_2)=\boldsymbol{A\eta}_2-\boldsymbol{A\eta}_1=\boldsymbol{b}-\boldsymbol{b}=\boldsymbol{0}$$

所以，$\boldsymbol{x}=\boldsymbol{\eta}_2-\boldsymbol{\eta}_1$ 是其导出组(4.3.3)的解. **证毕**

性质 2 如果 $\boldsymbol{x}=\boldsymbol{\eta}^*$ 是非齐次线性方程组(4.3.2)的解，$\boldsymbol{x}=\boldsymbol{\xi}$ 是其导出组(4.3.3)的解，则 $\boldsymbol{x}=\boldsymbol{\xi}+\boldsymbol{\eta}^*$ 仍是非齐次线性方程组(4.3.2)的解.

证 因为

$$\boldsymbol{A}(\boldsymbol{\xi}+\boldsymbol{\eta}^*)=\boldsymbol{A\xi}+\boldsymbol{A\eta}^*=\boldsymbol{0}+\boldsymbol{b}=\boldsymbol{b}$$

所以，$\boldsymbol{x}=\boldsymbol{\xi}+\boldsymbol{\eta}^*$ 仍是非齐次线性方程组(4.3.2)的解. **证毕**

由性质 1 可知，如果求得非齐次线性方程组(4.3.2)的一个解 $\boldsymbol{\eta}^*$，则方程组(4.3.2)的任一解 $\boldsymbol{\eta}$ 总可表示为

$$\boldsymbol{\eta}=\boldsymbol{\eta}^*+(\boldsymbol{\eta}-\boldsymbol{\eta}^*)=\boldsymbol{\eta}^*+\boldsymbol{\xi}$$

其中，$\boldsymbol{\xi}=\boldsymbol{\eta}-\boldsymbol{\eta}^*$ 是其导出组(4.3.3)的解.

由性质 2 可知，对于非齐次线性方程组(4.3.2)的一个解 $\boldsymbol{\eta}^*$，当 $\boldsymbol{\xi}$ 取遍其导出组(4.3.3)的全部解时，$\boldsymbol{\eta}=\boldsymbol{\eta}^*+\boldsymbol{\xi}$ 就取遍了非齐次线性方程组(4.3.2)的全部解.

定理 4.3.2 设 $\boldsymbol{\eta}^*$ 是非齐次线性方程组(4.3.2)的一个解(通常称为特解)，$\boldsymbol{\xi}_1$，$\boldsymbol{\xi}_2$，…，$\boldsymbol{\xi}_{n-r}$ 是其导出组(4.3.3)的一个基础解系，则

$$\boldsymbol{x}=k_1\boldsymbol{\xi}_1+k_2\boldsymbol{\xi}_2+\cdots+k_{n-r}\boldsymbol{\xi}_{n-r}+\boldsymbol{\eta}^* \quad (k_1, k_2, \cdots, k_{n-r} \in \mathbf{R})$$

是方程组(4.3.2)的解，又称之为非齐次线性方程组(4.3.2)的通解.

注意 非齐次线性方程组的解的全体不构成一个向量空间，故非齐次线性方程组没有基础解系这种说法.

例 4.3.5 求解非齐次线性方程组

$$\begin{cases} x_1 - x_2 - x_3 + x_4 = 0 \\ x_1 - x_2 + x_3 - 3x_4 = 1 \\ x_1 - x_2 - 2x_3 + 3x_4 = -\dfrac{1}{2} \end{cases}$$

解 对增广矩阵做初等行变换

$$(\boldsymbol{A} \vdots \boldsymbol{b}) = \begin{bmatrix} 1 & -1 & -1 & 1 & 0 \\ 1 & -1 & 1 & -3 & 1 \\ 1 & -1 & -2 & 3 & -\dfrac{1}{2} \end{bmatrix} \xrightarrow[r_3 - r_1]{r_2 - r_1} \begin{bmatrix} 1 & -1 & -1 & 1 & 0 \\ 0 & 0 & 2 & -4 & 1 \\ 0 & 0 & -1 & 2 & -\dfrac{1}{2} \end{bmatrix}$$

$$\xrightarrow[\substack{r_2 \times \frac{1}{2} \\ r_3 + r_2}]{r_1 - r_3} \begin{bmatrix} 1 & -1 & 0 & -1 & \dfrac{1}{2} \\ 0 & 0 & 1 & -2 & \dfrac{1}{2} \\ 0 & 0 & 0 & 0 & 0 \end{bmatrix}$$

可见 $R(\boldsymbol{A}) = R(\boldsymbol{A} \vdots \boldsymbol{b}) = 2$，故方程组有无穷多个解，原方程组的同解方程组为

$$\begin{cases} x_1 - x_2 \quad - x_4 = \dfrac{1}{2} \\ \qquad\quad x_3 - 2x_4 = \dfrac{1}{2} \end{cases}$$

取 x_2，x_4 为自由未知数，并令 $x_2 = 0$，$x_4 = 0$，代入上面方程组，得方程组的一个特解为

$$\boldsymbol{\eta}^* = \begin{bmatrix} \dfrac{1}{2} \\ 0 \\ \dfrac{1}{2} \\ 0 \end{bmatrix}$$

原方程组的导出组的同解方程组为

$$\begin{cases} x_1 = x_2 + x_4 \\ x_3 = \quad 2x_4 \end{cases}$$

令 $x_2 = k_1$，$x_4 = k_2$，得导出组的通解为

$$\begin{bmatrix} x_1 \\ x_2 \\ x_3 \\ x_4 \end{bmatrix} = k_1 \begin{bmatrix} 1 \\ 1 \\ 0 \\ 0 \end{bmatrix} + k_2 \begin{bmatrix} 1 \\ 0 \\ 2 \\ 1 \end{bmatrix}$$

其中

$$\xi_1 = \begin{bmatrix}1\\1\\0\\0\end{bmatrix}, \quad \xi_2 = \begin{bmatrix}1\\0\\2\\1\end{bmatrix}$$

是其导出组的一个基础解系. 所以原非齐次线性方程组的通解为

$$\boldsymbol{x} = k_1\xi_1 + k_2\xi_2 + \boldsymbol{\eta}^* \qquad (k_1, k_2 \in \mathbf{R})$$

例 4.3.6 已知 $\boldsymbol{\alpha}_0, \boldsymbol{\alpha}_1, \boldsymbol{\alpha}_2, \cdots, \boldsymbol{\alpha}_{n-r}$ 是 $\boldsymbol{Ax}=\boldsymbol{b}(\boldsymbol{b}\neq\mathbf{0})$ 的一组 $n-r+1$ 个线性无关的解向量组，且 $R(\boldsymbol{A})=r$，证明：$\boldsymbol{\alpha}_1-\boldsymbol{\alpha}_0, \boldsymbol{\alpha}_2-\boldsymbol{\alpha}_0, \cdots, \boldsymbol{\alpha}_{n-r}-\boldsymbol{\alpha}_0$ 为 $\boldsymbol{Ax}=\mathbf{0}$ 的基础解系.

证 由解的性质即知，$\boldsymbol{\alpha}_1-\boldsymbol{\alpha}_0, \boldsymbol{\alpha}_2-\boldsymbol{\alpha}_0, \cdots, \boldsymbol{\alpha}_{n-r}-\boldsymbol{\alpha}_0$ 为 $\boldsymbol{Ax}=\mathbf{0}$ 的 $n-r$ 个解，现假设有一组数 $k_1, k_2, \cdots, k_{n-r}$，使得

$$k_1(\boldsymbol{\alpha}_1-\boldsymbol{\alpha}_0)+k_2(\boldsymbol{\alpha}_2-\boldsymbol{\alpha}_0)+\cdots+k_{n-r}(\boldsymbol{\alpha}_{n-r}-\boldsymbol{\alpha}_0)=\mathbf{0}$$

则有

$$k_1\boldsymbol{\alpha}_1+k_2\boldsymbol{\alpha}_2+\cdots+k_{n-r}\boldsymbol{\alpha}_{n-r}-(k_1+k_2+\cdots+k_{n-r})\boldsymbol{\alpha}_0=\mathbf{0}$$

因为 $\boldsymbol{\alpha}_0, \boldsymbol{\alpha}_1, \boldsymbol{\alpha}_2, \cdots, \boldsymbol{\alpha}_{n-r}$ 线性无关，所以由上式可得

$$k_1=k_2=k_3=\cdots=k_{n-r}=0$$

故 $\boldsymbol{\alpha}_1-\boldsymbol{\alpha}_0, \boldsymbol{\alpha}_2-\boldsymbol{\alpha}_0, \cdots, \boldsymbol{\alpha}_{n-r}-\boldsymbol{\alpha}_0$ 线性无关且含有 $n-r$ 个向量. **证毕**

例 4.3.7 设四元非齐次线性方程组 $\boldsymbol{Ax}=\boldsymbol{b}$ 的系数矩阵 $\boldsymbol{A}$ 的秩为 3，已知它的三个解向量为 $\boldsymbol{\eta}_1, \boldsymbol{\eta}_2, \boldsymbol{\eta}_3$，其中

$$\boldsymbol{\eta}_1 = \begin{bmatrix}3\\-4\\1\\2\end{bmatrix}, \quad \boldsymbol{\eta}_2+\boldsymbol{\eta}_3 = \begin{bmatrix}4\\6\\8\\0\end{bmatrix}$$

求该方程组的通解.

解 依题意，方程组 $\boldsymbol{Ax}=\boldsymbol{b}$ 的导出组的基础解系含 $4-3=1$ 个向量，于是导出组的任何一个非零解都可作为其基础解系.

显然

$$\boldsymbol{\eta}_1-\frac{1}{2}(\boldsymbol{\eta}_2+\boldsymbol{\eta}_3) = \begin{bmatrix}1\\-7\\-3\\2\end{bmatrix} \neq 0$$

是导出组的非零解，可作为其基础解系. 故方程组 $\boldsymbol{Ax}=\boldsymbol{b}$ 的通解为

$$\boldsymbol{x} = \boldsymbol{\eta}_1 + c\left[\boldsymbol{\eta}_1-\frac{1}{2}(\boldsymbol{\eta}_2+\boldsymbol{\eta}_3)\right] = \begin{bmatrix}3\\-4\\1\\2\end{bmatrix} + c\begin{bmatrix}1\\-7\\-3\\2\end{bmatrix} \quad (c\text{ 为任意常数})$$

例 4.3.8 设四元齐次线性方程组 $\boldsymbol{Ax}=\boldsymbol{b}$ 的系数矩阵的秩为 3，已知 $\boldsymbol{\eta}_1, \boldsymbol{\eta}_2, \boldsymbol{\eta}_3$ 是它的三个解向量，其中 $\boldsymbol{\eta}_1=(2, 0, 5, -1)^{\mathrm{T}}$，$\boldsymbol{\eta}_2+\boldsymbol{\eta}_3=(1, 9, 8, 7)^{\mathrm{T}}$，求该线性方程组的通解.

解 本题需要求出对应的齐次线性方程组的基础解系（它含有 $4-R(\boldsymbol{A})=1$ 个解向

量)，以及非齐次方程组的一个特解(已经给出 $\boldsymbol{\eta}_1$).

由性质 1 可知，任意两个不同的非齐次线性方程组的解的差都是对应齐次线性方程组的非零解，所以

$$\boldsymbol{\eta}_2+\boldsymbol{\eta}_3-2\boldsymbol{\eta}_1=(\boldsymbol{\eta}_2-\boldsymbol{\eta}_1)+(\boldsymbol{\eta}_3-\boldsymbol{\eta}_1)=(-3,9,-2,9)^{\mathrm{T}}$$

是对应齐次线性方程组的一个非零解，故所求非齐次线性方程组的通解为

$$\boldsymbol{x}=k\begin{bmatrix}-3\\9\\-2\\9\end{bmatrix}+\begin{bmatrix}2\\0\\5\\-1\end{bmatrix}\quad(k\text{ 是任意常数})$$

4.4 线性方程组的应用

本节给出了一些线性数学模型，即每个模型都可用线性方程组来表示，通常写成向量或矩阵的形式. 由于自然现象通常都是线性的，或者当变量取值在合理范围内时近似于线性，因此线性模型的研究非常重要. 此外，线性模型比复杂的非线性模型更易于用计算机进行计算.

4.4.1 网络流模型

网络流模型广泛应用于交通、运输、通信、电力分配、城市规划、任务分派以及计算机辅助设计等众多领域. 当科学家、工程师和经济学家研究某种网络中的流量问题时，线性方程组就自然产生了. 例如，城市规划设计人员和交通工程师监控城市道路网络内的交通流量，电气工程师计算电路中流经的电流，经济学家分析产品通过批发商和零售商网络从生产者到消费者的分配等. 大多数网络流模型中的方程组都包含了数百甚至上千未知量和线性方程.

一个网络由一个点集以及连接部分或全部点的直线或弧线构成. 网络中的点称作连接点(或节点)，网络中的连接线称作分支. 每一分支中的流量方向已经指定，并且流量(或流速)已知或者已标为变量.

网络流的基本假设是网络中流入与流出的总量相等，并且每个连接点流入和流出的总量也相等.

图 4.1(a)、(b)分别说明了流量从一个或两个分支流入联结点. x_1、x_2 和 x_3 分别表示从其他分支流出的流量，x_4 和 x_5 表示从其他分支流入的流量. 因为流量在每个连接点守恒，所以有 $x_1+x_2=60$ 和 $x_4+x_5=x_3+80$. 在类似的网络模式中，每个连接点的流量都可以用一个线性方程来表示. 网络分析要解决的问题就是：在部分信息(如网络的输入量)已知的情况下，确定每一分支中的流量.

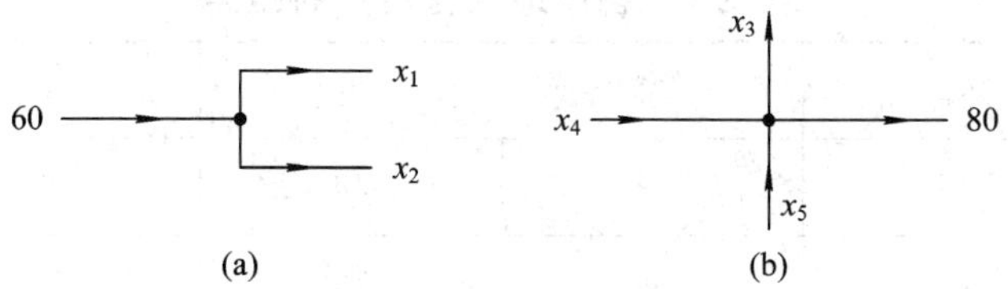

图 4.1 网络流模型

例 4.4.1 图 4.2 的网络给出了在下午一两点钟，某市区部分单行道的交通流量(以每刻钟通过的汽车数量来度量). 试确定网络的流量模式.

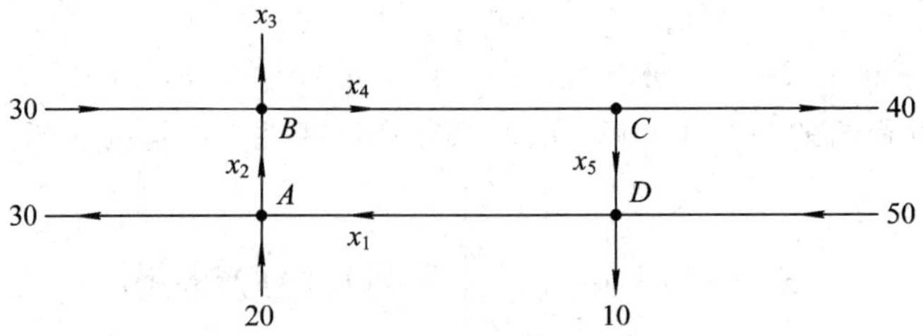

图 4.2　交通流量网络流模型

解　根据网络流模型的基本假设，在节点(交叉口)A、B、C、D 处，我们可以分别得到下列方程：

$$A\text{：}x_1+20=30+x_2$$
$$B\text{：}x_2+30=x_3+x_4$$
$$C\text{：}x_4=40+x_5$$
$$D\text{：}x_5+50=10+x_1$$

此外，该网络的总流入量(20＋30＋50)等于网络的总流出量($30+x_3+40+10$)，化简得 $x_3=20$. 把这个方程与整理后的前四个方程联立，得如下方程组：

$$\begin{cases}x_1-x_2=10\\x_2-x_3-x_4=-30\\x_4-x_5=40\\x_1-x_5=40\\x_3=20\end{cases}$$

取 $x_5=c$(c 为任意常数)，则网络的流量模式表示为

$$x_1=40+c，x_2=30+c，x_3=20，x_4=40+c，x_5=c$$

网络分支中的负流量表示与模型中指定的方向相反. 由于街道是单行道，因此变量不能取负值，这导致变量在取正值时也有一定的局限.

4.4.2　物资调运问题

例 4.4.2　有三个生产同一产品的工厂 A_1、A_2 和 A_3，其年产量分别为 40(吨)、20(吨)和 10(吨)，该产品每年有两个用户 B_1 和 B_2，其用量分别为 45(吨)和 25(吨)，由各产地 A_i 到各用户 B_j 的距离 C_{ij}(公里)如表 4.1 所示($i=1, 2, 3$；$j=1, 2$)，各厂的产品如何调配才能使运费最少?

表 4.1　各产地到各用户的距离

C_{ij}	A_1	A_2	A_3
B_1	45	58	92
B_2	58	72	36

解 为了解决这个问题，我们假设各厂调运到各用户的产品数量分别如表4.2所示.

表 4.2 各厂调运到各用户的产品数量

	A_1	A_2	A_3
B_1	x_1	x_2	x_3
B_2	x_4	x_5	x_6

容易看出，三个厂的总产量与两个用户的总用量刚好相等，所以对产地来说，产品应全部调出，因此有

$$x_1 + x_4 = 40 \tag{4.4.1}$$

$$x_2 + x_5 = 20 \tag{4.4.2}$$

$$x_3 + x_6 = 10 \tag{4.4.3}$$

同时对用户来说，调来的产品刚好是所需要的，因此又有

$$x_1 + x_2 + x_3 = 45 \tag{4.4.4}$$

$$x_4 + x_5 + x_6 = 25 \tag{4.4.5}$$

从式(4.4.1)到式(4.4.5)就是 x_1，…，x_6应满足的一些条件.

下面再来看如何刻画运费. 我们知道，在道路情况相同的情况下运费与距离成正比，因此把 x_1(吨)的货物由 A_1运到 B_1的运费为 $45x_1$的倍数，而把 x_1(吨)的货物由 A_1运到 B_2的运费为 $58x_4$的倍数，因此，它们的和

$$S = 45x_1 + 58x_2 + 92x_3 + 58x_4 + 72x_5 + 36x_6 \tag{4.4.6}$$

就可以用来刻画运费了. 所以，这个物资调运问题就是在条件式(4.4.1)到式(4.4.5)下，求使得 S 最小的 x_1，x_2，x_3，x_4，x_5，x_6.

4.4.3 交通流控制问题

例 4.4.3 一城市局部交通流如图 4.3 所示(单位：辆/小时)：

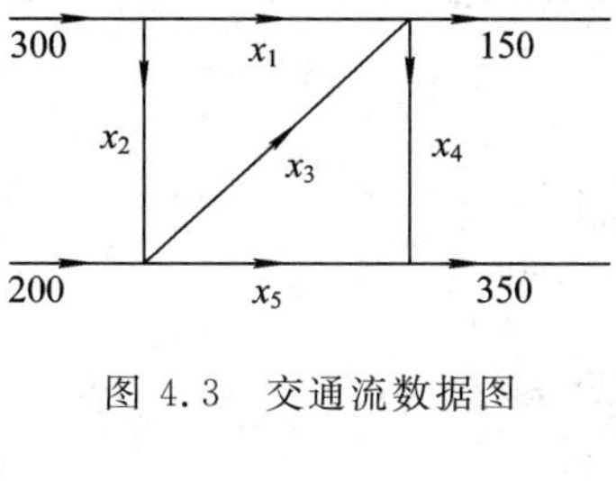

图 4.3 交通流数据图

(1) 建立交通流数学模型；

(2) 要控制 x_2至多 200 辆/小时，并且 x_3至多 50 辆/小时是可行的吗?

解 (1) 将图 4.3 的四个节点分别命名为 A、B、C、D，如图 4.4 所示.

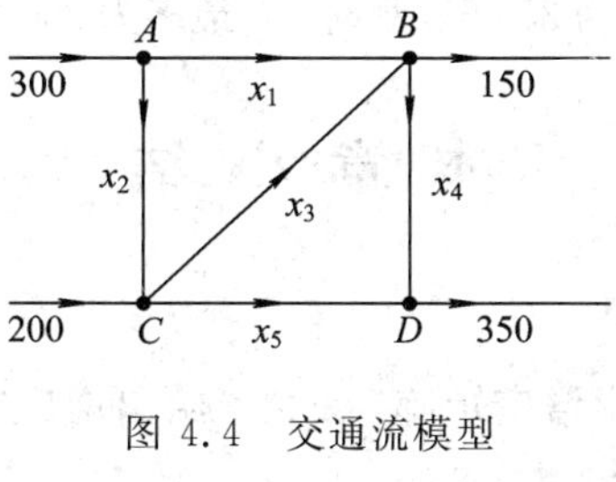

图 4.4 交通流模型

则每一个节点流入的车流总量与流出的车流总量应当一样，这样，由这四个节点可列出四个方程如下：

$$\begin{cases} A: x_1+x_2 = 300 \\ B: x_1+x_3-x_4 = 150 \\ C: -x_2+x_3+x_5 = 200 \\ D: x_4+x_5 = 350 \end{cases}$$

对增广矩阵进行变换：

$$\begin{bmatrix} 1 & 1 & 0 & 0 & 0 & 300 \\ 1 & 0 & 1 & -1 & 0 & 150 \\ 0 & -1 & 1 & 0 & 1 & 200 \\ 0 & 0 & 0 & 1 & 1 & 350 \end{bmatrix} \xrightarrow{r_2+r_1\times(-1)} \begin{bmatrix} 1 & 1 & 0 & 0 & 0 & 300 \\ 0 & -1 & 1 & -1 & 0 & -150 \\ 0 & -1 & 1 & 0 & 1 & 200 \\ 0 & 0 & 0 & 1 & 1 & 350 \end{bmatrix}$$

$$\xrightarrow[\substack{r_3+r_2 \\ r_1+r_2\times(-1)}]{r_2\times(-1)} \begin{bmatrix} 1 & 0 & 1 & -1 & 0 & 150 \\ 0 & 1 & -1 & 1 & 0 & 150 \\ 0 & 0 & 0 & 1 & 1 & 350 \\ 0 & 0 & 0 & 1 & 1 & 350 \end{bmatrix}$$

$$\xrightarrow[\substack{r_2+r_3\times(-1) \\ r_1+r_3}]{r_4+r_3\times(-1)} \begin{bmatrix} 1 & 0 & 1 & 0 & 1 & 500 \\ 0 & 1 & -1 & 0 & -1 & -200 \\ 0 & 0 & 0 & 1 & 1 & 350 \\ 0 & 0 & 0 & 0 & 0 & 0 \end{bmatrix}$$

可见 x_3 和 x_5 为自由变量，因此令 $x_3=s$，$x_5=t$，其中 s，t 为任意正整数(车流量不可能为负值)，则可得

$$\begin{cases} x_1 = 500-s-t \\ x_2 = s+t-200 \\ x_3 = s \\ x_4 = 350-t \\ x_5 = t \end{cases}$$

(2) 若 $\begin{cases} x_2=s+t-200\leqslant 200 \\ x_3=s\leqslant 50 \end{cases}$，则得

$$150\leqslant t = x_2+200-s\leqslant 400$$

又 $x_5=t$，于是得

$$\begin{cases} 0\leqslant x_1 = 500-s-t\leqslant 350 \\ 0\leqslant x_4 = 350-t\leqslant 200 \end{cases}$$

所以方案是可行的，这时 x_1 最多为 350 辆/小时，x_4 最多为 200 辆/小时，x_5 最多为 400 辆/小时.

本 章 小 结

1. 本章要点提示

(1) 要求能根据方程组写出增广矩阵，反之，给出增广矩阵能写出对应的方程组.

（2）齐次线性方程组的全部解向量构成向量空间，称为齐次线性方程组的解空间，解空间的基称为基础解系．齐次线性方程组的所有解可以用基础解系的线性组合来表示，这就是齐次线性方程组的通解．

（3）非齐次线性方程组的全部解不构成向量空间．非齐次线性方程组的通解可以表示成它的一个特解与对应的齐次线性方程组的通解之和．

2．n 元齐次线性方程组有非零解的充分必要条件

设有 n 元齐次线性方程组 $\boldsymbol{Ax}=\boldsymbol{0}$，它是一般线性方程组 $\boldsymbol{Ax}=\boldsymbol{b}$ 的特殊情形，$\boldsymbol{x}=\boldsymbol{0}$ 总是它的解，称为零解．因此

（1）如果 $R(\boldsymbol{A})<n$（方程组中未知数的个数），则它有 $n-r$ 个自由未知数，从而有无穷多个解，即有非零解；

（2）如果 $R(\boldsymbol{A})=n$（方程组中未知数的个数），则它只有零解．

3．n 元非齐次线性方程组有解的充分必要条件

对于 n 元非齐次线性方程组 $\boldsymbol{Ax}=\boldsymbol{b}$，有

（1）如果 $R(\boldsymbol{A})<R(\boldsymbol{A}\vdots\boldsymbol{b})$，则它无解．

（2）如果 $R(\boldsymbol{A})=R(\boldsymbol{A}\vdots\boldsymbol{b})$，则它有解．此时又可以分下面两种情况：当 $R(\boldsymbol{A})=n$（方程组中未知数的个数）时，则它有唯一解；当 $R(\boldsymbol{A})<n$（方程组中未知数的个数）时，则它有 $n-r$ 个自由未知数，从而有无穷多个解．

4．齐次线性方程组的解的结构及基础解系

（1）若 $\boldsymbol{\xi}_1$，$\boldsymbol{\xi}_2$ 为 $\boldsymbol{Ax}=\boldsymbol{0}$ 的解，则 $\boldsymbol{\xi}_1+\boldsymbol{\xi}_2$ 也是方程组 $\boldsymbol{Ax}=\boldsymbol{0}$ 的解，$\boldsymbol{k\xi}_1$ 也为方程组 $\boldsymbol{Ax}=\boldsymbol{0}$ 的解．

（2）若 $\boldsymbol{\xi}_1$，$\boldsymbol{\xi}_2$，…，$\boldsymbol{\xi}_m$ 均为 $\boldsymbol{Ax}=\boldsymbol{0}$ 的解，则 $\boldsymbol{\xi}_1$，$\boldsymbol{\xi}_2$，…，$\boldsymbol{\xi}_m$ 的线性组合也是方程组 $\boldsymbol{Ax}=\boldsymbol{0}$ 的解．

（3）$\boldsymbol{Ax}=\boldsymbol{0}$ 解向量组的一个极大无关组，称为方程组的一个基础解系，一个基础解系中含有 $n-r$ 个解向量（n 为方程组中未知数的个数，r 为系数矩阵 $\boldsymbol{A}$ 的秩，$n-r$ 就是自由未知量的个数）．

（4）设 $\boldsymbol{Ax}=\boldsymbol{0}$ 的基础解系为 $\boldsymbol{\xi}_1$，$\boldsymbol{\xi}_2$，…，$\boldsymbol{\xi}_{n-r}$，则 $k_1\boldsymbol{\xi}_1+k_2\boldsymbol{\xi}_2+\cdots+k_{n-r}\boldsymbol{\xi}_{n-r}$ 表示了方程组的无穷多组解 $\boldsymbol{x}=k_1\boldsymbol{\xi}_1+k_2\boldsymbol{\xi}_2+\cdots+k_{n-r}\boldsymbol{\xi}_{n-r}$ 为方程组 $\boldsymbol{Ax}=\boldsymbol{0}$ 的通解．

5．非齐次线性方程组的解的结构

（1）$\boldsymbol{\eta}^*$ 为 $\boldsymbol{Ax}=\boldsymbol{b}$ 的解，$\boldsymbol{\xi}$ 为 $\boldsymbol{Ax}=\boldsymbol{0}$ 的解，则 $\boldsymbol{\eta}^*+\boldsymbol{\xi}$ 为 $\boldsymbol{Ax}=\boldsymbol{b}$ 的解（非齐次线性方程组的一个解加齐次线性方程组的一个解为非齐次线性方程组的解）．

（2）$\boldsymbol{\eta}_1^*$，$\boldsymbol{\eta}_2^*$ 为 $\boldsymbol{Ax}=\boldsymbol{b}$ 的两个解，则 $\boldsymbol{\eta}_1^*-\boldsymbol{\eta}_2^*$ 为 $\boldsymbol{Ax}=\boldsymbol{0}$ 的解（非齐次线性方程组的两个解之差为其导出组的一个解）．

说明：非齐次线性方程组没有基础解系这种说法．

（3）设 $\boldsymbol{\xi}_1$，$\boldsymbol{\xi}_2$，…，$\boldsymbol{\xi}_{n-r}$ 为 $\boldsymbol{Ax}=\boldsymbol{b}$ 导出组 $\boldsymbol{Ax}=\boldsymbol{0}$ 的基础解系，$\boldsymbol{\eta}^*$ 为 $\boldsymbol{Ax}=\boldsymbol{b}$ 的一个特解，则 $\boldsymbol{x}=\boldsymbol{u}+c_1\boldsymbol{\xi}_1+c_2\boldsymbol{\xi}_2+\cdots+c_{n-r}\boldsymbol{\xi}_{n-r}$ 为 $\boldsymbol{Ax}=\boldsymbol{b}$ 的通解．

习　题　四

1．解下列线性方程组：

(1) $\begin{cases} x_1+2x_2+x_3=1 \\ x_2-x_3=0 \\ 2x_1+3x_2=-2 \end{cases}$

(2) $\begin{cases} x_1+2x_2+x_3=1 \\ x_2-x_3=0 \\ x_1+x_2+2x_3=1 \end{cases}$

2. 判别下列线性方程组是否有解. 若有解，分别说明方程组解的情况，并求出通解：

(1) $\begin{cases} 4x_1+2x_2-x_3=2 \\ 3x_1-x_2+2x_3=10 \\ 11x_1+3x_2=8 \end{cases}$

(2) $\begin{cases} x_1-2x_2+x_3=-5 \\ x_1+5x_2-7x_3=2 \\ 3x_1+x_2-5x_3=-8 \end{cases}$

(3) $\begin{cases} x_1+2x_2-3x_3=0 \\ 2x_1+5x_2+2x_3=0 \\ 3x_1-x_2-4x_3=0 \\ 7x_1+8x_2-8x_3=0 \end{cases}$

3. k 取何值时，下列方程组有解？在有解时，求出它的解：

$$\begin{cases} 2x_1-3x_2+6x_3-5x_4=3 \\ x_2-4x_3+x_4=k \\ 4x_1-5x_2+8x_3-9x_4=15 \end{cases}$$

4. 讨论 λ 取何值时，线性方程组

$$\begin{cases} (\lambda+3)x_1+x_2+2x_3=\lambda \\ \lambda x_1+(\lambda-1)x_2+1x_3=\lambda \\ 3(\lambda+1)x_1+\lambda x_2+(\lambda+3)x_3=3 \end{cases}$$

有唯一解、有无穷多个解、无解.

5. 设有线性方程组

$$\begin{cases} (2-\lambda)x_1+2x_2-2x_3=1 \\ 2x_1+(5-\lambda)x_2-4x_3=2 \\ -2x_1-4x_2+(5-\lambda)x_3=-2 \end{cases}$$

讨论 λ 取何值时，线性方程组有唯一解、无解、有无穷多个解.

6. 证明线性方程组

$$\begin{cases} x_1-x_2=a_1 \\ x_2-x_3=a_2 \\ x_3-x_4=a_3 \\ x_4-x_1=a_4 \end{cases}$$

有解的充分必要条件是：$a_1+a_2+a_3+a_4=0$.

7. 求下列齐次线性方程组的一个基础解系：

(1) $\begin{cases} 6x_1 + x_2 + x_3 + x_4 = 0 \\ 16x_1 + x_2 - x_3 + 5x_4 = 0 \\ 7x_1 + 2x_2 + 3x_3 = 0 \end{cases}$

(2) $\begin{cases} 2x_1 - 4x_2 + 5x_3 + 3x_4 = 0 \\ 3x_1 - 6x_2 + 4x_3 + 2x_4 = 0 \\ 4x_1 - 8x_2 + 17x_3 + 11x_4 = 0 \end{cases}$

(3) $\begin{cases} x_1 + 3x_2 + 2x_3 = 0 \\ 2x_1 - x_2 + 3x_3 = 0 \\ 3x_1 - 5x_2 + 4x_3 = 0 \\ x_1 + 17x_2 + 4x_3 = 0 \end{cases}$

8. 确定 λ 的值，使齐次线性方程组

$$\begin{cases} (\lambda + 3)x_1 + x_2 + 2x_3 = 0 \\ \lambda x_1 + (\lambda - 1)x_2 + x_3 = 0 \\ 3(\lambda + 1)x_1 + \lambda x_2 + (\lambda + 3)x_3 = 0 \end{cases}$$

有非零解，并求其通解.

9. 设 $\boldsymbol{B}$ 是一个三阶非零矩阵，它的每一列都是齐次方程组

$$\begin{cases} x_1 + 2x_2 - 2x_3 = 0 \\ 2x_1 - x_2 + \lambda x_3 = 0 \\ 3x_1 + x_2 - x_3 = 0 \end{cases}$$

的解，求 λ 的值和 $|\boldsymbol{B}|$.

10. 设

$$\boldsymbol{A} = \begin{bmatrix} 2 & -2 & 1 & 3 \\ 9 & -5 & 2 & 8 \end{bmatrix}$$

求一个 4×2 矩阵 $\boldsymbol{B}$，使 $\boldsymbol{AB} = \boldsymbol{O}$，且 $R(\boldsymbol{B}) = 2$.

11. 求下列非齐次线性方程组的通解：

(1) $\begin{cases} 2x_1 + 3x_2 + x_3 = 1 \\ x_1 + x_2 - x_3 = 2 \\ 4x_1 + 7x_2 + 8x_3 = -1 \\ x_1 + 3x_2 + 8x_3 = -4 \end{cases}$

(2) $\begin{cases} x_1 - x_2 + x_4 = 0 \\ 2x_1 - x_3 - 2x_4 = 0 \\ -2x_2 - x_3 + 4x_4 = 2 \end{cases}$

12. 设四元非齐次线性方程组的系数矩阵的秩为 3，已知 $\boldsymbol{\eta}_1$，$\boldsymbol{\eta}_2$，$\boldsymbol{\eta}_3$ 是它的三个解向量，且

$$\boldsymbol{\eta}_1=\begin{bmatrix}2\\3\\4\\5\end{bmatrix},\quad \boldsymbol{\eta}_2+\boldsymbol{\eta}_3=\begin{bmatrix}1\\2\\3\\4\end{bmatrix}$$

求该方程组的通解.

13. 设有齐次线性方程组

$$\begin{cases}(1+a)x_1+x_2+\cdots+x_n=0\\2x_1+(2+a)x_2+\cdots+2x_n=0\\\quad\vdots\\nx_1+nx_2+\cdots+(n+a)x_n=0\end{cases}\quad(n\geqslant 2)$$

试问 a 为何值时，该方程组有非零解，并求出通解.

14. 讨论 a 为何值时，方程组

$$\begin{cases}x_1+x_2-x_3=1\\2x_1+(a+2)x_2-3x_3=3\\3ax_2-(a+2)x_3=3\end{cases}$$

(1) 有唯一解；(2) 无解；(3) 有无穷多个解；并求出通解.

15. 设 $\boldsymbol{\eta}_1$，$\boldsymbol{\eta}_2$，…，$\boldsymbol{\eta}_s$是非齐次线性方程组 $\boldsymbol{Ax}=\boldsymbol{b}$ 的 s 个解，k_1，k_2，…，$k_s\in\mathbf{R}$，且满足 $k_1+k_2+\cdots+k_s=1$，证明 $\boldsymbol{x}=k_1\boldsymbol{\eta}_1+k_2\boldsymbol{\eta}_2+\cdots+k_s\boldsymbol{\eta}_s$也是它的一个解.

16. 设矩阵 $\boldsymbol{A}$ 为 $m\times n$ 矩阵，$\boldsymbol{B}$ 为 n 阶方阵，且 $R(\boldsymbol{A})=n$，试证：

(1) 若 $\boldsymbol{AB}=\boldsymbol{O}$，则 $\boldsymbol{B}=\boldsymbol{O}$；

(2) 若 $\boldsymbol{AB}=\boldsymbol{A}$，则 $\boldsymbol{B}=\boldsymbol{E}$.

自测题四

一、判断题

1. 若$\{\boldsymbol{\alpha}_1,\boldsymbol{\alpha}_2,\boldsymbol{\alpha}_3\}$是一个齐次线性方程组的基础解系，则$\{\boldsymbol{\alpha}_1-\boldsymbol{\alpha}_2,\boldsymbol{\alpha}_2-\boldsymbol{\alpha}_3,\boldsymbol{\alpha}_3-\boldsymbol{\alpha}_1\}$也是该方程组的基础解系. (　　)

2. 若向量组$\{\boldsymbol{\alpha}_1,\boldsymbol{\alpha}_2,\cdots,\boldsymbol{\alpha}_r\}$中向量的维数大于 r，则该向量组必线性相关. (　　)

3. 若$\{\boldsymbol{\alpha}_1,\boldsymbol{\alpha}_2,\cdots,\boldsymbol{\alpha}_r\}$的向量中任意两个线性无关，则整个向量组线性无关. (　　)

4. 齐次线性方程组的任何一个基础解系所含的向量个数相等. (　　)

5. 若齐次线性方程组 $\boldsymbol{Ax}=\boldsymbol{0}$ 有非零解，则矩阵 $\boldsymbol{A}$ 的列向量线性相关. (　　)

6. 若 $\boldsymbol{x}=k_1\boldsymbol{\alpha}_1+k_2\boldsymbol{\alpha}_2+\boldsymbol{\eta}$ 是方程组 $\boldsymbol{Ax}=\boldsymbol{b}$ 的通解，则

$$\bar{\boldsymbol{x}}=k_1\boldsymbol{\alpha}_1+k_2(\boldsymbol{\alpha}_1+\boldsymbol{\alpha}_2)+(\boldsymbol{\alpha}_1+\boldsymbol{\eta})$$

也是 $\boldsymbol{Ax}=\boldsymbol{b}$ 的通解.

二、综合题

1. 求 t 的值，使向量组 $\boldsymbol{\alpha}_1=\begin{bmatrix}1\\2\\0\\3\end{bmatrix}$，$\boldsymbol{\alpha}_2=\begin{bmatrix}2\\7\\1\\1\end{bmatrix}$，$\boldsymbol{\alpha}_3=\begin{bmatrix}3\\0\\-2\\t\end{bmatrix}$线性相关.

2. 设 $\boldsymbol{\alpha}_1=\begin{bmatrix}2\\0\\2\end{bmatrix}$，$\boldsymbol{\alpha}_2=\begin{bmatrix}3\\1\\1\end{bmatrix}$，$\boldsymbol{\alpha}_3=\begin{bmatrix}2\\1\\0\end{bmatrix}$，$\boldsymbol{\alpha}_4=\begin{bmatrix}4\\2\\0\end{bmatrix}$.

(1) 求向量组$\{\boldsymbol{\alpha}_1, \boldsymbol{\alpha}_2, \boldsymbol{\alpha}_3, \boldsymbol{\alpha}_4\}$的秩和一个极大线性无关组；

(2) 把其余向量写成极大无关组的线性组合.

3. 已知 $\boldsymbol{A}$ 为 4×4 矩阵，秩 $R(\boldsymbol{A})=3$，已知非齐次方程组 $\boldsymbol{Ax}=\boldsymbol{b}$ 的三个解 $\boldsymbol{\alpha}_1$，$\boldsymbol{\alpha}_2$，$\boldsymbol{\alpha}_3$ 满足条件：

$$\boldsymbol{\alpha}_1=(1, 0, 2, 3)^{\mathrm{T}}, \quad \boldsymbol{\alpha}_2+\boldsymbol{\alpha}_3=(1, 1, -1, 4)^{\mathrm{T}}$$

求方程组 $\boldsymbol{Ax}=\boldsymbol{b}$ 的通解.

4. 设有线性方程组

$$\begin{cases}ax_1+x_2+x_3=a-3\\x_1+ax_2+x_3=-2\\x_1+x_2+ax_3=-2\end{cases}$$

讨论 a 取何值时，

(1) 方程组有唯一解；

(2) 方程组无解；

(3) 方程组有无穷多解.

5. 设 $\boldsymbol{\beta}$ 是非齐次线性方程组 $\boldsymbol{Ax}=\boldsymbol{b}$ 的一个解. 又 $\boldsymbol{\alpha}_1$，$\boldsymbol{\alpha}_2$，…，$\boldsymbol{\alpha}_r$ 是 $\boldsymbol{Ax}=\boldsymbol{b}$ 的导出组 $\boldsymbol{Ax}=\boldsymbol{0}$ 的基础解系. 证明 $\boldsymbol{\beta}$，$\boldsymbol{\alpha}_1+\boldsymbol{\beta}$，$\boldsymbol{\alpha}_2+\boldsymbol{\beta}$，…，$\boldsymbol{\alpha}_r+\boldsymbol{\beta}$ 是 $\boldsymbol{Ax}=\boldsymbol{b}$ 的 $r+1$ 个线性无关的解.

第五章

矩阵的特征值及对角化

本章的主要内容及要求

矩阵的特征值理论在现代数学、物理、工程技术、经济等领域都有着广泛的应用. 本章定义了向量的内积，介绍了向量组的施密特(Schmidt)正交化方法和正交矩阵，讨论了方阵的特征值与特征向量、相似矩阵及矩阵的对角化，以及实对称矩阵的对角化问题.

本章的基本要求如下：

(1) 理解向量内积的概念和正交矩阵的概念，掌握线性无关向量组标准正交化的施密特方法.

(2) 理解矩阵的特征值和特征向量的概念及性质，会求矩阵的特征值和特征向量.

(3) 理解相似矩阵的概念与性质，理解矩阵可对角化的充分必要条件，熟练掌握将矩阵化为相似对角矩阵的方法.

(4) 理解实对称矩阵的特征值与特征向量的性质，熟练掌握用相似变换法化实对称矩阵为对角矩阵的方法.

5.1 向量组的正交化与正交矩阵

5.1.1 向量的内积

定义 5.1.1 设 n 维向量

$$\boldsymbol{\alpha}=\begin{bmatrix}a_1\\a_2\\\vdots\\a_n\end{bmatrix},\quad \boldsymbol{\beta}=\begin{bmatrix}b_1\\b_2\\\vdots\\b_n\end{bmatrix}$$

称

$$[\boldsymbol{\alpha},\boldsymbol{\beta}]=a_1b_1+a_2b_2+\cdots+a_nb_n$$

为向量的**内积**.

向量的内积是一种运算. 如果把向量看成列矩阵，那么向量的内积可以表示成矩阵的乘积形式，即

$$[\boldsymbol{\alpha},\boldsymbol{\beta}]=\sum_{i=1}^{n}a_ib_i=\boldsymbol{\alpha}^{\mathrm{T}}\boldsymbol{\beta}$$

这里要注意内积 $\boldsymbol{\alpha}^{\mathrm{T}}\boldsymbol{\beta}$ 是一个实数，并要注意 $\boldsymbol{\alpha}^{\mathrm{T}}\boldsymbol{\beta}$ 和 $\boldsymbol{\alpha}\boldsymbol{\beta}^{\mathrm{T}}$ 的区别，如设 $\boldsymbol{\alpha}=\begin{pmatrix}1\\2\\3\end{pmatrix}$，$\boldsymbol{\beta}=\begin{pmatrix}4\\5\\6\end{pmatrix}$，则

$$\boldsymbol{\alpha}^{\mathrm{T}}\boldsymbol{\beta}=\begin{bmatrix}1 & 2 & 3\end{bmatrix}\begin{bmatrix}4\\5\\6\end{bmatrix}=32,\qquad \boldsymbol{\alpha}\boldsymbol{\beta}^{\mathrm{T}}=\begin{bmatrix}4 & 5 & 6\\8 & 10 & 12\\12 & 15 & 18\end{bmatrix}$$

设 $\boldsymbol{\alpha}$，$\boldsymbol{\beta}$，$\boldsymbol{\gamma}$ 都是 n 维向量，k 为实数，由定义 5.1.1 可以推出向量内积的几个运算规律：

(1) $[\boldsymbol{\alpha}, \boldsymbol{\beta}]=[\boldsymbol{\beta}, \boldsymbol{\alpha}]$.

例如

$$\begin{bmatrix}1 & 2 & 3\end{bmatrix}\begin{bmatrix}4\\5\\6\end{bmatrix}=32,\qquad \begin{bmatrix}4 & 5 & 6\end{bmatrix}\begin{bmatrix}1\\2\\3\end{bmatrix}=32$$

(2) $[k\boldsymbol{\alpha}, \boldsymbol{\beta}]=k[\boldsymbol{\alpha}, \boldsymbol{\beta}]$.

例如

$$\begin{bmatrix}3 & 6 & 9\end{bmatrix}\begin{bmatrix}4\\5\\6\end{bmatrix}=3\begin{bmatrix}1 & 2 & 3\end{bmatrix}\begin{bmatrix}4\\5\\6\end{bmatrix}=3\times 32=96$$

(3) $[\boldsymbol{\alpha}+\boldsymbol{\beta}, \boldsymbol{\gamma}]=[\boldsymbol{\alpha}, \boldsymbol{\gamma}]+[\boldsymbol{\beta}, \boldsymbol{\gamma}]$.

例如

$$\begin{aligned}\begin{bmatrix}5 & 7 & 9\end{bmatrix}\begin{bmatrix}1\\0\\-1\end{bmatrix}&=\begin{bmatrix}1 & 2 & 3\end{bmatrix}\begin{bmatrix}1\\0\\-1\end{bmatrix}+\begin{bmatrix}4 & 5 & 6\end{bmatrix}\begin{bmatrix}1\\0\\-1\end{bmatrix}\\&=-4\end{aligned}$$

(4) $[\boldsymbol{\alpha}, \boldsymbol{\alpha}]=\begin{bmatrix}a_1 & a_2 & \cdots & a_n\end{bmatrix}\begin{bmatrix}a_1\\a_2\\\vdots\\a_n\end{bmatrix}=\sum\limits_{i=1}^{n}a_i^2\geqslant 0$，当且仅当 $\boldsymbol{\alpha}=0$ 时，$[\boldsymbol{\alpha}, \boldsymbol{\alpha}]=0$.

定义 5.1.2 设有 n 维向量

$$\boldsymbol{\alpha}=\begin{bmatrix}a_1\\a_2\\\vdots\\a_n\end{bmatrix}$$

令

$$\|\boldsymbol{\alpha}\|=\sqrt{[\boldsymbol{\alpha}, \boldsymbol{\alpha}]}=\sqrt{a_1^2+a_2^2+\cdots+a_n^2}$$

$\|\boldsymbol{\alpha}\|$ 称为 n 维向量 $\boldsymbol{\alpha}$ 的长度(也称为模或范数).

例如，$\boldsymbol{\alpha}=\begin{pmatrix}1\\2\\3\end{pmatrix}$，$\boldsymbol{\alpha}$ 的长度 $\|\boldsymbol{\alpha}\|=\sqrt{1^2+2^2+3^2}=\sqrt{14}$.

向量的长度具有下列性质：

(1) 非负性 $\|\boldsymbol{\alpha}\| \geqslant 0$，当且仅当 $\boldsymbol{\alpha}=\mathbf{0}$ 时，$\|\boldsymbol{\alpha}\|=0$.

(2) 正齐次性 $\|k\boldsymbol{\alpha}\|=|k|\,\|\boldsymbol{\alpha}\|$.

(3) 三角不等式 $\|\boldsymbol{\alpha}+\boldsymbol{\beta}\| \leqslant \|\boldsymbol{\alpha}\|+\|\boldsymbol{\beta}\|$.

当 $\|\boldsymbol{\alpha}\|=1$ 时，称 $\boldsymbol{\alpha}$ 为单位向量. 容易看出，对任一 n 维非零向量 $\boldsymbol{\alpha}$，$\dfrac{\boldsymbol{\alpha}}{\|\boldsymbol{\alpha}\|}$ 是与 $\boldsymbol{\alpha}$ 同方向的单位向量.

例 5.1.1 把向量 $\boldsymbol{\alpha}=\begin{bmatrix}2\\1\\2\end{bmatrix}$ 单位化.

解 因为 $\|\boldsymbol{\alpha}\|=\sqrt{2^2+1^2+2^2}=3$，所以

$$\frac{\boldsymbol{\alpha}}{\|\boldsymbol{\alpha}\|}=\frac{1}{3}\begin{bmatrix}2\\1\\2\end{bmatrix}=\begin{bmatrix}\dfrac{2}{3}\\ \dfrac{1}{3}\\ \dfrac{2}{3}\end{bmatrix}$$

可以证明，当 $\|\boldsymbol{\alpha}\|\neq 0$，$\|\boldsymbol{\beta}\|\neq 0$ 时，$[\boldsymbol{\alpha},\boldsymbol{\beta}]\leqslant\|\boldsymbol{\alpha}\|\,\|\boldsymbol{\beta}\|$（施瓦兹不等式），证明略.

定义 5.1.3 当 $\|\boldsymbol{\alpha}\|\neq 0$，$\|\boldsymbol{\beta}\|\neq 0$ 时，

$$\theta=\arccos\frac{[\boldsymbol{\alpha},\boldsymbol{\beta}]}{\|\boldsymbol{\alpha}\|\,\|\boldsymbol{\beta}\|}$$

称为 n 维向量 $\boldsymbol{\alpha}$ 与 $\boldsymbol{\beta}$ 的夹角.

当 $[\boldsymbol{\alpha},\boldsymbol{\beta}]=0$ 时，称向量 $\boldsymbol{\alpha}$ 与 $\boldsymbol{\beta}$ 正交.

例如 $\boldsymbol{\alpha}=\begin{bmatrix}1\\2\\3\end{bmatrix}$，$\boldsymbol{\beta}=\begin{bmatrix}1\\1\\-1\end{bmatrix}$，由于 $\boldsymbol{\alpha}^{\mathrm{T}}\boldsymbol{\beta}=[1\quad 2\quad 3]\begin{bmatrix}1\\1\\-1\end{bmatrix}=0$，所以 $\boldsymbol{\alpha}$ 与 $\boldsymbol{\beta}$ 正交.

显然，如果 $\boldsymbol{\alpha}=\mathbf{0}$，那么 $\boldsymbol{\alpha}$ 与任何向量都正交.

下面讨论正交向量组的性质. 所谓正交向量组，是指一组两两正交的非零向量组，即若 $\mathbf{R}^n$ 中的非零向量组 $\boldsymbol{\alpha}_1$，$\boldsymbol{\alpha}_2$，…，$\boldsymbol{\alpha}_n$ 对任意 i，j $(i\neq j)$ 均有 $\boldsymbol{\alpha}_i^{\mathrm{T}}\boldsymbol{\alpha}_j=0$，则称该向量组为**正交向量组**.

设 $\boldsymbol{\alpha}_1$，$\boldsymbol{\alpha}_2$，…，$\boldsymbol{\alpha}_m$ 是正交向量组，则

$$[\boldsymbol{\alpha}_i,\boldsymbol{\alpha}_j]=\begin{cases}0, & i\neq j\\ \|\boldsymbol{\alpha}_i\|^2, & i=j\end{cases}$$

定理 5.1.1 正交向量组必是线性无关向量组.

证 设 $\boldsymbol{\alpha}_1$，$\boldsymbol{\alpha}_2$，…，$\boldsymbol{\alpha}_m$ 是正交向量组，且存在实数 k_1，k_2，…，k_m，使

$$k_1\boldsymbol{\alpha}_1+k_2\boldsymbol{\alpha}_2+\cdots+k_m\boldsymbol{\alpha}_m=\mathbf{0}$$

由正交向量组的定义，当 $i\neq j$ 时，$[\boldsymbol{\alpha}_i,\boldsymbol{\alpha}_j]=0$，以 $\boldsymbol{\alpha}_i^{\mathrm{T}}(i=1,2,\cdots,m)$ 左乘上式两端，得

$$k_i\boldsymbol{\alpha}_i^{\mathrm{T}}\boldsymbol{\alpha}_i=0$$

由于 $\boldsymbol{\alpha}_i\neq\mathbf{0}$，故 $\boldsymbol{\alpha}_i^{\mathrm{T}}\boldsymbol{\alpha}_i=\|\boldsymbol{\alpha}_i\|^2\neq 0$，从而必有 $k_i=0(i=1,2,\cdots,m)$，于是 $\boldsymbol{\alpha}_1$，$\boldsymbol{\alpha}_2$，…，$\boldsymbol{\alpha}_m$ 线性无关.

证毕

在实际应用中，我们常采用正交向量组作为向量空间的基，称为向量空间的正交基. 例如，n 个两两正交的 n 维非零向量，可构成向量空间 $\mathbf{R}^n$ 的一个正交基.

例 5.1.2 已知 3 维向量空间 $\mathbf{R}^3$ 中两个向量

$$\boldsymbol{\alpha}_1=\begin{bmatrix}1\\1\\1\end{bmatrix},\quad \boldsymbol{\alpha}_2=\begin{bmatrix}1\\-2\\1\end{bmatrix}$$

正交，试求一个非零向量 $\boldsymbol{\alpha}_3$，使 $\boldsymbol{\alpha}_1$，$\boldsymbol{\alpha}_2$，$\boldsymbol{\alpha}_3$ 两两正交.

解 记

$$\boldsymbol{A}=\begin{bmatrix}\boldsymbol{\alpha}_1^{\mathrm{T}}\\\boldsymbol{\alpha}_2^{\mathrm{T}}\end{bmatrix}=\begin{bmatrix}1&1&1\\1&-2&1\end{bmatrix}$$

$\boldsymbol{\alpha}_3$ 应是齐次线性方程 $\boldsymbol{Ax}=\mathbf{0}$ 的解，即

$$\begin{bmatrix}1&1&1\\1&-2&1\end{bmatrix}\begin{bmatrix}x_1\\x_2\\x_3\end{bmatrix}=\begin{bmatrix}0\\0\end{bmatrix}$$

由

$$\boldsymbol{A}\to\begin{bmatrix}1&1&1\\0&-3&0\end{bmatrix}\to\begin{bmatrix}1&0&1\\0&1&0\end{bmatrix}$$

得 $\begin{cases}x_1=-x_3\\x_2=0\end{cases}$，从而得基础解系 $\begin{bmatrix}-1\\0\\1\end{bmatrix}$. 取 $\boldsymbol{\alpha}_3=\begin{bmatrix}-1\\0\\1\end{bmatrix}$ 即为所求.

5.1.2 线性无关向量组的正交化方法

定理 5.1.1 表明，正交向量组是线性无关向量组. 但线性无关向量组却不一定是正交向量组. 例如，$\boldsymbol{\alpha}_1=\begin{bmatrix}1\\0\\0\end{bmatrix}$，$\boldsymbol{\alpha}_2=\begin{bmatrix}1\\1\\0\end{bmatrix}$，$\boldsymbol{\alpha}_3=\begin{bmatrix}1\\1\\1\end{bmatrix}$ 是线性无关向量组，但由于 $[\boldsymbol{\alpha}_1,\boldsymbol{\alpha}_2]=1$，$[\boldsymbol{\alpha}_2,\boldsymbol{\alpha}_3]=2$，$[\boldsymbol{\alpha}_1,\boldsymbol{\alpha}_3]=1$，因此，它不是正交向量组.

然而，对任意一个线性无关 n 维向量组，我们总可以找到一个与其等价的正交单位向量组.

定义 5.1.4 设 n 维向量 $\boldsymbol{e}_1$，$\boldsymbol{e}_2$，…，$\boldsymbol{e}_r$ 是向量空间 $V(V\subset\mathbf{R}^n)$ 的一个基，如果 $\boldsymbol{e}_1$，$\boldsymbol{e}_2$，…，$\boldsymbol{e}_r$ 两两正交，且都是单位向量，则称 $\boldsymbol{e}_1$，$\boldsymbol{e}_2$，…，$\boldsymbol{e}_r$ 是 V 的一个**规范正交基**.

设线性无关向量组 $\boldsymbol{\alpha}_1$，$\boldsymbol{\alpha}_2$，…，$\boldsymbol{\alpha}_r$ 是向量空间 V 的一个基，要求 V 的一个规范正交基，即要找到一组两两正交的单位向量 $\boldsymbol{e}_1$，$\boldsymbol{e}_2$，…，$\boldsymbol{e}_r$，使得 $\boldsymbol{e}_1$，$\boldsymbol{e}_2$，…，$\boldsymbol{e}_r$ 与 $\boldsymbol{\alpha}_1$，$\boldsymbol{\alpha}_2$，…，$\boldsymbol{\alpha}_r$ 等价，这样的一个问题，称为把 $\boldsymbol{\alpha}_1$，$\boldsymbol{\alpha}_2$，…，$\boldsymbol{\alpha}_r$ 这个基规范正交化.

线性无关向量组的规范正交化的具体方法如下：

设 $\boldsymbol{\alpha}_1$，$\boldsymbol{\alpha}_2$，…，$\boldsymbol{\alpha}_r$ 是线性无关向量组. 先取

$$\boldsymbol{\beta}_1=\boldsymbol{\alpha}_1$$

令 $\boldsymbol{\beta}_2=\boldsymbol{\alpha}_2+k\boldsymbol{\beta}_1$（$k$ 待定），使 $\boldsymbol{\beta}_2$ 与 $\boldsymbol{\beta}_1$ 正交，即有

$$[\boldsymbol{\beta}_2, \boldsymbol{\beta}_1] = [\boldsymbol{\alpha}_2 + k\boldsymbol{\beta}_1, \boldsymbol{\beta}_1] = [\boldsymbol{\alpha}_2, \boldsymbol{\beta}_1] + k[\boldsymbol{\beta}_1, \boldsymbol{\beta}_1] = 0$$

于是得

$$k = -\frac{[\boldsymbol{\alpha}_2, \boldsymbol{\beta}_1]}{[\boldsymbol{\beta}_1, \boldsymbol{\beta}_1]}$$

从而得

$$\boldsymbol{\beta}_2 = \boldsymbol{\alpha}_2 - \frac{[\boldsymbol{\alpha}_2, \boldsymbol{\beta}_1]}{[\boldsymbol{\beta}_1, \boldsymbol{\beta}_1]}\boldsymbol{\beta}_1$$

这样得到两个向量 $\boldsymbol{\beta}_1$，$\boldsymbol{\beta}_2$，有$[\boldsymbol{\beta}_1, \boldsymbol{\beta}_2]=0$，即 $\boldsymbol{\beta}_1$，$\boldsymbol{\beta}_2$ 正交. 再令 $\boldsymbol{\beta}_3 = \boldsymbol{\alpha}_3 + k_1\boldsymbol{\beta}_1 + k_2\boldsymbol{\beta}_2$（$k_1$，$k_2$待定），使 $\boldsymbol{\beta}_3$ 与 $\boldsymbol{\beta}_1$，$\boldsymbol{\beta}_2$ 彼此正交，满足$[\boldsymbol{\beta}_1, \boldsymbol{\beta}_3]=0$，$[\boldsymbol{\beta}_2, \boldsymbol{\beta}_3]=0$，即有

$$[\boldsymbol{\beta}_3, \boldsymbol{\beta}_1] = [\boldsymbol{\alpha}_3, \boldsymbol{\beta}_1] + k_1[\boldsymbol{\beta}_1, \boldsymbol{\beta}_1] = 0$$

以及

$$[\boldsymbol{\beta}_3, \boldsymbol{\beta}_2] = [\boldsymbol{\alpha}_3, \boldsymbol{\beta}_2] + k_2[\boldsymbol{\beta}_2, \boldsymbol{\beta}_2] = 0$$

于是得

$$k_1 = -\frac{[\boldsymbol{\alpha}_3, \boldsymbol{\beta}_1]}{[\boldsymbol{\beta}_1, \boldsymbol{\beta}_1]}, \quad k_2 = -\frac{[\boldsymbol{\alpha}_3, \boldsymbol{\beta}_2]}{[\boldsymbol{\beta}_2, \boldsymbol{\beta}_2]}$$

所以

$$\boldsymbol{\beta}_3 = \boldsymbol{\alpha}_3 - \frac{[\boldsymbol{\alpha}_3, \boldsymbol{\beta}_1]}{[\boldsymbol{\beta}_1, \boldsymbol{\beta}_1]}\boldsymbol{\beta}_1 - \frac{[\boldsymbol{\alpha}_3, \boldsymbol{\beta}_2]}{[\boldsymbol{\beta}_2, \boldsymbol{\beta}_2]}\boldsymbol{\beta}_2$$

这样求得的三个向量 $\boldsymbol{\beta}_1$，$\boldsymbol{\beta}_2$，$\boldsymbol{\beta}_3$ 彼此两两正交.

以此类推，一般有

$$\boldsymbol{\beta}_j = \boldsymbol{\alpha}_j - \frac{[\boldsymbol{\alpha}_j, \boldsymbol{\beta}_1]}{[\boldsymbol{\beta}_1, \boldsymbol{\beta}_1]}\boldsymbol{\beta}_1 - \frac{[\boldsymbol{\alpha}_j, \boldsymbol{\beta}_2]}{[\boldsymbol{\beta}_2, \boldsymbol{\beta}_2]}\boldsymbol{\beta}_2 - \cdots - \frac{[\boldsymbol{\alpha}_j, \boldsymbol{\beta}_{j-1}]}{[\boldsymbol{\beta}_{j-1}, \boldsymbol{\beta}_{j-1}]}\boldsymbol{\beta}_{j-1}$$

$$(j = 2, 3, \cdots, r)$$

可以证明，这样得到的正交向量组 $\boldsymbol{\beta}_1$，$\boldsymbol{\beta}_2$，…，$\boldsymbol{\beta}_r$ 与向量组 $\boldsymbol{\alpha}_1$，$\boldsymbol{\alpha}_2$，…，$\boldsymbol{\alpha}_r$ 等价.

如果将 $\boldsymbol{\beta}_1$，$\boldsymbol{\beta}_2$，…，$\boldsymbol{\beta}_r$ 单位化

$$\boldsymbol{e}_1 = \frac{\boldsymbol{\beta}_1}{\|\boldsymbol{\beta}_1\|}, \ \boldsymbol{e}_2 = \frac{\boldsymbol{\beta}_2}{\|\boldsymbol{\beta}_2\|}, \ \cdots, \ \boldsymbol{e}_r = \frac{\boldsymbol{\beta}_r}{\|\boldsymbol{\beta}_r\|}$$

就得到与 $\boldsymbol{\alpha}_1$，$\boldsymbol{\alpha}_2$，…，$\boldsymbol{\alpha}_r$ 等价的单位正交向量组 $\boldsymbol{e}_1$，$\boldsymbol{e}_2$，…，$\boldsymbol{e}_r$.

上述从线性无关向量组 $\boldsymbol{\alpha}_1$，$\boldsymbol{\alpha}_2$，…，$\boldsymbol{\alpha}_r$ 导出正交向量组 $\boldsymbol{\beta}_1$，$\boldsymbol{\beta}_2$，…，$\boldsymbol{\beta}_r$ 的过程称为**施密特**(Schmidt)**正交化过程**.

例 5.1.3 试用施密特正交化过程，求与线性无关向量组 $\boldsymbol{\alpha}_1 = \begin{bmatrix} 1 \\ 2 \\ 2 \\ -1 \end{bmatrix}$，$\boldsymbol{\alpha}_2 = \begin{bmatrix} 1 \\ 1 \\ -5 \\ 3 \end{bmatrix}$，$\boldsymbol{\alpha}_3 = \begin{bmatrix} 3 \\ 2 \\ 8 \\ -7 \end{bmatrix}$ 等价的正交向量组.

解 令

$$\boldsymbol{\beta}_1=\boldsymbol{\alpha}_1=\begin{bmatrix}1\\2\\2\\-1\end{bmatrix}$$

$$\boldsymbol{\beta}_2=\boldsymbol{\alpha}_2-\frac{[\boldsymbol{\alpha}_2,\boldsymbol{\beta}_1]}{[\boldsymbol{\beta}_1,\boldsymbol{\beta}_1]}\boldsymbol{\beta}_1=\begin{bmatrix}1\\1\\-5\\3\end{bmatrix}-\frac{-10}{10}\begin{bmatrix}1\\2\\2\\-1\end{bmatrix}=\begin{bmatrix}2\\3\\-3\\2\end{bmatrix}$$

$$\boldsymbol{\beta}_3=\boldsymbol{\alpha}_3-\frac{[\boldsymbol{\alpha}_3,\boldsymbol{\beta}_1]}{[\boldsymbol{\beta}_1,\boldsymbol{\beta}_1]}\boldsymbol{\beta}_1-\frac{[\boldsymbol{\alpha}_3,\boldsymbol{\beta}_2]}{[\boldsymbol{\beta}_2,\boldsymbol{\beta}_2]}\boldsymbol{\beta}_2$$

$$=\begin{bmatrix}3\\2\\8\\-7\end{bmatrix}-\frac{30}{10}\begin{bmatrix}1\\2\\2\\-1\end{bmatrix}-\frac{-26}{26}\begin{bmatrix}2\\3\\-3\\2\end{bmatrix}=\begin{bmatrix}2\\-1\\-1\\-2\end{bmatrix}$$

$\boldsymbol{\beta}_1$，$\boldsymbol{\beta}_2$，$\boldsymbol{\beta}_3$就是与$\boldsymbol{\alpha}_1$，$\boldsymbol{\alpha}_2$，$\boldsymbol{\alpha}_3$等价的正交向量组.

例 5.1.4 试用施密特正交化过程将$\boldsymbol{\alpha}_1=\begin{bmatrix}-1\\1\\0\\0\end{bmatrix}$，$\boldsymbol{\alpha}_2=\begin{bmatrix}-1\\0\\1\\0\end{bmatrix}$，$\boldsymbol{\alpha}_3=\begin{bmatrix}-1\\0\\0\\1\end{bmatrix}$正交化.

解 令

$$\boldsymbol{\beta}_1=\boldsymbol{\alpha}_1=\begin{bmatrix}-1\\1\\0\\0\end{bmatrix}$$

$$\boldsymbol{\beta}_2=\boldsymbol{\alpha}_2-\frac{[\boldsymbol{\alpha}_2,\boldsymbol{\beta}_1]}{[\boldsymbol{\beta}_1,\boldsymbol{\beta}_1]}\boldsymbol{\beta}_1=\begin{bmatrix}-1\\0\\1\\0\end{bmatrix}-\frac{1}{2}\begin{bmatrix}-1\\1\\0\\0\end{bmatrix}=\begin{bmatrix}-1/2\\-1/2\\1\\0\end{bmatrix}$$

$$\boldsymbol{\beta}_3=\boldsymbol{\alpha}_3-\frac{[\boldsymbol{\alpha}_3,\boldsymbol{\beta}_1]}{[\boldsymbol{\beta}_1,\boldsymbol{\beta}_1]}\boldsymbol{\beta}_1-\frac{[\boldsymbol{\alpha}_3,\boldsymbol{\beta}_2]}{[\boldsymbol{\beta}_2,\boldsymbol{\beta}_2]}\boldsymbol{\beta}_2=\begin{bmatrix}-1/3\\-1/3\\-1/3\\1\end{bmatrix}$$

$\boldsymbol{\beta}_1$，$\boldsymbol{\beta}_2$，$\boldsymbol{\beta}_3$就是与$\boldsymbol{\alpha}_1$，$\boldsymbol{\alpha}_2$，$\boldsymbol{\alpha}_3$等价的正交向量组.

例 5.1.5 试用施密特正交化过程，求与线性无关向量组

$$\boldsymbol{\alpha}_1=\begin{bmatrix}1\\0\\0\end{bmatrix},\quad\boldsymbol{\alpha}_2=\begin{bmatrix}1\\1\\0\end{bmatrix},\quad\boldsymbol{\alpha}_3=\begin{bmatrix}1\\1\\1\end{bmatrix}$$

等价的单位正交向量组.

解 取

$$\boldsymbol{\beta}_1 = \boldsymbol{\alpha}_1 = \begin{bmatrix} 1 \\ 0 \\ 0 \end{bmatrix}$$

$$\boldsymbol{\beta}_2 = \boldsymbol{\alpha}_2 - \frac{[\boldsymbol{\alpha}_2, \boldsymbol{\beta}_1]}{[\boldsymbol{\beta}_1, \boldsymbol{\beta}_1]}\boldsymbol{\beta}_1 = \begin{bmatrix} 1 \\ 1 \\ 0 \end{bmatrix} - \frac{1}{1}\begin{bmatrix} 1 \\ 0 \\ 0 \end{bmatrix} = \begin{bmatrix} 0 \\ 1 \\ 0 \end{bmatrix}$$

$$\begin{aligned} \boldsymbol{\beta}_3 &= \boldsymbol{\alpha}_3 - \frac{[\boldsymbol{\alpha}_3, \boldsymbol{\beta}_1]}{[\boldsymbol{\beta}_1, \boldsymbol{\beta}_1]}\boldsymbol{\beta}_1 - \frac{[\boldsymbol{\alpha}_3, \boldsymbol{\beta}_2]}{[\boldsymbol{\beta}_2, \boldsymbol{\beta}_2]}\boldsymbol{\beta}_2 \\ &= \begin{bmatrix} 1 \\ 1 \\ 1 \end{bmatrix} - \frac{1}{1}\begin{bmatrix} 1 \\ 0 \\ 0 \end{bmatrix} - \frac{1}{1}\begin{bmatrix} 0 \\ 1 \\ 0 \end{bmatrix} = \begin{bmatrix} 0 \\ 0 \\ 1 \end{bmatrix} \end{aligned}$$

$\boldsymbol{\beta}_1$，$\boldsymbol{\beta}_2$，$\boldsymbol{\beta}_3$就是与$\boldsymbol{\alpha}_1$，$\boldsymbol{\alpha}_2$，$\boldsymbol{\alpha}_3$等价的单位正交向量组.

当然，与$\boldsymbol{\alpha}_1$，$\boldsymbol{\alpha}_2$，$\boldsymbol{\alpha}_3$等价的单位正交向量组并不唯一，由于正交化过程所取向量的次序不同，所得的结果不同，从而计算的难易程度也不同. 下面再解本题，请读者做比较.

令

$$\boldsymbol{\gamma}_1 = \boldsymbol{\alpha}_3 = \begin{bmatrix} 1 \\ 1 \\ 1 \end{bmatrix}$$

$$\boldsymbol{\gamma}_2 = \boldsymbol{\alpha}_2 - \frac{[\boldsymbol{\alpha}_2, \boldsymbol{\gamma}_1]}{[\boldsymbol{\gamma}_1, \boldsymbol{\gamma}_1]}\boldsymbol{\gamma}_1 = \begin{bmatrix} 1 \\ 1 \\ 0 \end{bmatrix} - \frac{2}{3}\begin{bmatrix} 1 \\ 1 \\ 1 \end{bmatrix} = \begin{bmatrix} \frac{1}{3} \\ \frac{1}{3} \\ -\frac{2}{3} \end{bmatrix}$$

$$\begin{aligned} \boldsymbol{\gamma}_3 &= \boldsymbol{\alpha}_1 - \frac{[\boldsymbol{\alpha}_1, \boldsymbol{\gamma}_1]}{[\boldsymbol{\gamma}_1, \boldsymbol{\gamma}_1]}\boldsymbol{\gamma}_1 - \frac{[\boldsymbol{\alpha}_1, \boldsymbol{\gamma}_2]}{[\boldsymbol{\gamma}_2, \boldsymbol{\gamma}_2]}\boldsymbol{\gamma}_2 \\ &= \begin{bmatrix} 1 \\ 0 \\ 0 \end{bmatrix} - \frac{1}{3}\begin{bmatrix} 1 \\ 1 \\ 1 \end{bmatrix} - \frac{1}{2}\begin{bmatrix} \frac{1}{3} \\ \frac{1}{3} \\ -\frac{2}{3} \end{bmatrix} = \begin{bmatrix} \frac{1}{2} \\ -\frac{1}{2} \\ 0 \end{bmatrix} \end{aligned}$$

然后再取

$$\boldsymbol{e}_1 = \frac{\boldsymbol{\gamma}_1}{\|\boldsymbol{\gamma}_1\|} = \begin{bmatrix} \frac{1}{\sqrt{3}} \\ \frac{1}{\sqrt{3}} \\ \frac{1}{\sqrt{3}} \end{bmatrix}, \quad \boldsymbol{e}_2 = \frac{\boldsymbol{\gamma}_2}{\|\boldsymbol{\gamma}_2\|} = \begin{bmatrix} \frac{1}{\sqrt{6}} \\ \frac{1}{\sqrt{6}} \\ -\frac{2}{\sqrt{6}} \end{bmatrix}, \quad \boldsymbol{e}_3 = \frac{\boldsymbol{\gamma}_3}{\|\boldsymbol{\gamma}_3\|} = \begin{bmatrix} \frac{1}{\sqrt{2}} \\ -\frac{1}{\sqrt{2}} \\ 0 \end{bmatrix}$$

则$\boldsymbol{e}_1$，$\boldsymbol{e}_2$，$\boldsymbol{e}_3$也是与$\boldsymbol{\alpha}_1$，$\boldsymbol{\alpha}_2$，$\boldsymbol{\alpha}_3$等价的单位正交向量组.

例 5.1.6 已知 $\boldsymbol{\alpha}_1=\begin{bmatrix}1\\-1\\1\end{bmatrix}$，求一组非零向量 $\boldsymbol{\alpha}_2$，$\boldsymbol{\alpha}_3$，使得 $\boldsymbol{\alpha}_1$，$\boldsymbol{\alpha}_2$，$\boldsymbol{\alpha}_3$ 两两正交.

解 $\boldsymbol{\alpha}_2$，$\boldsymbol{\alpha}_3$ 应满足方程 $\boldsymbol{\alpha}_1^{\mathrm{T}}x=\mathbf{0}$，即

$$x_1-x_2+x_3=0$$

它的基础解系为

$$\boldsymbol{\xi}_1=\begin{bmatrix}1\\1\\0\end{bmatrix},\quad \boldsymbol{\xi}_2=\begin{bmatrix}0\\1\\1\end{bmatrix}$$

把基础解系正交化，即为所求，亦即取

$$\boldsymbol{\alpha}_2=\boldsymbol{\xi}_1,\quad \boldsymbol{\alpha}_3=\boldsymbol{\xi}_2-\frac{[\boldsymbol{\xi}_2,\boldsymbol{\xi}_1]}{[\boldsymbol{\xi}_1,\boldsymbol{\xi}_1]}\boldsymbol{\xi}_1$$

于是得

$$\boldsymbol{\alpha}_2=\boldsymbol{\xi}_1=\begin{bmatrix}1\\1\\0\end{bmatrix}$$

$$\boldsymbol{\alpha}_3=\boldsymbol{\xi}_2-\frac{[\boldsymbol{\xi}_2,\boldsymbol{\xi}_1]}{[\boldsymbol{\xi}_1,\boldsymbol{\xi}_1]}\boldsymbol{\xi}_1=\begin{bmatrix}0\\1\\1\end{bmatrix}-\frac{1}{2}\begin{bmatrix}1\\1\\0\end{bmatrix}=\frac{1}{2}\begin{bmatrix}-1\\1\\2\end{bmatrix}$$

5.1.3 正交矩阵

定义 5.1.5 如果 n 阶矩阵 $\boldsymbol{A}$ 满足

$$\boldsymbol{A}^{\mathrm{T}}\boldsymbol{A}=\boldsymbol{E}(\text{即 }\boldsymbol{A}^{-1}=\boldsymbol{A}^{\mathrm{T}})$$

则称 $\boldsymbol{A}$ 为正交矩阵(简称正交阵).

例如，设 $\boldsymbol{Q}=\begin{bmatrix}\frac{\sqrt{2}}{2} & -\frac{\sqrt{2}}{2}\\ \frac{\sqrt{2}}{2} & \frac{\sqrt{2}}{2}\end{bmatrix}$，那么 $\boldsymbol{Q}^{\mathrm{T}}=\begin{bmatrix}\frac{\sqrt{2}}{2} & \frac{\sqrt{2}}{2}\\ -\frac{\sqrt{2}}{2} & \frac{\sqrt{2}}{2}\end{bmatrix}$，可以验证 $\boldsymbol{Q}^{\mathrm{T}}\boldsymbol{Q}=\boldsymbol{E}$，所以 $\boldsymbol{Q}$ 是一个正交阵.

正交阵具有以下性质：

性质 1 设 $\boldsymbol{A}$ 是正交阵，则 $\boldsymbol{A}$ 的行列式 $|\boldsymbol{A}|=\pm 1$.

证 由定义 5.1.5 可知，$\boldsymbol{A}$ 是正交阵，必有 $\boldsymbol{A}^{\mathrm{T}}\boldsymbol{A}=\boldsymbol{E}$，更进一步，有

$$|\boldsymbol{A}^{\mathrm{T}}\boldsymbol{A}|=|\boldsymbol{A}^{\mathrm{T}}|\,|\boldsymbol{A}|=|\boldsymbol{A}|^2=|\boldsymbol{E}|=1$$

即有 $|\boldsymbol{A}|=\pm 1$. **证毕**

性质 2 $\boldsymbol{A}$ 是正交阵的充分必要条件是 $\boldsymbol{A}$ 的 n 个列向量是单位正交向量组.

证 设 $\boldsymbol{A}$ 是 n 阶正交阵，记 $\boldsymbol{A}=(\boldsymbol{\alpha}_1,\boldsymbol{\alpha}_2,\cdots,\boldsymbol{\alpha}_n)$，由定义 5.1.5 可知

$$\boldsymbol{A}^{\mathrm{T}}\boldsymbol{A}=\begin{bmatrix}\boldsymbol{\alpha}_1^{\mathrm{T}}\\ \boldsymbol{\alpha}_2^{\mathrm{T}}\\ \vdots\\ \boldsymbol{\alpha}_n^{\mathrm{T}}\end{bmatrix}(\boldsymbol{\alpha}_1,\boldsymbol{\alpha}_2,\cdots,\boldsymbol{\alpha}_n)=\begin{bmatrix}\boldsymbol{\alpha}_1^{\mathrm{T}}\boldsymbol{\alpha}_1 & \boldsymbol{\alpha}_1^{\mathrm{T}}\boldsymbol{\alpha}_2 & \cdots & \boldsymbol{\alpha}_1^{\mathrm{T}}\boldsymbol{\alpha}_n\\ \boldsymbol{\alpha}_2^{\mathrm{T}}\boldsymbol{\alpha}_1 & \boldsymbol{\alpha}_2^{\mathrm{T}}\boldsymbol{\alpha}_2 & \cdots & \boldsymbol{\alpha}_2^{\mathrm{T}}\boldsymbol{\alpha}_n\\ \vdots & \vdots & & \vdots\\ \boldsymbol{\alpha}_n^{\mathrm{T}}\boldsymbol{\alpha}_1 & \boldsymbol{\alpha}_n^{\mathrm{T}}\boldsymbol{\alpha}_2 & \cdots & \boldsymbol{\alpha}_n^{\mathrm{T}}\boldsymbol{\alpha}_n\end{bmatrix}=\begin{bmatrix}1 & & & \\ & 1 & & \\ & & \ddots & \\ & & & 1\end{bmatrix}$$

因此，$\boldsymbol{A}$ 的 n 个列向量应满足

$$\boldsymbol{\alpha}_i^{\mathrm{T}}\boldsymbol{\alpha}_j=\begin{cases}1, & i=j\\0, & i\neq j\end{cases}\qquad (i,\ j=1,\ 2,\ \cdots,\ n)$$

即 $\boldsymbol{A}$ 的 n 个列向量是单位正交向量组.

由于上述过程可逆，因此，当 n 个 n 维列向量是单位正交向量组时，它们构成的矩阵一定是正交阵. **证毕**

设 $\boldsymbol{A}$ 是正交阵，那么，$\boldsymbol{A}^{\mathrm{T}}\boldsymbol{A}=\boldsymbol{E}$. 由转置矩阵的性质，也有 $\boldsymbol{A}\boldsymbol{A}^{\mathrm{T}}=\boldsymbol{E}$. 所以，上述结论对 $\boldsymbol{A}$ 的行向量也成立.

例如，矩阵 $\boldsymbol{A}=\begin{bmatrix}\frac{\sqrt{2}}{2} & \frac{\sqrt{2}}{2} & 0\\ \frac{\sqrt{2}}{2} & -\frac{\sqrt{2}}{2} & 0\\ 0 & 0 & 1\end{bmatrix}$为正交阵. 因为

$$\boldsymbol{A}^{\mathrm{T}}\boldsymbol{A}=\begin{bmatrix}\frac{\sqrt{2}}{2} & \frac{\sqrt{2}}{2} & 0\\ \frac{\sqrt{2}}{2} & -\frac{\sqrt{2}}{2} & 0\\ 0 & 0 & 1\end{bmatrix}\begin{bmatrix}\frac{\sqrt{2}}{2} & \frac{\sqrt{2}}{2} & 0\\ \frac{\sqrt{2}}{2} & -\frac{\sqrt{2}}{2} & 0\\ 0 & 0 & 1\end{bmatrix}=\begin{bmatrix}1 & & \\ & 1 & \\ & & 1\end{bmatrix}$$

由定义 5.1.5 可知，$\boldsymbol{A}$ 是正交阵.

方阵 $\boldsymbol{A}=\begin{bmatrix}1 & -\frac{1}{2} & \frac{1}{3}\\ -\frac{1}{2} & 1 & \frac{1}{2}\\ \frac{1}{3} & \frac{1}{2} & -1\end{bmatrix}$不是正交阵. 因为 $\boldsymbol{A}$ 中任意两个列向量彼此都不正交，且 $\boldsymbol{A}$ 中任意一个列向量都不是单位向量.

性质 3 设 $\boldsymbol{A}$，$\boldsymbol{B}$ 都是正交阵，那么，$\boldsymbol{AB}$ 也是正交阵.

证 因为 $\boldsymbol{A}$，$\boldsymbol{B}$ 都是正交阵，那么

$$\boldsymbol{A}^{\mathrm{T}}\boldsymbol{A}=\boldsymbol{E}$$

且

$$\boldsymbol{B}^{\mathrm{T}}\boldsymbol{B}=\boldsymbol{E}$$

推得

$$(\boldsymbol{AB})^{\mathrm{T}}(\boldsymbol{AB})=(\boldsymbol{B}^{\mathrm{T}}\boldsymbol{A}^{\mathrm{T}})(\boldsymbol{AB})=\boldsymbol{B}^{\mathrm{T}}(\boldsymbol{A}^{\mathrm{T}}\boldsymbol{A})\boldsymbol{B}$$
$$\boldsymbol{B}^{\mathrm{T}}\boldsymbol{E}\boldsymbol{B}=\boldsymbol{B}^{\mathrm{T}}\boldsymbol{B}=\boldsymbol{E}$$

所以，$\boldsymbol{AB}$ 也是正交阵. **证毕**

5.2 方阵的特征值及特征向量

5.2.1 特征值与特征向量的概念

定义 5.2.1 设 $\boldsymbol{A}$ 是 n 阶方阵，若存在数 λ 和非零向量 $\boldsymbol{x}$，使得

$$Ax = \lambda x \tag{5.2.1}$$
成立，则称数 λ 为方阵 A 的**特征值**，非零向量 x 是方阵对应于 λ 的**特征向量**.

例如，对方阵 $A=\begin{bmatrix}2&&\\&2&\\&&2\end{bmatrix}$，有 $\begin{bmatrix}2&&\\&2&\\&&2\end{bmatrix}\begin{pmatrix}1\\2\\3\end{pmatrix}=2\begin{pmatrix}1\\2\\3\end{pmatrix}$，此时 2 称为 A 的特征值，而 $\begin{bmatrix}1\\2\\3\end{bmatrix}$ 称为对应于 2 的特征向量.

一般来说，特征值和特征向量是成对出现的，但它们之间不是一一对应关系，一个特征值可能对应多个特征向量.

关于特征向量，应当注意：

(1) 特征向量是非零向量，即零向量不能作为特征向量；

(2) 若 x 是方阵 A 对应于特征值 λ 的特征向量，则 $kx(k\neq 0)$ 亦是 A 对应于 λ 的特征向量.

式(5.2.1)也可写成
$$(A-\lambda E)x = 0 \tag{5.2.2}$$
这是 n 个未知数 n 个方程的齐次线性方程组，它有非零解的充分必要条件是系数行列式
$$|A-\lambda E| = 0 \tag{5.2.3}$$
上式是以 λ 为未知数的一元 n 次方程，称为方阵 A 的**特征方程**. 其左端 $|A-\lambda E|$ 是 λ 的 n 次多项式，记作 $f(\lambda)$，称为方阵 A 的**特征多项式**. 即
$$f(\lambda)=\begin{vmatrix}a_{11}-\lambda & a_{12} & \cdots & a_{1n}\\ a_{21} & a_{22}-\lambda & \cdots & a_{2n}\\ \vdots & \vdots & & \vdots\\ a_{n1} & a_{n2} & \cdots & a_{nn}-\lambda\end{vmatrix}$$
显然，A 的特征值就是特征方程的解. 特征方程在复数范围内恒有解，其个数为方程的次数(重根按重数计算). 因此，在复数范围内，n 阶方阵 A 有 n 个特征根.

设 n 阶方阵 $A=(a_{ij})$ 的特征值为 $\lambda_1, \lambda_2, \cdots, \lambda_n$，由多项式根与系数之间的关系，可得：

(1) $\lambda_1+\lambda_2+\cdots+\lambda_n=a_{11}+a_{22}+\cdots+a_{nn}$；

(2) $\lambda_1\lambda_2\cdots\lambda_n=|A|$.

请读者自行证明.

设 λ_i 为方阵 A 的一个特征值，则由齐次方程组
$$(A-\lambda_i E)x = 0$$
可求得非零解 $x=p_i$，且它的每一个非零解都是方阵 A 对应于特征值 λ_i 的特征向量（若 λ_i 为实数，则特征向量 p_i 为实向量；若 λ_i 为复数，则特征向量 p_i 为复向量）.

例 5.2.1 求方阵 $A=\begin{bmatrix}2&0\\1&4\end{bmatrix}$ 的特征值和特征向量.

解 因为 $f(\lambda)=|A-\lambda E|=\begin{vmatrix}2-\lambda & 0\\ 1 & 4-\lambda\end{vmatrix}=(2-\lambda)(4-\lambda)$，令 $f(\lambda)=0$，解得 A 的特征值为 $\lambda_1=2$，$\lambda_2=4$.

当 $\lambda_1=2$ 时，解齐次线性方程组 $(\boldsymbol{A}-2\boldsymbol{E})\boldsymbol{x}=\boldsymbol{0}$，化 $\boldsymbol{A}-2\boldsymbol{E}$ 为阶梯形矩阵：

$$\boldsymbol{A}-2\boldsymbol{E}=\begin{bmatrix}0 & 0\\ 1 & 2\end{bmatrix}\rightarrow\begin{bmatrix}1 & 2\\ 0 & 0\end{bmatrix}$$

解得基础解系为 $\boldsymbol{p}_1=(2,\ -1)^{\mathrm{T}}$，从而 $k_1\boldsymbol{p}_1(k_1\neq 0)$ 为 $\boldsymbol{A}$ 对应于 $\lambda_1=2$ 的全部特征向量.

当 $\lambda_2=4$ 时，解齐次线性方程组 $(\boldsymbol{A}-4\boldsymbol{E})\boldsymbol{x}=\boldsymbol{0}$，化 $\boldsymbol{A}-4\boldsymbol{E}$ 为阶梯形矩阵：

$$\boldsymbol{A}-4\boldsymbol{E}=\begin{bmatrix}-2 & 0\\ 1 & 0\end{bmatrix}\rightarrow\begin{bmatrix}1 & 0\\ 0 & 0\end{bmatrix}$$

解得基础解系为 $\boldsymbol{p}_2=(0,\ 1)^{\mathrm{T}}$，从而 $k_2\boldsymbol{p}_2(k_2\neq 0)$ 为 $\boldsymbol{A}$ 对应于 $\lambda_2=4$ 的全部特征向量.

求方阵 $\boldsymbol{A}$ 的特征值和特征向量的具体步骤如下：

(1) 求方阵 $\boldsymbol{A}$ 的特征方程 $f(\lambda)=|\boldsymbol{A}-\lambda\boldsymbol{E}|=0$ 的全部根，也就是方阵 $\boldsymbol{A}$ 的全部特征值；

(2) 对方阵 $\boldsymbol{A}$ 的每一个特征值 λ_i，求出对应齐次线性方程组 $(\boldsymbol{A}-\lambda_i\boldsymbol{E})\boldsymbol{x}=\boldsymbol{0}$ 的一个基础解系 $\boldsymbol{p}_1,\boldsymbol{p}_2,\cdots,\boldsymbol{p}_t$，则 $\boldsymbol{p}_1,\boldsymbol{p}_2,\cdots,\boldsymbol{p}_t$ 就是方阵 $\boldsymbol{A}$ 的对应于 λ_i 的 t 个线性无关的特征向量，对应于 λ_i 的全部特征向量是

$$k_1\boldsymbol{p}_1+k_2\boldsymbol{p}_2+\cdots+k_t\boldsymbol{p}_t$$

其中，$k_1,k_2,\cdots,k_t$ 是不全为零的数.

例 5.2.2 求方阵

$$\boldsymbol{A}=\begin{bmatrix}-1 & 1 & 0\\ -4 & 3 & 0\\ 1 & 0 & 2\end{bmatrix}$$

的特征值和特征向量.

解 因为

$$f(\lambda)=|\boldsymbol{A}-\lambda\boldsymbol{E}|=\begin{vmatrix}-1-\lambda & 1 & 0\\ -4 & 3-\lambda & 0\\ 1 & 0 & 2-\lambda\end{vmatrix}=(2-\lambda)(1-\lambda)^2$$

令 $f(\lambda)=0$，解得 $\boldsymbol{A}$ 的特征值为 $\lambda_1=2$，$\lambda_2=\lambda_3=1$.

当 $\lambda_1=2$ 时，解齐次线性方程组 $(\boldsymbol{A}-2\boldsymbol{E})\boldsymbol{x}=\boldsymbol{0}$，化 $\boldsymbol{A}-2\boldsymbol{E}$ 为阶梯形矩阵：

$$\boldsymbol{A}-2\boldsymbol{E}=\begin{bmatrix}-3 & 1 & 0\\ -4 & 1 & 0\\ 1 & 0 & 0\end{bmatrix}\rightarrow\begin{bmatrix}1 & 0 & 0\\ 0 & 1 & 0\\ 0 & 0 & 0\end{bmatrix}$$

解得基础解系为 $\boldsymbol{p}_1=(0,\ 0,\ 1)^{\mathrm{T}}$，从而 $k_1\boldsymbol{p}_1(k_1\neq 0)$ 是对应于 $\lambda_1=2$ 的全部特征向量.

当 $\lambda_2=\lambda_3=1$ 时，解齐次线性方程组 $(\boldsymbol{A}-\boldsymbol{E})\boldsymbol{x}=\boldsymbol{0}$，化 $\boldsymbol{A}-\boldsymbol{E}$ 为阶梯形矩阵：

$$\boldsymbol{A}-\boldsymbol{E}=\begin{bmatrix}-2 & 1 & 0\\ -4 & 2 & 0\\ 1 & 0 & 1\end{bmatrix}\rightarrow\begin{bmatrix}1 & 0 & 1\\ 0 & 1 & 2\\ 0 & 0 & 0\end{bmatrix}$$

解得基础解系为 $\boldsymbol{p}_2=(1,\ 2,\ -1)^{\mathrm{T}}$，从而 $k_2\boldsymbol{p}_2(k_2\neq 0)$ 是对应于 $\lambda_2=\lambda_3=1$ 的全部特征向量.

注意 (1) $\boldsymbol{A}$ 的特征值 λ 是特征方程 $|\lambda\boldsymbol{E}-\boldsymbol{A}|=0$ 的根，也是 $|\boldsymbol{A}-\lambda\boldsymbol{E}|=0$ 的根.

(2) $\boldsymbol{A}$ 的对应特征值 λ 的特征向量是齐次方程组 $(\lambda\boldsymbol{E}-\boldsymbol{A})\boldsymbol{x}=\boldsymbol{0}$ 的非零解，也是 $(\boldsymbol{A}-\lambda\boldsymbol{E})\boldsymbol{x}=\boldsymbol{0}$ 的非零解.

所以上述两种表示法均可使用.

例 5.2.3 求方阵

$$\boldsymbol{A}=\begin{bmatrix}2 & 2 & -2\\ 2 & 5 & -4\\ -2 & -4 & 5\end{bmatrix}$$

的特征值和特征向量.

解 因为

$$f(\lambda)=|\boldsymbol{A}-\lambda\boldsymbol{E}|=\begin{vmatrix}2-\lambda & 2 & -2\\ 2 & 5-\lambda & -4\\ -2 & -4 & 5-\lambda\end{vmatrix}$$
$$=(10-\lambda)(\lambda-1)^2$$

令 $f(\lambda)=0$，解得 $\boldsymbol{A}$ 的特征值为 $\lambda_1=10$，$\lambda_2=\lambda_3=1$.

当 $\lambda_1=10$ 时，解齐次线性方程组 $(\boldsymbol{A}-10\boldsymbol{E})\boldsymbol{x}=\boldsymbol{0}$，化 $\boldsymbol{A}-10\boldsymbol{E}$ 为阶梯形矩阵：

$$\boldsymbol{A}-10\boldsymbol{E}=\begin{bmatrix}-8 & 2 & -2\\ 2 & -5 & -4\\ -2 & -4 & -5\end{bmatrix}\rightarrow\begin{bmatrix}1 & 0 & \frac{1}{2}\\ 0 & 1 & 1\\ 0 & 0 & 0\end{bmatrix}$$

解得基础解系为 $\boldsymbol{p}_1=(1, 2, -2)^{\mathrm{T}}$，从而 $k_1\boldsymbol{p}_1(k_1\neq 0)$ 是对应于 $\lambda_1=10$ 的全部特征向量.

当 $\lambda_2=\lambda_3=1$ 时，解齐次线性方程组 $(\boldsymbol{A}-\boldsymbol{E})\boldsymbol{x}=\boldsymbol{0}$，化 $\boldsymbol{A}-\boldsymbol{E}$ 为阶梯形矩阵：

$$\boldsymbol{A}-\boldsymbol{E}=\begin{bmatrix}1 & 2 & -2\\ 2 & 4 & -4\\ -2 & -4 & 4\end{bmatrix}\rightarrow\begin{bmatrix}1 & 2 & -2\\ 0 & 0 & 0\\ 0 & 0 & 0\end{bmatrix}$$

解得基础解系为 $\boldsymbol{p}_2=(-2, 1, 0)^{\mathrm{T}}$，$\boldsymbol{p}_3=(2, 0, 1)^{\mathrm{T}}$，从而 $k_2\boldsymbol{p}_2+k_3\boldsymbol{p}_3(k_2, k_3$ 不同时为零) 是对应于 $\lambda_2=\lambda_3=1$ 的全部特征向量.

例 5.2.4 试证：n 阶矩阵 $\boldsymbol{A}$ 是奇异矩阵的充分必要条件是 $\boldsymbol{A}$ 有一个特征值为零.

证 先证必要性. 若 $\boldsymbol{A}$ 是奇异矩阵，则 $|\boldsymbol{A}|=0$. 于是

$$|0\boldsymbol{E}-\boldsymbol{A}|=|-\boldsymbol{A}|=(-1)^n|\boldsymbol{A}|=0$$

即 0 是 $\boldsymbol{A}$ 的一个特征值.

再证充分性. 设 $\boldsymbol{A}$ 有一个特征值为 0，对应的特征向量为 $\boldsymbol{p}$，由特征值的定义，有

$$\boldsymbol{Ap}=0\boldsymbol{p}=\boldsymbol{0}\quad(\boldsymbol{p}\neq\boldsymbol{0})$$

所以齐次线性方程组 $\boldsymbol{Ax}=\boldsymbol{0}$ 有非零解 $\boldsymbol{p}$. 由此可知 $|\boldsymbol{A}|=0$，即 $\boldsymbol{A}$ 为奇异矩阵. **证毕**

注意 此例也可以叙述为：n 阶矩阵 $\boldsymbol{A}$ 可逆的充分必要条件是它的任一特征值不为零.

5.2.2 特征值与特征向量的性质

定理 5.2.1 设 λ 是 n 阶方阵 $\boldsymbol{A}$ 的特征值，$\boldsymbol{p}$ 是 $\boldsymbol{A}$ 对应于特征值 λ 的特征向量，则

(1) 对于任意常数 k，$k\lambda$ 是方阵 $k\boldsymbol{A}$ 的特征值；

(2) 对于任意正整数 m，λ^m 是方阵 $\boldsymbol{A}^m$ 的特征值；

(3) 若方阵 $\boldsymbol{A}$ 可逆，则 $\lambda\neq 0$，λ^{-1} 是方阵 $\boldsymbol{A}^{-1}$ 的特征值，$\lambda^{-1}|\boldsymbol{A}|$ 是方阵 $\boldsymbol{A}$ 的伴随矩阵 $\boldsymbol{A}^*$ 的特征值，且 $\boldsymbol{p}$ 仍是方阵 $k\boldsymbol{A}$，$\boldsymbol{A}^m$，$\boldsymbol{A}^{-1}$，$\boldsymbol{A}^*$ 分别对应于特征值 $k\lambda$，λ^m，λ^{-1}，$\lambda^{-1}|\boldsymbol{A}|$ 的特征向量；

(4) 方阵 $\boldsymbol{A}$ 与 $\boldsymbol{A}^{\mathrm{T}}$ 具有相同的特征多项式，因而具有相同的特征值.

证 (1)、(2)由特征值与特征向量的定义易证，下面只证(3)、(4).

(3) 设 $\boldsymbol{A}$ 可逆，由 $\boldsymbol{Ap}=\lambda\boldsymbol{p}$，两边左乘以 $\boldsymbol{A}^{-1}$ 得

$$\boldsymbol{A}^{-1}\boldsymbol{Ap} = \lambda\boldsymbol{A}^{-1}\boldsymbol{p}$$

即 $\lambda\boldsymbol{A}^{-1}\boldsymbol{p}=\boldsymbol{p}$，而 $\boldsymbol{p}\neq\boldsymbol{0}$，故 $\lambda\neq 0$，且 $\boldsymbol{A}^{-1}\boldsymbol{p}=\frac{1}{\lambda}\boldsymbol{p}$，即证得 $\boldsymbol{p}$ 也是方阵 $\boldsymbol{A}^{-1}$ 对应于特征值 λ^{-1} 的特征向量.

用方阵 $\boldsymbol{A}^*$ 左乘以 $\boldsymbol{Ap}=\lambda\boldsymbol{p}$ 得，$\boldsymbol{A}^*\boldsymbol{Ap}=\lambda\boldsymbol{A}^*\boldsymbol{p}$，即 $|\boldsymbol{A}|\boldsymbol{Ep}=|\boldsymbol{A}|\boldsymbol{p}=\lambda\boldsymbol{A}^*\boldsymbol{p}$，所以 $\boldsymbol{A}^*\boldsymbol{p}=\frac{1}{\lambda}|\boldsymbol{A}|\boldsymbol{p}$，即证得 $\boldsymbol{p}$ 也是方阵 $\boldsymbol{A}^*$ 对应于特征值 $\lambda^{-1}|\boldsymbol{A}|$ 的特征向量.

(4) $|\boldsymbol{A}-\lambda\boldsymbol{E}|=|(\boldsymbol{A}-\lambda\boldsymbol{E})^{\mathrm{T}}|=|\boldsymbol{A}^{\mathrm{T}}-\lambda\boldsymbol{E}|$，即证得方阵 $\boldsymbol{A}$ 与 $\boldsymbol{A}^{\mathrm{T}}$ 具有相同的特征多项式.

证毕

给定 m 次多项式 $\varphi(x)=a_0+a_1x+a_2x^2+\cdots+a_mx^m$，记

$$\varphi(\boldsymbol{A}) = a_0 + a_1\boldsymbol{A} + a_2\boldsymbol{A}^2 + \cdots + a_m\boldsymbol{A}^m$$

并称 $\varphi(\boldsymbol{A})$ 为方阵 $\boldsymbol{A}$ 的 m 次多项式. 由定理 5.2.1 得 $\varphi(\lambda)=a_0+a_1\lambda+a_2\lambda^2+\cdots+a_m\lambda^m$ 是 $\varphi(\boldsymbol{A})$ 的特征值.

例 5.2.5 设 $\boldsymbol{A}_{3\times3}$ 的特征值为 $\lambda_1=1$，$\lambda_2=2$，$\lambda_3=-3$，求 $\det(\boldsymbol{A}^3-3\boldsymbol{A}+\boldsymbol{E})$.

解 设 $f(t)=t^3-3t+1$，则 $f(\boldsymbol{A})=\boldsymbol{A}^3-3\boldsymbol{A}+\boldsymbol{E}$ 的特征值为

$$f(\lambda_1)=-1,\quad f(\lambda_2)=3,\quad f(\lambda_3)=-17$$

故

$$\det(\boldsymbol{A}^3-3\boldsymbol{A}+\boldsymbol{E})=(-1)\cdot 3\cdot(-17)=51$$

例 5.2.6 设 3 阶矩阵 $\boldsymbol{A}$ 的特征值为 1，-1，2，求 $|\boldsymbol{A}^*+3\boldsymbol{A}-2\boldsymbol{E}|$.

解 因 $\boldsymbol{A}$ 的特征值全不为 0，知 $\boldsymbol{A}$ 可逆，故

$$\boldsymbol{A}^*=|\boldsymbol{A}|\boldsymbol{A}^{-1}$$

而 $|\boldsymbol{A}|=\lambda_1\lambda_2\lambda_3=-2$，所以

$$\boldsymbol{A}^*+3\boldsymbol{A}-2\boldsymbol{E}=-2\boldsymbol{A}^{-1}+3\boldsymbol{A}-2\boldsymbol{E}$$

把上式记作 $\varphi(\boldsymbol{A})$，有 $\varphi(\lambda)=-\frac{2}{\lambda}+3\lambda-2$，故 $\varphi(\boldsymbol{A})$ 的特征值为

$$\varphi(1)=-1,\quad \varphi(-1)=-3,\quad \varphi(2)=3$$

于是

$$|\boldsymbol{A}^*+3\boldsymbol{A}-2\boldsymbol{E}|=(-1)\cdot(-3)\cdot 3=9$$

例 5.2.7 已知 $\boldsymbol{A}$ 为 n 阶方阵且 $\boldsymbol{A}^2=\boldsymbol{A}$，求 $\boldsymbol{A}$ 的特征值.

解 设 λ 为 $\boldsymbol{A}$ 的一个特征值，对应的特征向量为 $\boldsymbol{X}$，则有 $\boldsymbol{AX}=\lambda\boldsymbol{X}$，又将题意中的条件 $\boldsymbol{A}^2=\boldsymbol{A}$ 代入此式，得 $\boldsymbol{A}^2\boldsymbol{X}=\lambda\boldsymbol{X}$，但 $\boldsymbol{A}^2\boldsymbol{X}=\boldsymbol{A}(\boldsymbol{AX})=\boldsymbol{A}(\lambda\boldsymbol{X})=\lambda\boldsymbol{AX}=\lambda^2\boldsymbol{X}$，因此有 $\lambda\boldsymbol{X}=\lambda^2\boldsymbol{X}$，即 $\lambda^2\boldsymbol{X}-\lambda\boldsymbol{X}=(\lambda^2-\lambda)\boldsymbol{X}=\boldsymbol{0}$.

因为 $\boldsymbol{X}$ 为特征向量，则必不为零向量，所以只能有 $\lambda^2-\lambda=0$，即 $\lambda(\lambda-1)=0$，

因此，$\boldsymbol{A}$ 的特征值只能取 0 或者 1.

定理 5.2.2 设 λ_1，λ_2，…，λ_m 是方阵 $\boldsymbol{A}$ 的 m 个特征值，$\boldsymbol{p}_1$，$\boldsymbol{p}_2$，…，$\boldsymbol{p}_m$ 是与之对应的特征向量. 如果 λ_1，λ_2，…，λ_m 各不相等，则 $\boldsymbol{p}_1$，$\boldsymbol{p}_2$，…，$\boldsymbol{p}_m$ 线性无关.

证 设有常数 x_1，x_2，…，x_m 使

$$x_1\boldsymbol{p}_1 + x_2\boldsymbol{p}_2 + \cdots + x_m\boldsymbol{p}_m = \boldsymbol{0}$$

则 $\boldsymbol{A}(x_1\boldsymbol{p}_1 + x_2\boldsymbol{p}_2 + \cdots + x_m\boldsymbol{p}_m) = \boldsymbol{0}$，即

$$\lambda_1 x_1\boldsymbol{p}_1 + \lambda_2 x_2\boldsymbol{p}_2 + \cdots + \lambda_m x_m\boldsymbol{p}_m = \boldsymbol{0}$$

类推之，有

$$\lambda_1^k x_1\boldsymbol{p}_1 + \lambda_2^k x_2\boldsymbol{p}_2 + \cdots + \lambda_m^k x_m\boldsymbol{p}_m = \boldsymbol{0} \quad (k = 1, 2, \cdots, m-1)$$

把上列各式合写成矩阵形式，得

$$(x_1\boldsymbol{p}_1, x_2\boldsymbol{p}_2, \cdots, x_m\boldsymbol{p}_m)\begin{bmatrix} 1 & \lambda_1 & \cdots & \lambda_1^{m-1} \\ 1 & \lambda_2 & \cdots & \lambda_2^{m-1} \\ \vdots & \vdots & & \vdots \\ 1 & \lambda_m & \cdots & \lambda_m^{m-1} \end{bmatrix} = (\boldsymbol{0}, \boldsymbol{0}, \cdots, \boldsymbol{0})$$

上式等号左端第二个矩阵的行列式为范德蒙行列式，当 λ_i 各不相等时该行列式不等于 0，从而该矩阵可逆. 于是有

$$(x_1\boldsymbol{p}_1, x_2\boldsymbol{p}_2, \cdots, x_m\boldsymbol{p}_m) = (\boldsymbol{0}, \boldsymbol{0}, \cdots, \boldsymbol{0})$$

即 $x_j\boldsymbol{p}_j = \boldsymbol{0}(j=1, 2, \cdots, m)$，但 $\boldsymbol{p}_j \neq \boldsymbol{0}$，故 $x_j = 0(j=1, 2, \cdots, m)$.

所以向量组 $\boldsymbol{p}_1$，$\boldsymbol{p}_2$，…，$\boldsymbol{p}_m$ 线性无关. **证毕**

例 5.2.8 设 λ_1 和 λ_2 是矩阵 $\boldsymbol{A}$ 的两个不同的特征值，对应的特征向量依次为 $\boldsymbol{p}_1$ 和 $\boldsymbol{p}_2$，证明 $\boldsymbol{p}_1 + \boldsymbol{p}_2$ 不是 $\boldsymbol{A}$ 的特征向量.

证 按题设，有 $\boldsymbol{A}\boldsymbol{p}_1 = \lambda_1\boldsymbol{p}_1$，$\boldsymbol{A}\boldsymbol{p}_2 = \lambda_2\boldsymbol{p}_2$，故 $\boldsymbol{A}(\boldsymbol{p}_1 + \boldsymbol{p}_2) = \lambda_1\boldsymbol{p}_1 + \lambda_2\boldsymbol{p}_2$.

用反证法，设 $\boldsymbol{p}_1 + \boldsymbol{p}_2$ 是 $\boldsymbol{A}$ 的特征向量，则应存在数 λ，使

$$\boldsymbol{A}(\boldsymbol{p}_1 + \boldsymbol{p}_2) = \lambda(\boldsymbol{p}_1 + \boldsymbol{p}_2)$$

于是 $\lambda(\boldsymbol{p}_1 + \boldsymbol{p}_2) = \lambda_1\boldsymbol{p}_1 + \lambda_2\boldsymbol{p}_2$，即

$$(\lambda_1 - \lambda)\boldsymbol{p}_1 + (\lambda_2 - \lambda)\boldsymbol{p}_2 = \boldsymbol{0}$$

因 $\lambda_1 \neq \lambda_2$，由定理 5.2.2 知 $\boldsymbol{p}_1$，$\boldsymbol{p}_2$ 线性无关，故由上式得

$$\lambda_1 - \lambda = \lambda_2 - \lambda = 0$$

即 $\lambda_1 = \lambda_2$，与题设矛盾. 因此 $\boldsymbol{p}_1 + \boldsymbol{p}_2$ 不是 $\boldsymbol{A}$ 的特征向量. **证毕**

5.3 相 似 矩 阵

在第二、三章中，讨论了两个矩阵的等价关系，现在进一步讨论两个矩阵之间的相似关系.

5.3.1 相似矩阵及其性质

定义 5.3.1 设 $\boldsymbol{A}$、$\boldsymbol{B}$ 都是 n 阶方阵，如果存在 n 阶可逆矩阵 $\boldsymbol{P}$，使得

$$\boldsymbol{P}^{-1}\boldsymbol{A}\boldsymbol{P} = \boldsymbol{B}$$

则称 $\boldsymbol{B}$ 是 $\boldsymbol{A}$ 的**相似矩阵**，或称方阵 $\boldsymbol{A}$ 与 $\boldsymbol{B}$ 相似，记为 $\boldsymbol{A}\sim\boldsymbol{B}$.

例如

$$\boldsymbol{A}=\begin{bmatrix}3 & 1\\5 & -1\end{bmatrix},\ \boldsymbol{B}=\begin{bmatrix}4 & 0\\0 & -2\end{bmatrix},\ \boldsymbol{P}=\begin{bmatrix}1 & 1\\1 & -5\end{bmatrix},\ \boldsymbol{P}^{-1}=\frac{1}{6}\begin{bmatrix}5 & 1\\1 & -1\end{bmatrix}$$

有 $\boldsymbol{P}^{-1}\boldsymbol{AP}=\boldsymbol{B}$，则方阵 $\boldsymbol{A}$ 与 $\boldsymbol{B}$ 相似.

相似矩阵具有以下性质：

性质 1

(1) $\boldsymbol{A}\sim\boldsymbol{A}$(自反性)；

(2) 若 $\boldsymbol{A}\sim\boldsymbol{B}\Rightarrow\boldsymbol{B}\sim\boldsymbol{A}$(对称性)；

(3) 若 $\boldsymbol{A}\sim\boldsymbol{B}$，$\boldsymbol{B}\sim\boldsymbol{C}\Rightarrow\boldsymbol{A}\sim\boldsymbol{C}$(传递性).

证明请读者自行完成.

性质 2　如果 n 阶方阵 $\boldsymbol{A}$ 与 $\boldsymbol{B}$ 相似，则 $|\boldsymbol{A}|=|\boldsymbol{B}|$.

证　设 $\boldsymbol{A}$ 与 $\boldsymbol{B}$ 相似，即存在可逆矩阵 $\boldsymbol{P}$，使 $\boldsymbol{P}^{-1}\boldsymbol{AP}=\boldsymbol{B}$，于是

$$|\boldsymbol{B}|=|\boldsymbol{P}^{-1}\boldsymbol{AP}|=|\boldsymbol{P}^{-1}||\boldsymbol{A}||\boldsymbol{P}|=|\boldsymbol{P}^{-1}||\boldsymbol{P}||\boldsymbol{A}|=|\boldsymbol{A}|$$

证毕

性质 3　如果 n 阶方阵 $\boldsymbol{A}$ 与 $\boldsymbol{B}$ 相似，则 $\boldsymbol{A}$ 与 $\boldsymbol{B}$ 具有相同的特征多项式，从而 $\boldsymbol{A}$ 与 $\boldsymbol{B}$ 具有相同的特征值.

证　设 $\boldsymbol{A}$ 与 $\boldsymbol{B}$ 相似，即存在可逆矩阵 $\boldsymbol{P}$，使 $\boldsymbol{P}^{-1}\boldsymbol{AP}=\boldsymbol{B}$. 于是

$$\begin{aligned}|\boldsymbol{B}-\lambda\boldsymbol{E}|&=|\boldsymbol{P}^{-1}\boldsymbol{AP}-\lambda\boldsymbol{P}^{-1}\boldsymbol{EP}|\\&=|\boldsymbol{P}^{-1}(\boldsymbol{A}-\lambda\boldsymbol{E})\boldsymbol{P}|\\&=|\boldsymbol{P}^{-1}||\boldsymbol{A}-\lambda\boldsymbol{E}||\boldsymbol{P}|\\&=|\boldsymbol{P}^{-1}||\boldsymbol{P}||\boldsymbol{A}-\lambda\boldsymbol{E}|=|\boldsymbol{A}-\lambda\boldsymbol{E}|\end{aligned}$$

证毕

例如

$$\boldsymbol{A}=\begin{bmatrix}3 & 1\\5 & -1\end{bmatrix},\ 有\ |\lambda\boldsymbol{I}-\boldsymbol{A}|=\begin{vmatrix}\lambda-3 & -1\\-5 & \lambda+1\end{vmatrix}=0\Rightarrow\lambda_1=4,\ \lambda_2=-2$$

$$\boldsymbol{B}=\begin{bmatrix}4 & 0\\0 & -2\end{bmatrix},\ 有\ |\lambda\boldsymbol{I}-\boldsymbol{B}|=\begin{vmatrix}\lambda-4 & 0\\0 & \lambda+2\end{vmatrix}=0\Rightarrow\lambda_1=4,\ \lambda_2=-2$$

推论　如果 n 阶方阵 $\boldsymbol{A}$ 与对角阵

$$\boldsymbol{\Lambda}=\begin{bmatrix}\lambda_1 & & & \\ & \lambda_2 & & \\ & & \ddots & \\ & & & \lambda_n\end{bmatrix}$$

相似，则 λ_1，λ_2，…，λ_n 就是 $\boldsymbol{A}$ 的 n 个特征值.

证　因 λ_1，λ_2，…，λ_n 就是对角阵 $\boldsymbol{\Lambda}$ 的 n 个特征值，且 $\boldsymbol{A}$ 与 $\boldsymbol{\Lambda}$ 相似，由性质 3 知，λ_1，λ_2，…，λ_n 也就是 $\boldsymbol{A}$ 的 n 个特征值.　**证毕**

由此可见，相似矩阵在很多地方都存在相同的性质，如果 $\boldsymbol{A}$ 比较复杂而它的相似矩阵 $\boldsymbol{B}$ 却比较简单，则可通过研究 $\boldsymbol{B}$ 的性质去了解 $\boldsymbol{A}$ 的性质. 与之前的初等变换类似，相似矩阵之间一定等价，但反过来，等价的矩阵不一定都相似. 一般来讲，对角矩阵无论形式还是性质都比较简单，比如求特征值时，对角矩阵可以一目了然地看出，利用相似矩阵的性质，如果能找到和 $\boldsymbol{A}$ 相似的对角矩阵，就可以很容易地研究矩阵 $\boldsymbol{A}$ 的性质. 接下来，我们

来讨论是否任何矩阵都可以找到与之相似的对角矩阵.

5.3.2 方阵与对角阵相似的充分必要条件

对任意两个 n 阶方阵 $\boldsymbol{A}$ 与 $\boldsymbol{B}$，要判定它们是否相似，就是要求可逆矩阵 $\boldsymbol{P}$，使 $\boldsymbol{P}^{-1}\boldsymbol{AP}=\boldsymbol{B}$. 但按此求可逆矩阵 $\boldsymbol{P}$，一般没有确定的方法可循. 在实际应用中，经常遇到的问题是 n 阶方阵 $\boldsymbol{A}$ 与对角阵 $\boldsymbol{\Lambda}$ 相似的问题，即寻求可逆矩阵 $\boldsymbol{P}$，使 $\boldsymbol{P}^{-1}\boldsymbol{AP}=\boldsymbol{\Lambda}$. 这个问题称为方阵 $\boldsymbol{A}$ 的对角化问题.

假设已经找到可逆矩阵 $\boldsymbol{P}$，使 $\boldsymbol{P}^{-1}\boldsymbol{AP}=\boldsymbol{\Lambda}$，即 $\boldsymbol{A}$ 与 $\boldsymbol{\Lambda}$ 相似，我们来讨论可逆矩阵 $\boldsymbol{P}$ 应满足什么条件. 设

$$\boldsymbol{P}=(\boldsymbol{p}_1, \boldsymbol{p}_2, \cdots, \boldsymbol{p}_n)$$

因为 $\boldsymbol{P}$ 是可逆矩阵，所以 $\boldsymbol{P}$ 的 n 个列向量 $\boldsymbol{p}_1, \boldsymbol{p}_2, \cdots, \boldsymbol{p}_n$ 线性无关.

自然便有 $\boldsymbol{p}_i\neq\boldsymbol{0}(i=1, 2, \cdots, n)$. 由 $\boldsymbol{P}^{-1}\boldsymbol{AP}=\boldsymbol{\Lambda}$，得 $\boldsymbol{AP}=\boldsymbol{P\Lambda}$，即

$$\boldsymbol{A}(\boldsymbol{p}_1, \boldsymbol{p}_2, \cdots, \boldsymbol{p}_n)=(\boldsymbol{p}_1, \boldsymbol{p}_2, \cdots, \boldsymbol{p}_n)\begin{bmatrix}\lambda_1 & & & \\ & \lambda_2 & & \\ & & \ddots & \\ & & & \lambda_n\end{bmatrix}$$

$$(\boldsymbol{Ap}_1, \boldsymbol{Ap}_2, \cdots, \boldsymbol{Ap}_n)=(\lambda_1\boldsymbol{p}_1, \lambda_2\boldsymbol{p}_2, \cdots, \lambda_n\boldsymbol{p}_n)$$

于是

$$\boldsymbol{Ap}_i=\lambda_i\boldsymbol{p}_i \qquad (i=1, 2, \cdots, n)$$

由 $\boldsymbol{p}_i\neq\boldsymbol{0}$ 知，对角阵对角线上的 n 个元素 $\lambda_1, \lambda_2, \cdots, \lambda_n$ 是 $\boldsymbol{A}$ 的 n 个特征值，而且可逆矩阵 $\boldsymbol{P}$ 的 n 个列向量 $\boldsymbol{p}_1, \boldsymbol{p}_2, \cdots, \boldsymbol{p}_n$ 分别是 $\boldsymbol{A}$ 对应于特征值 $\lambda_1, \lambda_2, \cdots, \lambda_n$ 的 n 个线性无关的特征向量.

反之，如果 n 阶方阵 $\boldsymbol{A}$ 有 n 个线性无关的特征向量，这 n 个特征向量即可构成矩阵 $\boldsymbol{P}$，使得 $\boldsymbol{AP}=\boldsymbol{P\Lambda}$. 因特征向量不是唯一的，所以矩阵 $\boldsymbol{P}$ 也不是唯一的，并且 $\boldsymbol{P}$ 可能是复矩阵.

余下的问题是：$\boldsymbol{P}$ 是否可逆，即 $\boldsymbol{p}_1, \boldsymbol{p}_2, \cdots, \boldsymbol{p}_n$ 是否线性无关？如果 $\boldsymbol{P}$ 可逆，那么便有 $\boldsymbol{P}^{-1}\boldsymbol{AP}=\boldsymbol{\Lambda}$，即 $\boldsymbol{A}$ 与对角矩阵相似.

由上面的讨论得到如下定理：

定理 5.3.1 n 阶方阵 $\boldsymbol{A}$ 与对角矩阵相似(即 $\boldsymbol{A}$ 能对角化)的充分必要条件是 $\boldsymbol{A}$ 有 n 个线性无关的特征向量.

推论 如果 n 阶矩阵 $\boldsymbol{A}$ 的 n 个特征值互不相等，则 $\boldsymbol{A}$ 与对角矩阵相似.

例 5.3.1 方阵 $\boldsymbol{A}=\begin{bmatrix}1 & 2\\ 6 & 2\end{bmatrix}$ 是否对角矩阵相似？如果相似，求出与 $\boldsymbol{A}$ 相似的对角矩阵.

解 由 $|\lambda\boldsymbol{E}-\boldsymbol{A}|=\begin{vmatrix}\lambda-1 & 2\\ 6 & \lambda-2\end{vmatrix}=0$ 求出 $\boldsymbol{A}$ 的两个特征值为 $\lambda_1=-2$，$\lambda_2=5$. $\boldsymbol{A}$ 有两个相异的特征根，所以 $\boldsymbol{A}$ 一定可以对角化.

当 $\lambda_1=-2$ 时，对应的特征向量为 $c_1\begin{bmatrix}-2\\ 3\end{bmatrix}$；当 $\lambda_2=5$ 时，对应的特征向量为 $c_2\begin{bmatrix}1\\ 2\end{bmatrix}$.

于是，设 $\boldsymbol{P}=(\boldsymbol{\alpha}_1,\boldsymbol{\alpha}_2)=\begin{bmatrix}-2 & 1\\ 3 & 2\end{bmatrix}$，那么，$\boldsymbol{P}$ 的逆矩阵为

$$\boldsymbol{P}^{-1}=-\frac{1}{7}\begin{bmatrix}2 & -1\\ -3 & -2\end{bmatrix}$$

则有

$$\boldsymbol{P}^{-1}\boldsymbol{AP}=-\frac{1}{7}\begin{bmatrix}2 & -1\\ -3 & -2\end{bmatrix}\begin{bmatrix}1 & 2\\ 6 & 2\end{bmatrix}\begin{bmatrix}-2 & 1\\ 3 & 2\end{bmatrix}=\begin{bmatrix}-2 & \\ & 5\end{bmatrix}$$

可以看到，与矩阵 $\boldsymbol{A}$ 相似的对角矩阵可以写成 $\boldsymbol{\Lambda}=\mathrm{diag}(\lambda_1,\lambda_2,\cdots,\lambda_n)$ 的形式，此时 $\boldsymbol{P}=(\boldsymbol{\alpha}_1,\boldsymbol{\alpha}_2,\cdots,\boldsymbol{\alpha}_n)$，其中 $\boldsymbol{\alpha}_i$ 为对应于 λ_i 的特征向量.

当 $\boldsymbol{A}$ 的特征值有重根时，就不一定有 n 个线性无关的特征向量，从而不一定能对角化. 例如在例 5.2.2 中 $\boldsymbol{A}$ 的特征方程有重根，确实找不到三个线性无关的特征向量，因此该例中的 $\boldsymbol{A}$ 不能对角化；但对某些方阵虽然也有重根，却可对角化.

例 5.3.2 判定下列矩阵是否可以对角化，若能，写出相应的 $\boldsymbol{P}$，$\boldsymbol{\Lambda}$.

(1) $\boldsymbol{A}=\begin{bmatrix}4 & 6 & 0\\ -3 & -5 & 0\\ -3 & -6 & 1\end{bmatrix}$

(2) $\boldsymbol{B}=\begin{bmatrix}5 & 6 & -3\\ -1 & 0 & 1\\ 1 & 2 & 1\end{bmatrix}$

解 (1) $|\lambda\boldsymbol{E}-\boldsymbol{A}|=\begin{vmatrix}\lambda-4 & -6 & 0\\ 3 & \lambda+5 & 0\\ 3 & 6 & \lambda-1\end{vmatrix}=(\lambda-1)\begin{vmatrix}\lambda-4 & -6\\ 3 & \lambda+5\end{vmatrix}$

$$=(\lambda-1)^2(\lambda+2)=0$$

则 $\boldsymbol{A}$ 的特征值为 $\lambda_1=-2$，$\lambda_2=\lambda_3=1$.

当 $\lambda_1=-2$ 时，$(-2\boldsymbol{E}-\boldsymbol{A})\boldsymbol{X}=\boldsymbol{0}$ 的基础解系为 $\boldsymbol{\alpha}_1=\begin{bmatrix}-1\\ 1\\ 1\end{bmatrix}$，所以对应的特征向量为

$$\boldsymbol{\alpha}_1=\begin{bmatrix}-1\\ 1\\ 1\end{bmatrix}$$

当 $\lambda_2=\lambda_3=1$ 时，$(\boldsymbol{E}-\boldsymbol{A})\boldsymbol{X}=\boldsymbol{0}$ 的基础解系为 $\boldsymbol{\alpha}_2=\begin{bmatrix}-2\\ 1\\ 0\end{bmatrix}$，$\boldsymbol{\alpha}_3=\begin{bmatrix}0\\ 0\\ 1\end{bmatrix}$，所以对应的两个线性无关的特征向量为

$$\boldsymbol{\alpha}_2=\begin{bmatrix}-2\\ 1\\ 0\end{bmatrix},\quad \boldsymbol{\alpha}_3=\begin{bmatrix}0\\ 0\\ 1\end{bmatrix}$$

三阶方阵 $\boldsymbol{A}$ 有三个线性无关的特征向量，所以 $\boldsymbol{A}$ 可以对角化. 令

$$P = \begin{bmatrix} -1 & -2 & 0 \\ 1 & 1 & 0 \\ 1 & 0 & 1 \end{bmatrix}, \quad \Lambda = \begin{bmatrix} -2 & & \\ & 1 & \\ & & 1 \end{bmatrix}$$

则

$$P^{-1}AP = \begin{bmatrix} -2 & & \\ & 1 & \\ & & 1 \end{bmatrix}$$

(2) $B=\begin{bmatrix} 5 & 6 & -3 \\ -1 & 0 & 1 \\ 1 & 2 & 1 \end{bmatrix}$，可以求出 B 的特征根为 $\lambda_1=\lambda_2=\lambda_3=2$，$B$ 有三重特征根.

$(2E-B)X=0$ 的基础解系为 $\alpha_1=\begin{bmatrix} -2 \\ 1 \\ 0 \end{bmatrix}$，$\alpha_2=\begin{bmatrix} 1 \\ 0 \\ 1 \end{bmatrix}$，$B$ 对应的线性无关的特征向量为 $\alpha_1=\begin{bmatrix} -2 \\ 1 \\ 0 \end{bmatrix}$，$\alpha_2=\begin{bmatrix} 1 \\ 0 \\ 1 \end{bmatrix}$，但只有两个线性无关的特征向量，而根据定理 5.3.1 需要三个线性无关的特征向量，故 B 不可对角化.

例 5.3.3 设 $A=\begin{bmatrix} 0 & 0 & 1 \\ 1 & 1 & a \\ 1 & 0 & 0 \end{bmatrix}$，$a$ 为何值时，矩阵 A 能对角化？

解 $|\lambda E-A|=\begin{vmatrix} \lambda & 0 & -1 \\ -1 & \lambda-1 & -a \\ -1 & 0 & \lambda \end{vmatrix}=(\lambda-1)^2(\lambda+1)\Rightarrow\lambda_1=-1$

$$\lambda_2=\lambda_3=1$$

对于单根 $\lambda_1=-1$，可求得线性无关的特征向量恰有一个，而对于重根$\lambda_2=\lambda_3=1$，欲使矩阵 A 能对角化，应有两个线性无关的特征向量，即方程组$(E-A)x=0$ 有两个线性无关的解，亦即系数矩阵 $E-A$ 的秩 $R(E-A)=1$.

$$E-A=\begin{bmatrix} 1 & 0 & -1 \\ -1 & 0 & -a \\ -1 & 0 & 1 \end{bmatrix} \to \begin{bmatrix} 1 & 0 & -1 \\ 0 & 0 & a+1 \\ 0 & 0 & 0 \end{bmatrix}$$

要使 $R(E-A)=1$，得 $a+1=0$，即 $a=-1$. 因此，当 $a=-1$ 时，矩阵 A 能对角化.

5.4 实对称矩阵对角化

一个 n 阶矩阵具有什么条件才能对角化？这是一个较复杂的问题. 我们对此不进行一般性的讨论，本节仅讨论 A 为实对称矩阵的情形.

5.4.1 实对称矩阵的性质

实对称矩阵是一类特殊的矩阵，其特征值和特征向量具有以下性质：

性质 1 实对称矩阵的特征值全为实数.

证 设 $\boldsymbol{A}=(a_{ij})$为实对称矩阵，即 $\boldsymbol{A}^{\mathrm{T}}=\boldsymbol{A}$，且定义 $\boldsymbol{A}$ 的共轭复矩阵$\overline{\boldsymbol{A}}=(\overline{a}_{ij})$，由于 a_{ij} $(i, j=1, 2, \cdots, n)$为实数，即 $\overline{a}_{ij}=a_{ij}$，所以 $\overline{\boldsymbol{A}}=\boldsymbol{A}$.

设复数 λ 为实对称矩阵 $\boldsymbol{A}$ 的特征值，复向量 $\boldsymbol{x}$ 为对应的特征向量. 用 $\overline{\lambda}$ 表示 λ 的共轭复数，$\overline{\boldsymbol{x}}$ 表示 $\boldsymbol{x}$ 的共轭复向量，下面证明 λ 是实数，即只需证明$\overline{\lambda}=\lambda$. 由定义 5.2.1 有

$$\boldsymbol{A}\boldsymbol{x}=\lambda\boldsymbol{x}, \quad \boldsymbol{x}\neq\boldsymbol{0}$$

于是 $\boldsymbol{A}\overline{\boldsymbol{x}}=\overline{\boldsymbol{A}}\overline{\boldsymbol{x}}=\overline{\lambda}\overline{\boldsymbol{x}}$，有

$$\overline{\boldsymbol{x}}^{\mathrm{T}}\boldsymbol{A}\boldsymbol{x}=\overline{\boldsymbol{x}}^{\mathrm{T}}(\boldsymbol{A}\boldsymbol{x})=\overline{\boldsymbol{x}}^{\mathrm{T}}\lambda\boldsymbol{x}=\lambda\overline{\boldsymbol{x}}^{\mathrm{T}}\boldsymbol{x}$$

以及

$$\overline{\boldsymbol{x}}^{\mathrm{T}}\boldsymbol{A}\boldsymbol{x}=(\overline{\boldsymbol{x}}^{\mathrm{T}}\boldsymbol{A}^{\mathrm{T}})\boldsymbol{x}=(\boldsymbol{A}\overline{\boldsymbol{x}})^{\mathrm{T}}\boldsymbol{x}=(\overline{\lambda}\overline{\boldsymbol{x}})^{\mathrm{T}}\boldsymbol{x}=\overline{\lambda}\overline{\boldsymbol{x}}^{\mathrm{T}}\boldsymbol{x}$$

两式相减，得

$$(\lambda-\overline{\lambda})\overline{\boldsymbol{x}}^{\mathrm{T}}\boldsymbol{x}=\boldsymbol{0}$$

但因 $\boldsymbol{x}\neq\boldsymbol{0}$，从而 $\overline{\boldsymbol{x}}^{\mathrm{T}}\boldsymbol{x}=\sum_{i=1}^{n}\overline{x}_i x_i=\sum_{i=1}^{n}|x_i|^2\neq 0$，所以

$$\lambda-\overline{\lambda}=0$$

即 $\lambda=\overline{\lambda}$，表明 λ 为实数.

当 λ 为实数时，齐次线性方程组

$$(\boldsymbol{A}-\lambda\boldsymbol{E})\boldsymbol{x}=\boldsymbol{0}$$

是实系数线性方程组，由 $|\boldsymbol{A}-\lambda\boldsymbol{E}|=0$ 知，必有实的基础解系，所以对应的特征向量可以取到实向量. **证毕**

性质 2 实对称矩阵对应于不同特征值的特征向量正交.

证 设 $\boldsymbol{A}$ 为实对称矩阵，λ_1，λ_2是 $\boldsymbol{A}$ 的两个不同的特征值($\lambda_1\neq\lambda_2$)，$\boldsymbol{p}_1$，$\boldsymbol{p}_2$分别是对应的特征向量. 要证 $\boldsymbol{p}_1$，$\boldsymbol{p}_2$正交，只需证$[\boldsymbol{p}_1, \boldsymbol{p}_2]=\boldsymbol{p}_1^{\mathrm{T}}\boldsymbol{p}_2=0$. 由定义 5.2.1 可得

$$\boldsymbol{A}\boldsymbol{p}_1=\lambda_1\boldsymbol{p}_1, \boldsymbol{A}\boldsymbol{p}_2=\lambda_2\boldsymbol{p}_2$$

于是

$$\begin{aligned}\lambda_1\boldsymbol{p}_1^{\mathrm{T}}\boldsymbol{p}_2&=(\lambda_1\boldsymbol{p}_1)^{\mathrm{T}}\boldsymbol{p}_2=(\boldsymbol{A}\boldsymbol{p}_1)^{\mathrm{T}}\boldsymbol{p}_2=\boldsymbol{p}_1^{\mathrm{T}}\boldsymbol{A}^{T}\boldsymbol{p}_2\\&=\boldsymbol{p}_1^{\mathrm{T}}(\boldsymbol{A}\boldsymbol{p}_2)=\boldsymbol{p}_1^{\mathrm{T}}(\lambda_2\boldsymbol{p}_2)=\lambda_2\boldsymbol{p}_1^{\mathrm{T}}\boldsymbol{p}_2\end{aligned}$$

移项并提取公因式，得

$$(\lambda_1-\lambda_2)\boldsymbol{p}_1^{\mathrm{T}}\boldsymbol{p}_2=0$$

因 $\lambda_1\neq\lambda_2$，只有 $\boldsymbol{p}_1^{\mathrm{T}}\boldsymbol{p}_2=0$，即 $\boldsymbol{p}_1$与 $\boldsymbol{p}_2$正交. **证毕**

性质 3 设 $\boldsymbol{A}$ 是 n 阶实对称矩阵，λ 是 $\boldsymbol{A}$ 的特征方程的 r 重根，那么，齐次线性方程组 $(\boldsymbol{A}-\lambda\boldsymbol{E})\boldsymbol{x}=\boldsymbol{0}$ 的系数矩阵的秩 $R(\boldsymbol{A}-\lambda\boldsymbol{E})=n-r$，从而对应于特征值 λ 的线性无关的特征向量恰有 r 个.

证明略.

5.4.2 实对称矩阵的对角化

定理 5.4.1 设 $\boldsymbol{A}$ 是 n 阶实对称矩阵，则必存在正交阵 $\boldsymbol{P}$，使得 $\boldsymbol{P}^{-1}\boldsymbol{A}\boldsymbol{P}=\boldsymbol{\Lambda}$，其中 $\boldsymbol{\Lambda}$ 为实对角矩阵，且 $\boldsymbol{\Lambda}$ 对角线上的元素是方阵 $\boldsymbol{A}$ 的 n 个特征值.

证 设 $\boldsymbol{A}$ 的互不相等的特征值为 λ_1，λ_2，…，λ_s，它们的重数分别为 r_1，r_2，…，r_s，且

$r_1+r_2+\cdots+r_s=n$.

由性质 1 及性质 3 知，对应特征值 $\lambda_i(i=1, 2, \cdots, s)$，有 r_i 个线性无关的实特征向量，把它们正交化并单位化，即得 r_i 个单位正交的特征向量. 由 $r_1+r_2+\cdots+r_s=n$ 知，这样的特征向量共有 n 个.

由性质 2 知，对应于不同特征值的特征向量正交，故这 n 个单位特征向量两两正交. 于是以它们为列向量构成正交矩阵 $\boldsymbol{P}$，并有

$$\boldsymbol{P}^{-1}\boldsymbol{A}\boldsymbol{P}=\boldsymbol{P}^{-1}\boldsymbol{P}\boldsymbol{\Lambda}=\boldsymbol{\Lambda}$$

其中，对角矩阵 $\boldsymbol{\Lambda}$ 的对角元素含 r_1 个 λ_1，…，r_s 个 λ_s，恰是 $\boldsymbol{A}$ 的 n 个特征值. **证毕**

定理 5.4.1 表明，实对称矩阵不仅相似于对角矩阵，而且正交相似于对角矩阵. 定理 5.4.1 的证明过程就是正交矩阵 $\boldsymbol{P}$ 的具体构造过程. 具体步骤如下：

(1) 求出 $\boldsymbol{A}$ 的全部特征值 $\lambda_1, \lambda_2, \cdots, \lambda_s$，它们的重数分别为 $r_1, r_2, \cdots, r_s$，且 $r_1+r_2+\cdots+r_s=n$. 由性质 1 知，$\lambda_1, \lambda_2, \cdots, \lambda_s$ 全为实数，对应的特征向量全取实向量.

(2) 求出 $\boldsymbol{A}$ 的对应于特征值 $\lambda_i(i=1, 2, \cdots, s)$ 的全部特征向量. 由性质 3 知，$\boldsymbol{A}$ 对应于 λ_i 的线性无关的特征向量恰有 r_i 个，并且这 r_i 个特征向量就是线性方程组 $(\boldsymbol{A}-\lambda_i\boldsymbol{E})\boldsymbol{x}=\boldsymbol{0}$ 的一个基础解系.

(3) 由性质 2 知，不同特征值对应的特征向量正交，因此只需分别将对应于 λ_i 的 r_i 个特征向量正交化、单位化，由此得到 $\boldsymbol{A}$ 的 n 个单位正交特征向量.

(4) 这样得到的 n 个单位正交特征向量构成矩阵 $\boldsymbol{P}$，那么，$\boldsymbol{P}$ 就是正交矩阵($\boldsymbol{P}^{-1}=\boldsymbol{P}^{\mathrm{T}}$)，且 $\boldsymbol{P}^{-1}\boldsymbol{A}\boldsymbol{P}=\boldsymbol{\Lambda}$，$\boldsymbol{\Lambda}$ 的对角线上的元素恰是 $\boldsymbol{A}$ 的 n 个特征值.

例 5.4.1 求正交矩阵 $\boldsymbol{P}$，将对称矩阵

$$\boldsymbol{A}=\begin{bmatrix}3 & -2 & 0\\ -2 & 2 & -2\\ 0 & -2 & 1\end{bmatrix}$$

化为对角矩阵.

解 (1) 求 $\boldsymbol{A}$ 的特征值.

令

$$|\boldsymbol{A}-\lambda\boldsymbol{E}|=\begin{vmatrix}3-\lambda & -2 & 0\\ -2 & 2-\lambda & -2\\ 0 & -2 & 1-\lambda\end{vmatrix}=(1+\lambda)(2-\lambda)(5-\lambda)=0$$

得特征值 $\lambda_1=-1$，$\lambda_2=2$，$\lambda_3=5$.

(2) 求 $\boldsymbol{A}$ 对应于不同特征值的特征向量.

当 $\lambda_1=-1$ 时，解方程 $(\boldsymbol{A}+\boldsymbol{E})\boldsymbol{x}=\boldsymbol{0}$，由

$$\boldsymbol{A}+\boldsymbol{E}=\begin{bmatrix}4 & -2 & 0\\ -2 & 3 & -2\\ 0 & -2 & 2\end{bmatrix}\rightarrow\begin{bmatrix}4 & -2 & 0\\ 0 & 2 & -2\\ 0 & 0 & 0\end{bmatrix}\rightarrow\begin{bmatrix}2 & 0 & -1\\ 0 & 1 & -1\\ 0 & 0 & 0\end{bmatrix}$$

得特征向量

$$\boldsymbol{\xi}_1=\begin{bmatrix}1\\ 2\\ 2\end{bmatrix}$$

当 $\lambda_2=2$ 时，解方程 $(\boldsymbol{A}-2\boldsymbol{E})\boldsymbol{x}=\boldsymbol{0}$，由

$$\boldsymbol{A}-2\boldsymbol{E}=\begin{bmatrix}1&-2&0\\-2&0&-2\\0&-2&-1\end{bmatrix}\to\begin{bmatrix}1&-2&0\\0&-4&-2\\0&0&0\end{bmatrix}\to\begin{bmatrix}1&0&1\\0&-2&-1\\0&0&0\end{bmatrix}$$

得特征向量

$$\boldsymbol{\xi}_2=\begin{bmatrix}2\\1\\-2\end{bmatrix}$$

当 $\lambda_3=5$ 时，解方程 $(\boldsymbol{A}-5\boldsymbol{E})\boldsymbol{x}=\boldsymbol{0}$，由

$$\boldsymbol{A}-5\boldsymbol{E}=\begin{bmatrix}-2&-2&0\\-2&-3&-2\\0&-2&-4\end{bmatrix}\to\begin{bmatrix}-2&-2&0\\0&-1&-2\\0&-2&-4\end{bmatrix}\to\begin{bmatrix}1&0&-2\\0&-1&-2\\0&0&0\end{bmatrix}$$

得特征向量

$$\boldsymbol{\xi}_3=\begin{bmatrix}2\\-2\\1\end{bmatrix}$$

(3) 将特征向量正交化、单位化.

因 λ_1，λ_2，λ_3 互不相等，由性质 2 知，$\boldsymbol{\xi}_1$，$\boldsymbol{\xi}_2$，$\boldsymbol{\xi}_3$ 是正交向量组，所以只需单位化，取

$$\boldsymbol{p}_1=\frac{\boldsymbol{\xi}_1}{\|\boldsymbol{\xi}_1\|}=\frac{1}{3}\begin{bmatrix}1\\2\\2\end{bmatrix},\ \boldsymbol{p}_2=\frac{\boldsymbol{\xi}_2}{\|\boldsymbol{\xi}_2\|}=\frac{1}{3}\begin{bmatrix}2\\1\\-2\end{bmatrix},\ \boldsymbol{p}_3=\frac{\boldsymbol{\xi}_3}{\|\boldsymbol{\xi}_3\|}=\frac{1}{3}\begin{bmatrix}2\\-2\\1\end{bmatrix}$$

(4) 构造正交矩阵

$$\boldsymbol{P}=(\boldsymbol{p}_1,\ \boldsymbol{p}_2,\ \boldsymbol{p}_3)=\frac{1}{3}\begin{bmatrix}1&2&2\\2&1&-2\\2&-2&1\end{bmatrix}$$

有

$$\boldsymbol{P}^{-1}\boldsymbol{A}\boldsymbol{P}=\begin{bmatrix}-1&0&0\\0&2&0\\0&0&5\end{bmatrix}$$

例 5.4.2 设对称矩阵

$$\boldsymbol{A}=\begin{bmatrix}4&0&0\\0&3&1\\0&1&3\end{bmatrix}$$

求正交矩阵 $\boldsymbol{P}$，使 $\boldsymbol{P}^{-1}\boldsymbol{A}\boldsymbol{P}=\boldsymbol{\Lambda}$ 为对角矩阵.

解 由

$$|\boldsymbol{A}-\lambda\boldsymbol{E}|=\begin{vmatrix}4-\lambda&0&0\\0&3-\lambda&1\\0&1&3-\lambda\end{vmatrix}=(2-\lambda)(4-\lambda)^2=0$$

得特征值 $\lambda_1=2$，$\lambda_2=\lambda_3=4$.

当 $\lambda_1=2$ 时，解方程 $(\boldsymbol{A}-2\boldsymbol{E})\boldsymbol{x}=\boldsymbol{0}$，由

$$\boldsymbol{A}-2\boldsymbol{E}=\begin{bmatrix}2&0&0\\0&1&1\\0&1&1\end{bmatrix}\rightarrow\begin{bmatrix}1&0&0\\0&1&1\\0&0&0\end{bmatrix}$$

得特征向量

$$\boldsymbol{\xi}_1=\begin{bmatrix}0\\1\\-1\end{bmatrix}$$

单位化取

$$\boldsymbol{p}_1=\frac{\boldsymbol{\xi}_1}{\|\boldsymbol{\xi}_1\|}=\frac{1}{\sqrt{2}}\begin{bmatrix}0\\1\\-1\end{bmatrix}$$

当 $\lambda_2=\lambda_3=4$ 时，解方程 $(\boldsymbol{A}-4\boldsymbol{E})\boldsymbol{x}=\boldsymbol{0}$，由

$$\boldsymbol{A}-4\boldsymbol{E}=\begin{bmatrix}0&0&0\\0&-1&1\\0&1&-1\end{bmatrix}\rightarrow\begin{bmatrix}0&0&0\\0&-1&1\\0&0&0\end{bmatrix}$$

解得

$$\boldsymbol{x}=k_1\begin{bmatrix}1\\0\\0\end{bmatrix}+k_2\begin{bmatrix}0\\1\\1\end{bmatrix}=k_1\boldsymbol{\xi}_1+k_2\boldsymbol{\xi}_2\qquad(k_1,\ k_2\in\mathbf{R})$$

基础解系中，$\boldsymbol{\xi}_1=\begin{bmatrix}1\\0\\0\end{bmatrix}$，$\boldsymbol{\xi}_2=\begin{bmatrix}0\\1\\1\end{bmatrix}$恰好正交，再单位化，取

$$\boldsymbol{p}_2=\frac{\boldsymbol{\xi}_1}{\|\boldsymbol{\xi}_1\|}=\begin{bmatrix}1\\0\\0\end{bmatrix},\quad \boldsymbol{p}_3=\frac{\boldsymbol{\xi}_2}{\|\boldsymbol{\xi}_2\|}=\frac{1}{\sqrt{2}}\begin{bmatrix}0\\1\\1\end{bmatrix}$$

那么，$\boldsymbol{p}_1$，$\boldsymbol{p}_2$ 为对应于 $\lambda_2=\lambda_3=4$ 的单位、正交特征向量，作正交矩阵

$$\boldsymbol{P}=(\boldsymbol{p}_1,\ \boldsymbol{p}_2,\ \boldsymbol{p}_3)=\frac{1}{\sqrt{2}}\begin{bmatrix}0&\sqrt{2}&0\\1&0&1\\-1&0&1\end{bmatrix}$$

有

$$\boldsymbol{P}^{-1}\boldsymbol{A}\boldsymbol{P}=\begin{bmatrix}2&0&0\\0&4&0\\0&0&4\end{bmatrix}$$

注意 由于基础解系不唯一，因此当 $\lambda_2=\lambda_3=4$ 时，

$$\boldsymbol{\xi}_1=\begin{bmatrix}1\\1\\1\end{bmatrix},\quad \boldsymbol{\xi}_2=\begin{bmatrix}0\\1\\1\end{bmatrix}$$

也是方程$(\boldsymbol{A}-4\boldsymbol{E})\boldsymbol{x}=\boldsymbol{0}$的一个基础解系，用正交化方法将其正交化，取

$$\boldsymbol{\eta}_1=\boldsymbol{\xi}_1$$

$$\boldsymbol{\eta}_2=\boldsymbol{\xi}_2-\frac{[\boldsymbol{\xi}_2,\ \boldsymbol{\eta}_1]}{[\boldsymbol{\eta}_1,\ \boldsymbol{\eta}_1]}\boldsymbol{\eta}_1=\begin{bmatrix}0\\1\\1\end{bmatrix}-\frac{2}{3}\begin{bmatrix}1\\1\\1\end{bmatrix}=\frac{1}{3}\begin{bmatrix}-2\\1\\1\end{bmatrix}$$

再单位化，取

$$\boldsymbol{p}_2=\frac{\boldsymbol{\eta}_1}{\|\boldsymbol{\eta}_1\|}=\frac{1}{\sqrt{3}}\begin{bmatrix}1\\1\\1\end{bmatrix},\quad \boldsymbol{p}_3=\frac{\boldsymbol{\eta}_2}{\|\boldsymbol{\eta}_2\|}=\frac{1}{\sqrt{6}}\begin{bmatrix}-2\\1\\1\end{bmatrix}$$

于是得正交矩阵

$$\boldsymbol{P}=\begin{bmatrix}0 & \frac{1}{\sqrt{3}} & -\frac{2}{\sqrt{6}}\\ \frac{1}{\sqrt{2}} & \frac{1}{\sqrt{3}} & \frac{1}{\sqrt{6}}\\ -\frac{1}{\sqrt{2}} & \frac{1}{\sqrt{3}} & \frac{1}{\sqrt{6}}\end{bmatrix}$$

有

$$\boldsymbol{P}^{-1}\boldsymbol{A}\boldsymbol{P}=\begin{bmatrix}2 & 0 & 0\\0 & 4 & 0\\0 & 0 & 4\end{bmatrix}$$

例 5.4.3 已知$\boldsymbol{A}=\begin{bmatrix}1 & -1 & 1\\x & 4 & y\\-3 & -3 & 5\end{bmatrix}$可对角化，$\lambda=2$是$\boldsymbol{A}$的两重特征值，求可逆矩阵$\boldsymbol{P}$，使得$\boldsymbol{P}^{-1}\boldsymbol{A}\boldsymbol{P}=\boldsymbol{\Lambda}$.

解

$$\boldsymbol{A}-2\boldsymbol{E}=\begin{bmatrix}-1 & -1 & 1\\x & 2 & y\\-3 & -3 & 3\end{bmatrix}\xrightarrow{\text{行初等变换}}\begin{bmatrix}-1 & -1 & 1\\0 & 2-x & x+y\\0 & 0 & 0\end{bmatrix}$$

因为$\boldsymbol{A}$可对角化，所以对应$\lambda=2$有两个线性无关的特征向量，于是

$$R(\boldsymbol{A}-2\boldsymbol{E})=1$$

即

$$x=2,\ y=-2$$

设$\lambda_1=\lambda_2=2$，则有

$$\mathrm{tr}\boldsymbol{A}=\lambda_1+\lambda_2+\lambda_3\Rightarrow 10=4+\lambda_3\Rightarrow\lambda_3=6$$

这里，$\mathrm{tr}\boldsymbol{A}$为$\lambda_1+\lambda_2+\lambda_3$的矩阵$\boldsymbol{A}$的迹.

$$\boldsymbol{A}=\begin{bmatrix}1 & -1 & 1\\2 & 4 & -2\\-3 & -3 & 5\end{bmatrix},\quad \boldsymbol{\Lambda}=\begin{bmatrix}2 & & \\ & 2 & \\ & & 6\end{bmatrix}$$

求得

$$\boldsymbol{p}_1 = \begin{bmatrix} -1 \\ 1 \\ 0 \end{bmatrix}, \quad \boldsymbol{p}_2 = \begin{bmatrix} 1 \\ 0 \\ 1 \end{bmatrix}, \quad \boldsymbol{p}_3 = \begin{bmatrix} 1 \\ -2 \\ 3 \end{bmatrix}$$

令 $\boldsymbol{P}=\begin{bmatrix} -1 & 1 & 1 \\ 1 & 0 & -2 \\ 0 & 1 & 3 \end{bmatrix}$，则有 $\boldsymbol{P}^{-1}\boldsymbol{A}\boldsymbol{P}=\boldsymbol{\Lambda}$.

例 5.4.4 已知 $\boldsymbol{A}=\begin{bmatrix} -2 & 0 & 0 \\ 2 & x & 2 \\ 3 & 1 & 1 \end{bmatrix}$ 相似于 $\boldsymbol{B}=\begin{bmatrix} -1 & & \\ & 2 & \\ & & y \end{bmatrix}$，求 x 和 y.

解 因为 $\mathrm{tr}\boldsymbol{A}=\mathrm{tr}\boldsymbol{B}$，所以 $x-1=y+1$，即 $y=x-2$. 又因为 $\lambda_1=-1$，$\lambda_2=2$ 都是 $\boldsymbol{A}$ 的特征值，所以

$$\det(\boldsymbol{A}+\boldsymbol{E})=0, \ \det(\boldsymbol{A}-2\boldsymbol{E})=0$$

而 $\det(\boldsymbol{A}+\boldsymbol{E})=-2x=0$，故 $x=0$，$y=-2$.

5.5 矩阵对角化的应用

5.5.1 利用矩阵对角化求矩阵的高次幂

求一般矩阵的高次幂比较困难，而求对角矩阵的高次幂却很简单.

$$\boldsymbol{\Lambda}^n = \begin{bmatrix} \lambda_1 & & & \\ & \lambda_2 & & \\ & & \ddots & \\ & & & \lambda_n \end{bmatrix}^n = \begin{bmatrix} \lambda_1^n & & & \\ & \lambda_2^n & & \\ & & \ddots & \\ & & & \lambda_n^n \end{bmatrix}$$

利用矩阵 $\boldsymbol{A}$ 的对角化，可以比较方便地计算矩阵 $\boldsymbol{A}$ 的高次幂. 设矩阵 $\boldsymbol{A}$ 可以对角化，即存在可逆矩阵 $\boldsymbol{P}$ 和对角矩阵 $\boldsymbol{\Lambda}$，使得 $\boldsymbol{P}^{-1}\boldsymbol{A}\boldsymbol{P}=\boldsymbol{\Lambda}$，则 $\boldsymbol{A}=\boldsymbol{P}\boldsymbol{\Lambda}\boldsymbol{P}^{-1}$，那么

$$\boldsymbol{A}^n = \boldsymbol{P}\boldsymbol{\Lambda}\boldsymbol{P}^{-1}\boldsymbol{P}\boldsymbol{\Lambda}\boldsymbol{P}^{-1}\boldsymbol{P}\boldsymbol{\Lambda}\boldsymbol{P}^{-1}\cdots\boldsymbol{P}\boldsymbol{\Lambda}\boldsymbol{P}^{-1} = \boldsymbol{P}\boldsymbol{\Lambda}^n\boldsymbol{P}^{-1}$$

例 5.5.1 $\boldsymbol{A}=\begin{bmatrix} 1 & 1 \\ 1 & 1 \end{bmatrix}$，求 $\boldsymbol{A}^n$.

解

$$\lambda_1=0, \ \lambda_2=2$$

$$\boldsymbol{P}=\begin{bmatrix} -1 & 1 \\ 1 & 1 \end{bmatrix}, \ \boldsymbol{\Lambda}=\begin{bmatrix} 0 & \\ & 2 \end{bmatrix}, \ \boldsymbol{P}^{-1}=\frac{1}{2}\begin{bmatrix} -1 & 1 \\ 1 & 1 \end{bmatrix}$$

$$\boldsymbol{A}^n=\boldsymbol{P}\boldsymbol{\Lambda}^n\boldsymbol{P}^{-1}=\begin{bmatrix} -1 & 1 \\ 1 & 1 \end{bmatrix}\begin{bmatrix} 0 & \\ & 2 \end{bmatrix}^n\frac{1}{2}\begin{bmatrix} -1 & 1 \\ 1 & 1 \end{bmatrix}=\begin{bmatrix} 2^{n-1} & 2^{n-1} \\ 2^{n-1} & 2^{n-1} \end{bmatrix}$$

例 5.5.2 设 $\boldsymbol{A}=\begin{bmatrix} 1 & 2 & 2 \\ 2 & 1 & 2 \\ 2 & 2 & 1 \end{bmatrix}$，求 $\boldsymbol{A}^k(k=2, 3, \cdots)$.

解 $|\boldsymbol{A}-\lambda\boldsymbol{E}|=\begin{vmatrix} 1-\lambda & 2 & 2 \\ 2 & 1-\lambda & 2 \\ 2 & 2 & 1-\lambda \end{vmatrix}=(5-\lambda)(\lambda+1)^2=0$，得

$$\lambda_1 = 5, \lambda_2 = \lambda_3 = -1$$

求 $\lambda_1=5$ 的特征向量：

$$A - 5E = \begin{bmatrix} -4 & 2 & 2 \\ 2 & -4 & 2 \\ 2 & 2 & -4 \end{bmatrix} \xrightarrow{\text{行}} \begin{bmatrix} 1 & 0 & -1 \\ 0 & 1 & -1 \\ 0 & 0 & 0 \end{bmatrix}, \quad p_1 = \begin{bmatrix} 1 \\ 1 \\ 1 \end{bmatrix}$$

求 $\lambda_2=\lambda_3=-1$ 的特征向量：

$$A - (-1)E = \begin{bmatrix} 2 & 2 & 2 \\ 2 & 2 & 2 \\ 2 & 2 & 2 \end{bmatrix} \xrightarrow{\text{行}} \begin{bmatrix} 1 & 1 & 1 \\ 0 & 0 & 0 \\ 0 & 0 & 0 \end{bmatrix}$$

$$p_2 = \begin{bmatrix} -1 \\ 1 \\ 0 \end{bmatrix}, \quad p_3 = \begin{bmatrix} -1 \\ 0 \\ 1 \end{bmatrix}$$

A 有三个线性无关的特征向量，所以 A 可对角化，令

$$P = \begin{bmatrix} 1 & -1 & -1 \\ 1 & 1 & 0 \\ 1 & 0 & 1 \end{bmatrix},$$

$$\Lambda = \begin{bmatrix} 5 & & \\ & -1 & \\ & & -1 \end{bmatrix}$$

则

$$P^{-1}AP = \Lambda, A = P\Lambda P^{-1}, A^k = P\Lambda^k P^{-1}$$

故

$$A^k = \begin{bmatrix} 1 & -1 & -1 \\ 1 & 1 & 0 \\ 1 & 0 & 1 \end{bmatrix} \cdot \begin{bmatrix} 5^k & & \\ & (-1)^k & \\ & & (-1)^k \end{bmatrix} \cdot \frac{1}{3} \begin{bmatrix} 1 & 1 & 1 \\ -1 & 2 & -1 \\ -1 & -1 & 2 \end{bmatrix}$$

$$= \frac{1}{3} \begin{bmatrix} 5^k+2\delta & 5^k-\delta & 5^k-\delta \\ 5^k-\delta & 5^k+2\delta & 5^k-\delta \\ 5^k-\delta & 5^k-\delta & 5^k+2\delta \end{bmatrix} \qquad (\delta = (-1)^k)$$

5.5.2 人口迁移模型

在生态学、经济学和工程学等许多领域中经常需要对随时间变化的动态系统进行数学建模，此类系统中的某些量常按离散时间间隔来测量，这样就产生了与时间间隔相应的向量序列 x_0，x_1，x_2，…，其中 x_k 表示第 k 次测量时系统状态的有关信息，而 $\boldsymbol{x}_0$ 常被称为初始向量.

如果存在矩阵 A，并给定初始向量 x_0，使得 $x_1=Ax_0$，$x_2=Ax_1$，…，即

$$x_{n+1} = Ax_n \qquad (n = 0, 1, 2, \cdots) \tag{5.5.1}$$

则称方程(5.5.1)为一个线性差分方程或者递归方程.

人口迁移模型考虑的问题是人口的迁移或人群的流动. 但是这个模型还可以广泛应用

于生态学、经济学和工程学等许多领域. 这里我们考察一个简单的模型，即某城市及其周边郊区在若干年内人口变化的情况. 该模型显然可用于研究我国当前农村的城镇化与城市化过程中农村人口与城市人口的变迁问题.

设定一个初始的年份，比如 2002 年，用 r_0，s_0 分别表示这一年城市和农村的人口. 设 $\boldsymbol{x}_0$ 为初始人口向量，即 $\boldsymbol{x}_0=\begin{bmatrix} r_0 \\ s_0 \end{bmatrix}$，对 2003 年以及后面的年份，用向量

$$\boldsymbol{x}_1=\begin{bmatrix} r_1 \\ s_1 \end{bmatrix},\quad \boldsymbol{x}_2=\begin{bmatrix} r_2 \\ s_2 \end{bmatrix},\quad \boldsymbol{x}_3=\begin{bmatrix} r_3 \\ s_3 \end{bmatrix},\cdots$$

表示出每一年城市和农村的人口. 我们的目标是用数学公式表示出这些向量之间的关系.

假设每年大约有 5％的城市人口迁移到农村(95％仍然留在城市)，有 12％的农村人口迁移到城市(88％仍然留在农村)，如图 5.1 所示，忽略其他因素对人口规模的影响，则一年之后，城市与农村人口的分布分别为

$$r_0\begin{bmatrix} 0.95 \\ 0.05 \end{bmatrix}\begin{matrix}\text{留在城市} \\ \text{移居农村}\end{matrix},\quad s_0\begin{bmatrix} 0.12 \\ 0.88 \end{bmatrix}\begin{matrix}\text{移居城市} \\ \text{留在农村}\end{matrix}$$

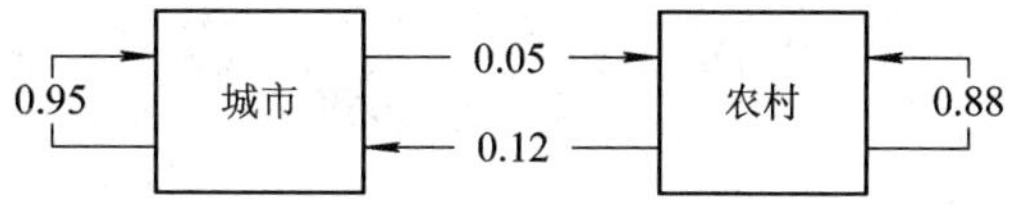

图 5.1　人口迁移图

因此，2003 年全部人口的分布为

$$\begin{bmatrix} r_1 \\ s_1 \end{bmatrix}=r_0\begin{bmatrix} 0.95 \\ 0.05 \end{bmatrix}+s_0\begin{bmatrix} 0.12 \\ 0.88 \end{bmatrix}=\begin{bmatrix} 0.95 & 0.12 \\ 0.05 & 0.88 \end{bmatrix}\begin{bmatrix} r_0 \\ s_0 \end{bmatrix}$$

即

$$\boldsymbol{x}_1=\boldsymbol{M}\boldsymbol{x}_0$$

其中，$\boldsymbol{M}=\begin{bmatrix} 0.95 & 0.12 \\ 0.05 & 0.88 \end{bmatrix}$称为迁移矩阵.

如果人口迁移的百分比保持不变，则可以继续得到 2004 年，2005 年，…的人口分布公式：

$$\boldsymbol{x}_2=\boldsymbol{M}\boldsymbol{x}_1,\ \boldsymbol{x}_3=\boldsymbol{M}\boldsymbol{x}_2,\ \cdots$$

一般地，有预测差分方程

$$\boldsymbol{x}_{n+1}=\boldsymbol{A}\boldsymbol{x}_n \qquad (n=0,1,2,\cdots)$$

这里，向量序列$\{\boldsymbol{x}_0,\boldsymbol{x}_1,\boldsymbol{x}_2,\cdots\}$描述了城市与郊区人口在若干年内的分布变化，这是一个动态系统模型，进一步有

$$\boldsymbol{x}_n=\boldsymbol{A}\boldsymbol{x}_{n-1}=\boldsymbol{A}^n\boldsymbol{x}_0$$

注意　如果一个人口迁移模型经验证基本符合实际情况的话，就可以利用它进一步预测未来一段时间内人口分布变化的情况，从而为政府决策提供有力的依据.

例 5.5.3　已知某城市 2008 年的城市人口为 500 000 000，农村人口为780 000 000.

(1) 计算 2010 年的人口分布；

(2) 计算 2028 年的人口分布.

解　(1) 因 2008 年的初始人口为 $\boldsymbol{x}_0=\begin{bmatrix} 500\ 000\ 000 \\ 780\ 000\ 000 \end{bmatrix}$，故对 2009 年，有

$$x_1=\begin{bmatrix}0.95 & 0.12\\0.05 & 0.88\end{bmatrix}\begin{bmatrix}500\ 000\ 000\\780\ 000\ 000\end{bmatrix}=\begin{bmatrix}568\ 600\ 000\\711\ 400\ 000\end{bmatrix}$$

对 2010 年，有

$$x_2=\begin{bmatrix}0.95 & 0.12\\0.05 & 0.88\end{bmatrix}\begin{bmatrix}568\ 600\ 000\\711\ 400\ 000\end{bmatrix}=\begin{bmatrix}625\ 538\ 000\\654\ 462\ 000\end{bmatrix}$$

即 2010 年中国的城市人口为 625 538 000，农村人口为 654 462 000.

(2) 迁移矩阵 $M=\begin{bmatrix}0.95 & 0.12\\0.05 & 0.88\end{bmatrix}$的全部特征值是 $\lambda_1=1$，$\lambda_2=0.83$，其对应的特征向量分别是

$$p_1=\begin{bmatrix}2.4\\1\end{bmatrix},\quad p_2=\begin{bmatrix}1\\-1\end{bmatrix}$$

因为 $\lambda_1\neq\lambda_2$，故 M 可对角化.

令 $P=(p_1, p_2)=\begin{bmatrix}2.4 & 1\\1 & -1\end{bmatrix}$，有

$$P^{-1}MP=\begin{bmatrix}1 & 0\\0 & 0.83\end{bmatrix}$$

则

$$M=P\begin{bmatrix}1 & 0\\0 & 0.83\end{bmatrix}P^{-1}$$

因 2008 年的初始人口为 $x_0=\begin{bmatrix}500\ 000\ 000\\780\ 000\ 000\end{bmatrix}$，故对 2028 年，有

$$\begin{aligned}x_{20}&=Mx_{19}=\cdots=M^{20}x_0=P\Lambda^{20}P^{-1}x_0\\&=\begin{bmatrix}2.4 & 1\\1 & -1\end{bmatrix}\begin{bmatrix}1 & 0\\0 & 0.83^{20}\end{bmatrix}\begin{bmatrix}2.4 & 1\\1 & -1\end{bmatrix}^{-1}\begin{bmatrix}500\ 000\ 000\\780\ 000\ 000\end{bmatrix}\\&\approx\begin{bmatrix}893\ 814\ 500\\386\ 185\ 500\end{bmatrix}\end{aligned}$$

即 2028 年中国的城市人口约为 893 814 500，农村人口约为 386 185 500.

5.5.3 教师职业转换预测问题

例 5.5.4 某城市有 15 万人具有本科以上学历，其中有 1.5 万人是教师，据调查，平均每年有 10%的人从教师职业转为其他职业，只有 1%的人从其他职业转为教师职业，试预测 10 年以后这 15 万人中还有多少人在从事教师职业.

解 用 x_n 表示第 n 年后从事教师职业和其他职业的人数，则 $x_0=\begin{bmatrix}1.5\\13.5\end{bmatrix}$，用矩阵 $A=(a_{ij})=\begin{bmatrix}0.90 & 0.01\\0.10 & 0.99\end{bmatrix}$表示教师职业和其他职业间的转移，其中 $a_{11}=0.90$ 表示每年有 90%的人原来是教师现在还是教师；$a_{21}=0.10$ 表示每年有 10%的人从教师职业转为其他职业. 显然

$$x_1 = Ax_0 = \begin{bmatrix} 0.90 & 0.01 \\ 0.10 & 0.99 \end{bmatrix}\begin{bmatrix} 1.5 \\ 13.5 \end{bmatrix} = \begin{bmatrix} 1.485 \\ 13.515 \end{bmatrix}$$

即一年以后，从事教师职业和其他职业的人数分别为 1.485 万和 13.515 万. 又

$$x_2 = Ax_1 = A^2 x_0, \cdots, x_n = Ax_{n-1} = A^n x_0$$

所以 $x_{10} = A^{10} x_0$，为计算 A^{10}，先需要把 A 对角化.

$$|\lambda E - A| = \begin{vmatrix} \lambda - 0.9 & -0.01 \\ -0.1 & \lambda - 0.99 \end{vmatrix} = (\lambda - 0.9)(\lambda - 0.99) - 0.001$$

$$= \lambda^2 - 1.89\lambda + 0.891 - 0.001 = \lambda^2 - 1.89\lambda + 0.890 = 0$$

得 $\lambda_1 = 1$，$\lambda_2 = 0.89$，$\lambda_1 \neq \lambda_2$，故 A 可对角化.

将 $\lambda_1 = 1$ 代入 $(\lambda E - A)x = 0$，得其对应特征向量 $p_1 = \begin{bmatrix} 1 \\ 10 \end{bmatrix}$.

将 $\lambda_2 = 0.89$ 代入 $(\lambda E - A)x = 0$，得其对应特征向量 $p_2 = \begin{bmatrix} 1 \\ -1 \end{bmatrix}$.

令 $P = (p_1, p_2) = \begin{bmatrix} 1 & 1 \\ 10 & -1 \end{bmatrix}$，有

$$P^{-1}AP = \Lambda = \begin{bmatrix} 1 & 0 \\ 0 & 0.89 \end{bmatrix}, A = P\Lambda P^{-1}, A^{10} = P\Lambda^{10} P^{-1}$$

而

$$P^{-1} = -\frac{1}{11}\begin{bmatrix} -1 & -1 \\ -10 & 1 \end{bmatrix} = \frac{1}{11}\begin{bmatrix} 1 & 1 \\ 10 & -1 \end{bmatrix}$$

$$x_{10} = P\Lambda^{10}P^{-1}x_0 = \frac{1}{11}\begin{bmatrix} 1 & 1 \\ 10 & -1 \end{bmatrix}\begin{bmatrix} 1 & 0 \\ 0 & 0.89^{10} \end{bmatrix}\begin{bmatrix} 1 & 1 \\ 10 & -1 \end{bmatrix}\begin{bmatrix} 1.5 \\ 13.5 \end{bmatrix}$$

$$= \frac{1}{11}\begin{bmatrix} 1 & 1 \\ 10 & -1 \end{bmatrix}\begin{bmatrix} 1 & 0 \\ 0 & 0.311\,817 \end{bmatrix}\begin{bmatrix} 1 & 1 \\ 10 & -1 \end{bmatrix}\begin{bmatrix} 1.5 \\ 13.5 \end{bmatrix}$$

$$= \begin{bmatrix} 1.5425 \\ 13.4575 \end{bmatrix}$$

所以 10 年后，15 万人中约 1.54 万人仍是教师，约 13.46 万人从事其他职业.

本 章 小 结

1. 本章要点提示

本章在定义一般内积时使用了抽象方法. 内积是几何空间中数量积概念的抽象，也就是说，对于实线性空间的任意两个向量，只要满足内积定义中的 4 条性质，就对应唯一的实数，这就是内积.

本章的重点是特征值和特征向量的概念与矩阵的相似对角化，特别是实对称矩阵的对角化. 在学习中要注意以下问题：

(1) 特征值和特征向量是重要的基本概念，广泛地应用于理论研究和实际问题中，必

须很好地理解和掌握. 要注意特征值问题是对方阵而言的，同时特征向量一定是非零的列向量.

(2) 并不是所有的方阵都能与对角矩阵相似，n 阶矩阵与对角矩阵相似的充分必要条件是有 n 个线性无关的特征向量. 这里应掌握与 $\boldsymbol{A}$ 相似的对角矩阵 $\boldsymbol{\Lambda}$ 的构造，以及相似变换矩阵 $\boldsymbol{P}$ 的构造，并能具体求出 $\boldsymbol{\Lambda}$ 与 $\boldsymbol{P}$.

(3) 实对称矩阵一定能够对角化. 对于实对称矩阵 $\boldsymbol{A}$，不但存在可逆矩阵，而且一定存在正交矩阵 $\boldsymbol{T}$，使得 $\boldsymbol{T}^{-1}\boldsymbol{A}\boldsymbol{T}$ 是对角矩阵. 要会求正交矩阵 $\boldsymbol{T}$，其难点是利用施密特正交化方法将 n 个线性无关的特征向量正交化、单位化，从而得到所要的正交矩阵.

(4) 方阵 $\boldsymbol{A}$ 是否有特征值及有多少个特征值与所讨论的数域 $\boldsymbol{P}$ 有关. 实际上，矩阵的特征值是通过求特征多项式 $f(\lambda)=|\lambda\boldsymbol{E}-\boldsymbol{A}|$ 的根得到的，而多项式的根则与所讨论的数域有关. 根据代数基本定理. n 次多项式在复数域内恰有 n 个根. 也就是说，n 阶方阵在复数域内恰有 n 个特征值(重根按重数计算)，而在实数域内特征值的个数不会超过 n，也可能少于 n.

(5) 对每个确定的特征值，对应的特征向量一定存在. 这是因为当相应的齐次线性方程组 $(\lambda\boldsymbol{E}-\boldsymbol{A})\boldsymbol{x}=\boldsymbol{0}$ 的系数行列式 $|\lambda\boldsymbol{E}-\boldsymbol{A}|=0$ 时，一定有非零解，因此一定存在对应的特征向量.

(6) 特征值和特征向量之间的关系可以从以下几个方面考虑：

① 每个特征值都有无穷多个特征向量，这是因为属于特征值 λ 的特征向量的任意非零线性组合还是属于特征值 λ 的特征向量；

② 一个特征向量只能属于一个确定的特征值，而不能同时属于不同的特征值；

③ 矩阵 $\boldsymbol{A}$ 的属于不同特征值的特征向量线性无关；

④ 矩阵 $\boldsymbol{A}$ 的属于同一特征值 λ 的线性无关的特征向量的个数不超过特征值 λ 的重数，也可能少于 λ 的重数；

⑤ 实对称矩阵 $\boldsymbol{A}$ 的特征值一定是实数，实对称矩阵 $\boldsymbol{A}$ 的属于不同特征值的特征向量不但线性无关，而且互相正交.

(7) 相似矩阵有相同的特征值，但有相同特征值的矩阵不一定相似. 另一方面，虽然相似矩阵有相同的特征值，但相似矩阵未必有相同的特征向量. 例如，取

$$\boldsymbol{A}=\begin{bmatrix}1&1\\0&0\end{bmatrix},\quad \boldsymbol{B}=\begin{bmatrix}1&0\\0&0\end{bmatrix},\quad \boldsymbol{P}=\begin{bmatrix}1&-1\\0&1\end{bmatrix}$$

可以验证 $\boldsymbol{P}$ 可逆，且 $\boldsymbol{P}^{-1}\boldsymbol{A}\boldsymbol{P}=\boldsymbol{B}$，即 $\boldsymbol{A}$ 与 $\boldsymbol{B}$ 有相同的特征值 0 与 1. 经计算可知，$\boldsymbol{A}$ 的属于特征值 0 的特征向量为 $\boldsymbol{k}_1=(1,\ -1)^{\mathrm{T}}(\boldsymbol{k}_1\neq\boldsymbol{0})$，而 $\boldsymbol{B}$ 的属于特征值 0 的特征向量则为 $\boldsymbol{k}_2=(0,\ 1)^{\mathrm{T}}(\boldsymbol{k}_2\neq\boldsymbol{0})$. 向量$(1,\ -1)^{\mathrm{T}}$与向量$(0,\ 1)^{\mathrm{T}}$线性无关，这说明 $\boldsymbol{A}$ 与 $\boldsymbol{B}$ 虽然有相同的特征值 0，但属于 0 的特征向量并不相同.

2. 求解矩阵特征值和特征向量的步骤

(1) 求特征方程 $f(\lambda)=|\lambda\boldsymbol{I}-\boldsymbol{A}|=0$ 所有的相异实根 λ_1，λ_2，…，λ_m，这些相异实根就是矩阵 $\boldsymbol{A}$ 的特征根.

(2) 求齐次线性方程组 $(\lambda_i\boldsymbol{I}-\boldsymbol{A})\boldsymbol{\alpha}=\boldsymbol{0}$ 所有的非零解向量，这些向量就是对应于 λ_i 的特

征向量.

3. 矩阵 $\boldsymbol{A}$ 与对角矩阵相似的条件(对角化的条件)

(1) n 阶矩阵 $\boldsymbol{A}$ 可对角化 $\Leftrightarrow \boldsymbol{A}$ 有 n 个线性无关的特征向量;

$\Leftrightarrow$ 对 $\boldsymbol{A}$ 的每一个 k_i 重特征根 λ_i,有 $R(\lambda_i \boldsymbol{I}-\boldsymbol{A})=n-k_i$;

$\Leftrightarrow$ 对 $\boldsymbol{A}$ 的每一个 k_i 重特征根 λ_i,$(\lambda_i \boldsymbol{I}-\boldsymbol{A})\boldsymbol{X}=\boldsymbol{0}$ 的基础解系由 k_i 个向量组成.

(2) 若 n 阶矩阵 $\boldsymbol{A}$ 有 n 个相异的特征根,则 $\boldsymbol{A}$ 一定可对角化,这时,矩阵 $\boldsymbol{A}$ 的每个特征值所对应的特征向量线性无关.

利用这些条件,可以很容易地判定矩阵能否对角化.

4. 矩阵对角化的步骤

(1) 求矩阵 $\boldsymbol{A}$ 的全部特征根 λ_1, λ_2, $\cdots$, λ_n(重根写重数).

(2) 对不同的 λ_i,求齐次线性方程组 $(\lambda_i \boldsymbol{I}-\boldsymbol{A})\boldsymbol{X}=\boldsymbol{0}$ 的基础解系(基础解系的每个特征向量都可作为相应的 λ_i 所对应的特征向量.

(3) 若能求出 n 个线性无关的特征向量,则以这些特征向量为列向量,构成可逆矩阵

$$\boldsymbol{P}=(\boldsymbol{\alpha}_1, \boldsymbol{\alpha}_2, \cdots, \boldsymbol{\alpha}_n)$$

有

$$\boldsymbol{P}^{-1}\boldsymbol{A}\boldsymbol{P}=\begin{bmatrix}\lambda_1 & & & \\ & \lambda_2 & & \\ & & \ddots & \\ & & & \lambda_n\end{bmatrix}=\boldsymbol{\Lambda}$$

其中 λ_1, λ_2, $\cdots$, λ_n 要和 α_1, α_2, $\cdots$, α_n 对应.

5. 实对称矩阵的性质及其对角化

(1) 实对称阵的特征值一定是实数.

(2) 实对称阵对应于不同特征值的特征向量是正交的.

(3) 若 n 阶实对称阵有 m 个不同的特征值 λ_1, λ_2, $\cdots$, λ_m,其重数为 k_1, k_2, $\cdots$, k_m,则有 $k_1+k_2+\cdots+k_m=n$,且每一个 k_i 重特征值对应着 k_i 个线性无关的特征向量.

对于这 k_i 个对应于 λ_i 的线性无关的特征向量,可利用施密特正交化将该向量组正交化,所得的 k_i 个正交向量组也一定是对应于 λ_i 的特征向量,再由性质(2),对于实对称阵每一个不同的特征值,可得 $k_1+k_2+\cdots+k_m=n$ 个正交向量构成的向量组,单位化后它们仍是正交向量组,并且是单位正交向量组,因此,按照将矩阵对角化的方法,一定有正交阵 $\boldsymbol{Q}$,使得 $\boldsymbol{Q}^{-1}\boldsymbol{A}\boldsymbol{Q}=\boldsymbol{\Lambda}$.

(4) 对任意实对称阵,一定存在正交矩阵 $\boldsymbol{Q}$,使 $\boldsymbol{Q}^{-1}\boldsymbol{A}\boldsymbol{Q}$ 为对角矩阵,且有

$$\boldsymbol{Q}^{-1}\boldsymbol{A}\boldsymbol{Q}=\boldsymbol{Q}^{\mathrm{T}}\boldsymbol{A}\boldsymbol{Q}=\begin{bmatrix}\lambda_1 & & & \\ & \lambda_2 & & \\ & & \ddots & \\ & & & \lambda_n\end{bmatrix}$$

6. 向量组的正交化(施密特正交化方法)

设 $\boldsymbol{\alpha}_1, \boldsymbol{\alpha}_2, \cdots, \boldsymbol{\alpha}_r$ 是线性无关向量组. 若令

$$\boldsymbol{\beta}_1=\boldsymbol{\alpha}_1,\ \boldsymbol{\beta}_2=\boldsymbol{\alpha}_2-\frac{[\boldsymbol{\alpha}_2,\boldsymbol{\beta}_1]}{[\boldsymbol{\beta}_1,\boldsymbol{\beta}_1]}\boldsymbol{\beta}_1,\quad \boldsymbol{\beta}_3=\boldsymbol{\alpha}_3-\frac{[\boldsymbol{\alpha}_3,\boldsymbol{\beta}_1]}{[\boldsymbol{\beta}_1,\boldsymbol{\beta}_1]}\boldsymbol{\beta}_1-\frac{[\boldsymbol{\alpha}_3,\boldsymbol{\beta}_2]}{[\boldsymbol{\beta}_2,\boldsymbol{\beta}_2]}\boldsymbol{\beta}_2$$

$$\boldsymbol{\beta}_j=\boldsymbol{\alpha}_j-\frac{[\boldsymbol{\alpha}_j,\boldsymbol{\beta}_1]}{[\boldsymbol{\beta}_1,\boldsymbol{\beta}_1]}\boldsymbol{\beta}_1-\frac{[\boldsymbol{\alpha}_j,\boldsymbol{\beta}_2]}{[\boldsymbol{\beta}_2,\boldsymbol{\beta}_2]}\boldsymbol{\beta}_2-\cdots-\frac{[\boldsymbol{\alpha}_j,\boldsymbol{\beta}_{j-1}]}{[\boldsymbol{\beta}_{j-1},\boldsymbol{\beta}_{j-1}]}\boldsymbol{\beta}_{j-1}\quad (j=2,3,\cdots,r)$$

这样得到的 $\boldsymbol{\beta}_1, \boldsymbol{\beta}_2, \cdots, \boldsymbol{\beta}_r$ 是正交向量组，并且与向量组 $\boldsymbol{\alpha}_1, \boldsymbol{\alpha}_2, \cdots, \boldsymbol{\alpha}_r$ 等价(可以互相表示).

习　题　五

1. 设向量

$$\boldsymbol{\alpha}=\begin{bmatrix}1\\-1\\2\end{bmatrix},\quad \boldsymbol{\beta}=\begin{bmatrix}-1\\-1\\1\end{bmatrix}$$

求$[\boldsymbol{\alpha}+2\boldsymbol{\beta}, \boldsymbol{\beta}]$.

2. 已知

$$\boldsymbol{\alpha}=\begin{bmatrix}1\\-2\\3\end{bmatrix},\qquad \boldsymbol{\beta}=\begin{bmatrix}2\\-1\\0\end{bmatrix}$$

求实数 λ，使 $\alpha+\lambda\beta$ 与 β 正交.

3. 利用施密特正交化过程，将下列向量规范正交化：

(1) $\boldsymbol{\alpha}_1=\begin{bmatrix}1\\1\\0\end{bmatrix}, \boldsymbol{\alpha}_2=\begin{bmatrix}1\\-1\\1\end{bmatrix}, \boldsymbol{\alpha}_3=\begin{bmatrix}0\\1\\2\end{bmatrix}$

(2) $\boldsymbol{\alpha}_1=\begin{bmatrix}1\\1\\1\\1\end{bmatrix}, \boldsymbol{\alpha}_2=\begin{bmatrix}1\\-2\\-3\\-4\end{bmatrix}, \boldsymbol{\alpha}_3=\begin{bmatrix}-1\\2\\-2\\3\end{bmatrix}$

4. 判定下列矩阵是否为正交阵：

(1) $\boldsymbol{A}=\begin{bmatrix}1 & -\frac{1}{2} & \frac{1}{3}\\ -\frac{1}{2} & 1 & \frac{1}{2}\\ -\frac{1}{3} & \frac{1}{2} & 1\end{bmatrix}$　　(2) $\boldsymbol{B}=\begin{bmatrix}\frac{1}{9} & -\frac{8}{9} & -\frac{4}{9}\\ -\frac{8}{9} & \frac{1}{9} & -\frac{4}{9}\\ -\frac{4}{9} & -\frac{4}{9} & \frac{7}{9}\end{bmatrix}$

5. 设 $\boldsymbol{A}$ 为实对称矩阵，$\boldsymbol{B}$ 为实反对称矩阵，即 $\boldsymbol{B}^{\mathrm{T}}=-\boldsymbol{B}$，且 $\boldsymbol{AB}=\boldsymbol{BA}$，$\boldsymbol{A}-\boldsymbol{B}$ 是非奇异矩阵，证明：$(\boldsymbol{A}+\boldsymbol{B})(\boldsymbol{A}-\boldsymbol{B})^{-1}$是正交矩阵.

6. 设 $\boldsymbol{A}$ 与 $\boldsymbol{B}$ 都是 n 阶正交阵，证明：$\boldsymbol{AB}$ 也是正交阵.

7. 求下列矩阵的特征值以及对应于特征值的全部线性无关的特征向量：

(1) $A=\begin{bmatrix}3 & 4\\5 & 2\end{bmatrix}$　　(2) $A=\begin{bmatrix}3 & 1 & 0\\-4 & -1 & 0\\-8 & -4 & -1\end{bmatrix}$

(3) $A=\begin{bmatrix}2 & -1 & 2\\5 & -3 & 3\\-1 & 0 & -2\end{bmatrix}$　　(4) $A=\begin{bmatrix}1 & 2 & 3\\2 & 1 & 3\\3 & 3 & 6\end{bmatrix}$

8. 设 A 是 n 阶方阵，λ 是 A 的特征值，证明 λ^2 是 A^2 的特征值.

9. 设方阵

$$A=\begin{bmatrix}1 & -2 & -4\\-2 & x & -2\\-4 & -2 & 1\end{bmatrix} \quad 与 \quad \Lambda=\begin{bmatrix}5 & 0 & 0\\0 & y & 0\\0 & 0 & -4\end{bmatrix}$$

相似，求 x，y.

10. 设 A 与 B 都是 n 阶正交阵，且 $|A|\neq0$，证明：AB 与 BA 相似.

11. 设三阶方阵 A 对应的特征值为 $\lambda_1=1$，$\lambda_2=0$，$\lambda_3=-1$，对应的特征向量依次为

$$p_1=\begin{bmatrix}1\\2\\2\end{bmatrix},\quad p_2=\begin{bmatrix}2\\-2\\1\end{bmatrix},\quad p_3=\begin{bmatrix}-2\\-1\\2\end{bmatrix}$$

求 A.

12. 设三阶对称矩阵 A 的特征值分别为 6，3，3，特征值 6 对应的特征向量为 $p_1=(1,1,1)^{T}$，求 A.

13. 设有下列对称矩阵，求正交矩阵 P，使 $P^{-1}AP=\Lambda$ 为对角矩阵：

(1) $A=\begin{bmatrix}1 & -2 & 0\\-2 & 2 & -2\\0 & -2 & 3\end{bmatrix}$　　(2) $A=\begin{bmatrix}4 & 1 & 0 & 0\\1 & 4 & 0 & 0\\0 & 0 & 4 & 1\\0 & 0 & 1 & 4\end{bmatrix}$

14. 设

$$A=\begin{bmatrix}3 & -2\\-2 & 3\end{bmatrix}$$

求 $\varphi(A)=A^{10}-5A^{9}$.

15. 设 n 阶方阵 A 是正交阵，证明 A 的伴随阵 A^* 也是正交阵.

16. 设矩阵 $H=E-2xx^{T}$，其中 E 是 n 阶单位阵，x 是 n 维列向量，且 $x^{T}x=1$. 证明 H 是对称的正交阵.

17. 设 A 是 n 阶方阵，α_1，α_2 分别是对应于 A 的两个不同特征值 λ_1，λ_2 的特征向量，试证明 $\alpha_1+\alpha_2$ 不是 A 的特征值.

18. 设 A 是 n 阶方阵，$A^2=E$，试证明 A 的特征值是 1 或 -1.

19. 设方阵 A 与 B 相似，方阵 C 与 D 相似，证明方阵

$$\begin{bmatrix}A & O\\O & B\end{bmatrix} 与 \begin{bmatrix}C & O\\O & D\end{bmatrix}$$

也相似.

自 测 题 五

一、判断与选择题

1. 如果矩阵 $\boldsymbol{A}$ 的特征值全为零，则 $\boldsymbol{A}$ 相似于零矩阵. (　　)

2. 方阵 $\boldsymbol{A}$ 的一个特征值 λ 只对应 $n-R(\lambda\boldsymbol{I}-\boldsymbol{A})$ 个特征向量. (　　)

3. 相似的矩阵有同样的特征向量. (　　)

4. 若 $\boldsymbol{A}$ 和 $\boldsymbol{B}$ 相似，则 $3\boldsymbol{A}^2+\boldsymbol{A}$ 和 $3\boldsymbol{B}^2+\boldsymbol{B}$ 相似. (　　)

5. $\boldsymbol{A}$ 有 n 个互不相同的特征值是 $\boldsymbol{A}$ 相似于对角矩阵的________.

(a) 充分必要条件.

(b) 充分而非必要条件.

(c) 必要而非充分条件.

(d) 既非充分又非必要条件.

6. 矩阵 $\begin{bmatrix}2 & & \\ & -1 & \\ & & 3\end{bmatrix}$ 与 $\begin{bmatrix}-1 & & \\ & 3 & \\ & & 2\end{bmatrix}$ 相似. (　　)

二、综合题

1. 设 $\boldsymbol{A}=\begin{bmatrix}2 & 1 & 0\\ 0 & 4 & 2\\ 0 & 0 & 5\end{bmatrix}$，求 $\boldsymbol{A}^{-1}$ 与 $\boldsymbol{A}^*$ 的特征值.

2. 已知矩阵 $\boldsymbol{A}$ 的特征值为 1，2，-4.

(1) 求 $|\boldsymbol{A}^2-5\boldsymbol{A}|$；

(2) 求 $\boldsymbol{B}=3\boldsymbol{A}^2-2\boldsymbol{A}+5\boldsymbol{I}$ 的特征值；

(3) 求 $|\boldsymbol{B}|$.

3. 已知 $\boldsymbol{P}^{-1}\boldsymbol{AP}=\begin{bmatrix}1 & & \\ & 2 & \\ & & -3\end{bmatrix}$，求 $\boldsymbol{P}^{-1}(\boldsymbol{A}^2-4\boldsymbol{A}+\boldsymbol{I})\boldsymbol{P}$.

4. 已知 $\boldsymbol{\alpha}=(1,\ t,\ 1)^{\mathrm{T}}$ 是矩阵

$$\boldsymbol{A}=\begin{bmatrix}2 & 1 & 1\\ 1 & 2 & 1\\ 1 & 1 & 2\end{bmatrix}$$

的逆矩阵 $\boldsymbol{A}^{-1}$ 的特征向量，求 t 的值和 $\boldsymbol{\alpha}$ 对应的特征值 λ.

5. 设向量 $\boldsymbol{\alpha}=(a_1,\ a_2,\ \cdots,\ a_n)^{\mathrm{T}}$，$\|\boldsymbol{\alpha}\|=2$，又 n 阶方阵 $\boldsymbol{A}=\boldsymbol{\alpha}\cdot\boldsymbol{\alpha}^{\mathrm{T}}$

(1) 证明 $\boldsymbol{A}$ 相似于对角矩阵；

(2) 写出与 $\boldsymbol{A}$ 相似的对角矩阵.

第六章

二　次　型

本章的主要内容及要求

在解析几何中，为了便于研究二次曲线

$$ax^2+bxy+cy^2=1$$

的几何性质，可以选择适当的坐标旋转变换

$$\begin{cases}x=x'\cos\theta-y'\sin\theta\\y=x'\sin\theta+y'\cos\theta\end{cases}$$

把方程化为标准形式

$$d_1x'^2+d_2y'^2=1$$

这类问题具有普遍性，在求多元函数极值问题、运动稳定性问题、数理统计、网络理论、物理以及力学等许多理论问题和实际问题中常会遇到，本章把这类问题一般化，讨论了二次型及其标准形，以及化二次型为标准形的问题，同时还讨论了正定二次型.

本章的基本要求如下：

(1) 掌握二次型及其矩阵表示，了解二次型秩的概念，了解合同变换与合同矩阵的概念.

(2) 理解二次型的标准形，掌握用配方法、正交变换法化二次型为标准形；了解用初等变换法化二次型为标准形.

(3) 理解惯性定理，掌握正定二次型和正定矩阵的概念，会判别二次型及实对称矩阵的正定性.

6.1　二次型及其标准形

6.1.1　二次型

定义 6.1.1　含有 n 个变量 $x_1, x_2, \cdots, x_n$ 的二次齐次多项式

$$f(x_1, x_2, \cdots, x_n)=a_{11}x_1^2+a_{22}x_2^2+\cdots+a_{nn}x_n^2+2a_{12}x_1x_2+2a_{13}x_1x_3+\cdots+2a_{1n}x_1x_n+\cdots+2a_{n-1,n}x_{n-1}x_n \quad (6.1.1)$$

称为 n 元**二次型**(简称二次型). 其中，系数 $a_{ij}(i, j=1, 2, \cdots, n)$ 为实数时，称为实二次型；a_{ij} 为复数时，称为复二次型. 本书只讨论实二次型.

取 $a_{ij}=a_{ji}(i, j=1, 2, \cdots, n)$，则 $2a_{ij}x_ix_j=a_{ij}x_ix_j+a_{ji}x_jx_i$，于是式(6.1.1)可写成

$$f(x_1, x_2, \cdots, x_n) = a_{11}x_1^2 + a_{12}x_1x_2 + \cdots + a_{1n}x_1x_n + a_{21}x_2x_1 + a_{22}x_2^2 + \cdots$$
$$+ a_{2n}x_2x_n + \cdots + a_{n1}x_nx_1 + a_{n2}x_nx_2 + \cdots + a_{nn}x_n^2$$
$$= \sum_{i=1}^{n}\sum_{j=1}^{n} a_{ij}x_ix_j \qquad (6.1.2)$$

对于二次型，我们主要讨论的问题是：如何寻求可逆的线性变换

$$\begin{cases} x_1 = c_{11}y_1 + c_{12}y_2 + \cdots + c_{1n}y_n \\ x_2 = c_{21}y_1 + c_{22}y_2 + \cdots + c_{2n}y_n \\ \qquad \vdots \\ x_n = c_{n1}y_1 + c_{n2}y_2 + \cdots + c_{nn}y_n \end{cases} \qquad (6.1.3)$$

使得二次型只含平方项，也就是把式(6.1.3)代入式(6.1.2)，使二次型化为

$$f = k_1y_1^2 + k_2y_2^2 + \cdots + k_ny_n^2$$

我们称这种只含平方项的二次型为二次型的标准形.

例 6.1.1 (1) $f(x, y)=x^2+3xy+y^2$ 是一个含有 2 个变量的实二次型.

(2) $f(x, y, z)=3x^2+2xy+\sqrt{2}xz-y^2-4yz+5z^2$ 是一个含有 3 个变量的实二次型.

(3) $f(x_1, x_2, x_3, x_4)=x_1^2+x_2^2+x_3^2-x_4^2$ 是一个含有 4 个变量的实二次型.

(4) $f(x_1, x_2, x_3, x_4)=x_1x_2+2x_1x_3-4x_1x_4+3x_2x_4$ 是一个含有 4 个变量的实二次型.

(5) $f(x, y)=x^2+xy-y^2+5x+1$ 不是一个实二次型，因为它含有一次项 $5x$ 及常数项 1.

(6) $f(x_1, x_2, x_3)=x_1^3+x_1x_2+x_1x_3$ 不是一个实二次型，因为它含有三次项 x_1^3.

(7) $f(x, y)=x^2+\mathrm{i}y^2(\mathrm{i}=\sqrt{-1})$ 不是一个实二次型，因为 i 是虚数，但它是一个复二次型.

6.1.2 二次型的矩阵表示形式

利用矩阵，二次型可表示为

$$f = x_1(a_{11}x_1 + a_{12}x_2 + \cdots + a_{1n}x_n) + x_2(a_{21}x_1 + a_{22}x_2 + \cdots + a_{2n}x_n)$$
$$+ \cdots + x_n(a_{n1}x_1 + a_{n2}x_2 + \cdots + a_{nn}x_n)$$
$$= (x_1, x_2, \cdots, x_n)\begin{pmatrix} a_{11}x_1 + a_{12}x_2 + \cdots + a_{1n}x_n \\ a_{21}x_1 + a_{22}x_2 + \cdots + a_{2n}x_n \\ \vdots \\ a_{n1}x_1 + a_{n2}x_2 + \cdots + a_{nn}x_n \end{pmatrix}$$
$$= (x_1, x_2, \cdots, x_n)\begin{bmatrix} a_{11} & a_{12} & \cdots & a_{1n} \\ a_{21} & a_{22} & \cdots & a_{2n} \\ \vdots & \vdots & & \vdots \\ a_{n1} & a_{n2} & \cdots & a_{nn} \end{bmatrix}\begin{bmatrix} x_1 \\ x_2 \\ \vdots \\ x_n \end{bmatrix}$$

这里 $a_{ij}=a_{ji}(i, j=1, 2, \cdots, n)$，记

$$A=\begin{bmatrix} a_{11} & a_{12} & \cdots & a_{1n} \\ a_{21} & a_{22} & \cdots & a_{2n} \\ \vdots & \vdots & & \vdots \\ a_{n1} & a_{n2} & \cdots & a_{nn} \end{bmatrix}, \qquad x=\begin{bmatrix} x_1 \\ x_2 \\ \vdots \\ x_n \end{bmatrix}$$

则二次型可记作

$$f=x^{\mathrm{T}}Ax \tag{6.1.4}$$

其中，A 为对称矩阵.

例 6.1.2 用矩阵形式将二次型 $f=x_1^2+3x_3^2-2x_1x_2+2x_1x_3+4x_2x_3$ 写出来.

解 令

$$A=\begin{bmatrix} 1 & -1 & 1 \\ -1 & 0 & 2 \\ 1 & 2 & 3 \end{bmatrix}, \qquad x=\begin{bmatrix} x_1 \\ x_2 \\ x_3 \end{bmatrix}$$

得

$$f=(x_1, x_2, x_3)\begin{bmatrix} 1 & -1 & 1 \\ -1 & 0 & 2 \\ 1 & 2 & 3 \end{bmatrix}\begin{bmatrix} x_1 \\ x_2 \\ x_3 \end{bmatrix}$$

任给一个二次型，就唯一地确定一个对称矩阵；反之，任给一个对称矩阵，也可唯一地确定一个二次型. 这样，二次型与对称矩阵之间存在一一对应的关系. 因此，我们把对称矩阵 A 叫作二次型 f 的矩阵，也把 f 叫作对称矩阵 A 的二次型. 对称矩阵 A 的秩就叫作二次型 f 的秩.

例如，二次型 $x_1x_2+x_1x_3+2x_2^2-3x_2x_3$ 的矩阵是

$$A=\begin{bmatrix} 0 & \frac{1}{2} & \frac{1}{2} \\ \frac{1}{2} & 2 & -\frac{3}{2} \\ \frac{1}{2} & -\frac{3}{2} & 0 \end{bmatrix}$$

反之，对称矩阵 $A=\begin{bmatrix} 0 & \frac{1}{2} & \frac{1}{2} \\ \frac{1}{2} & 2 & -\frac{3}{2} \\ \frac{1}{2} & -\frac{3}{2} & 0 \end{bmatrix}$ 所对应的二次型是

$$\begin{aligned} x^{\mathrm{T}}Ax &= (x_1, x_2, x_3)\begin{bmatrix} 0 & \frac{1}{2} & \frac{1}{2} \\ \frac{1}{2} & 2 & -\frac{3}{2} \\ \frac{1}{2} & -\frac{3}{2} & 0 \end{bmatrix}\begin{bmatrix} x_1 \\ x_2 \\ x_3 \end{bmatrix} \\ &= x_1x_2+x_1x_3+2x_2^2-3x_2x_3 \end{aligned}$$

例 6.1.3 写出下列实二次型相应的对称矩阵：

(1) $f(x, y)=x^2+3xy+y^2=x^2+\frac{3}{2}xy+\frac{3}{2}xy+y^2$

(2) $f(x, y, z)=3x^2+2xy+\sqrt{2}xz-y^2-4yz+5z^2$

$$=3x^2+xy+\frac{\sqrt{2}}{2}xz+xy-y^2-2yz+\frac{\sqrt{2}}{2}xz-2yz+5z^2$$

(3) $f(x_1, x_2, x_3, x_4)=x_1^2+x_2^2+x_3^2-x_4^2$

解 (1) 相应的对称矩阵为

$$\begin{bmatrix} 1 & 3/2 \\ 3/2 & 1 \end{bmatrix}$$

(2) 相应的对称矩阵为

$$\begin{bmatrix} 3 & 1 & \frac{\sqrt{2}}{2} \\ 1 & -1 & -2 \\ \frac{\sqrt{2}}{2} & -2 & 5 \end{bmatrix}$$

(3) 相应的对称矩阵是一个对角矩阵：

$$\begin{bmatrix} 1 & 0 & 0 & 0 \\ 0 & 1 & 0 & 0 \\ 0 & 0 & 1 & 0 \\ 0 & 0 & 0 & -1 \end{bmatrix}$$

例 6.1.4 设有实对称矩阵 $\boldsymbol{A}=\begin{bmatrix} -1 & 1 & 0 \\ 1 & 0 & -\frac{1}{2} \\ 0 & -\frac{1}{2} & \sqrt{2} \end{bmatrix}$，求 $\boldsymbol{A}$ 对应的实二次型.

解 $\boldsymbol{A}$ 是三阶阵，故有 3 个变量，则实二次型为

$$f(x_1, x_2, x_3) = (x_1, x_2, x_3)\begin{bmatrix} -1 & 1 & 0 \\ 1 & 0 & -1/2 \\ 0 & -1/2 & \sqrt{2} \end{bmatrix}\begin{bmatrix} x_1 \\ x_2 \\ x_3 \end{bmatrix}$$

$$=-x_1^2+2x_1x_2-x_2x_3+\sqrt{2}x_3^2$$

例 6.1.5 求二次型 $f(x_1, x_2, x_3)=x_1^2-4x_1x_2+2x_1x_3-2x_2^2+6x_3^2$ 的秩.

解 先求二次型的矩阵.

$$f(x_1, x_2, x_3) = x_1^2-2x_1x_2+x_1x_3-2x_2x_1-2x_2^2 +0x_2x_3+x_3x_1+0x_3x_2+6x_3^2$$

所以 $\boldsymbol{A}=\begin{bmatrix} 1 & -2 & 1 \\ -2 & -2 & 0 \\ 1 & 0 & 6 \end{bmatrix}$，对 $\boldsymbol{A}$ 做初等变换

$$\boldsymbol{A}\rightarrow\begin{bmatrix} 1 & -2 & 1 \\ 0 & -6 & 2 \\ 0 & 2 & 5 \end{bmatrix}\rightarrow\begin{bmatrix} 1 & -2 & 1 \\ 0 & 2 & 5 \\ 0 & 0 & 17 \end{bmatrix}$$

即 $R(\boldsymbol{A})=3$，所以二次型 $f(x_1, x_2, x_3)=x_1^2-4x_1x_2+2x_1x_3-2x_2^2+6x_3^2$ 的秩为 3.

6.1.3 矩阵的合同

定义 6.1.2 设 $\boldsymbol{A}$，$\boldsymbol{B}$ 为两个 n 阶方阵，如果存在 n 阶非奇异矩阵 $\boldsymbol{C}$，使得 $\boldsymbol{C}^{\mathrm{T}}\boldsymbol{A}\boldsymbol{C}=\boldsymbol{B}$，则称矩阵 $\boldsymbol{A}$ 合同于矩阵 $\boldsymbol{B}$，或 $\boldsymbol{A}$ 与 $\boldsymbol{B}$ 合同，记为 $\boldsymbol{A}\cong\boldsymbol{B}$.

矩阵的合同关系具有如下基本性质：

(1) 反身性：对任意方阵 $\boldsymbol{A}$，$\boldsymbol{A}\cong\boldsymbol{A}$(因为 $\boldsymbol{E}^{\mathrm{T}}\boldsymbol{A}\boldsymbol{E}=\boldsymbol{A}$).

(2) 对称性：若 $\boldsymbol{A}\cong\boldsymbol{B}$，则 $\boldsymbol{B}\cong\boldsymbol{A}$.

(3) 传递性：若 $\boldsymbol{A}\cong\boldsymbol{B}$，$\boldsymbol{B}\cong\boldsymbol{C}$，则 $\boldsymbol{A}\cong\boldsymbol{C}$.

定义 6.1.3 关系式

$$\begin{cases} x_1 = c_{11}y_1 + c_{12}y_2 + \cdots + c_{1n}y_n \\ x_2 = c_{21}y_1 + c_{22}y_2 + \cdots + c_{2n}y_n \\ \qquad\vdots \\ x_n = c_{n1}y_1 + c_{n2}y_2 + \cdots + c_{nn}y_n \end{cases}$$

称为由变量 $x_1, x_2, \cdots, x_n$ 到 $y_1, y_2, \cdots, y_n$ 的线性变换. 矩阵

$$\boldsymbol{C} = \begin{bmatrix} c_{11} & c_{12} & \cdots & c_{1n} \\ c_{21} & c_{22} & \cdots & c_{2n} \\ \vdots & \vdots & & \vdots \\ c_{n1} & c_{n2} & \cdots & c_{nn} \end{bmatrix}$$

称为线性变换矩阵. 当 $|\boldsymbol{C}|\neq 0$ 时，称该线性变换为可逆线性变换.

对于一般二次型 $f(\boldsymbol{x})=\boldsymbol{x}^{\mathrm{T}}\boldsymbol{A}\boldsymbol{x}$，我们的问题是：寻求可逆的线性变换 $\boldsymbol{x}=\boldsymbol{C}\boldsymbol{y}$ 使原二次型化为标准二次型，将其代入得

$$\begin{aligned} f(\boldsymbol{x}) &= \boldsymbol{x}^{\mathrm{T}}\boldsymbol{A}\boldsymbol{x} = (\boldsymbol{C}\boldsymbol{y})^{\mathrm{T}}\boldsymbol{A}(\boldsymbol{C}\boldsymbol{y}) \\ &= \boldsymbol{y}^{\mathrm{T}}(\boldsymbol{C}^{\mathrm{T}}\boldsymbol{A}\boldsymbol{C})\boldsymbol{y} \end{aligned}$$

这里，$\boldsymbol{y}^{\mathrm{T}}(\boldsymbol{C}^{\mathrm{T}}\boldsymbol{A}\boldsymbol{C})\boldsymbol{y}$ 为关于 $y_1, y_2, \cdots, y_n$ 的二次型，对应的矩阵为 $\boldsymbol{C}^{\mathrm{T}}\boldsymbol{A}\boldsymbol{C}$.

易见，二次型 $f(x_1, x_2, \cdots, x_n)=\boldsymbol{x}^{\mathrm{T}}\boldsymbol{A}\boldsymbol{x}$ 的矩阵 $\boldsymbol{A}$ 与经过可逆线性变换 $\boldsymbol{x}=\boldsymbol{C}\boldsymbol{y}$ 得到的二次型的矩阵 $\boldsymbol{B}=\boldsymbol{C}^{\mathrm{T}}\boldsymbol{A}\boldsymbol{C}$ 是合同的. **证毕**

定理 6.1.1 任给可逆矩阵 $\boldsymbol{C}$，令 $\boldsymbol{B}=\boldsymbol{C}^{\mathrm{T}}\boldsymbol{A}\boldsymbol{C}$，如果 $\boldsymbol{A}$ 为对称矩阵，则 $\boldsymbol{B}$ 亦为对称矩阵，且 $R(\boldsymbol{A})=R(\boldsymbol{B})$.

证 $\boldsymbol{A}$ 为对称矩阵，即有 $\boldsymbol{A}^{\mathrm{T}}=\boldsymbol{A}$，于是

$$\boldsymbol{B}^{\mathrm{T}} = (\boldsymbol{C}^{\mathrm{T}}\boldsymbol{A}\boldsymbol{C})^{\mathrm{T}} = \boldsymbol{C}^{\mathrm{T}}\boldsymbol{A}^{\mathrm{T}}\boldsymbol{C} = \boldsymbol{C}^{\mathrm{T}}\boldsymbol{A}\boldsymbol{C} = \boldsymbol{B}$$

即 $\boldsymbol{B}$ 为对称矩阵.

再证 $R(\boldsymbol{A})=R(\boldsymbol{B})$.

因为 $\boldsymbol{B}=\boldsymbol{C}^{\mathrm{T}}\boldsymbol{A}\boldsymbol{C}$，所以 $R(\boldsymbol{B})\leqslant R(\boldsymbol{A}\boldsymbol{C})\leqslant R(\boldsymbol{A})$；又因为 $\boldsymbol{A}=(\boldsymbol{C}^{\mathrm{T}})^{-1}\boldsymbol{B}\boldsymbol{C}^{-1}$，所以 $R(\boldsymbol{A})\leqslant R(\boldsymbol{B}\boldsymbol{C}^{-1})\leqslant R(\boldsymbol{B})$. 于是 $R(\boldsymbol{A})=R(\boldsymbol{B})$. **证毕**

定理 6.1.1 表明经可逆变换 $\boldsymbol{x}=\boldsymbol{C}\boldsymbol{y}$ 后，二次型 f 的矩阵由 $\boldsymbol{A}$ 变为 $\boldsymbol{C}^{\mathrm{T}}\boldsymbol{A}\boldsymbol{C}$，且二次型的秩不变.

例 6.1.6 设二次型 $f(x_1, x_2, x_3)=2x_1x_2-4x_1x_3+10x_2x_3$，且

$$\begin{cases} x_1 = y_1 - y_2 - 5y_3 \\ x_2 = y_1 + y_2 + 2y_3 \\ x_3 = y_3 \end{cases} \tag{6.1.5}$$

求经过上述线性变换后新的二次型.

解 因 $f(x_1, x_2, x_3)$相对应的矩阵

$$\boldsymbol{A} = \begin{bmatrix} 0 & 1 & -2 \\ 1 & 0 & 5 \\ -2 & 5 & 0 \end{bmatrix}$$

而式(6.1.5)所决定的变换矩阵

$$\boldsymbol{C} = \begin{bmatrix} 1 & -1 & -5 \\ 1 & 1 & 2 \\ 0 & 0 & 1 \end{bmatrix}$$

$$\begin{aligned} \boldsymbol{C}^{\mathrm{T}}\boldsymbol{A}\boldsymbol{C} &= \begin{bmatrix} 1 & 1 & 0 \\ -1 & 1 & 0 \\ -5 & 2 & 1 \end{bmatrix} \begin{bmatrix} 0 & 1 & -2 \\ 1 & 0 & 5 \\ -2 & 5 & 0 \end{bmatrix} \begin{bmatrix} 1 & -1 & -5 \\ 1 & 1 & 2 \\ 0 & 0 & 1 \end{bmatrix} \\ &= \begin{bmatrix} 2 & 0 & 0 \\ 0 & -2 & 0 \\ 0 & 0 & 20 \end{bmatrix} \end{aligned}$$

于是新的二次型为 $2y_1^2 - 2y_2^2 + 20y_3^2$.

6.2 化二次型为标准形

若二次型 $f(x_1, x_2, \cdots, x_n)$经可逆线性变换 $\boldsymbol{x} = \boldsymbol{C}\boldsymbol{y}$ 化为只含平方项的形式

$$b_1 y_1^2 + b_2 y_2^2 + \cdots + b_n y_n^2$$

则称之为二次型 $f(x_1, x_2, \cdots, x_n)$的标准形.

要使二次型 f 经可逆变换 $\boldsymbol{x} = \boldsymbol{C}\boldsymbol{y}$ 变成标准形，即要使

$$\begin{aligned} \boldsymbol{y}^{\mathrm{T}}\boldsymbol{C}^{\mathrm{T}}\boldsymbol{A}\boldsymbol{C}\boldsymbol{y} &= k_1 y_1^2 + k_2 y_2^2 + \cdots + k_n y_n^2 \\ &= [y_1, \quad y_2, \quad \cdots, \quad y_n] \begin{bmatrix} k_1 & & & \\ & k_2 & & \\ & & \ddots & \\ & & & k_n \end{bmatrix} \begin{bmatrix} y_1 \\ y_2 \\ \vdots \\ y_n \end{bmatrix} \end{aligned}$$

也就是要使 $\boldsymbol{C}^{\mathrm{T}}\boldsymbol{A}\boldsymbol{C}$ 成为对角矩阵. 因此，这一节的主要问题就是：对于对称矩阵 $\boldsymbol{A}$，寻求可逆矩阵 $\boldsymbol{C}$，使 $\boldsymbol{C}^{\mathrm{T}}\boldsymbol{A}\boldsymbol{C}$ 为对角矩阵.

6.2.1 用配方法化二次型为标准形

根据定理 5.4.1，得出如下定理.

定理 6.2.1 任一二次型都可以通过可逆线性变换化为标准形. 即对任一实对称矩阵 $\boldsymbol{A}$，一定存在非奇异矩阵 $\boldsymbol{C}$，使 $\boldsymbol{B} = \boldsymbol{C}^{\mathrm{T}}\boldsymbol{A}\boldsymbol{C}$ 为对角矩阵.

定理 6.2.1 说明任一实对称矩阵都与一个对角矩阵合同.

例 6.2.1 将 $f(x_1, x_2, x_3)=x_1^2+2x_1x_2+2x_1x_3+2x_2^2+4x_2x_3+x_3^2$ 化为标准形.

解 因标准形是平方项的代数和，可利用配方法解之.

$$\begin{aligned} f(x_1, x_2, x_3) &= x_1^2+2x_1x_2+2x_1x_3+2x_2^2+4x_2x_3+x_3^2 \\ &= x_1^2+2x_1(x_2+x_3)+(x_2+x_3)^2-(x_2+x_3)^2+2x_2^2+4x_2x_3+x_3^2 \\ &= (x_1+x_2+x_3)^2+x_2^2+2x_2x_3 \\ &= (x_1+x_2+x_3)^2+(x_2+x_3)^2-x_3^2 \end{aligned} \tag{6.2.1}$$

令

$$\begin{cases} y_1 = x_1+x_2+x_3 \\ y_2 = x_2+x_3 \\ y_3 = x_3 \end{cases}$$

即

$$\begin{cases} x_1 = y_1-y_2 \\ x_2 = y_2-y_3 \\ x_3 = y_3 \end{cases}$$

其线性变换矩阵的行列式 $|\boldsymbol{C}|=\begin{vmatrix} 1 & -1 & 0 \\ 0 & 1 & -1 \\ 0 & 0 & 1 \end{vmatrix}=1\neq 0$，代入式(6.2.1)得二次型的标准形

$$y_1^2+y_2^2-y_3^2$$

该二次型的矩阵为 $\boldsymbol{B}=\begin{bmatrix} 1 & 0 & 0 \\ 0 & 1 & 0 \\ 0 & 0 & -1 \end{bmatrix}$，而原二次型的矩阵为 $\boldsymbol{A}=\begin{bmatrix} 1 & 1 & 1 \\ 1 & 2 & 2 \\ 1 & 2 & 1 \end{bmatrix}$，线性变换的矩阵为 $\boldsymbol{C}=\begin{bmatrix} 1 & -1 & 0 \\ 0 & 1 & -1 \\ 0 & 0 & 1 \end{bmatrix}$，易验证 $\boldsymbol{C}^{\mathrm{T}}\boldsymbol{A}\boldsymbol{C}=\boldsymbol{B}=\begin{bmatrix} 1 & 0 & 0 \\ 0 & 1 & 0 \\ 0 & 0 & -1 \end{bmatrix}$ 是对角矩阵，且

$$\boldsymbol{y}^{\mathrm{T}}\boldsymbol{B}\boldsymbol{y} = y_1^2+y_2^2-y_3^2$$

可见，要把二次型化为标准形，关键在于求出一个非奇异矩阵 $\boldsymbol{C}$，使得 $\boldsymbol{C}^{\mathrm{T}}\boldsymbol{A}\boldsymbol{C}$ 是对角矩阵.

拉格朗日配方法的步骤：

(1) 若二次型中含有 x_i 的平方项，则先把含有 x_i 的乘积项集中，然后配方，再对其余的变量进行同样的过程直到所有变量都配成平方项为止，经过可逆线性变换，就得到标准形；

(2) 若二次型中不含有平方项，但是 $a_{ij}\neq 0 (i\neq j)$，则先做可逆变换

$$\begin{cases} x_i = y_i-y_j \\ x_j = y_i+y_j \\ x_k = y_k \end{cases} \quad (k=1, 2, \cdots, n \text{ 且 } k\neq i, j)$$

化二次型为含有平方项的二次型，然后再按(1)中方法配方.

注意 配方法是一种可逆线性变换，但平方项的系数不一定是 $\boldsymbol{A}$ 的特征值.

例 6.2.2 化二次型 $f=x_1^2+2x_2^2+5x_3^2+2x_1x_2+2x_1x_3+6x_2x_3$ 为标准形，并求所用的变换矩阵.

解
$$
\begin{aligned}
f&=x_1^2+2x_2^2+5x_3^2+2x_1x_2+2x_1x_3+6x_2x_3\\
&=x_1^2+2x_1x_2+2x_1x_3+2x_2^2+5x_3^2+6x_2x_3\\
&=(x_1+x_2+x_3)^2-x_2^2-x_3^2-2x_2x_3+2x_2^2+5x_3^2+6x_2x_3\\
&=(x_1+x_2+x_3)^2+x_2^2+4x_3^2+4x_2x_3\\
&=(x_1+x_2+x_3)^2+(x_2+2x_3)^2
\end{aligned}
$$

令

$$
\begin{cases} y_1=x_1+x_2+x_3\\ y_2=x_2+2x_3\\ y_3=x_3 \end{cases} \Rightarrow \begin{cases} x_1=y_1-y_2+y_3\\ x_2=y_2-2y_3\\ x_3=y_3 \end{cases}
$$

$$
\begin{bmatrix} x_1\\ x_2\\ x_3 \end{bmatrix}=\begin{bmatrix} 1 & -1 & 1\\ 0 & 1 & -2\\ 0 & 0 & 1 \end{bmatrix}\begin{bmatrix} y_1\\ y_2\\ y_3 \end{bmatrix}
$$

所以 $f=x_1^2+2x_2^2+5x_3^2+2x_1x_2+2x_1x_3+6x_2x_3=y_1^2+y_2^2$. 所用变换矩阵为

$$
\boldsymbol{C}=\begin{bmatrix} 1 & -1 & 1\\ 0 & 1 & -2\\ 0 & 0 & 1 \end{bmatrix} \quad (|\boldsymbol{C}|=1\neq 0)
$$

例 6.2.3 化二次型 $f=2x_1x_2+2x_1x_3-6x_2x_3$ 成标准形，并求所用的变换矩阵.

解 由于所给二次型中无平方项，所以令

$$
\begin{cases} x_1=y_1+y_2\\ x_2=y_1-y_2\\ x_3=y_3 \end{cases}
$$

即
$$
\begin{bmatrix} x_1\\ x_2\\ x_3 \end{bmatrix}=\begin{bmatrix} 1 & 1 & 0\\ 1 & -1 & 0\\ 0 & 0 & 1 \end{bmatrix}\begin{bmatrix} y_1\\ y_2\\ y_3 \end{bmatrix}
$$

代入原二次型得 $f=2y_1^2-2y_2^2-4y_1y_3+8y_2y_3$，再配方得

$$
f=2(y_1-y_3)^2-2(y_2-2y_3)^2+6y_3^2
$$

令

$$
\begin{cases} z_1=y_1-y_3\\ z_2=y_2-2y_3\\ z_3=y_3 \end{cases} \Rightarrow \begin{cases} y_1=z_1+z_3\\ y_2=z_2+2z_3\\ y_3=z_3 \end{cases}
$$

即
$$
\begin{bmatrix} y_1\\ y_2\\ y_3 \end{bmatrix}=\begin{bmatrix} 1 & 0 & 1\\ 0 & 1 & 2\\ 0 & 0 & 1 \end{bmatrix}\begin{bmatrix} z_1\\ z_2\\ z_3 \end{bmatrix}
$$

代入原二次型得标准形 $f=2z_1^2-2z_2^2+6z_3^2$. 所用变换矩阵为

$$C=\begin{bmatrix}1&1&0\\1&-1&0\\0&0&1\end{bmatrix}\begin{bmatrix}1&0&1\\0&1&2\\0&0&1\end{bmatrix}=\begin{bmatrix}1&1&3\\1&-1&-1\\0&0&1\end{bmatrix}\quad (|C|=-2\neq 0)$$

例 6.2.4 用配方法将下列二次型化为标准形：

$$f(x_1, x_2, x_3, x_4)=2x_1x_2-x_1x_3+x_1x_4-x_2x_3+x_2x_4-2x_3x_4$$

解 因缺少了 $x_i^2(i=1, 2, 3, 4)$的项，无法配方. 但可做如下变换

$$\begin{cases}x_1=y_1+y_2\\x_2=y_1-y_2\\x_3=y_3\\x_4=y_4\end{cases}\tag{6.2.2}$$

代入原二次型得关于 y_i的二次型

$$f=2y_1^2-2y_2^2-2y_1y_3+2y_1y_4-2y_3y_4$$

这时 y_i^2项的系数不为零，故可以进行配方

$$\begin{aligned}f&=(2y_1^2-2y_1y_3+2y_1y_4)-2y_2^2-2y_3y_4\\&=2\left[\left(y_1-\frac{1}{2}y_3+\frac{1}{2}y_4\right)^2-\frac{1}{4}y_3^2-\frac{1}{4}y_4^2+\frac{1}{2}y_3y_4\right]-2y_2^2-2y_3y_4\\&=2\left(y_1-\frac{1}{2}y_3+\frac{1}{2}y_4\right)^2-2y_2^2-\frac{1}{2}y_3^2-y_3y_4-\frac{1}{2}y_4^2\\&=2\left(y_1-\frac{1}{2}y_3+\frac{1}{2}y_4\right)^2-2y_2^2-\frac{1}{2}(y_3+y_4)^2\end{aligned}$$

令

$$\begin{cases}z_1=y_1-\frac{1}{2}y_3+\frac{1}{2}y_4\\z_2=y_2\\z_3=y_3+y_4\\z_4=y_4\end{cases}\tag{6.2.3}$$

故标准形为 $2z_1^2-2z_2^2-\frac{1}{2}z_3^2$. 为求变换阵 C，由式(6.2.3)解出

$$\begin{cases}y_1=z_1+\frac{1}{2}z_3-z_4\\y_2=z_2\\y_3=z_3-z_4\\y_4=z_4\end{cases}$$

代入式(6.2.2)，得

$$\begin{cases}x_1=z_1+z_2+\frac{1}{2}z_3-z_4\\x_2=z_1-z_2+\frac{1}{2}z_3-z_4\\x_3=z_3-z_4\\x_4=z_4\end{cases}$$

于是 $C=\begin{bmatrix}1 & 1 & 1/2 & -1\\ 1 & -1 & 1/2 & -1\\ 0 & 0 & 1 & -1\\ 0 & 0 & 0 & 1\end{bmatrix}$，所用线性变换为 $\boldsymbol{x}=\boldsymbol{C}\boldsymbol{z}$.

6.2.2 用初等变换化二次型为标准形

设有可逆线性变换为 $\boldsymbol{x}=\boldsymbol{C}\boldsymbol{y}$，它把二次型 $\boldsymbol{x}^{\mathrm{T}}\boldsymbol{A}\boldsymbol{x}$ 化为标准形 $\boldsymbol{y}^{\mathrm{T}}\boldsymbol{B}\boldsymbol{y}$，则$\boldsymbol{C}^{\mathrm{T}}\boldsymbol{A}\boldsymbol{C}=\boldsymbol{B}$. 由于对任何对称矩阵都存在非奇异矩阵 $\boldsymbol{C}$，使 $\boldsymbol{C}^{\mathrm{T}}\boldsymbol{A}\boldsymbol{C}$ 为对角阵，因为 $\boldsymbol{C}$ 是可逆的，可表示成一系列初等矩阵的乘积，设为 $\boldsymbol{C}=\boldsymbol{P}_1\boldsymbol{P}_2\cdots\boldsymbol{P}_s$，所以

$$\boldsymbol{C}^{\mathrm{T}}=\boldsymbol{P}_s^{\mathrm{T}}\cdots\boldsymbol{P}_2^{\mathrm{T}}\boldsymbol{P}_1^{\mathrm{T}}$$

于是

$$\boldsymbol{C}^{\mathrm{T}}\boldsymbol{A}\boldsymbol{C}=\boldsymbol{P}_s^{\mathrm{T}}\cdots\boldsymbol{P}_2^{\mathrm{T}}\boldsymbol{P}_1^{\mathrm{T}}\boldsymbol{A}\boldsymbol{P}_1\boldsymbol{P}_2\cdots\boldsymbol{P}_s \tag{6.2.4}$$

式(6.2.4)表示对实对称矩阵 $\boldsymbol{A}$ 施行初等列变换的同时也施行相应的行变换，即可将 $\boldsymbol{A}$ 化为对角阵，又因为

$$\boldsymbol{C}=\boldsymbol{P}_1\boldsymbol{P}_2\cdots\boldsymbol{P}_s=\boldsymbol{E}\boldsymbol{P}_1\boldsymbol{P}_2\cdots\boldsymbol{P}_s \tag{6.2.5}$$

式(6.2.5)表示单位阵在相同的初等列变换下就化为 $\boldsymbol{C}$.

由此可见，对 $2n\times n$ 矩阵 $\begin{bmatrix}\boldsymbol{A}\\ \boldsymbol{E}\end{bmatrix}$施以相应于右乘 $\boldsymbol{P}_1\boldsymbol{P}_2\cdots\boldsymbol{P}_s$的初等列变换，再施以相应于左乘 $\boldsymbol{P}_1^{\mathrm{T}}\boldsymbol{P}_2^{\mathrm{T}}\cdots\boldsymbol{P}_s^{\mathrm{T}}$的初等行变换，则矩阵 $\boldsymbol{A}$ 变为对角矩阵 $\boldsymbol{B}$，而单位矩阵 $\boldsymbol{E}$ 就变为所要求的可逆矩阵 $\boldsymbol{C}$.

例 6.2.5 求一可逆线性变换将

$$x_1^2+2x_2^2+x_3^2+2x_1x_2+2x_1x_3+4x_2x_3$$

化为标准形.

解 二次型对应的矩阵为 $\boldsymbol{A}=\begin{bmatrix}1 & 1 & 1\\ 1 & 2 & 2\\ 1 & 2 & 1\end{bmatrix}$，利用初等变换，有

$$\begin{bmatrix}\boldsymbol{A}\\ \boldsymbol{E}\end{bmatrix}=\begin{bmatrix}1 & 1 & 1\\ 1 & 2 & 2\\ 1 & 2 & 1\\ 1 & 0 & 0\\ 0 & 1 & 0\\ 0 & 0 & 1\end{bmatrix}\to\begin{bmatrix}1 & 0 & 0\\ 1 & 1 & 1\\ 1 & 1 & 0\\ 1 & -1 & -1\\ 0 & 1 & 0\\ 0 & 0 & 1\end{bmatrix}\to\begin{bmatrix}1 & 0 & 0\\ 0 & 1 & 1\\ 0 & 1 & 0\\ 1 & -1 & -1\\ 0 & 1 & 0\\ 0 & 0 & 1\end{bmatrix}\to\begin{bmatrix}1 & 0 & 0\\ 0 & 1 & 0\\ 0 & 0 & -1\\ 1 & -1 & 0\\ 0 & 1 & -1\\ 0 & 0 & 1\end{bmatrix}$$

因此，$\boldsymbol{C}=\begin{bmatrix}1 & -1 & 0\\ 0 & 1 & -1\\ 0 & 0 & 1\end{bmatrix}$，$|\boldsymbol{C}|=1\neq 0$.

令

$$\begin{cases}x_1=z_1-z_2\\ x_2=z_2-z_3\\ x_3=z_3\end{cases}$$

代入原二次型可得标准形为 $z_1^2+z_2^2-z_3^2$.

例 6.2.6 求一可逆线性变换化 $2x_1x_2+2x_1x_3-4x_2x_3$ 为标准形.

解 此二次型对应的矩阵为

$$\boldsymbol{A}=\begin{bmatrix}0 & 1 & 1\\ 1 & 0 & -2\\ 1 & -2 & 0\end{bmatrix}$$

做初等变换

$$\begin{bmatrix}\boldsymbol{A}\\ \boldsymbol{E}\end{bmatrix}=\begin{bmatrix}0 & 1 & 1\\ 1 & 0 & -2\\ 1 & -2 & 0\\ 1 & 0 & 0\\ 0 & 1 & 0\\ 0 & 0 & 1\end{bmatrix}\xrightarrow{c_1+c_2}\begin{bmatrix}1 & 1 & 1\\ 1 & 0 & -2\\ -1 & -2 & 0\\ 1 & 0 & 0\\ 1 & 1 & 0\\ 0 & 0 & 1\end{bmatrix}$$

$$\xrightarrow{r_1+r_2}\begin{bmatrix}2 & 1 & -1\\ 1 & 0 & -2\\ -1 & -2 & 0\\ 1 & 0 & 0\\ 1 & 1 & 0\\ 0 & 0 & 1\end{bmatrix}\xrightarrow[c_3+\frac{1}{2}c_1]{c_2-\frac{1}{2}c_1}\begin{bmatrix}2 & 0 & 0\\ 1 & -\frac{1}{2} & -\frac{3}{2}\\ -1 & -\frac{3}{2} & -\frac{1}{2}\\ 1 & -\frac{1}{2} & \frac{1}{2}\\ 1 & \frac{1}{2} & \frac{1}{2}\\ 0 & 0 & 1\end{bmatrix}$$

$$\longrightarrow\begin{bmatrix}2 & 0 & 0\\ 0 & -\frac{1}{2} & -\frac{3}{2}\\ 0 & -\frac{3}{2} & -\frac{1}{2}\\ 1 & -\frac{1}{2} & \frac{1}{2}\\ 1 & \frac{1}{2} & \frac{1}{2}\\ 0 & 0 & 1\end{bmatrix}\longrightarrow\begin{bmatrix}2 & 0 & 0\\ 0 & -\frac{1}{2} & 0\\ 0 & -\frac{3}{2} & 4\\ 1 & -\frac{1}{2} & 2\\ 1 & \frac{1}{2} & -1\\ 0 & 0 & 1\end{bmatrix}\longrightarrow\begin{bmatrix}2 & 0 & 0\\ 0 & -\frac{1}{2} & 0\\ 0 & 0 & 4\\ 1 & -\frac{1}{2} & 2\\ 1 & \frac{1}{2} & -1\\ 0 & 0 & 1\end{bmatrix}$$

所以，$\boldsymbol{C}=\begin{bmatrix}1 & -\frac{1}{2} & 2\\ 1 & \frac{1}{2} & -1\\ 0 & 0 & 1\end{bmatrix}$，$|\boldsymbol{C}|=1\neq 0$.

令

$$\begin{cases} x_1 = z_1 - \left(\dfrac{1}{2}\right)z_2 + 2z_3 \\ x_2 = z_1 + \left(\dfrac{1}{2}\right)z_2 - z_3 \\ x_3 = z_3 \end{cases}$$

代入原二次型可得标准形为 $2z_1^2-(1/2)z_2^2+4z_3^2$.

6.2.3 用正交变换化二次型为标准形

定理 6.2.2 任给二次型 $f=\sum_{i,j=1}^{n} a_{ij}x_ix_j(a_{ji}=a_{ij})$，一定存在正交矩阵 $\boldsymbol{P}$，使线性变换 $\boldsymbol{x}=\boldsymbol{P}\boldsymbol{y}$ 将 f 化为标准形

$$f=\lambda_1y_1^2+\lambda_2y_2^2+\cdots+\lambda_ny_n^2$$

其中 λ_1，λ_2，…，λ_n 是 f 的矩阵 $\boldsymbol{A}=(a_{ij})$ 的特征值. 此时我们称 $\boldsymbol{x}=\boldsymbol{P}\boldsymbol{y}$ 为正交变换.

例 6.2.7 求正交变换 $\boldsymbol{x}=\boldsymbol{P}\boldsymbol{y}$，化二次型

$$f=3x_1^2+2x_2^2+x_3^2-4x_1x_2-4x_2x_3$$

为标准形.

解 (1) 写出二次型的矩阵形式

$$f=(x_1,x_2,x_3)\begin{bmatrix} 3 & -2 & 0 \\ -2 & 2 & -2 \\ 0 & -2 & 1 \end{bmatrix}\begin{bmatrix} x_1 \\ x_2 \\ x_3 \end{bmatrix}=\boldsymbol{x}^{\mathrm{T}}\boldsymbol{A}\boldsymbol{x}$$

(2) 实对称矩阵

$$\boldsymbol{A}=\begin{bmatrix} 3 & -2 & 0 \\ -2 & 2 & -2 \\ 0 & -2 & 1 \end{bmatrix}$$

由例 5.4.1 知，其特征值为 $\lambda_1=-1$，$\lambda_2=2$，$\lambda_3=5$，且存在正交矩阵

$$\boldsymbol{P}=\frac{1}{3}\begin{bmatrix} 1 & 2 & 2 \\ 2 & 1 & -2 \\ 2 & -2 & 1 \end{bmatrix}$$

使得

$$\boldsymbol{P}^{-1}\boldsymbol{A}\boldsymbol{P}=\boldsymbol{P}^{\mathrm{T}}\boldsymbol{A}\boldsymbol{P}=\begin{bmatrix} -1 & & \\ & 2 & \\ & & 5 \end{bmatrix}$$

(3) 所给二次型 f 经正交变换

$$\begin{bmatrix} x_1 \\ x_2 \\ x_3 \end{bmatrix}=\begin{bmatrix} \dfrac{1}{3} & \dfrac{2}{3} & \dfrac{2}{3} \\ \dfrac{2}{3} & \dfrac{1}{3} & -\dfrac{2}{3} \\ \dfrac{2}{3} & -\dfrac{2}{3} & \dfrac{1}{3} \end{bmatrix}\begin{bmatrix} y_1 \\ y_2 \\ y_3 \end{bmatrix}$$

化为标准形

$$f=-y_1^2+2y_2^2+5y_3^2$$

用正交变换化二次型为标准形的步骤如下：

（1）将二次型表示成矩阵形式 $f=\boldsymbol{x}^{\mathrm{T}}\boldsymbol{A}\boldsymbol{x}$，求出 $\boldsymbol{A}$；

（2）求出 $\boldsymbol{A}$ 的所有特征值 λ_1，λ_2，…，λ_n；

（3）求出对应于特征值的特征向量 $\boldsymbol{\xi}_1$，$\boldsymbol{\xi}_2$，…，$\boldsymbol{\xi}_n$；

（4）将特征向量 $\boldsymbol{\xi}_1$，$\boldsymbol{\xi}_2$，…，$\boldsymbol{\xi}_n$ 正交化、单位化，得 $\boldsymbol{\eta}_1$，$\boldsymbol{\eta}_2$，…，$\boldsymbol{\eta}_n$，记 $\boldsymbol{C}=(\boldsymbol{\eta}_1,\boldsymbol{\eta}_2,\cdots,\boldsymbol{\eta}_n)$；

（5）作正交变换 $\boldsymbol{x}=\boldsymbol{C}\boldsymbol{y}$，则得 f 的标准形

$$f=\lambda_1y_1^2+\lambda_2y_2^2+\cdots+\lambda_ny_n^2$$

例 6.2.8 将二次型 $f=17x_1^2+14x_2^2+14x_3^2-4x_1x_2-4x_1x_3-8x_2x_3$ 通过正交变换 $\boldsymbol{x}=\boldsymbol{P}\boldsymbol{y}$，化成标准形.

解 （1）写出二次型矩阵：$\boldsymbol{A}=\begin{bmatrix}17&-2&-2\\-2&14&-4\\-2&-4&14\end{bmatrix}$.

（2）求其特征值. 由

$$|\lambda\boldsymbol{E}-\boldsymbol{A}|=\begin{vmatrix}\lambda-17&2&2\\2&\lambda-14&4\\2&4&\lambda-14\end{vmatrix}=(\lambda-18)^2(\lambda-9)$$

得 $\lambda_1=9$，$\lambda_2=\lambda_3=18$.

（3）求特征向量.

将 $\lambda_1=9$ 代入 $(\lambda\boldsymbol{E}-\boldsymbol{A})\boldsymbol{x}=\boldsymbol{0}$，得基础解系 $\boldsymbol{\xi}_1=(1/2,1,1)^{\mathrm{T}}$.

将 $\lambda_2=\lambda_3=18$ 代入 $(\lambda\boldsymbol{E}-\boldsymbol{A})\boldsymbol{x}=\boldsymbol{0}$，得基础解系 $\boldsymbol{\xi}_2=(-2,1,0)^{\mathrm{T}}$，$\boldsymbol{\xi}_3=(-2,0,1)^{\mathrm{T}}$.

（4）将特征向量正交化.

取 $\boldsymbol{\alpha}_1=\boldsymbol{\xi}_1$，$\boldsymbol{\alpha}_2=\boldsymbol{\xi}_2$，$\boldsymbol{\alpha}_3=\boldsymbol{\xi}_3-\dfrac{[\boldsymbol{\alpha}_2,\boldsymbol{\xi}_3]}{[\boldsymbol{\alpha}_2,\boldsymbol{\alpha}_2]}\boldsymbol{\alpha}_2$，得正交向量组：

$$\boldsymbol{\alpha}_1=\left(\frac{1}{2},1,1\right)^{\mathrm{T}},\quad \boldsymbol{\alpha}_2=(-2,1,0)^{\mathrm{T}},\quad \boldsymbol{\alpha}_3=\left(-\frac{2}{5},-\frac{4}{5},1\right)^{\mathrm{T}}$$

将其单位化得

$$\boldsymbol{\eta}_1=\begin{bmatrix}\frac{1}{3}\\\frac{2}{3}\\\frac{2}{3}\end{bmatrix},\quad \boldsymbol{\eta}_2=\begin{bmatrix}-\frac{2}{\sqrt{5}}\\\frac{1}{\sqrt{5}}\\0\end{bmatrix},\quad \boldsymbol{\eta}_3=\begin{bmatrix}-\frac{2}{\sqrt{45}}\\-\frac{4}{\sqrt{45}}\\\frac{5}{\sqrt{45}}\end{bmatrix}$$

做正交矩阵

$$\boldsymbol{P}=\begin{bmatrix}\frac{1}{3}&-\frac{2}{\sqrt{5}}&-\frac{2}{\sqrt{45}}\\\frac{2}{3}&\frac{1}{\sqrt{5}}&-\frac{4}{\sqrt{45}}\\\frac{2}{3}&0&\frac{5}{\sqrt{45}}\end{bmatrix}$$

（5）故所求正交变换为

$$\begin{bmatrix} x_1 \\ x_2 \\ x_3 \end{bmatrix} = \begin{bmatrix} \frac{1}{3} & -\frac{2}{\sqrt{5}} & -\frac{2}{\sqrt{45}} \\ \frac{2}{3} & \frac{1}{\sqrt{5}} & -\frac{4}{\sqrt{45}} \\ \frac{2}{3} & 0 & \frac{5}{\sqrt{45}} \end{bmatrix} \begin{bmatrix} y_1 \\ y_2 \\ y_3 \end{bmatrix}$$

在此变换下原二次型化为标准形：$f=9y_1^2+18y_2^2+18y_3^2$.

例 6.2.9 求正交变换 $\boldsymbol{x}=\boldsymbol{P}\boldsymbol{y}$，化二次型

$$f = 2x_1x_2 + 2x_1x_3 - 2x_1x_4 - 2x_2x_3 + 2x_2x_4 + 2x_3x_4$$

为标准形.

解 二次型的矩阵为

$$\boldsymbol{A} = \begin{bmatrix} 0 & 1 & 1 & -1 \\ 1 & 0 & -1 & 1 \\ 1 & -1 & 0 & 1 \\ -1 & 1 & 1 & 0 \end{bmatrix}$$

它的特征多项式为

$$|\boldsymbol{A}-\lambda\boldsymbol{E}| = \begin{vmatrix} -\lambda & 1 & 1 & -1 \\ 1 & -\lambda & -1 & 1 \\ 1 & -1 & -\lambda & 1 \\ -1 & 1 & 1 & -\lambda \end{vmatrix} = (-\lambda+1)\begin{vmatrix} 1 & 1 & 1 & -1 \\ 1 & -\lambda & -1 & 1 \\ 1 & -1 & -\lambda & 1 \\ 1 & 1 & 1 & -\lambda \end{vmatrix}$$

$$=(-\lambda+1)\begin{vmatrix} 1 & 1 & 1 & -1 \\ 0 & -\lambda-1 & -2 & 2 \\ 0 & -2 & -\lambda-1 & 2 \\ 0 & 0 & 0 & -\lambda+1 \end{vmatrix}$$

$$=(-\lambda+1)^2\begin{vmatrix} -\lambda-1 & -2 \\ -2 & -\lambda-1 \end{vmatrix}$$

$$=(-\lambda+1)^2(\lambda^2+2\lambda-3)$$

$$=(\lambda+3)(\lambda-1)^3$$

于是 $\boldsymbol{A}$ 的特征值为 $\lambda_1=-3$，$\lambda_2=\lambda_3=\lambda_4=1$.

当 $\lambda_1=-3$ 时，解方程 $(\boldsymbol{A}+3\boldsymbol{E})\boldsymbol{x}=\boldsymbol{0}$，由

$$\boldsymbol{A}+3\boldsymbol{E} = \begin{bmatrix} 3 & 1 & 1 & -1 \\ 1 & 3 & -1 & 1 \\ 1 & -1 & 3 & 1 \\ -1 & 1 & 1 & 3 \end{bmatrix} \to \begin{bmatrix} 1 & 1 & 1 & 1 \\ 1 & 3 & -1 & 1 \\ 1 & -1 & 3 & 1 \\ -1 & 1 & 1 & 3 \end{bmatrix} \to \begin{bmatrix} 1 & 1 & 1 & 1 \\ 0 & 2 & -2 & 0 \\ 0 & -2 & 2 & 0 \\ 0 & 2 & 2 & 4 \end{bmatrix}$$

$$\to \begin{bmatrix} 1 & 1 & 1 & 1 \\ 0 & 1 & -1 & 0 \\ 0 & 0 & 1 & 1 \\ 0 & 0 & 0 & 0 \end{bmatrix} \to \begin{bmatrix} 1 & 0 & 0 & -1 \\ 0 & 1 & 0 & 1 \\ 0 & 0 & 1 & 1 \\ 0 & 0 & 0 & 0 \end{bmatrix}$$

得基础解系

$$\boldsymbol{\xi}_1=\begin{bmatrix}1\\-1\\-1\\1\end{bmatrix}$$

单位化即得

$$\boldsymbol{p}_1=\frac{1}{2}\begin{bmatrix}1\\-1\\-1\\1\end{bmatrix}$$

当 $\lambda_2=\lambda_3=\lambda_4=1$ 时，解方程$(\boldsymbol{A}-\boldsymbol{E})\boldsymbol{x}=\boldsymbol{0}$，由

$$\boldsymbol{A}-\boldsymbol{E}=\begin{bmatrix}-1&1&1&-1\\1&-1&-1&1\\1&-1&-1&1\\-1&1&1&-1\end{bmatrix}\to\begin{bmatrix}-1&1&1&-1\\0&0&0&0\\0&0&0&0\\0&0&0&0\end{bmatrix}$$

可得正交的基础解系

$$\boldsymbol{\xi}_2=\begin{bmatrix}1\\1\\0\\0\end{bmatrix},\quad \boldsymbol{\xi}_3=\begin{bmatrix}0\\0\\1\\1\end{bmatrix},\quad \boldsymbol{\xi}_4=\begin{bmatrix}1\\-1\\1\\-1\end{bmatrix}$$

单位化即得

$$\boldsymbol{p}_2=\frac{1}{\sqrt{2}}\begin{bmatrix}1\\1\\0\\0\end{bmatrix},\quad \boldsymbol{p}_3=\frac{1}{\sqrt{2}}\begin{bmatrix}0\\0\\1\\1\end{bmatrix},\quad \boldsymbol{p}_4=\frac{1}{2}\begin{bmatrix}1\\-1\\1\\-1\end{bmatrix}$$

于是正交变换为

$$\begin{bmatrix}x_1\\x_2\\x_3\\x_4\end{bmatrix}=\begin{bmatrix}\frac{1}{2}&\frac{1}{\sqrt{2}}&0&\frac{1}{2}\\-\frac{1}{2}&\frac{1}{\sqrt{2}}&0&-\frac{1}{2}\\-\frac{1}{2}&0&\frac{1}{\sqrt{2}}&\frac{1}{2}\\\frac{1}{2}&0&\frac{1}{\sqrt{2}}&-\frac{1}{2}\end{bmatrix}\begin{bmatrix}y_1\\y_2\\y_3\\y_4\end{bmatrix}$$

且有

$$f=-3y_1^2+y_2^2+y_3^2+y_4^2$$

一般地，任何二次型都可以用上面的方法找到可逆变换，把二次型化成标准形，且标准形中含有的项数就是二次型的秩.

例 6.2.10 $f(x_1,x_2,x_3)=5x_1^2+5x_2^2+cx_3^2-2x_1x_2+6x_1x_3-6x_2x_3$，秩为 2.

(1) 求 c；

(2) 用正交变换化 $f(x_1, x_2, x_3)$ 为标准形；

(3) $f(x_1, x_2, x_3)=1$ 表示哪类二次曲面？

解 (1) f 的矩阵为

$$\boldsymbol{A}=\begin{bmatrix}5 & -1 & 3\\ -1 & 5 & -3\\ 3 & -3 & c\end{bmatrix}\qquad(\text{显见 } R(\boldsymbol{A})\geqslant 2)$$

$$R(\boldsymbol{A})=2\Rightarrow \det\boldsymbol{A}=0\Rightarrow c=3$$

(2) $$|\boldsymbol{A}-\lambda\boldsymbol{E}|=\begin{vmatrix}5-\lambda & -1 & 3\\ -1 & 5-\lambda & -3\\ 3 & -3 & 3-\lambda\end{vmatrix}\xlongequal{r_1+r_2}\begin{vmatrix}4-\lambda & 4-\lambda & 0\\ -1 & 5-\lambda & -3\\ 3 & -3 & 3-\lambda\end{vmatrix}$$

$$\xlongequal{c_2-c_1}\begin{vmatrix}4-\lambda & 0 & 0\\ -1 & 6-\lambda & -3\\ 3 & -6 & 3-\lambda\end{vmatrix}=-\lambda(\lambda-4)(\lambda-9)$$

$\lambda_1=0$，$\lambda_2=4$，$\lambda_3=9$ 的特征向量依次为

$$\boldsymbol{p}_1=\begin{bmatrix}-1\\ 1\\ 2\end{bmatrix},\quad \boldsymbol{p}_2=\begin{bmatrix}1\\ 1\\ 0\end{bmatrix},\quad \boldsymbol{p}_3=\begin{bmatrix}1\\ -1\\ 1\end{bmatrix}$$

它们两两正交，单位化后得下面正交矩阵

$$\boldsymbol{Q}=\begin{bmatrix}\frac{-1}{\sqrt{6}} & \frac{1}{\sqrt{2}} & \frac{1}{\sqrt{3}}\\ \frac{1}{\sqrt{6}} & \frac{1}{\sqrt{2}} & \frac{-1}{\sqrt{3}}\\ \frac{2}{\sqrt{6}} & 0 & \frac{1}{\sqrt{3}}\end{bmatrix}$$

正交变换 $\boldsymbol{x}=\boldsymbol{Q}\boldsymbol{y}$ 化为标准形

$$f=0y_1^2+4y_2^2+9y_3^2$$

(3) 令 $f(x_1, x_2, x_3)=1$，得 $4y_2^2+9y_3^2=1$，这表示一个椭圆柱面.

6.2.4 二次型与对称矩阵的规范形

将二次型化为平方项之代数和形式后，如有必要可重新安排量的次序(相当于做一次可逆线性变换)，使这个标准形为

$$d_1x_1^2+\cdots+d_px_p^2-d_{p+1}x_{p+1}^2-\cdots-d_rx_r^2 \tag{6.2.6}$$

其中 $d_i>0(i=1, 2, \cdots, r)$.

再做线性变换

$$\begin{cases}x_i=\dfrac{1}{\sqrt{d_i}}y_i & (i=1, 2, \cdots, r)\\ x_j=y_j & (j=r+1, r+2, \cdots, n)\end{cases}$$

则原二次型化为

$$y_1^2 + y_2^2 + \cdots + y_p^2 - y_{p+1}^2 - \cdots - y_r^2$$

形如上式的标准形称为二次型的规范形.

注意 规范形是由二次型所唯一决定的，与所做的非退化线性变换无关. 虽然二次型的标准形不唯一，但是其规范形是唯一的.

例 6.2.11 将标准形 $2y_1^2-2y_2^2-\frac{1}{2}y_3^2$规范化.

解

$$2y_1^2 - 2y_2^2 - \frac{1}{2}y_3^2 = (\sqrt{2}y_1)^2 - (\sqrt{2}y_2)^2 - \left(\frac{1}{\sqrt{2}}y_3\right)^2$$

做如下变换

$$\begin{cases} w_1 = \sqrt{2}y_1 \\ w_2 = \sqrt{2}y_2 \\ w_3 = \dfrac{1}{\sqrt{2}}y_3 \end{cases}$$

则原二次型就成为 $w_1^2-w_2^2-w_3^2$，就是一个规范标准形.

定理 6.2.3 任何二次型都可通过可逆线性变换化为规范形，且规范形是由二次型本身决定的唯一形式，与所做的可逆线性变换无关.

6.3 正定二次型

二次型的标准形显然不是唯一的，但是标准形中所含项数是确定的(即是二次型的秩). 不仅如此，在限定变换为实变换时，标准形中正系数的个数是不变的(从而负系数的个数也不变).

定理 6.3.1 设有二次型 $f=\boldsymbol{x}^{\mathrm{T}}\boldsymbol{A}\boldsymbol{x}$，它的秩为 r，有两个实可逆变换

$$\boldsymbol{x} = \boldsymbol{C}\boldsymbol{y} \quad 及 \quad \boldsymbol{x} = \boldsymbol{P}\boldsymbol{z}$$

使

$$f = k_1y_1^2 + k_2y_2^2 + \cdots + k_ry_r^2 \quad (k_i \neq 0)$$

$$f = \lambda_1z_1^2 + \lambda_2z_2^2 + \cdots + \lambda_rz_r^2 \quad (\lambda_i \neq 0)$$

则 k_1，k_2，…，k_r中正数的个数与λ_1，λ_2，…，λ_r中正数的个数相等.

这个定理称为惯性定理. 正项个数 p 称为 f 的正惯性指数；负项个数 $r-p$ 称为 f 的负惯性指数.

6.3.1 正定二次型

比较常用的二次型是标准形的系数全为正($r=n$)或全为负的情形，我们有下述定义.

定义 6.3.1 设有实二次型 $f=\boldsymbol{x}^{\mathrm{T}}\boldsymbol{A}\boldsymbol{x}$，如果对任何 $\boldsymbol{x}\neq\boldsymbol{0}$，都有 $f(\boldsymbol{x})>0$(显然 $f(\boldsymbol{0})=0$)，则称 f 为正定二次型，并称对称矩阵 $\boldsymbol{A}$ 是正定的；如果对任何$\boldsymbol{x}\neq\boldsymbol{0}$，都有 $f(\boldsymbol{x})<0$，则称 f 为负定二次型，并称对称矩阵 $\boldsymbol{A}$ 是负定的.

如果对任何非零向量 $\boldsymbol{X}$，都有 $\boldsymbol{X}^{\mathrm{T}}\boldsymbol{A}\boldsymbol{X}\geqslant\boldsymbol{0}$(或 $\boldsymbol{X}^{\mathrm{T}}\boldsymbol{A}\boldsymbol{X}\leqslant 0$)成立，且有非零向量 $\boldsymbol{X}_0$，使

$X_0^T A X_0 = \mathbf{0}$，则称 $f = X^T A X$ 为半正定(半负定)二次型，矩阵 $\boldsymbol{A}$ 称为半正定矩阵(半负定矩阵).

例 6.3.1 二次型 $f(x_1, x_2, \cdots, x_n) = x_1^2 + x_2^2 + \cdots + x_n^2$，当 $X = (x_1, x_2, \cdots, x_n)^T \neq \mathbf{0}$ 时，显然有

$$f(x_1, x_2, \cdots, x_n) > 0$$

所以这个二次型是正定的，其矩阵 $\boldsymbol{E}_n$ 是正定矩阵.

例 6.3.2 二次型 $f = -x_1^2 - 2x_1x_2 + 4x_1x_3 - x_2^2 + 4x_2x_3 - 4x_3^2$，将其改写成

$$f(x_1, x_2, x_3) = -(x_1 + x_2 - 2x_3)^2 \leqslant 0$$

当 $x_1 + x_2 - 2x_3 = 0$ 时，$f(x_1, x_2, x_3) = 0$，故 $f(x_1, x_2, x_3)$ 是半负定二次型，其对应的矩阵 $\begin{bmatrix} -1 & -1 & 2 \\ -1 & -1 & 2 \\ 2 & 2 & -4 \end{bmatrix}$ 是半负定矩阵.

例 6.3.3 $f(x_1, x_2) = x_1^2 - 2x_2^2$ 是不定二次型，因其符号有时为正有时为负，如

$$f(1, 1) = -1 < 0, \quad f(2, 1) > 0$$

定理 6.3.2 实二次型 $f = \boldsymbol{x}^T \boldsymbol{A} \boldsymbol{x}$ 为正定的充分必要条件是：它的标准形的 n 个系数全为正.

证 设可逆变换 $\boldsymbol{x} = \boldsymbol{C}\boldsymbol{y}$ 使

$$f(\boldsymbol{x}) = f(\boldsymbol{C}\boldsymbol{y}) = \sum_{i=1}^{n} k_i y_i^2$$

先证充分性. 设 $k_i > 0 (i = 1, 2, \cdots, n)$. 任给 $\boldsymbol{x} \neq \mathbf{0}$，则 $\boldsymbol{y} = \boldsymbol{C}^{-1}\boldsymbol{x} \neq \mathbf{0}$，故

$$f(\boldsymbol{x}) = \sum_{i=1}^{n} k_i y_i^2 > 0$$

再证必要性. 用反证法，假设 $k_s \leqslant 0$，则当 $\boldsymbol{y} = \boldsymbol{e}_s$(单位坐标向量)时，$f(\boldsymbol{C}\boldsymbol{e}_s) = k_s \leqslant 0$. 显然 $\boldsymbol{C}\boldsymbol{e}_s \neq \mathbf{0}$，这与 f 为正定相矛盾. 这就证明了 $k_i > 0 (i = 1, 2, \cdots, n)$. **证毕**

推论 对称矩阵 $\boldsymbol{A}$ 为正定的充分必要条件是：$\boldsymbol{A}$ 的特征值全为正.

定理 6.3.3 对称矩阵 $\boldsymbol{A}$ 为正定的充分必要条件是：$\boldsymbol{A}$ 的各阶主子式都为正，即

$$a_{11} > 0, \quad \begin{vmatrix} a_{11} & a_{12} \\ a_{21} & a_{22} \end{vmatrix} > 0, \cdots, \quad \begin{vmatrix} a_{11} & \cdots & a_{1n} \\ \vdots & & \vdots \\ a_{n1} & \cdots & a_{nn} \end{vmatrix} > 0$$

对称矩阵 $\boldsymbol{A}$ 为负定的充分必要条件是：奇数阶主子式为负，而偶数阶主子式为正，即

$$(-1)^r \begin{vmatrix} a_{11} & \cdots & a_{1r} \\ \vdots & & \vdots \\ a_{r1} & \cdots & a_{rr} \end{vmatrix} > 0, \quad (r = 1, 2, \cdots, n)$$

这个定理称为霍尔维茨定理，这里不予证明.

例 6.3.4 判别二次型 $f = -5x^2 - 6y^2 - 4z^2 + 4xy + 4xz$ 的正定性.

解 f 的矩阵为

$$\boldsymbol{A} = \begin{bmatrix} -5 & 2 & 2 \\ 2 & -6 & 0 \\ 2 & 0 & -4 \end{bmatrix}$$

$$a_{11} = -5 < 0, \quad \begin{vmatrix} a_{11} & a_{12} \\ a_{21} & a_{22} \end{vmatrix} = \begin{vmatrix} -5 & 2 \\ 2 & -6 \end{vmatrix} = 26 > 0$$

$$|\boldsymbol{A}| = -80 < 0$$

根据定理 6.3.3 知 f 为负定的.

例 6.3.5 判别二次型 $f = x_1^2 + 2x_2^2 + 3x_3^2 - 2x_1x_2 - 2x_2x_3$ 的正定性.

解 方法一：配方法.

$$f = (x_1 - x_2)^2 + (x_2 - x_3)^2 + 2x_3^2 \geqslant 0$$

等号仅在 $x_1 = x_2 = x_3 = 0$ 时成立，故 f 是正定的.

方法二：特征值法.

二次型 f 的矩阵为

$$\boldsymbol{A} = \begin{bmatrix} 1 & -1 & 0 \\ -1 & 2 & -1 \\ 0 & -1 & 3 \end{bmatrix}$$

由

$$f(\lambda) = |\boldsymbol{A} - \lambda \boldsymbol{E}| = \begin{vmatrix} 1-\lambda & -1 & 0 \\ -1 & 2-\lambda & -1 \\ 0 & -1 & 3-\lambda \end{vmatrix} = (2-\lambda)(\lambda^2 - 4\lambda + 1)$$

解得其全部特征值为 $\lambda_1 = 2 > 0$，$\lambda_2 = 2 + \sqrt{3} > 0$，$\lambda_3 = 2 - \sqrt{3} > 0$，因而 f 是正定的.

方法三：主子式法.

由二次型 f 的矩阵

$$\boldsymbol{A} = \begin{bmatrix} 1 & -1 & 0 \\ -1 & 2 & -1 \\ 0 & -1 & 3 \end{bmatrix}$$

知

$$a_{11} = 1 > 0, \quad \begin{vmatrix} a_{11} & a_{12} \\ a_{21} & a_{22} \end{vmatrix} = \begin{vmatrix} 1 & -1 \\ -1 & 2 \end{vmatrix} = 1 > 0$$

$$|\boldsymbol{A}| = 2 > 0$$

因而 f 是正定的.

例 6.3.6 当 λ 取何值时，二次型 $f(x_1, x_2, x_3)$ 为正定.

$$f(x_1, x_2, x_3) = x_1^2 + 2x_1x_2 + 4x_1x_3 + 2x_2^2 + 6x_2x_3 + \lambda x_3^2$$

解 题设二次型的矩阵

$$\boldsymbol{A} = \begin{bmatrix} 1 & 1 & 2 \\ 1 & 2 & 3 \\ 2 & 3 & \lambda \end{bmatrix}$$

因为

$$|\boldsymbol{A}_1| = 1 > 0, \ |\boldsymbol{A}_2| = \begin{vmatrix} 1 & 1 \\ 1 & 2 \end{vmatrix} = 1 > 0, \ |\boldsymbol{A}_3| = |\boldsymbol{A}| = \lambda - 5 > 0$$

所以 $\lambda > 5$ 时，$f(x_1, x_2, x_3)$ 为正定.

例 6.3.7 证明：如果 $\boldsymbol{A}$ 为正定矩阵，则 $\boldsymbol{A}^{-1}$ 也是正定矩阵.

证 $\boldsymbol{A}$ 正定，则存在非奇异矩阵 $\boldsymbol{C}$，使 $\boldsymbol{C}^{\mathrm{T}}\boldsymbol{A}\boldsymbol{C}=\boldsymbol{E}_n$，两边取逆得

$$\boldsymbol{C}^{-1}\boldsymbol{A}^{-1}(\boldsymbol{C}^{\mathrm{T}})^{-1}=\boldsymbol{E}_n$$

又因为

$$(\boldsymbol{C}^{\mathrm{T}})^{-1}=(\boldsymbol{C}^{-1})^{\mathrm{T}},\ ((\boldsymbol{C}^{-1})^{\mathrm{T}})^{\mathrm{T}}=\boldsymbol{C}^{-1}$$

因此

$$((\boldsymbol{C}^{-1})^{\mathrm{T}})^{\mathrm{T}}\boldsymbol{A}^{-1}(\boldsymbol{C}^{-1})^{\mathrm{T}}=\boldsymbol{E}_n,\ |(\boldsymbol{C}^{-1})^{\mathrm{T}}|=|\boldsymbol{C}|^{-1}\neq 0$$

故 $\boldsymbol{A}^{-1}$ 与 $\boldsymbol{E}_n$ 合同，即 $\boldsymbol{A}^{-1}$ 为正定矩阵. **证毕**

例 6.3.8 已知 $\boldsymbol{A}$ 是 n 阶可逆矩阵，证明 $\boldsymbol{A}^{\mathrm{T}}\boldsymbol{A}$ 是 n 阶正定矩阵.

证 因为 $(\boldsymbol{A}^{\mathrm{T}}\boldsymbol{A})^{\mathrm{T}}=\boldsymbol{A}^{\mathrm{T}}(\boldsymbol{A}^{\mathrm{T}})^{\mathrm{T}}=\boldsymbol{A}^{\mathrm{T}}\boldsymbol{A}$ 为对称矩阵，其对应的二次型为

$$\boldsymbol{X}^{\mathrm{T}}(\boldsymbol{A}^{\mathrm{T}}\boldsymbol{A})\boldsymbol{X}=(\boldsymbol{A}\boldsymbol{X})^{\mathrm{T}}(\boldsymbol{A}\boldsymbol{X})=|\boldsymbol{A}\boldsymbol{X}|^2\geqslant 0$$

其中 $\boldsymbol{X}=(x_1, x_2, \cdots, x_n)^{\mathrm{T}}\in\mathbf{R}^n$.

又因为 $\boldsymbol{A}$ 可逆，因此齐次方程组 $\boldsymbol{A}\boldsymbol{X}=\boldsymbol{0}$ 只有零解，即当且仅当 $\boldsymbol{X}=\boldsymbol{0}$ 时才有

$$\boldsymbol{X}^{\mathrm{T}}(\boldsymbol{A}^{\mathrm{T}}\boldsymbol{A})\boldsymbol{X}=(\boldsymbol{A}\boldsymbol{X})^{\mathrm{T}}(\boldsymbol{A}\boldsymbol{X})=|\boldsymbol{A}\boldsymbol{X}|^2=0$$

即二次型 $\boldsymbol{X}^{\mathrm{T}}(\boldsymbol{A}^{\mathrm{T}}\boldsymbol{A})\boldsymbol{X}$ 正定，或者等价的矩阵 $\boldsymbol{A}^{\mathrm{T}}\boldsymbol{A}$ 正定. **证毕**

例 6.3.9 设 $\boldsymbol{A}=(a_{ij})_{n\times n}$ 实对称，则

(1) $\boldsymbol{A}$ 为正定矩阵 $\Rightarrow a_{ii}>0(i=1, 2, \cdots, n)$；

(2) $\boldsymbol{A}$ 为负定矩阵 $\Rightarrow a_{ii}<0(i=1, 2, \cdots, n)$.

证 取 $\boldsymbol{x}=\boldsymbol{\varepsilon}_i=(0, \cdots, 0, 1, 0, \cdots, 0)^{\mathrm{T}}$，则有

$$f \text{ 正定} \Rightarrow f=\boldsymbol{x}^{\mathrm{T}}\boldsymbol{A}\boldsymbol{x}=a_{ii}>0 \quad (i=1, 2, \cdots, n)$$

$$f \text{ 负定} \Rightarrow f=\boldsymbol{x}^{\mathrm{T}}\boldsymbol{A}\boldsymbol{x}=a_{ii}<0 \quad (i=1, 2, \cdots, n)$$

证毕

定理 6.3.4 对称矩阵 $\boldsymbol{A}$ 正定的充要条件是：存在非奇异矩阵 $\boldsymbol{C}$，使得 $\boldsymbol{A}=\boldsymbol{C}^{\mathrm{T}}\boldsymbol{C}$. 这是因为正定矩阵的规范形矩阵是单位矩阵.

6.3.2 正定矩阵的应用

利用正定二次型，我们可以得到一个判定多元函数极值的充分条件.

设 $\boldsymbol{x}=(x_1, \cdots, x_n)$，$n$ 元函数 $f(\boldsymbol{x})$ 在 $\boldsymbol{x}_0$ 的某邻域内有连续的二阶偏导数，则由 $f(\boldsymbol{x})$ 的二阶偏导数构成的矩阵

$$\boldsymbol{H}(\boldsymbol{x})=\begin{bmatrix} f_{11}(\boldsymbol{x}) & f_{12}(\boldsymbol{x}) & \cdots & f_{1n}(\boldsymbol{x}) \\ f_{21}(\boldsymbol{x}) & f_{22}(\boldsymbol{x}) & \cdots & f_{2n}(\boldsymbol{x}) \\ \vdots & \vdots & & \vdots \\ f_{n1}(\boldsymbol{x}) & f_{n2}(\boldsymbol{x}) & \cdots & f_{nn}(\boldsymbol{x}) \end{bmatrix}$$

称为赫斯(Hess)矩阵.

设 $\boldsymbol{x}_0$ 为 $f(\boldsymbol{x})$ 的驻点，由多元泰勒(Taylor)公式可知有如下判别法：

(1) 若 $\boldsymbol{H}(\boldsymbol{x}_0)$ 为正定或半正定矩阵，则 $f(\boldsymbol{x}_0)$ 为 $f(\boldsymbol{x})$ 的极小值；

(2) 若 $\boldsymbol{H}(\boldsymbol{x}_0)$ 为负定或半负定矩阵，则 $f(\boldsymbol{x}_0)$ 为 $f(\boldsymbol{x})$ 的极大值；

(3) 若 $\boldsymbol{H}(\boldsymbol{x}_0)$ 为不定矩阵，则 $f(\boldsymbol{x}_0)$ 不是极值.

例 6.3.10 设某企业用一种原料生产两种产品的产量分别为 x，y 单位，原料消耗量

为 $A(x^{\alpha}+y^{\beta})$ 单位($A>0$，$\alpha>1$，$\beta>1$)，若原料及两种产品的价格分别为 r，P_1，P_2(万元/单位)，在只考虑原料成本的情况下，求使企业利润最大的产量.

解 利润函数为

$$f(x, y) = xP_1 + yP_2 - rA(x^{\alpha}+y^{\beta})$$

由

$$\begin{cases} \dfrac{\partial f}{\partial x} = P_1 - rA \cdot \alpha x^{\alpha-1} = 0 \\ \dfrac{\partial f}{\partial y} = P_2 - rA \cdot \beta y^{\beta-1} = 0 \end{cases}$$

得驻点 $x_0=\left(\dfrac{P_1}{\alpha Ar}\right)^{\frac{1}{\alpha-1}}$，$y_0=\left(\dfrac{P_2}{\beta Ar}\right)^{\frac{1}{\beta-1}}$.

因为 $f(x, y)$ 在点 (x_0, y_0) 处的赫斯(Hess)矩阵

$$\boldsymbol{H}(x_0, y_0) = \begin{bmatrix} -rA\alpha(\alpha-1)x_0^{\alpha-2} & 0 \\ 0 & -rA\beta(\beta-1)y_0^{\beta-2} \end{bmatrix}$$

是负定矩阵，又 $f(x, y)$ 的驻点 (x_0, y_0) 唯一，所以使企业获利最大的两种产品的产量分别是 x_0，y_0 单位.

本 章 小 结

1. 本章要点提示

(1) 数域 $\boldsymbol{P}$ 上 n 个变量的二次型是个二次齐次多项式. 二次型的中心问题是利用合同变换化二次型为标准形. 化二次型为标准形的基本方法是配方法、初等变换法和正交变换法.

(2) 二次型一定能通过非退化线性替换化为标准形. 但要注意，正交变换法只适用于实二次型.

(3) 注意合同与相似的区别和联系. 合同也是 n 阶方阵之间定义的一种等价关系，即具有自反性、对称性和传递性. 从定义来看，合同要求的是存在可逆矩阵 $\boldsymbol{C}$，使得 $\boldsymbol{C}^{\mathrm{T}}\boldsymbol{AC}=\boldsymbol{B}$，这与相似要求的存在可逆矩阵 $\boldsymbol{P}$，使得 $\boldsymbol{P}^{-1}\boldsymbol{AP}=\boldsymbol{B}$ 是不一样的. 两个相似的矩阵未必合同，两个合同的矩阵也未必相似. 但是如果两个实对称矩阵 $\boldsymbol{A}$ 与 $\boldsymbol{B}$ 相似，那么它们一定合同. 这是因为，这时存在正交矩阵 $\boldsymbol{T}$，使得 $\boldsymbol{T}^{-1}\boldsymbol{AT}=\boldsymbol{B}$，而对于正交矩阵 $\boldsymbol{T}$，有 $\boldsymbol{T}^{\mathrm{T}}=\boldsymbol{T}^{-1}$，于是就有 $\boldsymbol{T}^{\mathrm{T}}\boldsymbol{AT}=\boldsymbol{B}$，故 $\boldsymbol{A}$ 与 $\boldsymbol{B}$ 合同. 正因为如此，根据实对称矩阵对角化的方法，就可以用正交变化法化二次型为标准形.

反之，两个合同的矩阵，即使是实对称矩阵，也未必相似. 例如，设

$$\boldsymbol{A} = \begin{bmatrix} 1 & 0 \\ 0 & 1 \end{bmatrix}, \quad \boldsymbol{B} = \begin{bmatrix} 1 & 0 \\ 0 & 4 \end{bmatrix}$$

则有可逆矩阵

$$\boldsymbol{C} = \begin{bmatrix} 1 & 0 \\ 0 & 2 \end{bmatrix}$$

使得 $\boldsymbol{C}^{\mathrm{T}}\boldsymbol{AC}=\boldsymbol{B}$，故 $\boldsymbol{A}$ 与 $\boldsymbol{B}$ 合同，但它们的特征值不相等，因此不相似.

顺便指出，由于二次型中涉及的都是对称矩阵，因此一般讨论的都是对称矩阵之间的合同关系.

(4) 合同变换的性质包括：

① 合同变换保持二次型矩阵的对称性不变；

② 合同变换保持二次型的秩不变；

③ 合同变换保持二次型的正、负惯性指数不变；

④ 合同变换保持二次型的正定性不变.

合同变换的这些性质在有关二次型的证明问题中常常用到.

(5) 任意两个 n 阶的正定矩阵一定合同，因为它们的正惯性指数都是 n，负惯性指数都是 0. 并且 n 阶正定矩阵一定与 n 阶单位矩阵合同.

(6) 注意二次型的正定性是对实二次型而言的.

2. 用配方法化二次型为标准形的步骤

(1) 若二次型中含有 x_i 的平方项，则先把含有 x_i 的乘积项集中，然后配方，再对其余的变量进行同样的过程直到所有变量都配成平方项为止，经过可逆线性变换，就得到标准形.

(2) 若二次型中不含有平方项，但是 $a_{ij}\neq 0(i\neq j)$，则先做可逆变换

$$\begin{cases} x_i = y_i - y_j \\ x_j = y_i + y_j \\ x_k = y_k \end{cases} \quad (k = 1, 2, \cdots, n \text{ 且 } k \neq i, j)$$

化二次型为含有平方项的二次型，然后再按(1)中方法配方.

注意 配方法是一种可逆线性变换，不一定是正交变换，所以，平方项的系数不一定是 $\boldsymbol{A}$ 的特征值.

3. 用矩阵的初等变换法化二次型为标准形

设有可逆线性变换 $\boldsymbol{x}=\boldsymbol{C}\boldsymbol{y}$ 把二次型 $\boldsymbol{x}^{\mathrm{T}}\boldsymbol{A}\boldsymbol{x}$ 化为标准形 $\boldsymbol{y}^{\mathrm{T}}\boldsymbol{B}\boldsymbol{y}$，即 $\boldsymbol{C}^{\mathrm{T}}\boldsymbol{A}\boldsymbol{C}=\boldsymbol{B}$. 求可逆矩阵 $\boldsymbol{C}$ 的步骤：对 $2n\times n$ 矩阵 $\begin{bmatrix}\boldsymbol{A}\\ \boldsymbol{E}\end{bmatrix}$ 施以初等列变换，再施以相同的初等行变换，使矩阵 $\boldsymbol{A}$ 变为对角矩阵 $\boldsymbol{B}$，这时，单位矩阵 $\boldsymbol{E}$ 就变为所要求的可逆矩阵 $\boldsymbol{C}$.

4. 化二次型为标准形的正交变换法

因为二次型 $f=\boldsymbol{x}^{\mathrm{T}}\boldsymbol{A}\boldsymbol{x}$ 与矩阵 $\boldsymbol{A}$ 之间的一一对应，可以利用对称矩阵正交相似于对角矩阵的结果，找到一个正交变换 $\boldsymbol{x}=\boldsymbol{P}\boldsymbol{y}$(其中 $\boldsymbol{P}$ 为正交矩阵)，化二次型为标准形，步骤为

(1) 把二次型(二次齐次多项式)写成矩阵形式(注意二次型的矩阵是对称矩阵)：

$$f = \sum_{i,j=1}^{n} a_{ij}x_i x_j = \boldsymbol{x}^{\mathrm{T}}\boldsymbol{A}\boldsymbol{x}$$

(2) 求出 $\boldsymbol{A}$ 的所有特征值 $\lambda_1, \lambda_2, \cdots, \lambda_n$，及求出对应于特征值的特征向量 $\boldsymbol{\xi}_1, \boldsymbol{\xi}_2, \cdots, \boldsymbol{\xi}_n$.

(3) 将特征向量 $\boldsymbol{\xi}_1, \boldsymbol{\xi}_2, \cdots, \boldsymbol{\xi}_n$ 正交化、单位化，得 $\boldsymbol{\eta}_1, \boldsymbol{\eta}_2, \cdots, \boldsymbol{\eta}_n$，记 $\boldsymbol{P}=(\boldsymbol{\eta}_1, \boldsymbol{\eta}_2, \cdots, \boldsymbol{\eta}_n)$.

(4) 在正交变换 $\boldsymbol{x}=\boldsymbol{P}\boldsymbol{y}$ 下，化二次型 $f=\boldsymbol{x}^{\mathrm{T}}\boldsymbol{A}\boldsymbol{x}$ 为标准形，即

$$f = \boldsymbol{x}^{\mathrm{T}}\boldsymbol{A}\boldsymbol{x} = \boldsymbol{y}^{\mathrm{T}}(\boldsymbol{P}^{\mathrm{T}}\boldsymbol{A}\boldsymbol{P})\boldsymbol{y} = \boldsymbol{y}^{\mathrm{T}}\begin{bmatrix}\lambda_1 & & & \\ & \lambda_2 & & \\ & & \ddots & \\ & & & \lambda_n\end{bmatrix}\boldsymbol{y}$$

$$= \lambda_1 y_1^2 + \lambda_2 y_2^2 + \cdots + \lambda_n y_n^2$$

5. 正定二次型

n 元二次型 $f=\boldsymbol{x}^{\mathrm{T}}\boldsymbol{A}\boldsymbol{x}$ 正定的充分必要条件是下述条件之一成立：

(1) f 的标准形中的 n 个系数全部为正；

(2) $\boldsymbol{A}$ 的 n 个特征值全部为正；

(3) $\boldsymbol{A}$ 的各阶顺序主子式均大于零.

习 题 六

1. 把下列二次型表示成矩阵形式：

(1) $f(x_1, x_2, x_3)=x_1^2+2x_2^2+5x_3^2+2x_1x_2+6x_2x_3+2x_1x_3$

(2) $f(x_1, x_2, x_3)=x_1x_2+x_2x_3+x_1x_3$

(3) $f(x_1, x_2, x_3)=(x_1+x_2+x_3)^2$

2. 求正交变换 $\boldsymbol{x}=\boldsymbol{P}\boldsymbol{y}$，化下列二次型为标准形：

(1) $f(x_1, x_2, x_3)=2x_1^2+3x_2^2+4x_2x_3+3x_3^2$

(2) $f(x_1, x_2, x_3)=x_1^2+2x_2^2+2x_1x_2-2x_1x_3+2x_3^2$

(3) $f(x_1, x_2, x_3, x_4)=2x_1x_2-2x_3x_4$

3. 判定下列二次型的正定性：

(1) $f=-2x_1^2-6x_2^2-4x_3^2+2x_1x_2+2x_1x_3$

(2) $f=x_1^2+3x_2^2+9x_3^2+19x_4^2-2x_1x_2+4x_1x_3+2x_1x_4-6x_2x_4-12x_3x_4$

4. 证明：二次型 $f=\boldsymbol{x}^{\mathrm{T}}\boldsymbol{A}\boldsymbol{x}$ 在 $\|\boldsymbol{x}\|=1$ 时的最大值为矩阵 $\boldsymbol{A}$ 的最大特征值.

5. 设 $\boldsymbol{U}$ 为可逆矩阵，$\boldsymbol{A}=\boldsymbol{U}^{\mathrm{T}}\boldsymbol{U}$，证明：$f=\boldsymbol{x}^{\mathrm{T}}\boldsymbol{A}\boldsymbol{x}$ 为正定二次型.

6. 设对称矩阵 $\boldsymbol{A}$ 为正定矩阵，证明：存在可逆矩阵 $\boldsymbol{U}$，使得 $\boldsymbol{A}=\boldsymbol{U}^{\mathrm{T}}\boldsymbol{U}$.

自 测 题 六

一、判断题

1. 因为 $f(x_1, x_2)=x_1^2+2x_1x_2-3x_2^2$

$$=(x_1, x_2)\begin{bmatrix}1 & 1\\ 1 & -3\end{bmatrix}\begin{bmatrix}x_1\\ x_2\end{bmatrix}$$

$$=(x_1, x_2)\begin{bmatrix}1 & 0\\ 2 & -3\end{bmatrix}\begin{bmatrix}x_1\\ x_2\end{bmatrix}$$

所以 $\begin{bmatrix}1 & 1\\ 1 & -3\end{bmatrix}$ 和 $\begin{bmatrix}1 & 0\\ 2 & -3\end{bmatrix}$ 都是该二次型对应的矩阵.

2. $\sum_{i=1}^{4}(2x_1+3x_2+x_3+x_4)^2$ 是二次型.

3. 若 $\boldsymbol{A}$ 为对称矩阵，$\boldsymbol{B}$ 与 $\boldsymbol{A}$ 合同，则 $\boldsymbol{B}$ 也为对称矩阵.

4. 正交变换可以将二次型化为规范形.

5. 二次型的标准形是唯一的.

6. 若 $\boldsymbol{A}$ 为正定矩阵，则 $\boldsymbol{A}$ 的主对角线上的元素

$$a_{ii}>0 \qquad (i=1, 2, \cdots, n)$$

7. 若 $\boldsymbol{A}$ 为正定矩阵，则 $\boldsymbol{A}^*$ 也是正定矩阵.

二、综合题

1. 求二次型 $f(x_1, x_2, x_3)=(2x_1+3x_2-x_3)^2$ 所对应的矩阵.

2. 设二次型 $f(x_1, x_2, x_3)=x_1^2+x_2^2+x_3^2+2ax_1x_2+2x_1x_3$ 可用正交变换化为标准形：$y_2^2+2y_3^2$，求参数 a 以及所做的正交变换.

3. 设 $\boldsymbol{A}$ 为三阶实对称矩阵，$\boldsymbol{A}$ 的三个特征值 $\lambda_1=\lambda_2=1$，$\lambda_3=0$，对应的特征向量分别为 $\boldsymbol{\alpha}_1=(1, 1, 1)^{\mathrm{T}}$，$\boldsymbol{\alpha}_2=(1, 0, 1)^{\mathrm{T}}$，求矩阵 $\boldsymbol{A}$.

4. 设 $\boldsymbol{A}$ 为 n 阶正定矩阵，证明：$|3\boldsymbol{I}+\boldsymbol{A}|>3^n$.

第七章

线性空间与线性变换

本章的主要内容及要求

线性空间、线性变换以及与之相关的矩阵理论，构成了线性代数的中心内容，是现代数学的重要基础之一，它们的理论和方法在科学技术的各个领域都有着广泛的应用. 深入理解线性空间和线性变换的基本概念，不仅能加深对前面所学理论的理解，也是进一步学习和应用现代数学所必需的基础.

本章的基本要求如下：

(1) 理解线性空间、线性子空间、生成子空间、欧氏空间以及线性空间的基、标准正交基、维数、坐标等概念.

(2) 了解线性变换概念，了解线性变换与矩阵之间的关系.

(3) 了解线性变换在不同基下的矩阵之间的关系，了解过渡矩阵的概念. 掌握在 $\mathbf{R}^n$ 中利用过渡矩阵求线性变换在不同基下的矩阵的方法，并能熟练地求同一向量在不同基下的坐标.

7.1 线性空间的定义与性质

向量空间又称线性空间，是线性代数中一个最基本的概念. 在第三章中，我们把有序数组叫作向量，并介绍过向量空间的概念. 在这一章中，我们要把这些概念推广，使向量及向量空间的概念更具一般性. 当然，推广后的向量概念也就更加抽象化了.

定义 7.1.1 设 V 是一个非空集合，$\mathbf{R}$ 为实数域. 如果在 V 中定义了一个**加法**，即对于任意两个元素 $\boldsymbol{\alpha}$，$\boldsymbol{\beta}\in V$，总有唯一的一个元素 $\boldsymbol{\gamma}\in V$ 与之对应，称为 $\boldsymbol{\alpha}$ 和 $\boldsymbol{\beta}$ 的**和**，记作 $\boldsymbol{\gamma}=\boldsymbol{\alpha}+\boldsymbol{\beta}$；在 V 中又定义了一个数与元素的乘法(简称**数乘**)，即对于任一数 $\lambda\in\mathbf{R}$ 与任一元素 $\boldsymbol{\alpha}\in V$，总有唯一的一个元素 $\boldsymbol{\delta}\in V$ 与之对应，称为 λ 与 $\boldsymbol{\alpha}$ 的**数量乘积**，记作 $\boldsymbol{\delta}=\lambda\boldsymbol{\alpha}$，并且这两种运算满足以下八条运算规律(设 $\boldsymbol{\alpha}$，$\boldsymbol{\beta}$，$\boldsymbol{\gamma}\in V$ 且 λ，$\mu\in\mathbf{R}$)：

(1) $\boldsymbol{\alpha}+\boldsymbol{\beta}=\boldsymbol{\beta}+\boldsymbol{\alpha}$；

(2) $(\boldsymbol{\alpha}+\boldsymbol{\beta})+\boldsymbol{\gamma}=\boldsymbol{\alpha}+(\boldsymbol{\beta}+\boldsymbol{\gamma})$；

(3) 在 V 中存在**零元素** $\mathbf{0}$，对任何 $\boldsymbol{\alpha}\in V$，都有 $\boldsymbol{\alpha}+\mathbf{0}=\boldsymbol{\alpha}$；

(4) 对任何 $\boldsymbol{\alpha}\in V$，都有 $\boldsymbol{\alpha}$ 的**负元素** $\boldsymbol{\beta}\in V$，使 $\boldsymbol{\alpha}+\boldsymbol{\beta}=\mathbf{0}$；

(5) $1\boldsymbol{\alpha}=\boldsymbol{\alpha}$；

(6) $\lambda(\mu\boldsymbol{\alpha})=(\lambda\mu)\boldsymbol{\alpha}$；

(7) $(\lambda+\mu)\boldsymbol{\alpha}=\lambda\boldsymbol{\alpha}+\mu\boldsymbol{\alpha}$；

(8) $\lambda(\boldsymbol{\alpha}+\boldsymbol{\beta})=\lambda\boldsymbol{\alpha}+\lambda\boldsymbol{\beta}$，

那么，V 就称为(实数域 $\mathbf{R}$ 上的)**向量空间**(或**线性空间**)，V 中的元素不论其本来的性质如何，统称为**(实)向量**.

简言之，凡满足上述八条规律的加法及数乘运算，就称为**线性运算**；凡定义了线性运算的集合，就称为**线性空间**.

在第三章中，我们把有序数组称为向量，并对它定义了加法和数乘运算，容易验证这些运算满足上述八条规律. 最后，把对于运算为封闭的有序数组的集合称为向量空间. 显然，现在的定义比第三章的定义有了很大的推广：

(1) 线性空间中的向量不仅仅只是有序数组；

(2) 线性空间中的运算只要求满足上述八条规律，当然也就不一定是有序数组的加法及数乘运算.

例 7.1.1 次数不超过 n 的多项式的全体，记作 $P[x]_n$，即

$$P[x]_n=\{\boldsymbol{p}=a_nx^n+a_{n-1}x^{n-1}+\cdots+a_1x+a_0\,|\,a_n,\ \cdots,\ a_1,\ a_0\in\mathbf{R}\}$$

对于通常的多项式加法、数乘多项式的乘法构成线性空间. 这是因为：通常的多项式加法、数乘多项式的乘法这两种运算显然满足线性运算的八条规律，故只要验证 $P[x]_n$ 对运算封闭：

$$\begin{aligned}&(a_nx^n+\cdots+a_1x+a_0)+(b_nx^n+\cdots+b_1x+b_0)\\=&(a_n+b_n)x^n+\cdots+(a_1+b_1)x+(a_0+b_0)\in P[x]_n\\&\lambda(a_nx^n+\cdots+a_1x+a_0)\\=&(\lambda a_n)x^n+\cdots+(\lambda a_1)x+(\lambda a_0)\in P[x]_n\end{aligned}$$

所以 $P[x]_n$ 是一个线性空间.

例 7.1.2 n 次多项式的全体

$$Q[x]_n=\{\boldsymbol{p}=a_nx^n+\cdots+a_1x+a_0\,|\,a_n,\ \cdots,\ a_1,\ a_0\in\mathbf{R},\ 且\ a_n\neq 0\}$$

对于通常的多项式加法和数乘运算不构成线性空间. 这是因为

$$0\boldsymbol{p}=0x^n+\cdots+0x+0\notin Q[x]_n$$

即 $Q[x]_n$ 对运算不封闭.

例 7.1.3 正弦函数的集合

$$S[x]=\{\boldsymbol{s}=A\sin(x+B)\,|\,A,\ B\in\mathbf{R}\}$$

对于通常的函数加法及数乘函数的乘法构成线性空间. 这是因为：通常的函数加法及数乘运算显然满足线性运算规律，故只要验证 $S[x]$ 对运算封闭：

$$\begin{aligned}\boldsymbol{s}_1+\boldsymbol{s}_2&=A_1\sin(x+B_1)+A_2\sin(x+B_2)\\&=(a_1\cos x+b_1\sin x)+(a_2\cos x+b_2\sin x)\\&=(a_1+a_2)\cos x+(b_1+b_2)\sin x\\&=A\sin(x+B)\in S[x]\\\lambda\boldsymbol{s}_1&=\lambda A_1\sin(x+B_1)=(\lambda A_1)\sin(x+B_1)\in S[x]\end{aligned}$$

所以 $S[x]$ 是一个线性空间.

验证一个集合是否构成线性空间，当然不能只检验对运算的封闭性(如上面两例). 若所定义的加法和数乘运算不是通常的实数间的加、乘运算，则应仔细检验是否满足八条线

性运算规律.

例 7.1.4 (1) 实数域 $\mathbf{R}$ 上的 n 元齐次线性方程组 $\boldsymbol{Ax}=\mathbf{0}$ 的所有解向量，对于向量的加法和数量乘法，构成 $\mathbf{R}$ 上的一个线性空间，称为该方程组的一个解空间.

(2) 实数域 $\mathbf{R}$ 上的 n 元非齐次线性方程组 $\boldsymbol{Ax}=\boldsymbol{b}$ 的所有解向量，在上述运算下不能构成 $\mathbf{R}$ 上的线性空间，因为关于线性运算不封闭.

例 7.1.5 n 个有序实数组成的数组的全体

$$S^n = \{\boldsymbol{x} = (x_1, x_2, \cdots, x_n)^{\mathrm{T}} \mid x_1, x_2, \cdots, x_n \in \mathbf{R}\}$$

对于通常的有序数组的加法及如下定义的数乘

$$\lambda \circ (x_1, x_2, \cdots, x_n)^{\mathrm{T}} = (0, 0, \cdots, 0)^{\mathrm{T}}$$

不构成线性空间.

可以验证 S^n 对运算封闭. 但因 $1\circ\boldsymbol{x}=\mathbf{0}$，不满足运算规律(5)，所以所定义的运算不是线性运算，因此 S^n 不是线性空间.

比较 S^n 与 $\mathbf{R}^n$，作为集合，它们是一样的，但由于在其中所定义的运算不同，以至 $\mathbf{R}^n$ 构成线性空间而 S^n 不是线性空间. 由此可见，线性空间的概念是集合与运算二者的结合. 一般来说，同一个集合，若定义两种不同的线性运算，就构成不同的线性空间；若定义的运算不是线性运算，就不能构成线性空间. 所以，所定义的线性运算是线性空间的本质，而其中的元素是什么并不重要.

为了对线性运算的理解更具有一般性，请看下例.

例 7.1.6 正实数的全体，记作 $\mathbf{R}^+$，在其中定义加法及数乘运算为

$$a \oplus b = ab \quad (a, b \in \mathbf{R}^+)$$

$$\lambda \circ a = a^{\lambda} \quad (\lambda \in \mathbf{R}, a \in \mathbf{R}^+)$$

验证 $\mathbf{R}^+$ 对上述加法与数乘运算构成线性空间.

证 要验证 $\mathbf{R}^+$ 是一个线性空间，实际上要验证十条：

(1) 对加法封闭：对任意的 a，$b\in\mathbf{R}^+$，有 $a\oplus b=ab\in\mathbf{R}^+$；

(2) 对数乘封闭：对任意的 $\lambda\in\mathbf{R}$，$a\in\mathbf{R}^+$，有 $\lambda\circ a=a^{\lambda}\in\mathbf{R}^+$；

(3) $a\oplus b=ab=ba=b\oplus a$；

(4) $(a\oplus b)\oplus c=(ab)\oplus c=(ab)c=a(bc)=a\oplus(b\oplus c)$；

(5) $\mathbf{R}^+$ 中存在零元素 1，对任何 $a\in\mathbf{R}^+$，有 $a\oplus 1=a\cdot 1=a$；

(6) 对任何 $a\in\mathbf{R}^+$，有负元素 $a^{-1}\in\mathbf{R}^+$，使 $a\oplus a^{-1}=aa^{-1}=1$；

(7) $1\circ a=a^1=a$；

(8) $\lambda\circ(\mu\circ a)=\lambda\circ a^{\mu}=(a^{\mu})^{\lambda}=a^{\lambda\mu}=(\lambda\mu)\circ a$；

(9) $(\lambda+\mu)\circ a=a^{\lambda+\mu}=a^{\lambda}a^{\mu}=a^{\lambda}\oplus a^{\mu}=\lambda\circ a\oplus\mu\circ a$；

(10) $\lambda\circ(a\oplus b)=\lambda\circ(ab)=(ab)^{\lambda}=a^{\lambda}b^{\lambda}=a^{\lambda}\oplus b^{\lambda}=\lambda\circ a\oplus\lambda\circ b$.

因此 $\mathbf{R}^+$ 对于所定义的运算构成线性空间. **证毕**

下面讨论线性空间的性质.

性质 1 零元素是唯一的.

证 设 $\mathbf{0}_1$，$\mathbf{0}_2$ 是线性空间 V 中的两个零元素，即对任何 $\boldsymbol{\alpha}\in V$，有 $\boldsymbol{\alpha}+\mathbf{0}_1=\boldsymbol{\alpha}$，$\boldsymbol{\alpha}+\mathbf{0}_2=\boldsymbol{\alpha}$. 于是有

$$\mathbf{0}_2 + \mathbf{0}_1 = \mathbf{0}_2, \quad \mathbf{0}_1 + \mathbf{0}_2 = \mathbf{0}_1$$

所以

$$\mathbf{0}_1=\mathbf{0}_1+\mathbf{0}_2=\mathbf{0}_2+\mathbf{0}_1=\mathbf{0}_2$$ 证毕

性质 2 任一元素的负元素是唯一的. $\boldsymbol{\alpha}$ 的负元素记作 $-\boldsymbol{\alpha}$.

证 设 $\boldsymbol{\alpha}$ 有两个负元素 $\boldsymbol{\beta}$、$\boldsymbol{\gamma}$，即

$$\boldsymbol{\alpha}+\boldsymbol{\beta}=\mathbf{0},\quad \boldsymbol{\alpha}+\boldsymbol{\gamma}=\mathbf{0}$$

于是

$$\boldsymbol{\beta}=\boldsymbol{\beta}+\mathbf{0}=\boldsymbol{\beta}+(\boldsymbol{\alpha}+\boldsymbol{\gamma})=(\boldsymbol{\alpha}+\boldsymbol{\beta})+\boldsymbol{\gamma}=\mathbf{0}+\boldsymbol{\gamma}=\boldsymbol{\gamma}$$ 证毕

性质 3 $0\boldsymbol{\alpha}=\mathbf{0}$，$(-1)\boldsymbol{\alpha}=-\boldsymbol{\alpha}$，$\lambda\mathbf{0}=\mathbf{0}$.

证

$$\boldsymbol{\alpha}+0\boldsymbol{\alpha}=1\boldsymbol{\alpha}+0\boldsymbol{\alpha}=(1+0)\boldsymbol{\alpha}=1\boldsymbol{\alpha}=\boldsymbol{\alpha}$$

所以 $0\boldsymbol{\alpha}=\mathbf{0}$.

$$\boldsymbol{\alpha}+(-1)\boldsymbol{\alpha}=1\boldsymbol{\alpha}+(-1)\boldsymbol{\alpha}=[1+(-1)]\boldsymbol{\alpha}=0\boldsymbol{\alpha}=\mathbf{0}$$

所以 $(-1)\boldsymbol{\alpha}=-\boldsymbol{\alpha}$.

$$\lambda\mathbf{0}=\lambda[\boldsymbol{\alpha}+(-1)\boldsymbol{\alpha}]=\lambda\boldsymbol{\alpha}+(-\lambda)\boldsymbol{\alpha}=[\lambda+(-\lambda)]\boldsymbol{\alpha}=0\boldsymbol{\alpha}=\mathbf{0}$$ 证毕

性质 4 如果 $\lambda\boldsymbol{\alpha}=\mathbf{0}$，则 $\lambda=0$ 或 $\boldsymbol{\alpha}=\mathbf{0}$.

证 若 $\lambda\neq 0$，则在 $\lambda\boldsymbol{\alpha}=\mathbf{0}$ 两边乘 $\frac{1}{\lambda}$，得

$$\frac{1}{\lambda}(\lambda\boldsymbol{\alpha})=\frac{1}{\lambda}\mathbf{0}=\mathbf{0}$$

而

$$\frac{1}{\lambda}(\lambda\boldsymbol{\alpha})=\left(\frac{1}{\lambda}\lambda\right)\boldsymbol{\alpha}=1\boldsymbol{\alpha}=\boldsymbol{\alpha}$$

所以 $\boldsymbol{\alpha}=\mathbf{0}$. 证毕

定义 7.1.2 设 V 是一个线性空间，L 是 V 上的一个非空子集，如果 L 对于 V 中所定义的加法和数乘两种运算也构成一个线性空间，则称 L 为 V 的**子空间**.

一个非空子集要满足什么条件才构成子空间？因 L 是 V 的一部分，V 中的运算对于 L 而言，规律(1)、(2)、(5)、(6)、(7)、(8)显然是满足的，因此只要 L 对运算封闭且满足规律(3)、(4)即可. 但由线性空间的性质知，若 L 对运算封闭，则即能满足规律(3)、(4).

定理 7.1.1 线性空间 V 的非空子集 L 构成子空间的充分必要条件是：L 对于 V 中的线性运算封闭.

例 7.1.7 在线性空间 V 中，由单个零向量组成的集合 $W=\{\mathbf{0}\}$ 也是线性空间，称 W 为 V 的零子空间. 而线性空间 V 也是其本身的一个子空间.

在线性空间 V 中，零子空间 $\{\mathbf{0}\}$ 与线性空间 V 本身这两个子空间有时称为平凡子空间，而 V 的其他子空间则称为非平凡子空间.

例 7.1.8 $\mathbf{R}^{2\times 3}$ 的下列子集是否构成子空间？为什么？

(1) $W_1=\left\{\begin{bmatrix}1 & b & 0\\ 0 & c & d\end{bmatrix}\middle| b, c, d\in\mathbf{R}\right\}$

(2) $W_2=\left\{\begin{bmatrix}a & b & 0\\ 0 & 0 & c\end{bmatrix}\middle| a+b+c=0, a, b, c\in\mathbf{R}\right\}$

解 (1) 不构成子空间.

因为对

$$\boldsymbol{A}=\boldsymbol{B}=\begin{bmatrix}1 & b & 0\\0 & c & d\end{bmatrix}\in W_1$$

有

$$\boldsymbol{A}+\boldsymbol{B}=\begin{bmatrix}2 & 2b & 0\\0 & 2c & 2d\end{bmatrix}\notin W_1$$

即 W_1 对矩阵加法不封闭，所以 W_1 不构成子空间.

(2) 因 $\begin{bmatrix}0 & 0 & 0\\0 & 0 & 0\end{bmatrix}\in W_2$，即 W_2 非空，且对任意

$$\boldsymbol{A}=\begin{bmatrix}a_1 & b_1 & 0\\0 & 0 & c_1\end{bmatrix},\quad \boldsymbol{B}=\begin{bmatrix}a_2 & b_2 & 0\\0 & 0 & c_2\end{bmatrix}\in W_2$$

有

$$a_1+b_1+c_1=0,\ a_2+b_2+c_2=0$$

于是

$$\boldsymbol{A}+\boldsymbol{B}=\begin{bmatrix}a_1+a_2 & b_1+b_2 & 0\\0 & 0 & c_1+c_2\end{bmatrix}$$

满足 $(a_1+a_2)+(b_1+b_2)+(c_1+c_2)=0$，即 $\boldsymbol{A}+\boldsymbol{B}\in W_2$.

对任意 $k\in\mathbf{R}$ 有 $k\boldsymbol{A}=\begin{bmatrix}ka_1 & kb_1 & 0\\0 & 0 & kc_1\end{bmatrix}$，且 $ka_1+kb_1+kc_1=0$，即 $k\boldsymbol{A}\in W_2$，故 W_2 是 $\mathbf{R}^{2\times 3}$ 的子空间.

例 7.1.9 设 H 是所有形如 $(\alpha-2\beta,\ \beta-2\alpha,\ \alpha,\ \beta)$ 的向量所构成的集合，其中 α，β 是任意的实数. 即 $H=\{(\alpha-2\beta,\ \beta-2\alpha,\ \alpha,\ \beta)\mid\alpha,\ \beta\in\mathbf{R}\}$. 证明 H 是 $\mathbf{R}^4$ 的子空间.

证 把 H 中的向量记成列向量的形式，H 中的任意向量都具有如下形式：

$$\begin{bmatrix}\alpha-2\beta\\\beta-2\alpha\\\alpha\\\beta\end{bmatrix}=\alpha\begin{bmatrix}1\\-2\\1\\0\end{bmatrix}+\beta\begin{bmatrix}-2\\1\\0\\1\end{bmatrix}$$

令 $\boldsymbol{p}_1=\begin{bmatrix}1\\-2\\1\\0\end{bmatrix}$，$\boldsymbol{p}_2=\begin{bmatrix}-2\\1\\0\\1\end{bmatrix}$，则 H 是由 $\boldsymbol{p}_1$，$\boldsymbol{p}_2$ 的线性组合的向量所构成的集合，即

$$H=\{k_1\boldsymbol{p}_1+k_2\boldsymbol{p}_2\mid k_1,\ k_2\in\mathbf{R}\}$$

在 H 中任取两个向量 $\boldsymbol{\gamma}_1=k_1\boldsymbol{p}_1+k_2\boldsymbol{p}_2$ 和 $\boldsymbol{\gamma}_2=l_1\boldsymbol{p}_1+l_2\boldsymbol{p}_2$，有

$$\boldsymbol{\gamma}_1+\boldsymbol{\gamma}_2=(k_1\boldsymbol{p}_1+k_2\boldsymbol{p}_2)+(l_1\boldsymbol{p}_1+l_2\boldsymbol{p}_2)=(k_1+l_1)\boldsymbol{p}_1+(k_2+l_2)\boldsymbol{p}_2\in H$$

又对于 $c\in\mathbf{R}$，有

$$c\boldsymbol{\gamma}_1=c(k_1\boldsymbol{p}_1+k_2\boldsymbol{p}_2)=(ck_1)\boldsymbol{p}_1+(ck_2)\boldsymbol{p}_2\in H$$

所以 H 是 $\mathbf{R}^4$ 的子空间.

证毕

注意　例 7.1.9 给出了一种非常有用的技巧，利用它可以将子空间 H 表示成更小的向量集合的线性组合. 如果 H 是由 $\boldsymbol{p}_1$，$\boldsymbol{p}_2$，…，$\boldsymbol{p}_n$的线性组合的向量所构成的集合，则可以利用向量组 $\boldsymbol{p}_1$，$\boldsymbol{p}_2$，…，$\boldsymbol{p}_n$来研究子空间 H，也可以把 H 中无穷多个向量的计算简化成 $\boldsymbol{p}_1$，$\boldsymbol{p}_2$，…，$\boldsymbol{p}_n$中向量的运算.

7.2　维数、基与坐标

已知在 $\mathbf{R}^n$中，线性无关的向量组最多由 n 个向量组成，而任意 $n+1$ 个向量都是线性相关的. 现在要问：在线性空间 V 中，最多能有多少个线性无关的向量?

定义 7.2.1　在线性空间 V 中，如果存在 n 个元素 $\boldsymbol{\alpha}_1$，$\boldsymbol{\alpha}_2$，…，$\boldsymbol{\alpha}_n$，满足：

(1) $\boldsymbol{\alpha}_1$，$\boldsymbol{\alpha}_2$，…，$\boldsymbol{\alpha}_n$线性无关；

(2) V 中任一元素 $\boldsymbol{\alpha}$ 总可由 $\boldsymbol{\alpha}_1$，$\boldsymbol{\alpha}_2$，…，$\boldsymbol{\alpha}_n$线性表示，

那么，$\boldsymbol{\alpha}_1$，$\boldsymbol{\alpha}_2$，…，$\boldsymbol{\alpha}_n$称为线性空间 V 的一个**基**，n 称为线性空间 V 的**维数**，记为 $\dim V=n$.

维数为 n 的线性空间称为 n **维线性空间**，记作 V_n.

若知 $\boldsymbol{\alpha}_1$，$\boldsymbol{\alpha}_2$，…，$\boldsymbol{\alpha}_n$为 V_n的一个基，则 V_n可表示为

$$V_n = \{\boldsymbol{\alpha} = x_1\boldsymbol{\alpha}_1 + x_2\boldsymbol{\alpha}_2 + \cdots + x_n\boldsymbol{\alpha}_n \mid x_1, x_2, \cdots, x_n \in \mathbf{R}\}$$

这就较清楚地显示出线性空间 V_n的构造.

若 $\boldsymbol{\alpha}_1$，$\boldsymbol{\alpha}_2$，…，$\boldsymbol{\alpha}_n$ 为 V_n 的一个基，则对任何 $\boldsymbol{\alpha}\in V_n$，都有一组有序数 x_1，x_2，…，x_n，使

$$\boldsymbol{\alpha} = x_1\boldsymbol{\alpha}_1 + x_2\boldsymbol{\alpha}_2 + \cdots + x_n\boldsymbol{\alpha}_n$$

并且这组数是唯一的.

反之，任给一组有序数 x_1，x_2，…，x_n，总有唯一的元素

$$\boldsymbol{\alpha} = x_1\boldsymbol{\alpha}_1 + x_2\boldsymbol{\alpha}_2 + \cdots + x_n\boldsymbol{\alpha}_n \in V_n$$

这样，V_n的元素 $\boldsymbol{\alpha}$ 与有序数组$(x_1, x_2, \cdots, x_n)^{\mathrm{T}}$之间存在着一种一一对应的关系，因此可以用这组有序数来表示元素 $\boldsymbol{\alpha}$.

定义 7.2.2　设 $\boldsymbol{\alpha}_1$，$\boldsymbol{\alpha}_2$，…，$\boldsymbol{\alpha}_n$是线性空间 V_n的一个基，对于任一元素$\boldsymbol{\alpha}\in V_n$，总有且仅有一组有序数 x_1，x_2，…，x_n，使

$$\boldsymbol{\alpha} = x_1\boldsymbol{\alpha}_1 + x_2\boldsymbol{\alpha}_2 + \cdots + x_n\boldsymbol{\alpha}_n$$

x_1，x_2，…，x_n这组有序数就称为元素 $\boldsymbol{\alpha}$ 在 $\boldsymbol{\alpha}_1$，$\boldsymbol{\alpha}_2$，…，$\boldsymbol{\alpha}_n$这个基下的**坐标**，并记作

$$\boldsymbol{\alpha} = (x_1, x_2, \cdots, x_n)^{\mathrm{T}}$$

例 7.2.1　(1) 在 n 维线性空间 $\mathbf{R}^n$中，显然 $\boldsymbol{\varepsilon}_1=(1,0,\cdots,0)^{\mathrm{T}}$，$\boldsymbol{\varepsilon}_2=(0,1,\cdots,0)^{\mathrm{T}}$，…，$\boldsymbol{\varepsilon}_n=(0, 0, \cdots, 1)^{\mathrm{T}}$为 $\mathbf{R}^n$的一组基，对于 $\mathbf{R}^n$ 中的任一元素 $\boldsymbol{\alpha}=(a_1, a_2, \cdots, a_n)^{\mathrm{T}}$，有 $\boldsymbol{\alpha}=a_1\boldsymbol{\varepsilon}_1+a_2\boldsymbol{\varepsilon}_2+\cdots+a_n\boldsymbol{\varepsilon}_n$，因此 $\boldsymbol{\alpha}$ 在基 $\boldsymbol{\varepsilon}_1$，$\boldsymbol{\varepsilon}_2$，…，$\boldsymbol{\varepsilon}_n$下的坐标为$(a_1, a_2, \cdots, a_n)^{\mathrm{T}}$.

(2) $\boldsymbol{e}_1=(1, 1, \cdots, 1)^{\mathrm{T}}$，$\boldsymbol{e}_2=(0, 1, \cdots, 1)^{\mathrm{T}}$，…，$\boldsymbol{e}_n=(0, 0, \cdots, 1)^{\mathrm{T}}$也是 $\mathbf{R}^n$中 n 个线性无关的向量，从而也是 $\mathbf{R}^n$的一组基. 对于元素 $\boldsymbol{\alpha}=(a_1, a_2, \cdots, a_n)^{\mathrm{T}}$，有

$$\boldsymbol{\alpha} = a_1\boldsymbol{e}_1 + (a_2 - a_1)\boldsymbol{e}_2 + \cdots + (a_n - a_{n-1})\boldsymbol{e}_n$$

因此 $\boldsymbol{\alpha}$ 在基 $\boldsymbol{e}_1$，$\boldsymbol{e}_2$，…，$\boldsymbol{e}_n$下的坐标为$(a_1, a_2-a_1, \cdots, a_n-a_{n-1})^{\mathrm{T}}$.

例 7.2.2 在线性空间 $P[x]_4$ 中，$\boldsymbol{p}_1=1$，$\boldsymbol{p}_2=x$，$\boldsymbol{p}_3=x^2$，$\boldsymbol{p}_4=x^3$，$\boldsymbol{p}_5=x^4$ 就是它的一个基. 任一不超过 4 次的多项式

$$\boldsymbol{p}=a_4x^4+a_3x^3+a_2x^2+a_1x+a_0$$

都可表示为

$$\boldsymbol{p}=a_0\boldsymbol{p}_1+a_1\boldsymbol{p}_2+a_2\boldsymbol{p}_3+a_3\boldsymbol{p}_4+a_4\boldsymbol{p}_5$$

因此 $\boldsymbol{p}$ 在这个基下的坐标为$(a_0, a_1, a_2, a_3, a_4)^{\mathrm{T}}$.

若另取一个基 $\boldsymbol{q}_1=1$，$\boldsymbol{q}_2=1+x$，$\boldsymbol{q}_3=2x^2$，$\boldsymbol{q}_4=x^3$，$\boldsymbol{q}_5=x^4$，则

$$\boldsymbol{p}=(a_0-a_1)\boldsymbol{q}_1+a_1\boldsymbol{q}_2+\frac{1}{2}a_2\boldsymbol{q}_3+a_3\boldsymbol{q}_4+a_4\boldsymbol{q}_5$$

因此 $\boldsymbol{p}$ 在这个基下的坐标为$\left(a_0-a_1, a_1, \frac{1}{2}a_2, a_3, a_4\right)^{\mathrm{T}}$.

注意 线性空间 V 的任一元素在不同基下所对应的坐标一般不同，但一个元素在一个确定基下对应的坐标是唯一的.

例 7.2.3 所有二阶实矩阵组成的集合 $\mathbf{R}^{2\times2}$ 对于矩阵的加法和数量乘法，构成实数域 $\mathbf{R}$ 上的一个线性空间. 试证

$$\boldsymbol{E}_{11}=\begin{bmatrix}1&0\\0&0\end{bmatrix}, \boldsymbol{E}_{12}=\begin{bmatrix}0&1\\0&0\end{bmatrix}, \boldsymbol{E}_{21}=\begin{bmatrix}0&0\\1&0\end{bmatrix}, \boldsymbol{E}_{22}=\begin{bmatrix}0&0\\0&1\end{bmatrix}$$

是 $\mathbf{R}^{2\times2}$ 中的一组基，并求其中矩阵 $\boldsymbol{A}$ 在该基下的坐标.

证 先证其线性无关. 由

$$k_1\boldsymbol{E}_{11}+k_2\boldsymbol{E}_{12}+k_3\boldsymbol{E}_{21}+k_4\boldsymbol{E}_{22}=\begin{bmatrix}k_1&k_2\\k_3&k_4\end{bmatrix}$$

有

$$k_1\boldsymbol{E}_{11}+k_2\boldsymbol{E}_{12}+k_3\boldsymbol{E}_{21}+k_4\boldsymbol{E}_{22}=\boldsymbol{0}=\begin{bmatrix}0&0\\0&0\end{bmatrix}$$

得 $k_1=k_2=k_3=k_4=0$，即 $\boldsymbol{E}_{11}$，$\boldsymbol{E}_{12}$，$\boldsymbol{E}_{21}$，$\boldsymbol{E}_{22}$ 线性无关.

又对于任意二阶实矩阵 $\boldsymbol{A}=\begin{bmatrix}a_{11}&a_{12}\\a_{21}&a_{22}\end{bmatrix}\in\mathbf{R}^{2\times2}$，有 $\boldsymbol{A}=a_{11}\boldsymbol{E}_{11}+a_{12}\boldsymbol{E}_{12}+a_{21}\boldsymbol{E}_{21}+a_{22}\boldsymbol{E}_{22}$，因此 $\boldsymbol{E}_{11}$，$\boldsymbol{E}_{12}$，$\boldsymbol{E}_{21}$，$\boldsymbol{E}_{22}$ 为 $\mathbf{R}^{2\times2}$ 的一组基. 而矩阵 $\boldsymbol{A}$ 在这组基下的坐标是$(a_{11}, a_{12}, a_{21}, a_{22})^{\mathrm{T}}$.

证毕

例 7.2.4 求 $\mathbf{R}^4$ 的子空间 H 的维数，其中

$$H=\{(2a-b+2c, 5a+4d, 3b-6c-d, 8d)^{\mathrm{T}} \mid a, b, c, d\in\mathbf{R}\}$$

解 易知 H 是由下列向量的全体线性组合所构成的集合：

$$\boldsymbol{p}_1=(2, 5, 0, 0)^{\mathrm{T}}, \boldsymbol{p}_2=(-1, 0, 3, 0)^{\mathrm{T}}$$

$$\boldsymbol{p}_3=(2, 0, -6, 0)^{\mathrm{T}}, \boldsymbol{p}_4=(0, 4, -1, 8)^{\mathrm{T}}$$

显然，$\boldsymbol{p}_3$ 是 $\boldsymbol{p}_2$ 的倍数. 向量组 $\boldsymbol{p}_1$，$\boldsymbol{p}_2$，$\boldsymbol{p}_3$，$\boldsymbol{p}_4$ 与向量组 $\boldsymbol{p}_1$，$\boldsymbol{p}_2$，$\boldsymbol{p}_4$ 等价，并且 $\boldsymbol{p}_1$，$\boldsymbol{p}_2$，$\boldsymbol{p}_4$ 线性无关，进而 $\boldsymbol{p}_1$，$\boldsymbol{p}_2$，$\boldsymbol{p}_4$ 是 H 的一组基，所以 $\dim H=3$.

设 $\boldsymbol{\alpha}_1$，$\boldsymbol{\alpha}_2$，…，$\boldsymbol{\alpha}_n$ 是 n 维线性空间 V_n 的一组基，在这组基下，V_n 中的每个向量都有唯一确定的坐标，而向量的坐标可以看作 $\mathbf{R}^n$ 中的元素，因此向量与它的坐标之间的对应就是 V_n 到 $\mathbf{R}^n$ 的一个映射. 对于 V_n 中不同的向量，它们的坐标也不同，即对应于 $\mathbf{R}^n$ 中的不同元

素. 反过来，由于 $\mathbf{R}^n$ 中的每个元素都有 V_n 中的向量与之对应，我们称这样的映射是 V_n 与 $\mathbf{R}^n$ 的一个一一对应的映射. 这个映射的一个重要特征表现在它保持线性运算(加法和数乘)的关系不变.

定义 7.2.3 设 U、V 是 $\mathbf{R}$ 上的两个线性空间，如果它们的元素之间有一一对应关系，且这个对应关系保持线性组合的对应，则称其为线性空间 U 与 V **同构映射**，并称线性空间 U 与 V **同构**.

总之，设在 n 维线性空间 V_n 中取定一个基 $\boldsymbol{\alpha}_1$，$\boldsymbol{\alpha}_2$，…，$\boldsymbol{\alpha}_n$，建立了坐标以后，则 V_n 中的向量 $\boldsymbol{\alpha}$ 与 n 维数组向量空间 $\mathbf{R}^n$ 中的向量 $(x_1, x_2, \cdots, x_n)^{\mathrm{T}}$ 之间就有一个一一对应的关系，且这个对应关系具有下述性质：

设 $\boldsymbol{\alpha}\leftrightarrow(x_1, x_2, \cdots, x_n)^{\mathrm{T}}$，$\boldsymbol{\beta}\leftrightarrow(y_1, y_2, \cdots, y_n)^{\mathrm{T}}$，则

(1) $\boldsymbol{\alpha}+\boldsymbol{\beta}\leftrightarrow(x_1, x_2, \cdots, x_n)^{\mathrm{T}}+(y_1, y_2, \cdots, y_n)^{\mathrm{T}}$；

(2) $\lambda\boldsymbol{\alpha}\leftrightarrow\lambda(x_1, x_2, \cdots, x_n)^{\mathrm{T}}$.

也就是说，这个对应关系保持线性组合的对应. 因此，可以说 V_n 与 $\mathbf{R}^n$ 有相同的结构，称 V_n 与 $\mathbf{R}^n$ 同构.

结论 ① 同构的线性空间之间具有反身性、对称性与传递性.

② 任何 n 维线性空间都与 $\mathbf{R}^n$ 同构. 事实上，实数域 $\mathbf{R}$ 上任意两个 n 维线性空间都同构，即维数相同的线性空间必同构. 由此可知，线性空间的结构完全由它的维数所决定.

注意 同构的意义在线性空间的抽象讨论中，无论构成线性空间的元素是什么，其中具体的线性运算是如何定义的，我们所关心的只是这些运算的代数性质，从这个意义上可以说，同构的线性空间是可以不加区别的，而有限维线性空间唯一本质的特征就是它的维数.

同构的概念除元素一一对应外，主要是保持线性运算的对应关系. 因此，V_n 中的抽象的线性运算就可转化为 $\mathbf{R}^n$ 中的线性运算，并且 $\mathbf{R}^n$ 中凡是只涉及线性运算的性质就都适用于 V_n. 但 $\mathbf{R}^n$ 中超出线性运算的性质，在 V_n 中就不一定具备，例如 $\mathbf{R}^n$ 中的内积概念在 V_n 中就不一定有意义.

例 7.2.5 利用同构证明多项式 $2x^2+1$，$5x^2+x+4$，$2x+3$ 在 $P[x]_2$ 中线性相关.

证 由例 7.2.2 知，上述多项式可以记作 $\begin{bmatrix}2\\0\\1\end{bmatrix}$，$\begin{bmatrix}5\\1\\4\end{bmatrix}$，$\begin{bmatrix}0\\2\\3\end{bmatrix}$，因为

$$\begin{vmatrix}2 & 5 & 0\\0 & 1 & 2\\1 & 4 & 3\end{vmatrix}=0$$

所以向量 $\begin{bmatrix}2\\0\\1\end{bmatrix}$，$\begin{bmatrix}5\\1\\4\end{bmatrix}$，$\begin{bmatrix}0\\2\\3\end{bmatrix}$ 线性相关. 故多项式 $2x^2+1$，$5x^2+x+4$，$2x+3$ 在 $P[x]_2$ 中线性相关.

实际上，易证

$$\begin{bmatrix}0\\2\\3\end{bmatrix}=2\begin{bmatrix}5\\1\\4\end{bmatrix}-5\begin{bmatrix}2\\0\\1\end{bmatrix}$$

所以

$$2x+3=2(5x^2+x+4)-5(2x^2+1)$$

证毕

7.3 基变换与坐标变换

由例 7.2.2 可见，同一元素在不同的基下有不同的坐标，那么，不同的基与不同的坐标之间有怎样的关系呢？在某些应用中，问题最初可能用基$\boldsymbol{\alpha}_1$，$\boldsymbol{\alpha}_2$，…，$\boldsymbol{\alpha}_n$来描述，但解答它却需要将$\boldsymbol{\alpha}_1$，$\boldsymbol{\alpha}_2$，…，$\boldsymbol{\alpha}_n$转化成新的基$\boldsymbol{\beta}_1$，$\boldsymbol{\beta}_2$，…，$\boldsymbol{\beta}_n$. 这样每个向量就指派了一个在基$\boldsymbol{\beta}_1$，$\boldsymbol{\beta}_2$，…，$\boldsymbol{\beta}_n$下的新的坐标向量. 本节中，我们将探讨V_n中的两个非自然基之间的变换公式与向量$\boldsymbol{x}$在不同基下的坐标变换关系.

设$\boldsymbol{\alpha}_1$，$\boldsymbol{\alpha}_2$，…，$\boldsymbol{\alpha}_n$及$\boldsymbol{\beta}_1$，$\boldsymbol{\beta}_2$，…，$\boldsymbol{\beta}_n$是线性空间V_n中的两个基，有

$$\begin{cases}\boldsymbol{\beta}_1=p_{11}\boldsymbol{\alpha}_1+p_{21}\boldsymbol{\alpha}_2+\cdots+p_{n1}\boldsymbol{\alpha}_n\\ \boldsymbol{\beta}_2=p_{12}\boldsymbol{\alpha}_1+p_{22}\boldsymbol{\alpha}_2+\cdots+p_{n2}\boldsymbol{\alpha}_n\\ \qquad\vdots\\ \boldsymbol{\beta}_n=p_{1n}\boldsymbol{\alpha}_1+p_{2n}\boldsymbol{\alpha}_2+\cdots+p_{nn}\boldsymbol{\alpha}_n\end{cases}\tag{7.3.1}$$

把$\boldsymbol{\alpha}_1$，$\boldsymbol{\alpha}_2$，…，$\boldsymbol{\alpha}_n$这n个有序元素记作$(\boldsymbol{\alpha}_1, \boldsymbol{\alpha}_2, \cdots, \boldsymbol{\alpha}_n)$，利用向量和矩阵的形式，式(7.3.1)可表示为

$$\begin{pmatrix}\boldsymbol{\beta}_1\\ \boldsymbol{\beta}_2\\ \vdots\\ \boldsymbol{\beta}_n\end{pmatrix}=\begin{bmatrix}p_{11}&p_{21}&\cdots&p_{n1}\\ p_{12}&p_{22}&\cdots&p_{n2}\\ \vdots&\vdots&&\vdots\\ p_{1n}&p_{2n}&\cdots&p_{nn}\end{bmatrix}\begin{bmatrix}\boldsymbol{\alpha}_1\\ \boldsymbol{\alpha}_2\\ \vdots\\ \boldsymbol{\alpha}_n\end{bmatrix}=\boldsymbol{P}^{\mathrm{T}}\begin{bmatrix}\boldsymbol{\alpha}_1\\ \boldsymbol{\alpha}_2\\ \vdots\\ \boldsymbol{\alpha}_n\end{bmatrix}$$

或

$$(\boldsymbol{\beta}_1, \boldsymbol{\beta}_2, \cdots, \boldsymbol{\beta}_n)=(\boldsymbol{\alpha}_1, \boldsymbol{\alpha}_2, \cdots, \boldsymbol{\alpha}_n)\boldsymbol{P}\tag{7.3.2}$$

式(7.3.1)或式(7.3.2)称为**基变换公式**，矩阵$\boldsymbol{P}$称为由基$\boldsymbol{\alpha}_1$，$\boldsymbol{\alpha}_2$，…，$\boldsymbol{\alpha}_n$到基$\boldsymbol{\beta}_1$，$\boldsymbol{\beta}_2$，…，$\boldsymbol{\beta}_n$的**过渡矩阵**.

定理 7.3.1 向量空间V中由基$\boldsymbol{\alpha}_1$，$\boldsymbol{\alpha}_2$，…，$\boldsymbol{\alpha}_n$到基$\boldsymbol{\beta}_1$，$\boldsymbol{\beta}_2$，…，$\boldsymbol{\beta}_n$的过渡矩阵$\boldsymbol{P}$是可逆矩阵.

证(反证法) 若$\det\boldsymbol{P}=0$，则齐次方程组$\boldsymbol{Px}=\boldsymbol{0}$有非零解$\boldsymbol{x}=(k_1, \cdots, k_n)^{\mathrm{T}}$，由此可得

$$k_1\boldsymbol{\beta}_1+\cdots+k_n\boldsymbol{\beta}_n=(\boldsymbol{\beta}_1, \cdots, \boldsymbol{\beta}_n)\boldsymbol{x}=(\boldsymbol{\alpha}_1, \cdots, \boldsymbol{\alpha}_n)\boldsymbol{Px}=\boldsymbol{0}$$

即$\boldsymbol{\beta}_1$，$\boldsymbol{\beta}_2$，…，$\boldsymbol{\beta}_n$线性相关，矛盾. 故$\boldsymbol{P}$是可逆矩阵.

证毕

例 7.3.1 设$\boldsymbol{\alpha}_1=\begin{bmatrix}1\\0\end{bmatrix}$，$\boldsymbol{\alpha}_2=\begin{bmatrix}-1\\1\end{bmatrix}$为线性空间$V=\mathbf{R}^2$的一组基，$\boldsymbol{A}=\begin{bmatrix}2&-1\\1&3\end{bmatrix}$为一个二阶可逆矩阵，令$\boldsymbol{\beta}_1=2\boldsymbol{\alpha}_1+\boldsymbol{\alpha}_2=2\begin{bmatrix}1\\0\end{bmatrix}+\begin{bmatrix}-1\\1\end{bmatrix}=\begin{bmatrix}1\\1\end{bmatrix}$，$\boldsymbol{\beta}_2=-\boldsymbol{\alpha}_1+3\boldsymbol{\alpha}_2=-\begin{bmatrix}1\\0\end{bmatrix}+3\begin{bmatrix}-1\\1\end{bmatrix}=$

$\begin{bmatrix}-4\\3\end{bmatrix}$. 显然 $\boldsymbol{\beta}_1$，$\boldsymbol{\beta}_2$ 也线性无关，因此 $\boldsymbol{\beta}_1$，$\boldsymbol{\beta}_2$ 也是 $\mathbf{R}^2$ 的一组基，且 $(\boldsymbol{\beta}_1, \boldsymbol{\beta}_2)=(\boldsymbol{\alpha}_1, \boldsymbol{\alpha}_2)\begin{bmatrix}2 & -1\\1 & 3\end{bmatrix}$，即 $\boldsymbol{A}=\begin{bmatrix}2 & -1\\1 & 3\end{bmatrix}$ 是由基 $\boldsymbol{\alpha}_1$，$\boldsymbol{\alpha}_2$ 到 $\boldsymbol{\beta}_1$，$\boldsymbol{\beta}_2$ 的过渡矩阵.

特别地，若取 $\mathbf{R}^2$ 中的标准基 $\boldsymbol{\varepsilon}_1=\begin{bmatrix}1\\0\end{bmatrix}$，$\boldsymbol{\varepsilon}_2=\begin{bmatrix}0\\1\end{bmatrix}$，则有

$$(\boldsymbol{\varepsilon}_1, \boldsymbol{\varepsilon}_2)\begin{bmatrix}2 & -1\\1 & 3\end{bmatrix}=(2\boldsymbol{\varepsilon}_1+\boldsymbol{\varepsilon}_2, -\boldsymbol{\varepsilon}_1+3\boldsymbol{\varepsilon}_2)=(\boldsymbol{\gamma}_1, \boldsymbol{\gamma}_2)$$

得到 $\mathbf{R}^2$ 的另一组基 $\boldsymbol{\gamma}_1=\begin{bmatrix}2\\1\end{bmatrix}$，$\boldsymbol{\gamma}_2=\begin{bmatrix}-1\\3\end{bmatrix}$，它正是过渡矩阵 $\boldsymbol{P}$ 的列向量组.

例 7.3.2 已知 $\mathbf{R}^2$ 的两组基 $\boldsymbol{\alpha}_1=\begin{bmatrix}1\\-4\end{bmatrix}$，$\boldsymbol{\alpha}_2=\begin{bmatrix}3\\-5\end{bmatrix}$ 和 $\boldsymbol{\beta}_1=\begin{bmatrix}-9\\1\end{bmatrix}$，$\boldsymbol{\beta}_2=\begin{bmatrix}-5\\-1\end{bmatrix}$，试求 $\boldsymbol{\alpha}_1$，$\boldsymbol{\alpha}_2$ 到 $\boldsymbol{\beta}_1$，$\boldsymbol{\beta}_2$ 的过渡矩阵.

解 由题意知，$(\boldsymbol{\beta}_1, \boldsymbol{\beta}_2)=(\boldsymbol{\alpha}_1, \boldsymbol{\alpha}_2)\boldsymbol{P}$.

将 $\boldsymbol{\alpha}_1$，$\boldsymbol{\alpha}_2$ 添加到系数矩阵中，并进行初等行变换

$$(\boldsymbol{\alpha}_1, \boldsymbol{\alpha}_2, \boldsymbol{\beta}_1, \boldsymbol{\beta}_2)=\begin{bmatrix}1 & 3 & -9 & -5\\-4 & -5 & 1 & -1\end{bmatrix}\to\begin{bmatrix}1 & 0 & 6 & 4\\0 & 1 & -5 & -3\end{bmatrix}$$

故所求的过渡矩阵 $\boldsymbol{P}=\begin{bmatrix}6 & 4\\-5 & -3\end{bmatrix}$.

注意 例 7.3.2 中过渡矩阵的求法可以推广到 $\mathbf{R}^n$. 设 $\boldsymbol{\alpha}_1, \boldsymbol{\alpha}_2, \cdots, \boldsymbol{\alpha}_n$ 及 $\boldsymbol{\beta}_1, \boldsymbol{\beta}_2, \cdots, \boldsymbol{\beta}_n$ 是线性空间 $\mathbf{R}^n$ 的两个基，通过初等行变换

$$(\boldsymbol{\alpha}_1, \boldsymbol{\alpha}_2, \cdots, \boldsymbol{\alpha}_n, \boldsymbol{\beta}_1, \boldsymbol{\beta}_2, \cdots, \boldsymbol{\beta}_n)\to(\boldsymbol{E}_n, \boldsymbol{\gamma}_1, \boldsymbol{\gamma}_2, \cdots, \boldsymbol{\gamma}_n)$$

可以得到 $\boldsymbol{\alpha}_1, \boldsymbol{\alpha}_2, \cdots, \boldsymbol{\alpha}_n$ 到 $\boldsymbol{\beta}_1, \boldsymbol{\beta}_2, \cdots, \boldsymbol{\beta}_n$ 的过渡矩阵

$$\boldsymbol{P}=(\boldsymbol{\gamma}_1, \boldsymbol{\gamma}_2, \cdots, \boldsymbol{\gamma}_n)$$

例 7.3.3 已知 $\mathbf{R}^4$ 的两个基为

$$①\begin{cases}\boldsymbol{\alpha}_1=(1, 1, 2, 1)^{\mathrm{T}}\\\boldsymbol{\alpha}_2=(0, 1, 1, 2)^{\mathrm{T}}\\\boldsymbol{\alpha}_3=(0, 0, 3, 1)^{\mathrm{T}}\\\boldsymbol{\alpha}_4=(0, 0, 1, 0)^{\mathrm{T}}\end{cases}\qquad ②\begin{cases}\boldsymbol{\beta}_1=(1, -1, 0, 0)^{\mathrm{T}}\\\boldsymbol{\beta}_2=(1, 0, 0, 0)^{\mathrm{T}}\\\boldsymbol{\beta}_3=(0, 0, 3, 2)^{\mathrm{T}}\\\boldsymbol{\beta}_4=(0, 0, 1, 1)^{\mathrm{T}}\end{cases}$$

求：

(1) 由基①改变为基②的过渡矩阵 $\boldsymbol{C}$；

(2) $\boldsymbol{\beta}=\boldsymbol{\beta}_1+\boldsymbol{\beta}_2+\boldsymbol{\beta}_3-5\boldsymbol{\beta}_4$ 在基①下的坐标.

解 采用中介法求过渡矩阵 $\boldsymbol{C}$. 简单基为

$$\boldsymbol{e}_1=(1, 0, 0, 0)^{\mathrm{T}}, \boldsymbol{e}_2=(0, 1, 0, 0)^{\mathrm{T}}$$
$$\boldsymbol{e}_3=(0, 0, 1, 0)^{\mathrm{T}}, \boldsymbol{e}_4=(0, 0, 0, 1)^{\mathrm{T}}$$

简单基→基①：$(\boldsymbol{\alpha}_1, \boldsymbol{\alpha}_2, \boldsymbol{\alpha}_3, \boldsymbol{\alpha}_4)=(\boldsymbol{e}_1, \boldsymbol{e}_2, \boldsymbol{e}_3, \boldsymbol{e}_4)\boldsymbol{C}_1$

简单基→基②：$(\boldsymbol{\beta}_1, \boldsymbol{\beta}_2, \boldsymbol{\beta}_3, \boldsymbol{\beta}_4)=(\boldsymbol{e}_1, \boldsymbol{e}_2, \boldsymbol{e}_3, \boldsymbol{e}_4)\boldsymbol{C}_2$

基①→基②：$(\boldsymbol{\beta}_1, \boldsymbol{\beta}_2, \boldsymbol{\beta}_3, \boldsymbol{\beta}_4)=(\boldsymbol{\alpha}_1, \boldsymbol{\alpha}_2, \boldsymbol{\alpha}_3, \boldsymbol{\alpha}_4)\boldsymbol{C}_1^{-1}\boldsymbol{C}_2$

$$\boldsymbol{C}_1=\begin{bmatrix}1&0&0&0\\1&1&0&0\\2&1&3&1\\1&2&1&0\end{bmatrix},\qquad \boldsymbol{C}_2=\begin{bmatrix}1&1&0&0\\-1&0&0&0\\0&0&3&1\\0&0&2&1\end{bmatrix}$$

$$\boldsymbol{C}=\boldsymbol{C}_1^{-1}\boldsymbol{C}_2=\begin{bmatrix}1&1&0&0\\-2&-1&0&0\\3&1&2&1\\-9&-4&-3&-2\end{bmatrix}$$

$\boldsymbol{\beta}$ 在基①下的坐标为

$$\begin{bmatrix}x_1\\x_2\\x_3\\x_4\end{bmatrix}=\boldsymbol{C}\begin{bmatrix}1\\1\\1\\-5\end{bmatrix}=\begin{bmatrix}2\\-3\\1\\-6\end{bmatrix}$$

定理 7.3.2 设 V_n 中的元素 $\boldsymbol{\alpha}$ 在基 $\boldsymbol{\alpha}_1, \boldsymbol{\alpha}_2, \cdots, \boldsymbol{\alpha}_n$ 下的坐标为 $(x_1, x_2, \cdots, x_n)^{\mathrm{T}}$，在基 $\boldsymbol{\beta}_1, \boldsymbol{\beta}_2, \cdots, \boldsymbol{\beta}_n$ 下的坐标为 $(x_1', x_2', \cdots, x_n')^{\mathrm{T}}$. 若两个基满足关系式(7.3.2)，则有坐标变换公式

$$\begin{bmatrix}x_1\\x_2\\\vdots\\x_n\end{bmatrix}=\boldsymbol{P}\begin{bmatrix}x_1'\\x_2'\\\vdots\\x_n'\end{bmatrix}\quad \text{或}\quad \begin{bmatrix}x_1'\\x_2'\\\vdots\\x_n'\end{bmatrix}=\boldsymbol{P}^{-1}\begin{bmatrix}x_1\\x_2\\\vdots\\x_n\end{bmatrix}\tag{7.3.3}$$

证 因

$$(\boldsymbol{\alpha}_1, \boldsymbol{\alpha}_2, \cdots, \boldsymbol{\alpha}_n)\begin{bmatrix}x_1\\x_2\\\vdots\\x_n\end{bmatrix}=\boldsymbol{\alpha}=(\boldsymbol{\beta}_1, \boldsymbol{\beta}_2, \cdots, \boldsymbol{\beta}_n)\begin{bmatrix}x_1'\\x_2'\\\vdots\\x_n'\end{bmatrix}$$

$$=(\boldsymbol{\alpha}_1, \boldsymbol{\alpha}_2, \cdots, \boldsymbol{\alpha}_n)\boldsymbol{P}\begin{bmatrix}x_1'\\x_2'\\\vdots\\x_n'\end{bmatrix}$$

由于 $\boldsymbol{\alpha}_1, \boldsymbol{\alpha}_2, \cdots, \boldsymbol{\alpha}_n$ 线性无关，故即有关系式(7.3.3). **证毕**

这个定理的逆命题也成立. 即若任一元素的两种坐标满足坐标变换公式(7.3.3)，则两个基满足基变换公式(7.3.2).

例 7.3.4 设 $\boldsymbol{\alpha}_1=(-2, 1, 3)^{\mathrm{T}}$，$\boldsymbol{\alpha}_2=(-1, 0, 1)^{\mathrm{T}}$，$\boldsymbol{\alpha}_3=(-2, -5, -1)^{\mathrm{T}}$ 为 $\mathbf{R}^3$ 的一个基，试求 $\boldsymbol{\beta}=(4, 12, 6)^{\mathrm{T}}$ 关于该基的坐标.

解 $\mathbf{R}^3$ 的标准基为 $\boldsymbol{\varepsilon}_1=(1, 0, 0)^{\mathrm{T}}$，$\boldsymbol{\varepsilon}_2=(0, 1, 0)^{\mathrm{T}}$，$\boldsymbol{\varepsilon}_3=(0, 0, 1)^{\mathrm{T}}$.

显然有$\begin{bmatrix}-2&-1&-2\\1&0&-5\\3&1&-1\end{bmatrix}=\begin{bmatrix}1&0&0\\0&1&0\\0&0&1\end{bmatrix}\begin{bmatrix}-2&-1&-2\\1&0&-5\\3&1&-1\end{bmatrix}$，即$(\boldsymbol{\alpha}_1, \boldsymbol{\alpha}_2, \boldsymbol{\alpha}_3)=(\boldsymbol{\varepsilon}_1, \boldsymbol{\varepsilon}_2, \boldsymbol{\varepsilon}_3)\boldsymbol{A}$，

其中$\boldsymbol{A}=\begin{bmatrix}-2&-1&-2\\1&0&-5\\3&1&-1\end{bmatrix}$，就是由标准基$\boldsymbol{\varepsilon}_1$，$\boldsymbol{\varepsilon}_2$，$\boldsymbol{\varepsilon}_3$到基$\boldsymbol{\alpha}_1$，$\boldsymbol{\alpha}_2$，$\boldsymbol{\alpha}_3$的过渡矩阵.

设$\boldsymbol{\beta}$关于基$\boldsymbol{\alpha}_1$，$\boldsymbol{\alpha}_2$，$\boldsymbol{\alpha}_3$的坐标为$(x_1, x_2, x_3)^{\mathrm{T}}$，则有

$$\begin{bmatrix}x_1\\x_2\\x_3\end{bmatrix}=\boldsymbol{A}^{-1}\begin{bmatrix}4\\12\\6\end{bmatrix}=\begin{bmatrix}\frac{5}{2}&-\frac{3}{2}&\frac{5}{2}\\-7&4&-6\\\frac{1}{2}&-\frac{1}{2}&\frac{1}{2}\end{bmatrix}\begin{bmatrix}4\\12\\6\end{bmatrix}=\begin{bmatrix}7\\-16\\-1\end{bmatrix}$$

即$\boldsymbol{\beta}$关于基$\boldsymbol{\alpha}_1$，$\boldsymbol{\alpha}_2$，$\boldsymbol{\alpha}_3$的坐标为$(7, -16, -1)^{\mathrm{T}}$.

例 7.3.5 在$P[x]_3$中取两个基

$$\boldsymbol{\alpha}_1=x^3+2x^2-x,\quad \boldsymbol{\alpha}_2=x^3-x^2+x+1$$
$$\boldsymbol{\alpha}_3=-x^3+2x^2+x+1,\quad \boldsymbol{\alpha}_4=-x^3-x^2+1$$

及

$$\boldsymbol{\beta}_1=2x^3+x^2+1,\quad \boldsymbol{\beta}_2=x^2+2x+2$$
$$\boldsymbol{\beta}_3=-2x^3+x^2+x+2,\quad \boldsymbol{\beta}_4=x^3+3x^2+x+2$$

求坐标变换公式.

解 将$\boldsymbol{\beta}_1$，$\boldsymbol{\beta}_2$，$\boldsymbol{\beta}_3$，$\boldsymbol{\beta}_4$用$\boldsymbol{\alpha}_1$，$\boldsymbol{\alpha}_2$，$\boldsymbol{\alpha}_3$，$\boldsymbol{\alpha}_4$表示. 由

$$(\boldsymbol{\alpha}_1, \boldsymbol{\alpha}_2, \boldsymbol{\alpha}_3, \boldsymbol{\alpha}_4)=(x^3, x^2, x, 1)\boldsymbol{A}$$
$$(\boldsymbol{\beta}_1, \boldsymbol{\beta}_2, \boldsymbol{\beta}_3, \boldsymbol{\beta}_4)=(x^3, x^2, x, 1)\boldsymbol{B}$$

其中

$$\boldsymbol{A}=\begin{bmatrix}1&1&-1&-1\\2&-1&2&-1\\-1&1&1&0\\0&1&1&1\end{bmatrix},\quad \boldsymbol{B}=\begin{bmatrix}2&0&-2&1\\1&1&1&3\\0&2&1&1\\1&2&2&2\end{bmatrix}$$

得

$$(\boldsymbol{\beta}_1, \boldsymbol{\beta}_2, \boldsymbol{\beta}_3, \boldsymbol{\beta}_4)=(\boldsymbol{\alpha}_1, \boldsymbol{\alpha}_2, \boldsymbol{\alpha}_3, \boldsymbol{\alpha}_4)\boldsymbol{A}^{-1}\boldsymbol{B}$$

故坐标变换公式为

$$\begin{bmatrix}x_1'\\x_2'\\x_3'\\x_4'\end{bmatrix}=\boldsymbol{B}^{-1}\boldsymbol{A}\begin{bmatrix}x_1\\x_2\\x_3\\x_4\end{bmatrix}$$

用矩阵的初等行变换求$\boldsymbol{B}^{-1}\boldsymbol{A}$：把矩阵$(\boldsymbol{B}\,\vdots\,\boldsymbol{A})$中的$\boldsymbol{B}$变成$\boldsymbol{E}$，则$\boldsymbol{A}$即变成$\boldsymbol{B}^{-1}\boldsymbol{A}$. 计算如下：

$$
(\boldsymbol{B} \vdots \boldsymbol{A})=\left[\begin{array}{cccc:cccc}
2 & 0 & -2 & 1 & 1 & 1 & -1 & -1 \\
1 & 1 & 1 & 3 & 2 & -1 & 2 & -1 \\
0 & 2 & 1 & 1 & -1 & 1 & 1 & 0 \\
1 & 2 & 2 & 2 & 0 & 1 & 1 & 1
\end{array}\right]
$$

$$
\xrightarrow[r_4-r_2]{r_1-2r_2}\left[\begin{array}{cccc:cccc}
0 & -2 & -4 & -5 & -3 & 3 & -5 & 1 \\
1 & 1 & 1 & 3 & 2 & -1 & 2 & -1 \\
0 & 2 & 1 & 1 & -1 & 1 & 1 & 0 \\
0 & 1 & 1 & -1 & -2 & 2 & -1 & 2
\end{array}\right]
$$

$$
\xrightarrow[r_3-2r_4]{\substack{r_1+2r_4\\ r_2-r_4}}\left[\begin{array}{cccc:cccc}
0 & 0 & -2 & -7 & -7 & 7 & -7 & 5 \\
1 & 0 & 0 & 4 & 4 & -3 & 3 & -3 \\
0 & 0 & -1 & 3 & 3 & -3 & 3 & -4 \\
0 & 1 & 1 & -1 & -2 & 2 & -1 & 2
\end{array}\right]
$$

$$
\xrightarrow[r_4+r_3]{r_1-2r_3}\left[\begin{array}{cccc:cccc}
0 & 0 & 0 & -13 & -13 & 13 & -13 & 13 \\
1 & 0 & 0 & 4 & 4 & -3 & 3 & -3 \\
0 & 0 & -1 & 3 & 3 & -3 & 3 & -4 \\
0 & 1 & 0 & 2 & 1 & -1 & 2 & -2
\end{array}\right]
$$

$$
\xrightarrow[\substack{r_3-3r_1\\ r_4-2r_1}]{\substack{r_1\div(-13)\\ r_2-4r_1}}\left[\begin{array}{cccc:cccc}
0 & 0 & 0 & 1 & 1 & -1 & 1 & -1 \\
1 & 0 & 0 & 0 & 0 & 1 & -1 & 1 \\
0 & 0 & -1 & 0 & 0 & 0 & 0 & -1 \\
0 & 1 & 0 & 0 & -1 & 1 & 0 & 0
\end{array}\right]
$$

$$
\xrightarrow[r_2\leftrightarrow r_4]{\substack{r_1\leftrightarrow r_2\\ r_3\div(-1)}}\left[\begin{array}{cccc:cccc}
1 & 0 & 0 & 0 & 0 & 1 & -1 & 1 \\
0 & 1 & 0 & 0 & -1 & 1 & 0 & 0 \\
0 & 0 & 1 & 0 & 0 & 0 & 0 & 1 \\
0 & 0 & 0 & 1 & 1 & -1 & 1 & -1
\end{array}\right]
$$

即得

$$
\begin{bmatrix} x_1' \\ x_2' \\ x_3' \\ x_4' \end{bmatrix}=\begin{bmatrix} 0 & 1 & -1 & 1 \\ -1 & 1 & 0 & 0 \\ 0 & 0 & 0 & 1 \\ 1 & -1 & 1 & -1 \end{bmatrix}\begin{bmatrix} x_1 \\ x_2 \\ x_3 \\ x_4 \end{bmatrix}
$$

例 7.3.6 （坐标变换的几何意义）设 $\boldsymbol{\alpha}_1=\begin{bmatrix}1\\0\end{bmatrix}$，$\boldsymbol{\alpha}_2=\begin{bmatrix}0\\1\end{bmatrix}$及 $\boldsymbol{\beta}_1=\begin{bmatrix}1\\1\end{bmatrix}$，$\boldsymbol{\beta}_2=\begin{pmatrix}1\\-\frac{1}{2}\end{pmatrix}$为线性空间 $V=\mathbf{R}^2$ 的两个基，又设 $\boldsymbol{\alpha}=-\frac{1}{2}\boldsymbol{\alpha}_1+\boldsymbol{\alpha}_2$，求 $\boldsymbol{\alpha}$ 在 $\boldsymbol{\beta}_1$，$\boldsymbol{\beta}_2$ 下的坐标.

解 $\boldsymbol{\alpha}$ 在 $\boldsymbol{\alpha}_1$，$\boldsymbol{\alpha}_2$ 下的坐标为 $\begin{pmatrix}x_1\\x_2\end{pmatrix}=\begin{pmatrix}-\frac{1}{2}\\1\end{pmatrix}$，又

$$
(\boldsymbol{\beta}_1,\boldsymbol{\beta}_2)=(\boldsymbol{\alpha}_1,\boldsymbol{\alpha}_2)\begin{bmatrix}1 & 1\\ 1 & -\frac{1}{2}\end{bmatrix}
$$

由坐标变换公式可知，图 7.1 中 $\boldsymbol{\alpha}$ 在基 $\boldsymbol{\beta}_1$，$\boldsymbol{\beta}_2$ 下的坐标为

$$\begin{bmatrix} y_1 \\ y_2 \end{bmatrix} = \begin{bmatrix} 1 & 1 \\ 1 & -\frac{1}{2} \end{bmatrix}^{-1} \begin{bmatrix} -\frac{1}{2} \\ 1 \end{bmatrix} = \begin{bmatrix} \frac{1}{2} \\ -1 \end{bmatrix}$$

即 $\boldsymbol{\alpha} = \frac{1}{2}\boldsymbol{\beta}_1 - \boldsymbol{\beta}_2$.

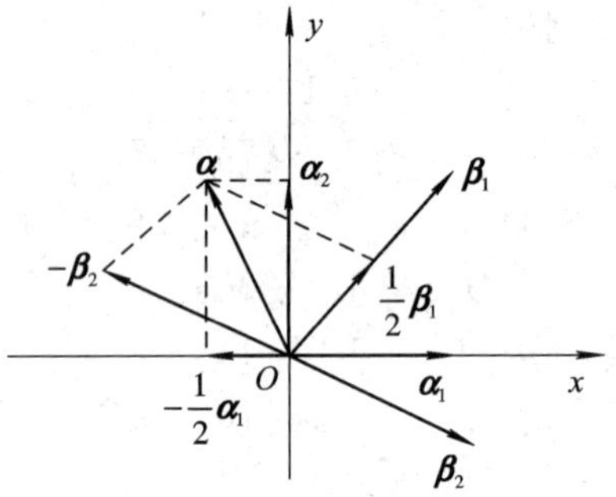

图 7.1 例 7.3.6 图

7.4 线 性 变 换

7.4.1 线性变换

定义 7.4.1 设有两个非空集合 A、B，如果对于 A 中的任一元素 α，按照一定的规则，总有 B 中一个确定的元素 β 和它对应，那么，这个对应规则称为**从集合 A 到集合 B 的变换(或映射)**. 我们常用字母表示一个变换，譬如把上述变换记作 T，并记

$$\beta = T(\alpha) \quad \text{或} \quad \beta = T\alpha \quad (\alpha \in A) \tag{7.4.1}$$

设 $\alpha_1 \in A$，$T(\alpha_1) = \beta_1$，就说变换 T 把元素 α_1 变为 β_1，β_1 称为 α_1 在变换 T 下的像，α_1 称为 β_1 在变换 T 下的源像. A 称为变换 T 的源集，像的全体所构成的集合称为像集，记作 $T(A)$，即

$$T(A) = \{\beta = T(\alpha) \mid \alpha \in A\}$$

显然 $T(A) \subset B$.

变换的概念是函数概念的推广.

例如，设二元函数 $z = f(x, y)$ 的定义域为平面区域 G，函数值域为 Z，那么，函数关系 f 就是一个从定义域 G 到实数域 $\mathbf{R}$ 的变换；函数值 $f(x_0, y_0) = z_0$ 就是元素 (x_0, y_0) 的像，(x_0, y_0) 就是 z_0 的源像；G 就是源集，Z 就是像集.

定义 7.4.2 设 V_n，U_m 分别是实数域上的 n 维和 m 维线性空间，T 是一个从 V_n 到 U_m 的变换，如果变换 T 满足：

(1) 任给 $\boldsymbol{\alpha}_1$，$\boldsymbol{\alpha}_2 \in V_n$ (从而 $\boldsymbol{\alpha}_1 + \boldsymbol{\alpha}_2 \in V_n$)，有

$$T(\boldsymbol{\alpha}_1 + \boldsymbol{\alpha}_2) = T(\boldsymbol{\alpha}_1) + T(\boldsymbol{\alpha}_2)$$

(2) 任给 $\boldsymbol{\alpha} \in V_n$，$k \in \mathbf{R}$ (从而 $k\boldsymbol{\alpha} \in V_n$)，有

$$T(k\boldsymbol{\alpha}) = kT(\boldsymbol{\alpha})$$

那么，T 就称为从 V_n 到 U_m 的**线性变换**.

简言之，线性变换就是保持线性运算不变的映射.

例如，关系式

$$\begin{bmatrix} y_1 \\ y_2 \\ \vdots \\ y_m \end{bmatrix} = \begin{bmatrix} a_{11} & a_{12} & \cdots & a_{1n} \\ a_{21} & a_{22} & \cdots & a_{2n} \\ \vdots & \vdots & & \vdots \\ a_{m1} & a_{m2} & \cdots & a_{mn} \end{bmatrix} \begin{bmatrix} x_1 \\ x_2 \\ \vdots \\ x_n \end{bmatrix}$$

就确定了一个从 $\mathbf{R}^n$ 到 $\mathbf{R}^m$ 的变换，并且是个线性变换(参看后面的例 7.4.4).

特别地，在定义 7.4.2 中，如果 $U_m = V_n$，那么 T 是一个从线性空间到自身的线性变换，称为**线性空间 $\boldsymbol{V_n}$ 中的线性变换.**

下面我们只讨论线性空间 V_n 中的线性变换.

例 7.4.1 在线性空间 $P[x]_3$ 中，任取

$$\boldsymbol{p} = a_3x^3 + a_2x^2 + a_1x + a_0 \in P[x]_3$$

$$\boldsymbol{q} = b_3x^3 + b_2x^2 + b_1x + b_0 \in P[x]_3$$

证明：

(1) 微分运算 D 是一个线性变换；

(2) 如果 $T(\boldsymbol{p}) = a_0$，那么 T 也是一个线性变换；

(3) 如果 $T_1(\boldsymbol{p}) = 1$，那么 T_1 是个变换，但不是线性变换.

证 (1) 因为

$$\boldsymbol{p} = a_3x^3 + a_2x^2 + a_1x + a_0 \in P[x]_3$$

$$\boldsymbol{q} = b_3x^3 + b_2x^2 + b_1x + b_0 \in P[x]_3$$

所以

$$\mathrm{D}\boldsymbol{p} = 3a_3x^2 + 2a_2x + a_1, \quad \mathrm{D}\boldsymbol{q} = 3b_3x^2 + 2b_2x + b_1$$

从而

$$\begin{aligned} \mathrm{D}(\boldsymbol{p}+\boldsymbol{q}) &= \mathrm{D}[(a_3+b_3)x^3 + (a_2+b_2)x^2 + (a_1+b_1)x + (a_0+b_0)] \\ &= 3(a_3+b_3)x^2 + 2(a_2+b_2)x + (a_1+b_1) \\ &= (3a_3x^2 + 2a_2x + a_1) + (3b_3x^2 + 2b_2x + b_1) \\ &= \mathrm{D}\boldsymbol{p} + \mathrm{D}\boldsymbol{q} \end{aligned}$$

又因为 $k \in \mathbf{R}$，有

$$\mathrm{D}(k\boldsymbol{p}) = \mathrm{D}(ka_3x^3 + ka_2x^2 + ka_1x + ka_0) = k(3a_3x^2 + 2a_2x + a_1) = k\mathrm{D}\boldsymbol{p}$$

故 D 是 $P[x]_3$ 中的线性变换.

(2) 因为

$$T(\boldsymbol{p}+\boldsymbol{q}) = a_0 + b_0 = T(\boldsymbol{p}) + T(\boldsymbol{q})$$

$$T(k\boldsymbol{p}) = ka_0 = kT(\boldsymbol{p})$$

故 T 是 $P[x]_3$ 中的线性变换.

(3) 因为 $T_1(\boldsymbol{p}+\boldsymbol{q}) = 1$，但 $T_1(\boldsymbol{p}) + T_1(\boldsymbol{q}) = 1+1 = 2$，所以

$$T_1(\boldsymbol{p}+\boldsymbol{q}) \neq T_1(\boldsymbol{p}) + T_1(\boldsymbol{q})$$

故 T_1 不是 $P[x]_3$ 中的线性变换. **证毕**

例 7.4.2 由关系式 $T\begin{bmatrix}x\\y\end{bmatrix}=\begin{bmatrix}\cos\varphi & -\sin\varphi\\ \sin\varphi & \cos\varphi\end{bmatrix}\begin{bmatrix}x\\y\end{bmatrix}$ 确定 xOy 平面上的一个变换 T，说明 T 的几何意义.

解 记 $\begin{cases}x=r\cos\theta\\ y=r\sin\theta\end{cases}$，于是

$$T\begin{bmatrix}x\\y\end{bmatrix}=\begin{bmatrix}x\cos\varphi-y\sin\varphi\\ x\sin\varphi+y\cos\varphi\end{bmatrix}=\begin{bmatrix}r\cos\theta\cos\varphi-r\sin\theta\sin\varphi\\ r\cos\theta\sin\varphi+r\sin\theta\cos\varphi\end{bmatrix}$$
$$=\begin{bmatrix}r\cos(\theta+\varphi)\\ r\sin(\theta+\varphi)\end{bmatrix}$$

几何意义：变换 T 把任一向量按逆时针方向旋转 φ 角.

例 7.4.3 定义在闭区间上的全体连续函数组成实数域 $\mathbf{R}$ 上的一个线性空间 V，在这个空间中定义变换 $T(f(x))=\int_a^x f(t)\mathrm{d}t$，试证 T 是线性变换.

证 设 $f(x)\in V$，$g(x)\in V$，$k\in\mathbf{R}$，则有

$$T[f(x)+g(x)]=\int_a^x[f(t)+g(t)]\mathrm{d}t=\int_a^x f(t)\mathrm{d}t+\int_a^x g(t)\mathrm{d}t$$
$$=T[f(x)]+T[g(x)]$$
$$T[kf(x)]=\int_a^x kf(t)\mathrm{d}t=k\int_a^x f(t)\mathrm{d}t=kT[f(x)]$$

故命题得证. **证毕**

7.4.2 线性变换的基本性质

设 T 是 V_n 中的线性变换，则

(1) $T\mathbf{0}=\mathbf{0}$，$T(-\boldsymbol{\alpha})=-T\boldsymbol{\alpha}$.

(2) 若 $\boldsymbol{\beta}=k_1\boldsymbol{\alpha}_1+k_2\boldsymbol{\alpha}_2+\cdots+k_m\boldsymbol{\alpha}_m$，则

$$T\boldsymbol{\beta}=k_1T\boldsymbol{\alpha}_1+k_2T\boldsymbol{\alpha}_2+\cdots+k_mT\boldsymbol{\alpha}_m$$

(3) 若 $\boldsymbol{\alpha}_1,\boldsymbol{\alpha}_2,\cdots,\boldsymbol{\alpha}_m$ 线性相关，则 $T\boldsymbol{\alpha}_1,T\boldsymbol{\alpha}_2,\cdots,T\boldsymbol{\alpha}_m$ 亦线性相关.

以上性质请读者证明之. 注意性质(3)的逆命题是不成立的，即若 $\boldsymbol{\alpha}_1,\boldsymbol{\alpha}_2,\cdots,\boldsymbol{\alpha}_m$ 线性无关，则 $T\boldsymbol{\alpha}_1,T\boldsymbol{\alpha}_2,\cdots,T\boldsymbol{\alpha}_m$ 不一定线性无关.

(4) 线性变换 T 的像集 $T(V_n)$ 是一个线性空间(V_n 的子空间)，称为线性变换 T 的**像空间**.

证 设 $\boldsymbol{\beta}_1,\boldsymbol{\beta}_2\in T(V_n)$，则有 $\boldsymbol{\alpha}_1,\boldsymbol{\alpha}_2\in V_n$，使 $T\boldsymbol{\alpha}_1=\boldsymbol{\beta}_1$，$T\boldsymbol{\alpha}_2=\boldsymbol{\beta}_2$，从而

$$\boldsymbol{\beta}_1+\boldsymbol{\beta}_2=T\boldsymbol{\alpha}_1+T\boldsymbol{\alpha}_2=T(\boldsymbol{\alpha}_1+\boldsymbol{\alpha}_2)\in T(V_n)\quad(因\ \boldsymbol{\alpha}_1+\boldsymbol{\alpha}_2\in V_n)$$
$$k\boldsymbol{\beta}_1=kT\boldsymbol{\alpha}_1=T(k\boldsymbol{\alpha}_1)\in T(V_n)\quad(因\ k\boldsymbol{\alpha}_1\in V_n)$$

由于 $T(V_n)\subset V_n$，而由上述证明知它对 V_n 中的线性运算封闭，故它是 V_n 的子空间. **证毕**

(5) 使 $T\boldsymbol{\alpha}=\mathbf{0}$ 的 $\boldsymbol{\alpha}$ 的全体

$$S_T=\{\boldsymbol{\alpha}\mid\boldsymbol{\alpha}\in V_n,\ T\boldsymbol{\alpha}=\mathbf{0}\}$$

也是 V_n 的子空间，S_T 称为线性变换 T 的**核**.

证 $S_T\subset V_n$，若 $\boldsymbol{\alpha}_1,\boldsymbol{\alpha}_2\in S_T$，$T\boldsymbol{\alpha}_1=\mathbf{0}$，$T\boldsymbol{\alpha}_2=\mathbf{0}$，则

$$T(\boldsymbol{\alpha}_1+\boldsymbol{\alpha}_2)=T\boldsymbol{\alpha}_1+T\boldsymbol{\alpha}_2=\mathbf{0}$$

即 $\boldsymbol{\alpha}_1+\boldsymbol{\alpha}_2\in S_T$.

对 $k\in\mathbf{R}$，则 $T(k\boldsymbol{\alpha}_1)=kT\boldsymbol{\alpha}_1=k\mathbf{0}=\mathbf{0}$，所以 $k\boldsymbol{\alpha}_1\in S_T$.

以上表明 S_T 对线性运算封闭，所以 S_T 是 V_n 的子空间. **证毕**

例 7.4.4 设有 n 阶矩阵

$$\boldsymbol{A}=\begin{bmatrix}a_{11} & a_{12} & \cdots & a_{1n}\\ a_{21} & a_{22} & \cdots & a_{2n}\\ \vdots & \vdots & & \vdots\\ a_{n1} & a_{n2} & \cdots & a_{nn}\end{bmatrix}=(\boldsymbol{\alpha}_1,\boldsymbol{\alpha}_2,\cdots,\boldsymbol{\alpha}_n),\ \boldsymbol{\alpha}_i=\begin{bmatrix}a_{1i}\\ a_{2i}\\ \vdots\\ a_{ni}\end{bmatrix}$$

定义 $\mathbf{R}^n$ 中的变换为 $T(\boldsymbol{x})=\boldsymbol{A}\boldsymbol{x}$ ($\boldsymbol{x}\in\mathbf{R}^n$)，试证 T 为线性变换.

证 设 $\boldsymbol{a},\boldsymbol{b}\in\mathbf{R}^n$，则

$$T(\boldsymbol{a}+\boldsymbol{b})=\boldsymbol{A}(\boldsymbol{a}+\boldsymbol{b})=\boldsymbol{A}\boldsymbol{a}+\boldsymbol{A}\boldsymbol{b}=T(\boldsymbol{a})+T(\boldsymbol{b})$$
$$T(k\boldsymbol{a})=\boldsymbol{A}(k\boldsymbol{a})=k\boldsymbol{A}\boldsymbol{a}=kT(\boldsymbol{a})$$

故 T 为 $\mathbf{R}^n$ 中的线性变换.

又因为 T 的像空间就是由 $\boldsymbol{\alpha}_1,\boldsymbol{\alpha}_2,\cdots,\boldsymbol{\alpha}_n$ 所生成的线性空间

$$T(\mathbf{R}^n)=\{\boldsymbol{y}=x_1\boldsymbol{\alpha}_1+x_2\boldsymbol{\alpha}_2+\cdots+x_n\boldsymbol{\alpha}_n\mid x_1,x_2,\cdots,x_n\in\mathbf{R}\}$$

所以 T 的核 S_T 就是齐次线性方程组 $\boldsymbol{A}\boldsymbol{x}=\mathbf{0}$ 的解空间. **证毕**

例 7.4.5 定义线性变换 T：$\mathbf{R}^2\to\mathbf{R}^2$ 为

$$T(\boldsymbol{x})=\begin{bmatrix}0 & -1\\ 1 & 0\end{bmatrix}\begin{bmatrix}x\\ y\end{bmatrix}=\begin{bmatrix}-y\\ x\end{bmatrix}$$

求 $\boldsymbol{\alpha}_1=\begin{bmatrix}4\\ 1\end{bmatrix}$，$\boldsymbol{\alpha}_2=\begin{bmatrix}2\\ 3\end{bmatrix}$ 和 $\boldsymbol{\alpha}_1+\boldsymbol{\alpha}_2$ 在变换 T 下的像，并说明变换 T 的几何意义.

解

$$T(\boldsymbol{\alpha}_1)=\begin{bmatrix}0 & -1\\ 1 & 0\end{bmatrix}\begin{bmatrix}4\\ 1\end{bmatrix}=\begin{bmatrix}-1\\ 4\end{bmatrix}$$

$$T(\boldsymbol{\alpha}_2)=\begin{bmatrix}0 & -1\\ 1 & 0\end{bmatrix}\begin{bmatrix}2\\ 3\end{bmatrix}=\begin{bmatrix}-3\\ 2\end{bmatrix}$$

$$T(\boldsymbol{\alpha}_1+\boldsymbol{\alpha}_2)=\begin{bmatrix}0 & -1\\ 1 & 0\end{bmatrix}\begin{bmatrix}4+2\\ 1+3\end{bmatrix}=\begin{bmatrix}-4\\ 6\end{bmatrix}=T(\boldsymbol{\alpha}_1)+T(\boldsymbol{\alpha}_2)$$

图 7.2 表明变换 T 把 $\boldsymbol{\alpha}_1$，$\boldsymbol{\alpha}_2$ 和 $\boldsymbol{\alpha}_1+\boldsymbol{\alpha}_2$ 绕原点逆时针旋转了 $90°$. 实际上，变换 T 把 $\boldsymbol{\alpha}_1$，$\boldsymbol{\alpha}_2$ 确定的平行四边形变换成 $T(\boldsymbol{\alpha}_1)$，$T(\boldsymbol{\alpha}_2)$ 确定的平行四边形.

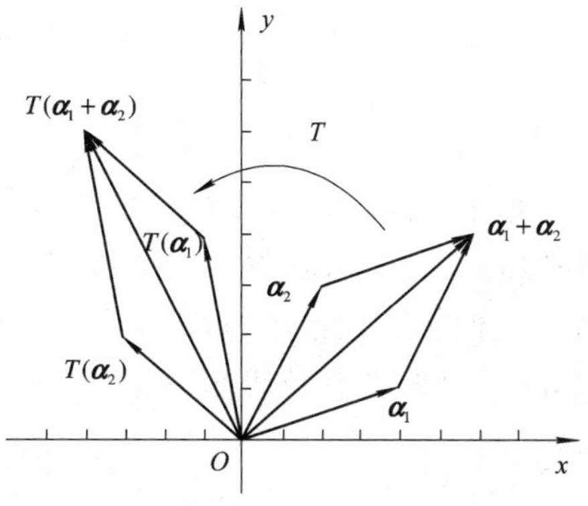

图 7.2 例 7.4.5 图

注意 本题演示了线性映射如何把一种类型的数据变换成另一种类型的数据.

7.5 线性变换的矩阵表示式

例 7.4.4 中，关系式

$$T(\boldsymbol{x}) = \boldsymbol{A}\boldsymbol{x} \qquad (\boldsymbol{x} \in \mathbf{R}^n)$$

简单明了地表示出 $\mathbf{R}^n$ 中的一个线性变换. 我们自然希望 $\mathbf{R}^n$ 中任何一个线性变换都能用这样的关系式来表示. 为此，考虑到 $\boldsymbol{\alpha}_1=\boldsymbol{A}\boldsymbol{e}_1$，…，$\boldsymbol{\alpha}_n=\boldsymbol{A}\boldsymbol{e}_n$（$\boldsymbol{e}_1$，…，$\boldsymbol{e}_n$ 为单位坐标向量），即

$$\boldsymbol{\alpha}_i = T(\boldsymbol{e}_i) \qquad (i=1, 2, \cdots, n)$$

可见，如果线性变换 T 有关系式 $T(\boldsymbol{x})=\boldsymbol{A}\boldsymbol{x}$，那么矩阵 $\boldsymbol{A}$ 应以 $T(\boldsymbol{e}_i)$ 为列向量. 反之，如果一个线性变换 T 使 $T(\boldsymbol{e}_i)=\boldsymbol{\alpha}_i(i=1, 2, \cdots, n)$，那么 T 必有关系式

$$\begin{aligned} T(\boldsymbol{x}) &= T[(\boldsymbol{e}_1, \cdots, \boldsymbol{e}_n)\boldsymbol{x}] = T(x_1\boldsymbol{e}_1 + \cdots + x_n\boldsymbol{e}_n) \\ &= x_1 T(\boldsymbol{e}_1) + \cdots + x_n T(\boldsymbol{e}_n) \\ &= (T(\boldsymbol{e}_1), \cdots, T(\boldsymbol{e}_n))\boldsymbol{x} = (\boldsymbol{\alpha}_1, \cdots, \boldsymbol{\alpha}_n)\boldsymbol{x} = \boldsymbol{A}\boldsymbol{x} \end{aligned}$$

总之，$\mathbf{R}^n$ 中任何线性变换 T，都能用关系式

$$T(\boldsymbol{x}) = \boldsymbol{A}\boldsymbol{x}(\boldsymbol{x} \in \mathbf{R}^n)$$

表示，其中 $\boldsymbol{A}=(T(\boldsymbol{e}_1), \cdots, T(\boldsymbol{e}_n))$.

定义 7.5.1 设 T 是线性空间 V_n 中的线性变换，在 V_n 中取定一个基 $\boldsymbol{\alpha}_1$，$\boldsymbol{\alpha}_2$，…，$\boldsymbol{\alpha}_n$，如果这个基在变换 T 下的像（用这个基线性表示）为

$$\begin{cases} T(\boldsymbol{\alpha}_1) = a_{11}\boldsymbol{\alpha}_1 + a_{21}\boldsymbol{\alpha}_2 + \cdots + a_{n1}\boldsymbol{\alpha}_n \\ T(\boldsymbol{\alpha}_2) = a_{12}\boldsymbol{\alpha}_1 + a_{22}\boldsymbol{\alpha}_2 + \cdots + a_{n2}\boldsymbol{\alpha}_n \\ \qquad\vdots \\ T(\boldsymbol{\alpha}_n) = a_{1n}\boldsymbol{\alpha}_1 + a_{2n}\boldsymbol{\alpha}_2 + \cdots + a_{nn}\boldsymbol{\alpha}_n \end{cases}$$

记 $T(\boldsymbol{\alpha}_1, \boldsymbol{\alpha}_2, \cdots, \boldsymbol{\alpha}_n)=(T(\boldsymbol{\alpha}_1), T(\boldsymbol{\alpha}_2), \cdots, T(\boldsymbol{\alpha}_n))$，上式可表示为

$$T(\boldsymbol{\alpha}_1, \boldsymbol{\alpha}_2, \cdots, \boldsymbol{\alpha}_n) = (\boldsymbol{\alpha}_1, \boldsymbol{\alpha}_2, \cdots, \boldsymbol{\alpha}_n)\boldsymbol{A} \tag{7.5.1}$$

其中

$$\boldsymbol{A} = \begin{bmatrix} a_{11} & a_{12} & \cdots & a_{1n} \\ a_{21} & a_{22} & \cdots & a_{2n} \\ \vdots & \vdots & & \vdots \\ a_{n1} & a_{n2} & \cdots & a_{nn} \end{bmatrix}$$

那么，$\boldsymbol{A}$ 就称为线性变换 T 在基 $\boldsymbol{\alpha}_1$，$\boldsymbol{\alpha}_2$，…，$\boldsymbol{\alpha}_n$ 下的矩阵.

显然，矩阵 $\boldsymbol{A}$ 由基的像 $T(\boldsymbol{\alpha}_1)$，…，$T(\boldsymbol{\alpha}_n)$ 唯一确定.

如果给出一个矩阵 $\boldsymbol{A}$ 作为线性变换 T 在基 $\boldsymbol{\alpha}_1$，$\boldsymbol{\alpha}_2$，…，$\boldsymbol{\alpha}_n$ 下的矩阵，也就是给出了这个基在变换 T 下的像，那么，根据变换 T 保持线性关系的特性，我们来推导变换 T 必须满足的关系式.

V_n 中的任意元素记为 $\boldsymbol{\alpha} = \sum\limits_{i=1}^{n} x_i\boldsymbol{\alpha}_i$，有

$$T\left(\sum_{i=1}^{n} x_i \boldsymbol{\alpha}_i\right) = \sum_{i=1}^{n} x_i T(\boldsymbol{\alpha}_i)$$

$$= (T(\boldsymbol{\alpha}_1), T(\boldsymbol{\alpha}_2), \cdots, T(\boldsymbol{\alpha}_n)) \begin{bmatrix} x_1 \\ x_2 \\ \vdots \\ x_n \end{bmatrix}$$

$$= (\boldsymbol{\alpha}_1, \boldsymbol{\alpha}_2, \cdots, \boldsymbol{\alpha}_n)\boldsymbol{A} \begin{bmatrix} x_1 \\ x_2 \\ \vdots \\ x_n \end{bmatrix}$$

即

$$T\left[(\boldsymbol{\alpha}_1, \boldsymbol{\alpha}_2, \cdots, \boldsymbol{\alpha}_n)\begin{bmatrix} x_1 \\ x_2 \\ \vdots \\ x_n \end{bmatrix}\right] = (\boldsymbol{\alpha}_1, \boldsymbol{\alpha}_2, \cdots, \boldsymbol{\alpha}_n)\boldsymbol{A} \begin{bmatrix} x_1 \\ x_2 \\ \vdots \\ x_n \end{bmatrix} \tag{7.5.2}$$

这个关系式唯一地确定一个变换 T，可以验证所确定的变换 T 是以 $\boldsymbol{A}$ 为矩阵的线性变换. 总之，以 $\boldsymbol{A}$ 为矩阵的线性变换 T 由关系式(7.5.2)唯一确定.

定义 7.5.1 和上面一段讨论表明，在 V_n 中取定一个基以后，由线性变换 T 可唯一地确定一个矩阵 $\boldsymbol{A}$，由一个矩阵 $\boldsymbol{A}$ 也可唯一地确定一个线性变换 T，这样，在线性变换与矩阵之间就有一一对应的关系.

由关系式(7.5.2)知，$\boldsymbol{\alpha}$ 与 $T(\boldsymbol{\alpha})$ 在基 $\boldsymbol{\alpha}_1, \boldsymbol{\alpha}_2, \cdots, \boldsymbol{\alpha}_n$ 下的坐标分别为

$$\boldsymbol{\alpha} = \begin{bmatrix} x_1 \\ x_2 \\ \vdots \\ x_n \end{bmatrix}, \quad T(\boldsymbol{\alpha}) = \boldsymbol{A} \begin{bmatrix} x_1 \\ x_2 \\ \vdots \\ x_n \end{bmatrix}$$

即按坐标表示，有

$$T(\boldsymbol{\alpha}) = \boldsymbol{A\alpha}$$

例 7.5.1 设 $\boldsymbol{e}_1 = \begin{bmatrix} 1 \\ 0 \end{bmatrix}$，$\boldsymbol{e}_2 = \begin{bmatrix} 0 \\ 1 \end{bmatrix}$. 如果 T 是从 $\mathbf{R}^2$ 到 $\mathbf{R}^3$ 的线性变换：

$$T(\boldsymbol{e}_1) = \begin{bmatrix} 2 \\ -6 \\ 7 \end{bmatrix}, \quad T(\boldsymbol{e}_2) = \begin{bmatrix} -3 \\ 0 \\ 8 \end{bmatrix}$$

求任意 $\boldsymbol{x} \in \mathbf{R}^2$ 的像的公式.

解

$$\boldsymbol{x} = \begin{bmatrix} x_1 \\ x_2 \end{bmatrix} = x_1 \begin{bmatrix} 1 \\ 0 \end{bmatrix} + x_2 \begin{bmatrix} 0 \\ 1 \end{bmatrix} = x_1 \boldsymbol{e}_1 + x_2 \boldsymbol{e}_2$$

因为 T 是从 $\mathbf{R}^2$ 到 $\mathbf{R}^3$ 的线性变换，所以

$$T(\boldsymbol{x})=x_1T(\boldsymbol{e}_1)+x_2T(\boldsymbol{e}_2)=x_1\begin{bmatrix}2\\-6\\7\end{bmatrix}+x_2\begin{bmatrix}-3\\0\\8\end{bmatrix}=\begin{bmatrix}2x_1-3x_2\\-6x_1\\7x_1+8x_2\end{bmatrix}$$

例 7.5.2 在 $P[x]_3$ 中，取基

$$\boldsymbol{p}_1=x^3,\ \boldsymbol{p}_2=x^2,\ \boldsymbol{p}_3=x,\ \boldsymbol{p}_4=1$$

求微分运算 D 的矩阵.

解

$$\begin{cases}\mathrm{D}\boldsymbol{p}_1=3x^2=0\boldsymbol{p}_1+3\boldsymbol{p}_2+0\boldsymbol{p}_3+0\boldsymbol{p}_4\\ \mathrm{D}\boldsymbol{p}_2=2x=0\boldsymbol{p}_1+0\boldsymbol{p}_2+2\boldsymbol{p}_3+0\boldsymbol{p}_4\\ \mathrm{D}\boldsymbol{p}_3=1=0\boldsymbol{p}_1+0\boldsymbol{p}_2+0\boldsymbol{p}_3+1\boldsymbol{p}_4\\ \mathrm{D}\boldsymbol{p}_4=0=0\boldsymbol{p}_1+0\boldsymbol{p}_2+0\boldsymbol{p}_3+0\boldsymbol{p}_4\end{cases}$$

所以 D 在这组基下的矩阵为

$$\boldsymbol{A}=\begin{bmatrix}0&0&0&0\\3&0&0&0\\0&2&0&0\\0&0&1&0\end{bmatrix}$$

例 7.5.3 在 $\mathbf{R}^3$ 中，T 表示将向量投影到 xOy 平面的线性变换，即

$$T(x\boldsymbol{i}+y\boldsymbol{j}+z\boldsymbol{k})=x\boldsymbol{i}+y\boldsymbol{j}$$

(1) 取基为 $\boldsymbol{i}$, $\boldsymbol{j}$, $\boldsymbol{k}$, 求 T 的矩阵；

(2) 取基为 $\boldsymbol{\alpha}=\boldsymbol{i}$, $\boldsymbol{\beta}=\boldsymbol{j}$, $\boldsymbol{\gamma}=\boldsymbol{i}+\boldsymbol{j}+\boldsymbol{k}$, 求 T 的矩阵.

解 (1)

$$\begin{cases}T\boldsymbol{i}=\boldsymbol{i}\\ T\boldsymbol{j}=\boldsymbol{j}\\ T\boldsymbol{k}=\boldsymbol{0}\end{cases}$$

即

$$T(\boldsymbol{i},\boldsymbol{j},\boldsymbol{k})=(\boldsymbol{i},\boldsymbol{j},\boldsymbol{k})\begin{bmatrix}1&0&0\\0&1&0\\0&0&0\end{bmatrix}$$

(2)

$$\begin{cases}T\boldsymbol{\alpha}=\boldsymbol{i}=\boldsymbol{\alpha}\\ T\boldsymbol{\beta}=\boldsymbol{j}=\boldsymbol{\beta}\\ T\boldsymbol{\gamma}=\boldsymbol{i}+\boldsymbol{j}=\boldsymbol{\alpha}+\boldsymbol{\beta}\end{cases}$$

即

$$T(\boldsymbol{\alpha},\boldsymbol{\beta},\boldsymbol{\gamma})=(\boldsymbol{\alpha},\boldsymbol{\beta},\boldsymbol{\gamma})\begin{bmatrix}1&0&1\\0&1&1\\0&0&0\end{bmatrix}$$

由此可见，同一个线性变换在不同的基下一般有不同的矩阵.

例 7.5.4 实数域 $\mathbf{R}$ 上所有一元多项式的集合，记作 $P[x]$，$P[x]$中次数小于 n 的所

有一元多项式(包括零多项式)组成的集合记作 $P[x]_n$，它对于多项式的加法和数与多项式的乘法构成 **R** 上的一个线性空间，在线性空间 $P[x]_n$ 中，定义变换

$$\sigma(f(x)) = \frac{\mathrm{d}}{\mathrm{d}x}f(x),\ f(x) \in P[x]_n$$

则由导数性质可以证明：σ 是 $P[x]_n$ 上的一个线性变换，这个变换也称为微分变换. 现取 $P[x]_n$ 的基为 $1, x, x^2, \cdots, x^{n-1}$，则有

$$\sigma(1) = 0,\ \sigma(x) = 1,\ \sigma(x^2) = 2x,\ \cdots,\ \sigma(x^{n-1}) = (n-1)x^{n-2}$$

因此，σ 在基 $1, x, x^2, \cdots, x^{n-1}$ 下的矩阵为

$$\boldsymbol{A} = \begin{bmatrix} 0 & 1 & 0 & \cdots & 0 \\ 0 & 0 & 2 & \cdots & 0 \\ \vdots & \vdots & \vdots & & \vdots \\ 0 & 0 & 0 & \cdots & n-1 \\ 0 & 0 & 0 & \cdots & 0 \end{bmatrix}$$

定理 7.5.1 设线性空间 V_n 中取定两个基

$$\boldsymbol{\alpha}_1, \boldsymbol{\alpha}_2, \cdots, \boldsymbol{\alpha}_n \quad 和 \quad \boldsymbol{\beta}_1, \boldsymbol{\beta}_2, \cdots, \boldsymbol{\beta}_n$$

由基 $\boldsymbol{\alpha}_1, \boldsymbol{\alpha}_2, \cdots, \boldsymbol{\alpha}_n$ 到基 $\boldsymbol{\beta}_1, \boldsymbol{\beta}_2, \cdots, \boldsymbol{\beta}_n$ 的过渡矩阵为 $\boldsymbol{P}$，V_n 中的线性变换 T 在这两个基下的矩阵依次为 $\boldsymbol{A}$ 和 $\boldsymbol{B}$，那么 $\boldsymbol{B}=\boldsymbol{P}^{-1}\boldsymbol{A}\boldsymbol{P}$.

证 按定理的假设，有

$$(\boldsymbol{\beta}_1, \boldsymbol{\beta}_2, \cdots, \boldsymbol{\beta}_n) = (\boldsymbol{\alpha}_1, \boldsymbol{\alpha}_2, \cdots, \boldsymbol{\alpha}_n)\boldsymbol{P}$$

$\boldsymbol{P}$ 可逆，且

$$T(\boldsymbol{\alpha}_1, \boldsymbol{\alpha}_2, \cdots, \boldsymbol{\alpha}_n) = (\boldsymbol{\alpha}_1, \boldsymbol{\alpha}_2, \cdots, \boldsymbol{\alpha}_n)\boldsymbol{A}$$
$$T(\boldsymbol{\beta}_1, \boldsymbol{\beta}_2, \cdots, \boldsymbol{\beta}_n) = (\boldsymbol{\beta}_1, \boldsymbol{\beta}_2, \cdots, \boldsymbol{\beta}_n)\boldsymbol{B}$$

于是

$$\begin{aligned}(\boldsymbol{\beta}_1, \boldsymbol{\beta}_2, \cdots, \boldsymbol{\beta}_n)\boldsymbol{B} &= T(\boldsymbol{\beta}_1, \boldsymbol{\beta}_2, \cdots, \boldsymbol{\beta}_n) = T[(\boldsymbol{\alpha}_1, \boldsymbol{\alpha}_2, \cdots, \boldsymbol{\alpha}_n)\boldsymbol{P}] \\ &= [T(\boldsymbol{\alpha}_1, \boldsymbol{\alpha}_2, \cdots, \boldsymbol{\alpha}_n)]\boldsymbol{P} = (\boldsymbol{\alpha}_1, \boldsymbol{\alpha}_2, \cdots, \boldsymbol{\alpha}_n)\boldsymbol{A}\boldsymbol{P} \\ &= (\boldsymbol{\beta}_1, \boldsymbol{\beta}_2, \cdots, \boldsymbol{\beta}_n)\boldsymbol{P}^{-1}\boldsymbol{A}\boldsymbol{P}\end{aligned}$$

因为 $\boldsymbol{\beta}_1, \boldsymbol{\beta}_2, \cdots, \boldsymbol{\beta}_n$ 线性无关，所以

$$\boldsymbol{B} = \boldsymbol{P}^{-1}\boldsymbol{A}\boldsymbol{P}$$

证毕

这个定理表明 $\boldsymbol{B}$ 与 $\boldsymbol{A}$ 相似，且两个基之间的过渡矩阵 $\boldsymbol{P}$ 就是相似变换矩阵.

例 7.5.5 设 V_2 中的线性变换 T 在基 $\boldsymbol{\alpha}_1, \boldsymbol{\alpha}_2$ 下的矩阵为

$$\boldsymbol{A} = \begin{bmatrix} a_{11} & a_{12} \\ a_{21} & a_{22} \end{bmatrix}$$

求 T 在基 $\boldsymbol{\alpha}_2, \boldsymbol{\alpha}_1$ 下的矩阵.

解

$$(\boldsymbol{\alpha}_2, \boldsymbol{\alpha}_1) = (\boldsymbol{\alpha}_1, \boldsymbol{\alpha}_2)\begin{bmatrix} 0 & 1 \\ 1 & 0 \end{bmatrix}$$

即 $\boldsymbol{P}=\begin{bmatrix} 0 & 1 \\ 1 & 0 \end{bmatrix}$，求得 $\boldsymbol{P}^{-1}=\begin{bmatrix} 0 & 1 \\ 1 & 0 \end{bmatrix}$.

于是 T 在基 $\boldsymbol{\alpha}_2, \boldsymbol{\alpha}_1$ 下的矩阵为

$$B=\begin{bmatrix}0&1\\1&0\end{bmatrix}\begin{bmatrix}a_{11}&a_{12}\\a_{21}&a_{22}\end{bmatrix}\begin{bmatrix}0&1\\1&0\end{bmatrix}=\begin{bmatrix}a_{21}&a_{22}\\a_{11}&a_{12}\end{bmatrix}\begin{bmatrix}0&1\\1&0\end{bmatrix}$$

$$=\begin{bmatrix}a_{22}&a_{21}\\a_{12}&a_{11}\end{bmatrix}$$

例 7.5.6 设 $\mathbf{R}^3$ 中一线性变换 $\mathscr{A}$ 在基 $\boldsymbol{\alpha}_1=(1,-2,1)^{\mathrm{T}}$，$\boldsymbol{\alpha}_2=(0,2,-1)^{\mathrm{T}}$，$\boldsymbol{\alpha}_3=(-1,0,3)^{\mathrm{T}}$下的矩阵为

$$\boldsymbol{A}=\begin{bmatrix}0&2&1\\1&0&1\\-1&2&1\end{bmatrix}$$

求 $\mathscr{A}$ 在基 $\boldsymbol{\beta}_1=(1,1,1)^{\mathrm{T}}$，$\boldsymbol{\beta}_2=(1,1,0)^{\mathrm{T}}$，$\boldsymbol{\beta}_3=(1,0,0)^{\mathrm{T}}$下的矩阵.

解 设由基 $\boldsymbol{\alpha}_1$，$\boldsymbol{\alpha}_2$，$\boldsymbol{\alpha}_3$ 到基 $\boldsymbol{\beta}_1$，$\boldsymbol{\beta}_2$，$\boldsymbol{\beta}_3$ 的过渡矩阵为 $\boldsymbol{T}$，则

$$(\boldsymbol{\alpha}_1,\boldsymbol{\alpha}_2,\boldsymbol{\alpha}_3)\boldsymbol{T}=(\boldsymbol{\beta}_1,\boldsymbol{\beta}_2,\boldsymbol{\beta}_3)$$

因此，对矩阵$(\boldsymbol{\alpha}_1,\boldsymbol{\alpha}_2,\boldsymbol{\alpha}_3\mid\boldsymbol{\beta}_1,\boldsymbol{\beta}_2,\boldsymbol{\beta}_3)$做初等行变换，当左边一半变换为单位矩阵时，右边一半的内容即为 $\boldsymbol{T}$.

$$\left[\begin{array}{ccc|ccc}1&0&-1&1&1&1\\-2&2&0&1&1&0\\1&-1&3&1&0&0\end{array}\right]\xrightarrow[r_3+r_1\times(-1)]{r_2+r_1\times 2}\left[\begin{array}{ccc|ccc}1&0&-1&1&1&1\\0&2&-2&3&3&2\\0&-1&4&0&-1&-1\end{array}\right]$$

$$\xrightarrow{r_2\leftrightarrow r_3}\left[\begin{array}{ccc|ccc}1&0&-1&1&1&1\\0&-1&4&0&-1&-1\\0&2&-2&3&3&2\end{array}\right]$$

$$\xrightarrow[r_2\times(-1)]{r_3+r_2\times 2}\left[\begin{array}{ccc|ccc}1&0&-1&1&1&1\\0&1&-4&0&1&1\\0&0&6&3&1&0\end{array}\right]$$

$$\xrightarrow{r_3\times\left(\frac{1}{6}\right)}\left[\begin{array}{ccc|ccc}1&0&-1&1&1&1\\0&1&-4&0&1&1\\0&0&1&\frac{1}{2}&\frac{1}{6}&0\end{array}\right]$$

$$\xrightarrow[r_2+r_3\times 4]{r_1+r_3}\left[\begin{array}{ccc|ccc}1&0&0&\frac{3}{2}&\frac{7}{6}&1\\0&1&0&2&\frac{5}{3}&1\\0&0&1&\frac{1}{2}&\frac{1}{6}&0\end{array}\right]$$

因此

$$\boldsymbol{T}=\begin{bmatrix}\frac{3}{2}&\frac{7}{6}&1\\2&\frac{5}{3}&1\\\frac{1}{2}&\frac{1}{6}&0\end{bmatrix}$$

再求过渡矩阵的逆 $\boldsymbol{T}^{-1}$：

$$\boldsymbol{T}^{-1}=\begin{bmatrix}1&-1&3\\-3&3&-3\\3&-2&-1\end{bmatrix}$$

任给 $\boldsymbol{\xi}\in\mathbf{R}^3$，设其在基 $\boldsymbol{\alpha}_1,\boldsymbol{\alpha}_2,\boldsymbol{\alpha}_3$ 下的坐标向量为 $(x_1,x_2,x_3)^{\mathrm{T}}$，即

$$\begin{aligned}\boldsymbol{\xi}&=(\boldsymbol{\alpha}_1,\boldsymbol{\alpha}_2,\boldsymbol{\alpha}_3)(x_1,x_2,x_3)^{\mathrm{T}}=(\boldsymbol{\beta}_1,\boldsymbol{\beta}_2,\boldsymbol{\beta}_3)\boldsymbol{T}^{-1}(x_1,x_2,x_3)^{\mathrm{T}}\\&=(\boldsymbol{\beta}_1,\boldsymbol{\beta}_2,\boldsymbol{\beta}_3)(c_1,c_2,c_3)^{\mathrm{T}}\end{aligned}$$

其中 $(c_1,c_2,c_3)^{\mathrm{T}}$ 为 $\boldsymbol{\xi}$ 在基 $\boldsymbol{\beta}_1,\boldsymbol{\beta}_2,\boldsymbol{\beta}_3$ 下的坐标向量，满足

$$(c_1,c_2,c_3)^{\mathrm{T}}=\boldsymbol{T}^{-1}(x_1,x_2,x_3)^{\mathrm{T}}\ \text{或}\ (x_1,x_2,x_3)^{\mathrm{T}}=\boldsymbol{T}(c_1,c_2,c_3)^{\mathrm{T}}$$

有

$$\mathscr{A}(\boldsymbol{\xi})=(\boldsymbol{\alpha}_1,\boldsymbol{\alpha}_2,\boldsymbol{\alpha}_3)\boldsymbol{A}(x_1,x_2,x_3)^{\mathrm{T}}=(\boldsymbol{\beta}_1,\boldsymbol{\beta}_2,\boldsymbol{\beta}_3)\boldsymbol{T}^{-1}\boldsymbol{A}\boldsymbol{T}(c_1,c_2,c_3)^{\mathrm{T}}$$

其中

$$\boldsymbol{T}^{-1}\boldsymbol{A}\boldsymbol{T}=\begin{bmatrix}1&-1&3\\-3&3&-3\\3&-2&-1\end{bmatrix}\begin{bmatrix}0&2&1\\1&0&1\\-1&2&1\end{bmatrix}\begin{bmatrix}\frac{3}{2}&\frac{7}{6}&1\\2&\frac{5}{3}&1\\\frac{1}{2}&\frac{1}{6}&0\end{bmatrix}$$

$$=\begin{bmatrix}-4&8&3\\6&-12&-3\\-1&4&0\end{bmatrix}\begin{bmatrix}\frac{3}{2}&\frac{7}{6}&1\\2&\frac{5}{3}&1\\\frac{1}{2}&\frac{1}{6}&0\end{bmatrix}=\begin{bmatrix}\frac{23}{2}&\frac{55}{6}&4\\-\frac{33}{2}&-\frac{27}{2}&-6\\\frac{13}{2}&\frac{11}{2}&3\end{bmatrix}$$

即 $\mathscr{A}$ 在基 $\boldsymbol{\beta}_1,\boldsymbol{\beta}_2,\boldsymbol{\beta}_3$ 下的矩阵为

$$\boldsymbol{B}=\boldsymbol{T}^{-1}\boldsymbol{A}\boldsymbol{T}=\begin{bmatrix}\frac{23}{2}&\frac{55}{6}&4\\-\frac{33}{2}&-\frac{27}{2}&-6\\\frac{13}{2}&\frac{11}{2}&3\end{bmatrix}$$

本章小结

1. 本章要点提示

(1) 线性空间的加法和数乘运算表达出向量之间的基本关系，但必须要注意线性空间是一个十分广泛的研究对象，由于所考虑的对象不同，因而这两种运算的定义一般也不同. 对同一个非空集合，可以定义不同的线性运算，注意这时所构成的线性空间是不同的.

(2) 判定一个线性空间 X 的非空子集合 V 是否构成线性子空间，只要验证 V 关于 X 中的线性运算是否封闭即可.

(3) 线性变换是线性空间之间最基本的一种映射，在 V_n 中取定一个基后，由线性变换

T 可唯一地确定一个矩阵 $\boldsymbol{A}$，由一个矩阵 $\boldsymbol{A}$ 也可唯一地确定一个线性变换 T. 故在给定基的条件下，线性变换与矩阵是一一对应的. 也就是说，从 $\mathbf{R}^n$ 到 $\mathbf{R}^m$ 的每个线性变换实际上都是一个矩阵变换，并且 T 的主要性质与矩阵 $\boldsymbol{A}$ 的性质密切相关.

(4) 线性变换在不同的基下有不同的矩阵. 设线性空间 V_n 中取定两个基 $\boldsymbol{\alpha}_1, \boldsymbol{\alpha}_2, \cdots, \boldsymbol{\alpha}_n$ 和 $\boldsymbol{\beta}_1, \boldsymbol{\beta}_2, \cdots, \boldsymbol{\beta}_n$，由基 $\boldsymbol{\alpha}_1, \boldsymbol{\alpha}_2, \cdots, \boldsymbol{\alpha}_n$ 到基 $\boldsymbol{\beta}_1, \boldsymbol{\beta}_2, \cdots, \boldsymbol{\beta}_n$ 的过渡矩阵为 $\boldsymbol{P}$，V_n 中的线性变换 T 在这两个基下的矩阵依次为 $\boldsymbol{A}$ 和 $\boldsymbol{B}$，则

$$\boldsymbol{B} = \boldsymbol{P}^{-1}\boldsymbol{A}\boldsymbol{P}$$

即 $\boldsymbol{B}$ 与 $\boldsymbol{A}$ 相似，且两个矩阵之间的过渡矩阵 $\boldsymbol{P}$ 就是相似变换矩阵.

(5) 线性变换 T 的像集 $T(V_n)$ 是一个线性空间 V_n 的子空间. 线性变换 T 的核 $S_T = \{\boldsymbol{\alpha} \mid \boldsymbol{\alpha} \in V_n, T\boldsymbol{\alpha} = \mathbf{0}\}$ 也是 V_n 的子空间.

2. $\mathbf{R}^n$ 上的过渡矩阵的求法

设 $\boldsymbol{\alpha}_1, \boldsymbol{\alpha}_2, \cdots, \boldsymbol{\alpha}_n$ 及 $\boldsymbol{\beta}_1, \boldsymbol{\beta}_2, \cdots, \boldsymbol{\beta}_n$ 是线性空间 $\mathbf{R}^n$ 的两个基，通过初等行变换

$$(\boldsymbol{\beta}_1, \boldsymbol{\beta}_2, \cdots, \boldsymbol{\beta}_n, \boldsymbol{\alpha}_1, \boldsymbol{\alpha}_2, \cdots, \boldsymbol{\alpha}_n) \rightarrow (\boldsymbol{E}_n, \boldsymbol{\gamma}_1, \boldsymbol{\gamma}_2, \cdots, \boldsymbol{\gamma}_n)$$

可以得到 $\boldsymbol{\alpha}_1, \boldsymbol{\alpha}_2, \cdots, \boldsymbol{\alpha}_n$ 到 $\boldsymbol{\beta}_1, \boldsymbol{\beta}_2, \cdots, \boldsymbol{\beta}_n$ 的过渡矩阵

$$\boldsymbol{P} = (\boldsymbol{\gamma}_1, \boldsymbol{\gamma}_2, \cdots, \boldsymbol{\gamma}_n)$$

习　题　七

1. 验证：

(1) 二阶矩阵的全体 S_1；

(2) 主对角线上的元素之和等于 0 的二阶矩阵的全体 S_2；

(3) 二阶对称矩阵的全体 S_3，

对于矩阵的加法和乘法运算构成线性空间，并写出各个空间的一个基.

2. 验证：与向量 $(0, 0, 1)^{\mathrm{T}}$ 不平行的全体 3 维数组向量，对于数组向量的加法和数乘运算不构成线性空间.

3. 在 $\mathbf{R}^3$ 中求向量 $\boldsymbol{\alpha} = (7, 3, 1)^{\mathrm{T}}$ 在基

$$\boldsymbol{\alpha}_1 = (1, 3, 5)^{\mathrm{T}}, \quad \boldsymbol{\alpha}_2 = (6, 3, 2)^{\mathrm{T}}, \quad \boldsymbol{\alpha}_3 = (3, 1, 0)^{\mathrm{T}}$$

下的坐标.

4. 在 $\mathbf{R}^3$ 中，取两个基

$$\boldsymbol{\alpha}_1 = (1, 2, 1)^{\mathrm{T}}, \boldsymbol{\alpha}_2 = (2, 3, 3)^{\mathrm{T}}, \boldsymbol{\alpha}_3 = (3, 7, -2)^{\mathrm{T}}$$

$$\boldsymbol{\beta}_1 = (3, 1, 4)^{\mathrm{T}}, \boldsymbol{\beta}_2 = (5, 2, 1)^{\mathrm{T}}, \boldsymbol{\beta}_3 = (1, 1, -6)^{\mathrm{T}}$$

试求坐标变换公式.

5. 在 $\mathbf{R}^4$ 中取两个基

$$\begin{cases} \boldsymbol{e}_1 = (1, 0, 0, 0)^{\mathrm{T}} \\ \boldsymbol{e}_2 = (0, 1, 0, 0)^{\mathrm{T}} \\ \boldsymbol{e}_3 = (0, 0, 1, 0)^{\mathrm{T}} \\ \boldsymbol{e}_4 = (0, 0, 0, 1)^{\mathrm{T}} \end{cases}, \qquad \begin{cases} \boldsymbol{\alpha}_1 = (2, 1, -1, 1)^{\mathrm{T}} \\ \boldsymbol{\alpha}_2 = (0, 3, 1, 0)^{\mathrm{T}} \\ \boldsymbol{\alpha}_3 = (5, 3, 2, 1)^{\mathrm{T}} \\ \boldsymbol{\alpha}_4 = (6, 6, 1, 3)^{\mathrm{T}} \end{cases}$$

(1) 求由前一个基到后一个基的过渡矩阵；

(2) 求向量$(x_1, x_2, x_3, x_4)^{\mathrm{T}}$在后一个基下的坐标；

(3) 求在两个基下有相同坐标的向量.

6. 说明 xOy 平面上变换 $T\begin{bmatrix}x\\y\end{bmatrix}=\boldsymbol{A}\begin{bmatrix}x\\y\end{bmatrix}$的几何意义，其中

(1) $\boldsymbol{A}=\begin{bmatrix}-1&0\\0&1\end{bmatrix}$　　(2) $\boldsymbol{A}=\begin{bmatrix}0&0\\0&1\end{bmatrix}$

(3) $\boldsymbol{A}=\begin{bmatrix}0&1\\1&0\end{bmatrix}$　　(4) $\boldsymbol{A}=\begin{bmatrix}0&1\\-1&0\end{bmatrix}$

7. n 阶对称矩阵的全体 V 对于矩阵的线性运算构成一个$\frac{n(n+1)}{2}$维线性空间. 给出 n 阶可逆矩阵 $\boldsymbol{P}$，以 $\boldsymbol{A}$ 表示 V 中的任一元素，试证合同变换

$$T(\boldsymbol{A})=\boldsymbol{P}^{\mathrm{T}}\boldsymbol{A}\boldsymbol{P}$$

是 V 中的线性变换.

8. 函数集合

$$V_3=\{\boldsymbol{\alpha}=(a_2x^2+a_1x+a_0)\mathrm{e}^x \mid a_2, a_1, a_0\in\mathbf{R}\}$$

对于函数的线性运算构成 3 维线性空间. 在 V_3 中取一个基

$$\boldsymbol{\alpha}_1=x^2\mathrm{e}^x,\ \boldsymbol{\alpha}_2=x\mathrm{e}^x,\ \boldsymbol{\alpha}_3=\mathrm{e}^x$$

求微分运算 D 在这个基下的矩阵.

9. 二阶对称矩阵的全体

$$V_3=\left\{\boldsymbol{A}=\begin{bmatrix}x_1&x_2\\x_2&x_3\end{bmatrix}\middle| x_1, x_2, x_3\in\mathbf{R}\right\}$$

对于矩阵的线性运算构成 3 维线性空间. 在 V_3 中取一个基

$$\boldsymbol{A}_1=\begin{bmatrix}1&0\\0&0\end{bmatrix},\ \boldsymbol{A}_2=\begin{bmatrix}0&1\\1&0\end{bmatrix},\ \boldsymbol{A}_3=\begin{bmatrix}0&0\\0&1\end{bmatrix}$$

在 V_3 中定义合同变换

$$T(\boldsymbol{A})=\begin{bmatrix}1&0\\1&1\end{bmatrix}\boldsymbol{A}\begin{bmatrix}1&1\\0&1\end{bmatrix}$$

求 T 在基 $\boldsymbol{A}_1, \boldsymbol{A}_2, \boldsymbol{A}_3$ 下的矩阵.

自 测 题 七

一、判断题

1. 不存在仅由一个向量构成的线性空间.　　(　　)

2. 不存在仅由两个不同向量构成的线性空间.　　(　　)

3. 按照通常矩阵的加法与数乘运算，全体 n 阶可逆实方阵的集构成实数域 $\mathbf{R}$ 上的线性空间.　　(　　)

4. 形如$(1, x_2, \cdots, x_n)$的全体实向量按照通常向量的加法与数乘运算构成 $\mathbf{R}^n$ 的线性子空间.　　(　　)

5. 次数不超过 n 次的实系数多项式的全体为 n 维线性空间.　　(　　)

6. 设 V 为线性空间，$\boldsymbol{\alpha}$ 是 V 中任一向量，对任意 $\boldsymbol{\zeta}\in V$，定义 $\sigma(\boldsymbol{\zeta})=\boldsymbol{\alpha}$，则此变换必不是线性变换. (　　)

7. 设 σ 是线性空间 V 上的线性变换，$\boldsymbol{\alpha}_1$，$\boldsymbol{\alpha}_2$，…，$\boldsymbol{\alpha}_k\in V_n$ 且线性无关，则 $\sigma(\boldsymbol{\alpha}_1)$，$\sigma(\boldsymbol{\alpha}_2)$，…，$\sigma(\boldsymbol{\alpha}_k)$ 也线性无关. (　　)

8. 设 $\boldsymbol{\varepsilon}_1$，$\boldsymbol{\varepsilon}_2$，…，$\boldsymbol{\varepsilon}_n$ 是欧氏空间 V_n 的一个基，$\boldsymbol{\alpha}\in V_n$，且 $(\boldsymbol{\alpha},\boldsymbol{\varepsilon}_i)=\mathbf{0}(i=1, 2, \cdots, n)$，则 $\boldsymbol{\alpha}=\mathbf{0}$. (　　)

9. 设 σ 是线性空间 V 上的一个线性变换，则必存在一个 V 的基，使 σ 在这个基下的矩阵为对角阵. (　　)

10. 设 σ 是线性空间 V 上的一个线性变换，集合 $\{\boldsymbol{\alpha}|\sigma(\boldsymbol{\alpha})=\mathbf{0}, \boldsymbol{\alpha}\in V\}$ 是 V 的一个线性子空间. (　　)

二、填空题

1. 设 $\boldsymbol{\alpha}_1=(1, 1, 1)^{\mathrm{T}}$，$\boldsymbol{\alpha}_2=(2, 3, 4)^{\mathrm{T}}$，$\boldsymbol{\alpha}_3=(5, 7, 9)^{\mathrm{T}}$，则 $L(\boldsymbol{\alpha}_1, \boldsymbol{\alpha}_2, \boldsymbol{\alpha}_3)$ 是 $\mathbf{R}^3$ 的______维线性子空间.

2. 在次数不超过 2 次的全体实系数多项式构成的线性空间 $P[x]_2$ 中，由基 $1, x, x^2$ 到基 $x+1$，$x+x^2$，x^2 的过渡矩阵为____________；由 $x+1$，$x+x^2$，x^2 到 $1, x, x^2$ 的过渡矩阵为____________.

3. 齐次线性方程 $x_1+x_2+\cdots+x_n=0$ 的解空间为____________维线性空间，它的一个基为____________________.

4. 设 $\boldsymbol{\alpha}_1$，$\boldsymbol{\alpha}_2$，$\boldsymbol{\alpha}_3$ 与 $\boldsymbol{\beta}_1$，$\boldsymbol{\beta}_2$，$\boldsymbol{\beta}_3$ 是 $\mathbf{R}^3$ 的两组基，由 $\boldsymbol{\alpha}_1$，$\boldsymbol{\alpha}_2$，$\boldsymbol{\alpha}_3$ 到 $\boldsymbol{\beta}_1$，$\boldsymbol{\beta}_2$，$\boldsymbol{\beta}_3$ 的过渡矩阵为 $\mathbf{A}$，定义线性变换 $\sigma(\boldsymbol{\alpha}_1)=\boldsymbol{\beta}_i(i=1, 2, 3)$，则 σ 在 $\boldsymbol{\alpha}_1$，$\boldsymbol{\alpha}_2$，$\boldsymbol{\alpha}_3$ 下的矩阵为______，σ 在 $\boldsymbol{\beta}_1$，$\boldsymbol{\beta}_2$，$\boldsymbol{\beta}_3$ 下的矩阵为____________.

5. 设在 3 维线性空间 V_3 上的线性变换 σ 在基 $\boldsymbol{\alpha}_1$，$\boldsymbol{\alpha}_2$，$\boldsymbol{\alpha}_3$ 下的矩阵为 $\mathbf{A}=(a_{ij})_{3\times 3}$，则 σ 在基 $\boldsymbol{\alpha}_2$，$\boldsymbol{\alpha}_3$，$\boldsymbol{\alpha}_1$ 下的矩阵为____________，在基 $\boldsymbol{\alpha}_1+\boldsymbol{\alpha}_2$，$\boldsymbol{\alpha}_2$，$\boldsymbol{\alpha}_3$ 下的矩阵为____________.

习题和自测题答案

习 题 一

1. (1) 3　　(2) 13　　(3) $n(n-1)$

2. $-a_{11}a_{23}a_{32}a_{44}$, $a_{11}a_{23}a_{34}a_{42}$

3. (1) 正号　　(2) 负号

4. $x\neq 0$ 且 $x\neq 2$

5. (1) 18　　(2) 22　　(3) $ab^2+a^2c+bc^2-a^2b-b^2c-ac^2$

　(4) 8　　(5) $4abcdef$　　(6) 157　　(7) 0　　(8) 24

6. 0; -28　　　　7. (略)

8. (1) a^n-a^{n-2}　　　　(2) $[x+(n-1)a](x-a)^{n-1}$

　(3) $x^n+(-1)^{n+1}y^n$　　(4) $(-1)^n(n+1)a_1a_2\cdots a_n$

9. (1) $x_1=3$, $x_2=2$　　　(2) $x_1=1$, $x_2=2$, $x_3=3$

$$(3)\ \begin{cases} x_1=1507/665 \\ x_2=-1145/665 \\ x_3=703/665 \\ x_4=-395/665 \\ x_5=212/665 \end{cases}$$

10. $\lambda=-1$ 或 $\lambda=4$

11. $\lambda=1$ 或 $\mu=0$

自 测 题 一

一、1. ×　　2. ×　　3. √　　4. ×　　5. ×　　6. √

二、1. -3; $3abc-a^3-b^3-c^3$　　2. $\begin{vmatrix} a_{21} & a_{23} \\ a_{31} & a_{33} \end{vmatrix}$; $-\begin{vmatrix} a_{21} & a_{23} \\ a_{31} & a_{33} \end{vmatrix}$

3. -1　　4. 0　　5. -4

三、1. $n+1$　　2. 0　　3. $4x+y+3z=8$

习 题 二

1. $\boldsymbol{A}+\boldsymbol{B}=\begin{bmatrix} -1 & 5 & 1 \\ -2 & -3 & 12 \end{bmatrix}$;　$2\boldsymbol{A}-5\boldsymbol{B}=\begin{bmatrix} 12 & 3 & 2 \\ -18 & 29 & -4 \end{bmatrix}$

2. $3\boldsymbol{AB}-2\boldsymbol{A}=\begin{bmatrix} -2 & 13 & 22 \\ -2 & -17 & 20 \\ 4 & 29 & -2 \end{bmatrix}$;　$\boldsymbol{A}^{\mathrm{T}}\boldsymbol{B}=\begin{bmatrix} 0 & 5 & 8 \\ 0 & -5 & 6 \\ 2 & 9 & 0 \end{bmatrix}$

3. (1) 10　　(2) $\begin{bmatrix}3&6&9\\2&4&6\\1&2&3\end{bmatrix}$　　(3) $\begin{bmatrix}10&4&-1\\4&-3&-1\end{bmatrix}$

(4) $a_{11}x_1^2+a_{22}x_2^2+a_{33}x_3^2+2a_{12}x_1x_2+2a_{13}x_1x_3+2a_{23}x_2x_3$

(5) $\begin{bmatrix}1&2&5&2\\0&3&6&-6\\0&0&-4&3\\0&0&0&-9\end{bmatrix}$

4. (1) 取 $\boldsymbol{A}=\begin{bmatrix}0&1\\0&0\end{bmatrix}$，有 $\boldsymbol{A}\neq\boldsymbol{O}$，而 $\boldsymbol{A}^2=\boldsymbol{O}$；

(2) 取 $\boldsymbol{A}=\begin{bmatrix}1&0\\0&0\end{bmatrix}$，有 $\boldsymbol{A}\neq\boldsymbol{O}$ 或 $\boldsymbol{A}\neq\boldsymbol{E}$，而 $\boldsymbol{A}^2=\boldsymbol{A}$.

5. (1) 不相等；(2) 不相等；(3) 不相等.

6. (略)　　7. (略)

8. (1) $\begin{bmatrix}5&-2\\-2&1\end{bmatrix}$　　(2) $\begin{bmatrix}-2&1&0\\-\frac{13}{2}&3&-\frac{1}{2}\\-16&7&-1\end{bmatrix}$

(3) $\begin{bmatrix}1&0&0\\-\frac{1}{2}&\frac{1}{2}&0\\0&-\frac{1}{3}&\frac{1}{3}\end{bmatrix}$　　(4) $\begin{bmatrix}1&-2&0&0\\-2&5&0&0\\0&0&2&-3\\0&0&-5&8\end{bmatrix}$

9. (1) $\begin{bmatrix}2&-23\\0&8\end{bmatrix}$　　(2) $\begin{bmatrix}-2&2&1\\-\frac{8}{3}&5&-\frac{2}{3}\end{bmatrix}$　　(3) $\begin{bmatrix}2&-1&0\\1&3&-4\\1&0&-2\end{bmatrix}$

10. (1) 秩为 2，二阶子式 $\begin{vmatrix}3&1\\1&-1\end{vmatrix}=-4$；

(2) 秩为 3，三阶子式 $\begin{vmatrix}3&2&-1\\2&-1&-3\\7&0&-8\end{vmatrix}=7$；

(3) 秩为 3，三阶子式 $\begin{vmatrix}1&1&0\\3&-1&1\\0&0&1\end{vmatrix}=-4$.

11. $\lambda=1$

12. (1) $\begin{bmatrix}1&1\\0&0\end{bmatrix}$；(2) $\begin{bmatrix}1&0\\n\lambda&1\end{bmatrix}$；(3) $\begin{bmatrix}\lambda^2&2\lambda&1\\0&\lambda^2&2\lambda\\0&0&\lambda^2\end{bmatrix}$；(4) $\begin{bmatrix}a^n&0&0\\0&b^n&0\\0&0&c^n\end{bmatrix}$

13. $\boldsymbol{A}^{-1}=\frac{1}{2}(\boldsymbol{A}-\boldsymbol{E})$；　　$(\boldsymbol{A}+2\boldsymbol{E})^{-1}=-\frac{1}{4}(\boldsymbol{A}-3\boldsymbol{E})$

14. $2^n \cdot m^{n+1}$

15. $|A^4| = 10\,000$； $A^4 = \begin{bmatrix} 25 & 0 & 0 & 0 \\ 0 & 25 & 0 & 0 \\ 0 & 0 & 16 & 0 \\ 0 & 0 & 30 & 1 \end{bmatrix}$

16. $\begin{bmatrix} 0 & 3 & 3 \\ -1 & 2 & 3 \\ 1 & 1 & 0 \end{bmatrix}$

17. $\boldsymbol{O}$

19. $-\dfrac{16}{27}$

20. (1) $\dfrac{1}{8}(\boldsymbol{A}-4\boldsymbol{E})$ (2) $\begin{bmatrix} 0 & 2 & 0 \\ -1 & -1 & 0 \\ 0 & 0 & -2 \end{bmatrix}$

自 测 题 二

一、1. × 2. × 3. √ 4. √ 5. × 6. √

二、1. $\begin{bmatrix} 12 & 8 \\ 3 & 2 \end{bmatrix}$ 2. $\dfrac{1}{3}$；9

3. $\begin{bmatrix} 1 & 0 & 0 \\ -\dfrac{1}{2} & \dfrac{1}{2} & 0 \\ 0 & 0 & 1 \end{bmatrix}$ 4. $a=1$；$a\neq 1$

5. 2；$\begin{vmatrix} 1 & 2 \\ 0 & 1 \end{vmatrix}$ 6. $\begin{bmatrix} \boldsymbol{O} & \boldsymbol{B}^{-1} \\ \boldsymbol{A}^{-1} & \boldsymbol{O} \end{bmatrix}$

三、1. $\boldsymbol{B}^{-1} = \begin{bmatrix} 0 & \dfrac{1}{2} \\ -1 & -1 \end{bmatrix}$ 2. (略) 3. $\boldsymbol{X} = \begin{bmatrix} 3 & -1 \\ 2 & 0 \\ 1 & -1 \end{bmatrix}$

习 题 三

1. (1) $(1, 2, 3)^{\mathrm{T}}$ (2) $(9, 20, -18)^{\mathrm{T}}$
2. $(1, 2, 3, 4)^{\mathrm{T}}$
3. (1) $\boldsymbol{b}=2\boldsymbol{\alpha}_1-\boldsymbol{\alpha}_2+\boldsymbol{\alpha}_3$ (2) $\boldsymbol{b}=0\boldsymbol{\alpha}_1+\dfrac{8}{3}\boldsymbol{\alpha}_2+\dfrac{1}{3}\boldsymbol{\alpha}_3$
4. (1) 线性无关； (2) 线性相关； (3) 线性无关； (4) 线性相关.
5. (1) 当 $k\neq 5$ 时，线性无关； (2) 当 $k=5$ 时，线性相关，$\boldsymbol{\alpha}=2\boldsymbol{\alpha}_1-\boldsymbol{\alpha}_2$.
6. (略)
7. (1) 秩为 3，最大无关组为 $\boldsymbol{\alpha}_1$，$\boldsymbol{\alpha}_2$，$\boldsymbol{\alpha}_3$；
   (2) 秩为 3，最大无关组为 $\boldsymbol{\alpha}_1$，$\boldsymbol{\alpha}_2$，$\boldsymbol{\alpha}_3$；

(3) 秩为 4，最大无关组为 $\boldsymbol{\alpha}_1$，$\boldsymbol{\alpha}_2$，$\boldsymbol{\alpha}_3$，$\boldsymbol{\alpha}_4$.

8.（1）$\boldsymbol{\alpha}_1$，$\boldsymbol{\alpha}_3$，$\boldsymbol{\alpha}_4$；　$\boldsymbol{\alpha}_2=\boldsymbol{\alpha}_1-\boldsymbol{\alpha}_3$

（2）$\boldsymbol{\alpha}_1$，$\boldsymbol{\alpha}_2$；　$\boldsymbol{\alpha}_3=2\boldsymbol{\alpha}_1-\boldsymbol{\alpha}_2$，$\boldsymbol{\alpha}_4=\boldsymbol{\alpha}_1+3\boldsymbol{\alpha}_2$

9.（略）

10. $a=2$，$b=5$

11. 不一定，例如，向量组 $\boldsymbol{\alpha}_1=\begin{bmatrix}1\\0\\0\end{bmatrix}$，$\boldsymbol{\alpha}_2=\begin{bmatrix}0\\1\\0\end{bmatrix}$与向量组 $\boldsymbol{\beta}_1=\begin{bmatrix}0\\1\\0\end{bmatrix}$，$\boldsymbol{\beta}_2=\begin{bmatrix}0\\0\\1\end{bmatrix}$秩相等，但 $\boldsymbol{\alpha}_1$，$\boldsymbol{\alpha}_2$与 $\boldsymbol{\beta}_1$，$\boldsymbol{\beta}_2$不等价，其中 $\boldsymbol{\beta}_2$不能由 $\boldsymbol{\alpha}_1$，$\boldsymbol{\alpha}_2$线性表示.

12.（略）

13.（1）不是；（2）是.

14.（1，6，-4）

15. 要证 $\boldsymbol{\alpha}_1$，$\boldsymbol{\alpha}_2$，$\boldsymbol{\alpha}_3$ 是 $\mathbf{R}^3$ 的一个基，只要证 $\boldsymbol{\alpha}_1$，$\boldsymbol{\alpha}_2$，$\boldsymbol{\alpha}_3$ 线性无关即可；$(\boldsymbol{\beta}_1,\boldsymbol{\beta}_2)=(\boldsymbol{\alpha}_1,\boldsymbol{\alpha}_2,\boldsymbol{\alpha}_3)\begin{bmatrix}2&3\\3&-3\\-1&-2\end{bmatrix}$.

16.（略）

自 测 题 三

一、1. √　2. ×　3. √　4. ×　5. ×　6. √

二、1. $-11\boldsymbol{\alpha}_1+14\boldsymbol{\alpha}_2+9\boldsymbol{\alpha}_3$　2. 1 或 -2

3. $\boldsymbol{\alpha}_1$，$\boldsymbol{\alpha}_2$，$\boldsymbol{\alpha}_4$ 或 $\boldsymbol{\alpha}_1$，$\boldsymbol{\alpha}_2$，$\boldsymbol{\alpha}_5$(极大无关组不唯一)

4. $R(\mathbf{B})\leqslant R(\mathbf{A})$　5. 2　6. $(1,1,-1)^{\mathrm{T}}$

三、1. $\boldsymbol{\eta}=\left(7,-5,\dfrac{11}{2},\dfrac{27}{2}\right)$

2. $\boldsymbol{\gamma}_1=4\boldsymbol{\alpha}_1+4\boldsymbol{\alpha}_2-17\boldsymbol{\alpha}_3$，$\boldsymbol{\gamma}_2=23\boldsymbol{\alpha}_2-7\boldsymbol{\alpha}_3$

3.（1）秩为 3；$\boldsymbol{\alpha}_1$，$\boldsymbol{\alpha}_2$，$\boldsymbol{\alpha}_3$ 是一个极大无关组；$\boldsymbol{\alpha}_4=\boldsymbol{\alpha}_1+3\boldsymbol{\alpha}_2-\boldsymbol{\alpha}_3$.

（2）秩为 2；$\boldsymbol{\beta}_1$，$\boldsymbol{\beta}_2$ 是一个极大无关组；$\boldsymbol{\beta}_3=-2\boldsymbol{\beta}_1+0\boldsymbol{\beta}_2$.

4. 当 $a\neq1$ 且 $a\neq-2$ 时，$R(\mathbf{A})=3$；

当 $a=1$ 时，$R(\mathbf{A})=1$；

当 $a=-2$ 时，$R(\mathbf{A})=2$.

习 题 四

1.（1）$\begin{bmatrix}x_1\\x_2\\x_3\end{bmatrix}=\begin{bmatrix}-3\\\dfrac{4}{3}\\\dfrac{4}{3}\end{bmatrix}$　（2）$\begin{bmatrix}x_1\\x_2\\x_3\end{bmatrix}=k\begin{bmatrix}-3\\1\\1\end{bmatrix}+\begin{bmatrix}1\\0\\0\end{bmatrix}$　$(k\in\mathbf{R})$

2.（1）无解；

（2）有无穷多解，

$$\begin{bmatrix}x_1\\x_2\\x_3\end{bmatrix}=k\begin{bmatrix}\frac{9}{7}\\\frac{8}{7}\\1\end{bmatrix}+\begin{bmatrix}-3\\1\\0\end{bmatrix}\quad (k\in\mathbf{R})$$

(3) 只有零解.

3. 当 $k\neq 9$ 时，无解；

当 $k=9$ 时，有无穷多解，

$$\begin{bmatrix}x_1\\x_2\\x_3\\x_4\end{bmatrix}=k_1\begin{bmatrix}3\\4\\1\\0\end{bmatrix}+k_2\begin{bmatrix}1\\-1\\0\\1\end{bmatrix}+\begin{bmatrix}15\\9\\0\\0\end{bmatrix}\quad (k_1, k_2\in\mathbf{R})$$

4. 当 $\lambda\neq 0$ 且 $\lambda\neq 1$ 时，有唯一解；

当 $\lambda=0$ 时，无解；

当 $\lambda=1$ 时，有无穷多解，

$$\begin{bmatrix}x_1\\x_2\\x_3\end{bmatrix}=k\begin{bmatrix}-1\\2\\1\end{bmatrix}+\begin{bmatrix}1\\-3\\0\end{bmatrix}\quad (k\in\mathbf{R})$$

5. 当 $\lambda\neq 1$ 且 $\lambda\neq 10$ 时，有唯一解；

当 $\lambda=10$ 时，无解；

当 $\lambda=1$ 时，有无穷多解，

$$\begin{bmatrix}x_1\\x_2\\x_3\end{bmatrix}=k_1\begin{bmatrix}-2\\1\\0\end{bmatrix}+k_2\begin{bmatrix}2\\0\\1\end{bmatrix}+\begin{bmatrix}1\\0\\0\end{bmatrix}\quad (k_1, k_2\in\mathbf{R})$$

6. 增广矩阵

$$\boldsymbol{B}=(\mathbf{A}\mid\boldsymbol{b})=\begin{bmatrix}1&-1&0&0&a_1\\0&1&-1&0&a_2\\0&0&1&-1&a_3\\-1&0&0&1&a_4\end{bmatrix}$$

$$\xrightarrow{r_4+r_1+r_2+r_3}\begin{bmatrix}1&-1&0&0&a_1\\0&1&-1&0&a_2\\0&0&1&-1&a_3\\0&0&0&0&a_1+a_2+a_3+a_4\end{bmatrix}$$

方程组有解必有 $R(\mathbf{A})=R(\boldsymbol{B})$，而易知 $R(\mathbf{A})=3$，所以 $a_1+a_2+a_3+a_4=0$. 这一过程是可逆的.

7. (1) $\boldsymbol{\xi}_1=\begin{bmatrix}1\\-11\\5\\0\end{bmatrix}$, $\boldsymbol{\xi}_2=\begin{bmatrix}-2\\7\\0\\5\end{bmatrix}$ (2) $\boldsymbol{\xi}_1=\begin{bmatrix}2\\1\\0\\0\end{bmatrix}$, $\boldsymbol{\xi}_2=\begin{bmatrix}2\\0\\-5\\7\end{bmatrix}$

(3) $\boldsymbol{\xi}_1=\begin{bmatrix}-11\\-1\\7\end{bmatrix}$

8. 当 $\lambda=0$，1 时，方程组有非零解；

当 $\lambda=0$ 时，通解为 $\begin{bmatrix}x_1\\x_2\\x_3\end{bmatrix}=k\begin{bmatrix}-1\\1\\1\end{bmatrix}$ $(k\in\mathbf{R})$；

当 $\lambda=1$ 时，通解为 $\begin{bmatrix}x_1\\x_2\\x_3\end{bmatrix}=k\begin{bmatrix}-1\\2\\1\end{bmatrix}$ $(k\in\mathbf{R})$.

9. $\lambda=1$，$|\boldsymbol{B}|=0$

10. $\boldsymbol{B}=\begin{bmatrix}1&5&8&0\\0&2&1&1\end{bmatrix}^{\mathrm{T}}$ 或 $\begin{bmatrix}1&5&8&0\\-1&11&0&8\end{bmatrix}^{\mathrm{T}}$

11. (1) $\begin{bmatrix}x_1\\x_2\\x_3\end{bmatrix}=\begin{bmatrix}5\\-3\\0\end{bmatrix}$ (2) $\begin{bmatrix}x_1\\x_2\\x_3\\x_4\end{bmatrix}=k_1\begin{bmatrix}1\\2\\0\\1\end{bmatrix}+\begin{bmatrix}-\frac{1}{2}\\-\frac{1}{2}\\-1\\0\end{bmatrix}$ $(k_1\in\mathbf{R})$

12. $\boldsymbol{x}=k\begin{bmatrix}3\\4\\5\\6\end{bmatrix}+\begin{bmatrix}2\\3\\4\\5\end{bmatrix}$ $(k\in\mathbf{R})$

13. 对系数矩阵做初等行变换，有

$$\boldsymbol{A}=\begin{bmatrix}1+a&1&1&\cdots&1\\2&2+a&2&\cdots&2\\&&\vdots&&\\n&n&n&\cdots&n+a\end{bmatrix}\rightarrow\begin{bmatrix}1+a&1&1&\cdots&1\\-2a&a&0&\cdots&0\\&&\vdots&&\\-na&0&0&\cdots&a\end{bmatrix}=\boldsymbol{B}$$

(1) 当 $a=0$ 时，$R(\mathbf{A})=1<n$，故方程组有非零解，其通解方程为

$$x_1+x_2+\cdots+x_n=0$$

由此得基础解系为

$$\boldsymbol{\eta}_1=(-1,1,0,\cdots,0)^{\mathrm{T}},\ \boldsymbol{\eta}_2=(-1,0,1,\cdots,0)^{\mathrm{T}},\ \cdots,$$
$$\boldsymbol{\eta}_{n-1}=(-1,0,0,\cdots,1)^{\mathrm{T}}$$

于是方程组的通解为

$$\boldsymbol{x}=k_1\boldsymbol{\eta}_1+k_2\boldsymbol{\eta}_2+\cdots+k_{n-1}\boldsymbol{\eta}_{n-1}$$

其中 k_1，k_2，…，k_{n-1} 为任意常数.

(2) 当 $a\neq0$ 时，对矩阵 $\boldsymbol{B}$ 做初等行变换，有

$$\boldsymbol{B}=\begin{bmatrix}1+a & 1 & 1 & \cdots & 1\\ -2 & 1 & 0 & \cdots & 0\\ & & \vdots & & \\ -n & 0 & 0 & \cdots & 1\end{bmatrix}\sim\begin{bmatrix}a+\dfrac{n(n+1)}{2} & 0 & 0 & \cdots & 0\\ -2 & 1 & 0 & \cdots & 0\\ & & \vdots & & \\ -n & 0 & 0 & \cdots & 1\end{bmatrix}$$

可知 $a=-\dfrac{n(n+1)}{2}$ 时，$R(\boldsymbol{A})=n-1<n$，故方程组也有非零解，其同解方程组为

$$\begin{cases}-2x_1+x_2=0\\ -3x_1+x_3=0\\ \quad\vdots\\ -nx_1+x_n=0\end{cases}$$

由此得基础解系为 $\boldsymbol{\eta}=(1,2,\cdots,n)^{\mathrm{T}}$，于是方程组的通解为 $\boldsymbol{x}=k\boldsymbol{\eta}$，$k$ 为任意常数.

14. (1) $a\neq0$ 且 $a\neq1$　　(2) $a=0$　　(3) $a=1$

$$\boldsymbol{x}=k\begin{bmatrix}0\\1\\1\end{bmatrix}+\begin{bmatrix}0\\1\\0\end{bmatrix}\qquad(k\in\mathbf{R})$$

15.（略）　　16.（略）

自测题四

一、 1. ×　2. ×　3. ×　4. √　5. √　6. √

二、 1. $(\boldsymbol{\alpha}_1,\boldsymbol{\alpha}_2,\boldsymbol{\alpha}_3)\to\begin{bmatrix}1 & 2 & 3\\ 0 & 1 & -2\\ 0 & 0 & t-19\\ 0 & 0 & 0\end{bmatrix}$

$t=19$ 时，$R(\boldsymbol{\alpha}_1,\boldsymbol{\alpha}_2,\boldsymbol{\alpha}_3)=2<3$，故$\{\boldsymbol{\alpha}_1,\boldsymbol{\alpha}_2,\boldsymbol{\alpha}_3\}$线性相关.

2. $(\boldsymbol{\alpha}_1,\boldsymbol{\alpha}_2,\boldsymbol{\alpha}_3,\boldsymbol{\alpha}_4)=\begin{bmatrix}2 & 3 & 2 & 4\\ 0 & 1 & 1 & 2\\ 2 & 1 & 0 & 0\end{bmatrix}\xrightarrow{\text{初等行变换}}\begin{bmatrix}1 & 0 & -\frac{1}{2} & -1\\ 0 & 1 & 1 & 2\\ 0 & 0 & 0 & 0\end{bmatrix}$

(1) 向量组的秩为 2，一个极大线性无关组为$\{\boldsymbol{\alpha}_1,\boldsymbol{\alpha}_2\}$；

(2) $\boldsymbol{\alpha}_3=-\dfrac{1}{2}\boldsymbol{\alpha}_1+\boldsymbol{\alpha}_2$，$\boldsymbol{\alpha}_4=-\boldsymbol{\alpha}_1+2\boldsymbol{\alpha}_2$.

3. 因为 $n-R(\boldsymbol{A})=4-3=1$，因此 $\boldsymbol{Ax}=\boldsymbol{b}$ 的导出组 $\boldsymbol{Ax}=\boldsymbol{0}$ 的基础解系为$\{\boldsymbol{\alpha}\}$，$\boldsymbol{\alpha}$ 为 $\boldsymbol{Ax}=0$ 的任何一个非零解.

又因为

$$\boldsymbol{A}[2\boldsymbol{\alpha}_1-(\boldsymbol{\alpha}_2+\boldsymbol{\alpha}_3)]=2\boldsymbol{A\alpha}_1-\boldsymbol{A\alpha}_2-\boldsymbol{A\alpha}_3=2\boldsymbol{b}-2\boldsymbol{b}=\boldsymbol{0}$$

故可取 $\boldsymbol{\alpha}=2\boldsymbol{\alpha}_1-(\boldsymbol{\alpha}_1+\boldsymbol{\alpha}_2)=(1,-1,5,2)^{\mathrm{T}}\neq\boldsymbol{0}$ 且 $\boldsymbol{\alpha}$ 是 $\boldsymbol{Ax}=0$ 的一个解.

故 $\boldsymbol{Ax}=\boldsymbol{b}$ 的通解 $\boldsymbol{x}$ 为

$$x = k\boldsymbol{\alpha} + \boldsymbol{\alpha}_1 = k\begin{bmatrix}1\\-1\\5\\2\end{bmatrix} + \begin{bmatrix}1\\0\\2\\3\end{bmatrix} \quad (k\text{ 为任意常数})$$

4. 系数矩阵 **A** 为三阶方阵.

$$\boldsymbol{A} = \begin{vmatrix}a & 1 & 1\\1 & a & 1\\1 & 1 & a\end{vmatrix} = (a+2)(a-1)^2$$

(1) 由 Cramer 法则，$\boldsymbol{Ax}=\boldsymbol{b}$ 有唯一解，$A\neq 0$，即 $a\neq -2$，而且 $a\neq 1$，此时

$$(\boldsymbol{A} \mid \boldsymbol{b}) \rightarrow \begin{bmatrix}1 & 0 & 0 & \dfrac{a-1}{a+2}\\0 & 1 & 0 & \dfrac{-3}{a+2}\\0 & 0 & 1 & \dfrac{-3}{a+2}\end{bmatrix}$$

得唯一解 $\boldsymbol{x}=\dfrac{1}{a+2}(a-1,\ -3,\ -3)^{\mathrm{T}}$.

(2) $a=-2$ 时，$(\boldsymbol{A}|\boldsymbol{b}) \rightarrow \begin{bmatrix}1 & 1 & -2 & -2\\0 & -3 & 3 & 0\\0 & 0 & 0 & 9\end{bmatrix}$，所以 $\boldsymbol{Ax}=\boldsymbol{b}$ 无解.

(3) $a=1$ 时，$(\boldsymbol{A}|\boldsymbol{b}) \rightarrow \begin{bmatrix}1 & 1 & 1 & -2\\0 & 0 & 0 & 0\\0 & 0 & 0 & 0\end{bmatrix}$，因此 $\boldsymbol{Ax}=\boldsymbol{b}$ 有无穷多组解，通解为

$$\boldsymbol{x} = k_1\begin{bmatrix}-1\\1\\0\end{bmatrix} + k_2\begin{bmatrix}-1\\0\\1\end{bmatrix} + \begin{bmatrix}-2\\0\\0\end{bmatrix}$$

5. 直接验证可得，$\boldsymbol{A}(\boldsymbol{\alpha}_i+\boldsymbol{\beta})=\boldsymbol{A\alpha}_i+\boldsymbol{A\beta}=\boldsymbol{b}$，$i=1,\ 2,\ \cdots,\ r$，即 $\boldsymbol{\alpha}_i+\boldsymbol{\beta}$ 是 $\boldsymbol{Ax}=\boldsymbol{b}$ 的解.
下面证 $\boldsymbol{\beta}$，$\boldsymbol{\alpha}_1+\boldsymbol{\beta}$，$\boldsymbol{\alpha}_2+\boldsymbol{\beta}$，$\cdots$，$\boldsymbol{\alpha}_r+\boldsymbol{\beta}$ 线性无关.
任取数 k_0，k_1，k_2，$\cdots k_r$，若

$$k_0\boldsymbol{\beta} + \sum_{i=1}^{r} k_i(\boldsymbol{\alpha}_i + \boldsymbol{\beta}) = \boldsymbol{0}$$

等式两边左乘 A，得 $\sum\limits_{i=0}^{r} k_i b = 0$，即 $\sum\limits_{i=0}^{r} k_i = 0$，代入上式有

$$k_0\boldsymbol{\beta} + \sum_{i=1}^{r} k_i(\boldsymbol{\alpha}_i + \boldsymbol{\beta}) = \boldsymbol{\beta}\sum_{i=0}^{r} k_i + \sum_{i=1}^{r} k_i\boldsymbol{\alpha}_i = \sum_{i=1}^{r} k_i\boldsymbol{\alpha}_i = \boldsymbol{0}$$

由 $\boldsymbol{\alpha}_1$，$\boldsymbol{\alpha}_2$，$\cdots$，$\boldsymbol{\alpha}_r$ 线性无关，得

$$k_1 = k_2 = \cdots = k_r = 0$$

从而，若 $k_0\boldsymbol{\beta} + \sum\limits_{i=1}^{r} k_i(\boldsymbol{\alpha}_i + \boldsymbol{\beta}) = \boldsymbol{0}$，则有

$$k_0 = k_1 = k_2 = \cdots = k_r = 0$$

故 $\boldsymbol{\beta}$，$\boldsymbol{\alpha}_1+\boldsymbol{\beta}$，$\boldsymbol{\alpha}_2+\boldsymbol{\beta}$，…，$\boldsymbol{\alpha}_r+\boldsymbol{\beta}$ 线性无关.

习 题 五

1. $[\boldsymbol{\alpha}+2\boldsymbol{\beta},\boldsymbol{\beta}]=8$

2. $\lambda=-\dfrac{4}{5}$

3. (1) $\boldsymbol{\beta}_1=\begin{bmatrix}\frac{1}{\sqrt{2}}\\ \frac{1}{\sqrt{2}}\\ 0\end{bmatrix}$，$\boldsymbol{\beta}_2=\begin{bmatrix}\frac{1}{\sqrt{3}}\\ -\frac{1}{\sqrt{3}}\\ \frac{1}{\sqrt{3}}\end{bmatrix}$，$\boldsymbol{\beta}_3=\begin{bmatrix}-\frac{1}{\sqrt{6}}\\ \frac{1}{\sqrt{6}}\\ \frac{2}{\sqrt{6}}\end{bmatrix}$

(2) $\boldsymbol{\beta}_1=\begin{bmatrix}\frac{1}{2}\\ \frac{1}{2}\\ \frac{1}{2}\\ \frac{1}{2}\end{bmatrix}$，$\boldsymbol{\beta}_2=\begin{bmatrix}\frac{3\sqrt{14}}{14}\\ 0\\ -\frac{\sqrt{14}}{14}\\ -\frac{2\sqrt{14}}{14}\end{bmatrix}$，$\boldsymbol{\beta}_3=\begin{bmatrix}0\\ \frac{\sqrt{6}}{6}\\ -\frac{2\sqrt{6}}{6}\\ \frac{\sqrt{6}}{6}\end{bmatrix}$

4. (1) 不是；(2) 是.

5. (略)　　　　6. (略)

7. (1) $\lambda_1=7$，$k_1\begin{bmatrix}1\\1\end{bmatrix}$ $(k_1\in\mathbf{R})$；$\lambda_2=-2$，$k_2\begin{bmatrix}-4\\5\end{bmatrix}$ $(k_2\in\mathbf{R})$

(2) $\lambda_1=\lambda_2=1$，$k_1\begin{bmatrix}1\\-2\\0\end{bmatrix}$ $(k_1\in\mathbf{R})$；$\lambda_3=-1$，$k_3\begin{bmatrix}0\\0\\1\end{bmatrix}$ $(k_3\in\mathbf{R})$

(3) $\lambda_1=\lambda_2=\lambda_3=1$，$k\begin{bmatrix}1\\1\\-1\end{bmatrix}$ $(k\in\mathbf{R})$

(4) $\lambda_1=-1$，$k_1\begin{bmatrix}1\\-1\\0\end{bmatrix}$ $(k_1\in\mathbf{R})$；$\lambda_2=9$，$k_3\begin{bmatrix}1\\1\\2\end{bmatrix}$ $(k_2\in\mathbf{R})$；$\lambda_3=0$，$k_3\begin{bmatrix}1\\1\\-1\end{bmatrix}$ $(k_3\in\mathbf{R})$

8. $\boldsymbol{A}\boldsymbol{x}=\lambda\boldsymbol{x}$，$\boldsymbol{A}^2\boldsymbol{x}=\boldsymbol{A}(\boldsymbol{A}\boldsymbol{x})=\lambda(\boldsymbol{A}\boldsymbol{x})=\lambda^2\boldsymbol{x}$

9. $x=4$，$y=5$　　　　10. (略)

11. $\boldsymbol{A}=\dfrac{1}{3}\begin{bmatrix}-1&0&2\\0&1&2\\2&2&0\end{bmatrix}$

12. $\boldsymbol{A}=\begin{bmatrix}4&1&1\\1&4&1\\1&1&4\end{bmatrix}$

13. (1) $\boldsymbol{P}=\frac{1}{3}\begin{bmatrix}2 & -2 & 1\\ 2 & 1 & -2\\ 1 & 2 & 2\end{bmatrix}$，$\boldsymbol{P}^{-1}\boldsymbol{AP}=\begin{bmatrix}-1 & 0 & 0\\ 0 & 2 & 0\\ 0 & 0 & 5\end{bmatrix}$

(2) $\boldsymbol{P}=\begin{bmatrix}\frac{1}{\sqrt{2}} & \frac{1}{\sqrt{2}} & 0 & 0\\ -\frac{1}{\sqrt{2}} & \frac{1}{\sqrt{2}} & 0 & 0\\ 0 & 0 & \frac{1}{\sqrt{2}} & \frac{1}{\sqrt{2}}\\ 0 & 0 & -\frac{1}{\sqrt{2}} & \frac{1}{\sqrt{2}}\end{bmatrix}$，$\boldsymbol{P}^{-1}\boldsymbol{AP}=\begin{bmatrix}3 & 0 & 0 & 0\\ 0 & 5 & 0 & 0\\ 0 & 0 & 3 & 0\\ 0 & 0 & 0 & 5\end{bmatrix}$

14. $\varphi(\boldsymbol{A})=\boldsymbol{A}^{10}-5\boldsymbol{A}^{9}=-2\begin{bmatrix}1 & 1\\ 1 & 1\end{bmatrix}$

15. （略） 16. （略）

17. 反证法：假设 $\boldsymbol{\alpha}_1+\boldsymbol{\alpha}_2$ 是 $\boldsymbol{A}$ 的特征值，按定义，有

$$\boldsymbol{A}(\boldsymbol{\alpha}_1+\boldsymbol{\alpha}_2)=\lambda_3(\boldsymbol{\alpha}_1+\boldsymbol{\alpha}_2)$$

又 $\boldsymbol{\alpha}_1$，$\boldsymbol{\alpha}_2$ 分别是对应于 $\boldsymbol{A}$ 的两个不同特征值 λ_1，λ_2 的特征向量，有

$$\boldsymbol{A\alpha}_1=\lambda_1\boldsymbol{\alpha}_1 \quad 或 \quad \boldsymbol{A\alpha}_2=\lambda_2\boldsymbol{\alpha}_2$$

而

$$\boldsymbol{A}(\boldsymbol{\alpha}_1+\boldsymbol{\alpha}_2)=\boldsymbol{A\alpha}_1+\boldsymbol{A\alpha}_2=\lambda_1\boldsymbol{\alpha}_1+\lambda_2\boldsymbol{\alpha}_2=\lambda_3\boldsymbol{\alpha}_1+\lambda_3\boldsymbol{\alpha}_2$$

故有 $\lambda_1=\lambda_2=\lambda_3$，这与 $\boldsymbol{\alpha}_1$，$\boldsymbol{\alpha}_2$ 分别是对应于 $\boldsymbol{A}$ 的两个不同特征值 λ_1，λ_2 的特征向量矛盾，所以 $\boldsymbol{\alpha}_1+\boldsymbol{\alpha}_2$ 不是 $\boldsymbol{A}$ 的特征值.

18. 由 $\boldsymbol{A}^2=\boldsymbol{E}$ 得，$(\boldsymbol{A}-\boldsymbol{E})(\boldsymbol{A}+\boldsymbol{E})=\boldsymbol{O}$，于是有 $|\boldsymbol{A}-\boldsymbol{E}||\boldsymbol{A}+\boldsymbol{E}|=0$，得

$$|\boldsymbol{A}-\boldsymbol{E}|=0 \quad 或 \quad |\boldsymbol{A}+\boldsymbol{E}|=0$$

从而得 $\boldsymbol{A}$ 的特征值为 1 或 -1.

19. $\boldsymbol{A}$ 与 $\boldsymbol{B}$ 相似，有可逆矩阵 $\boldsymbol{P}_1$，使得 $\boldsymbol{P}_1^{-1}\boldsymbol{AP}_1=\boldsymbol{B}$.

$\boldsymbol{C}$ 与 $\boldsymbol{D}$ 相似，有可逆矩阵 $\boldsymbol{P}_2$，使得 $\boldsymbol{P}_2^{-1}\boldsymbol{CP}_2=\boldsymbol{D}$.

令

$$\boldsymbol{P}=\begin{bmatrix}\boldsymbol{P}_1 & \boldsymbol{O}\\ \boldsymbol{O} & \boldsymbol{P}_2\end{bmatrix}$$

则有

$$\boldsymbol{P}^{-1}\begin{bmatrix}\boldsymbol{A} & \boldsymbol{O}\\ \boldsymbol{O} & \boldsymbol{B}\end{bmatrix}\boldsymbol{P}=\begin{bmatrix}\boldsymbol{C} & \boldsymbol{O}\\ \boldsymbol{O} & \boldsymbol{D}\end{bmatrix}$$

自 测 题 五

一、 1. × 2. × 3. × 4. √

5. (a) × (b) √ (c) × (d) × 6. √

二、 因为 $\boldsymbol{A}=\begin{bmatrix}2 & 1 & 0\\ 0 & 4 & 2\\ 0 & 0 & 5\end{bmatrix}$ 是上三角矩阵，所以 $\boldsymbol{A}$ 的特征值为

$$\lambda_1 = 2, \lambda_2 = 4, \lambda_3 = 5$$

从而 A^{-1} 的特征值 $u_i=\dfrac{1}{\lambda_i}$，即 $u_1=\dfrac{1}{2}$，$u_2=\dfrac{1}{4}$，$u_3=\dfrac{1}{5}$.

因为 $A^* = |A| \cdot A^{-1}$，又 $|A| = \lambda_1 \cdot \lambda_2 \cdot \lambda_3 = 40$，从而 A^* 的特征值为

$$r_i = |A| \frac{1}{\lambda_i} = \lambda_1 \cdot \lambda_2 \cdot \lambda_3 \cdot \frac{1}{\lambda_i}$$

即 A^* 的特征值为 $r_1=\lambda_2 \cdot \lambda_3=20$，$r_2=\lambda_1 \cdot \lambda_3=10$，$r_3=\lambda_1 \cdot \lambda_2=8$.

2. 已知 A 的三个特征值 $\lambda_1=1$，$\lambda_2=2$，$\lambda_3=-4$ 时，

(1) 由于 A^2-5A 的特征值 $\mu_i=\lambda_i^2-5\lambda_i(i=1, 2, 3)$，从而

$$\mu_1 = -4, \quad \mu_2 = -6, \quad \mu_3 = 36$$

故 $|A^2-5A| = \mu_1 \cdot \mu_2 \cdot \mu_3 = (-4)\times(-6)\times 36 = 864$.

(2) B 的特征值 $\eta_i = 3\lambda_i^2 - 2\lambda_i + 5(i=1, 2, 3)$，故

$$\eta_1 = 6, \quad \eta_2 = 13, \quad \eta_3 = 61$$

(3) 由(2)知，$|B| = \eta_1 \cdot \eta_2 \cdot \eta_3 = 6\times 13\times 61 = 4758$.

3. 由 $P^{-1}AP=\begin{bmatrix}1 & & \\ & 2 & \\ & & -3\end{bmatrix}$ 得，$A=P\begin{bmatrix}1 & & \\ & 2 & \\ & & -3\end{bmatrix}P^{-1}$，因此

$$A^2-4A+I = P\left(\begin{bmatrix}1 & & \\ & 2 & \\ & & -3\end{bmatrix}^2 - 4\begin{bmatrix}1 & & \\ & 2 & \\ & & -3\end{bmatrix} + \begin{bmatrix}1 & & \\ & 1 & \\ & & 1\end{bmatrix}\right)P^{-1}$$

$$= P\begin{bmatrix}-2 & & \\ & -3 & \\ & & 22\end{bmatrix}P^{-1}$$

故

$$P^{-1}(A^2-4A+I)P = \begin{bmatrix}-2 & & \\ & -3 & \\ & & 22\end{bmatrix}$$

4. 由题意，α 满足条件 $A^{-1}\alpha=\lambda\alpha$. 在上式两边同乘以 A，有 $\alpha=\lambda A\alpha$，即

$$\begin{bmatrix}1\\ t\\ 1\end{bmatrix} = \lambda\begin{bmatrix}3+t\\ 2+2t\\ 3+t\end{bmatrix} \Rightarrow \begin{matrix}\lambda(3+t)=1\\ \lambda(2+2t)=t\end{matrix}$$

解得 $t=1$，$\lambda=\dfrac{1}{4}$；$t=-2$，$\lambda=1$.

5. (1) 因为 $A^{T}=(\alpha \cdot \alpha^{T})^{T}=(\alpha^{T})^{T} \cdot \alpha^{T}=\alpha \cdot \alpha^{T}=A$，所以 A 为对称矩阵. 由对称矩阵的性质，A 相似于对角矩阵.

(2) 由已知条件 $A^2=\alpha(\alpha^{T}\alpha)\alpha^{T}=(\alpha)^2\alpha\alpha^{T}=4A$，设 λ 为 A 的特征值，则有 $\lambda^2=4\lambda$，即 $\lambda=4$ 或 $\lambda=0$. 又 $R(A)\leqslant R(\alpha)=1$；$A\neq 0$，$R(A)\geqslant 1$，得 $R(A)=1$.

当 $A \sim \begin{bmatrix}\lambda_1 & & & \\ & \lambda_2 & & \\ & & \ddots & \\ & & & \lambda_n\end{bmatrix}$ 时，$\lambda = 4$ 或 $\lambda = 0$，$R\left(\begin{bmatrix}\lambda_1 & & \\ & \ddots & \\ & & \lambda_n\end{bmatrix}\right) = 1$，所以

$$\begin{bmatrix}\lambda_1&&&\\&\lambda_2&&\\&&\ddots&\\&&&\lambda_n\end{bmatrix}=\begin{bmatrix}4&&&\\&0&&\\&&\ddots&\\&&&0\end{bmatrix}$$是与 $\boldsymbol{A}$ 相似的对角矩阵.

习 题 六

1. (1) $f(x_1, x_2, x_3)=(x_1, x_2, x_3)\begin{bmatrix}1&1&1\\1&2&3\\1&3&5\end{bmatrix}\begin{bmatrix}x_1\\x_2\\x_3\end{bmatrix}$

(2) $f(x_1, x_2, x_3)=(x_1, x_2, x_3)\begin{bmatrix}0&\frac{1}{2}&\frac{1}{2}\\\frac{1}{2}&0&\frac{1}{2}\\\frac{1}{2}&\frac{1}{2}&0\end{bmatrix}\begin{bmatrix}x_1\\x_2\\x_3\end{bmatrix}$

(3) $f(x_1, x_2, x_3)=(x_1, x_2, x_3)\begin{bmatrix}1&1&1\\1&1&1\\1&1&1\end{bmatrix}\begin{bmatrix}x_1\\x_2\\x_3\end{bmatrix}$

2. (1) $\begin{bmatrix}x_1\\x_2\\x_3\end{bmatrix}=\begin{bmatrix}1&0&0\\0&\frac{1}{\sqrt{2}}&\frac{1}{\sqrt{2}}\\0&-\frac{1}{\sqrt{2}}&\frac{1}{\sqrt{2}}\end{bmatrix}\begin{bmatrix}y_1\\y_2\\y_3\end{bmatrix}$, $f=2y_1^2+y_2^2+5y_3^2$

(2) $\begin{bmatrix}x_1\\x_2\\x_3\end{bmatrix}=\begin{bmatrix}\frac{2}{\sqrt{6}}&0&\frac{1}{\sqrt{3}}\\-\frac{1}{\sqrt{6}}&\frac{1}{\sqrt{2}}&\frac{1}{\sqrt{3}}\\\frac{1}{\sqrt{6}}&\frac{1}{\sqrt{2}}&-\frac{1}{\sqrt{3}}\end{bmatrix}\begin{bmatrix}y_1\\y_2\\y_3\end{bmatrix}$, $f=2y_2^2+3y_3^2$

(3) $\begin{bmatrix}x_1\\x_2\\x_3\\x_4\end{bmatrix}=\begin{bmatrix}\frac{1}{\sqrt{2}}&0&\frac{1}{\sqrt{2}}&0\\\frac{1}{\sqrt{2}}&0&-\frac{1}{\sqrt{2}}&0\\0&\frac{1}{\sqrt{2}}&0&\frac{1}{\sqrt{2}}\\0&-\frac{1}{\sqrt{2}}&0&\frac{1}{\sqrt{2}}\end{bmatrix}\begin{bmatrix}y_1\\y_2\\y_3\\y_4\end{bmatrix}$, $f=y_1^2+y_2^2-y_3^2-y_4^2$

3. (1) 负定； (2) 正定.

4. (略)　　5. (略)　　6. (略)

自 测 题 六

一、 1. × 2. √ 3. √ 4. × 5. × 6. √ 7. √

二、 1. 因为

$$
\begin{aligned}
f(x_1, x_2, x_3) &= (2x_1+x_2-x_3)^2 \\
&= (2x_1+x_2-x_3)(2x_1+x_2-x_3) \\
&= (x_1, x_2, x_3)\begin{bmatrix}2\\1\\-1\end{bmatrix}(2, 1, -1)\begin{bmatrix}x_1\\x_2\\x_3\end{bmatrix} \\
&= (x_1, x_2, x_3)\begin{bmatrix}4&2&-2\\2&1&-1\\-2&-1&1\end{bmatrix}\begin{bmatrix}x_1\\x_2\\x_3\end{bmatrix}
\end{aligned}
$$

所以二次型矩阵是 $\boldsymbol{A}=\begin{bmatrix}4&2&-2\\2&1&-1\\-2&-1&1\end{bmatrix}$.

2. 二次型对应的矩阵为 $\boldsymbol{A}=\begin{bmatrix}1&a&1\\a&1&0\\1&0&1\end{bmatrix}$，由题意 $\boldsymbol{A}$ 的特征值为 1，2，0.

从而 $|\boldsymbol{A}|=1\times2\times0=0$，即 $|\boldsymbol{A}|=-a^2=0$，得 $a=0$，于是 $\boldsymbol{A}=\begin{bmatrix}1&0&1\\0&1&0\\1&0&1\end{bmatrix}$.

对 $\lambda_1=1$，$\boldsymbol{A}-\boldsymbol{I}=\begin{bmatrix}0&0&1\\0&0&0\\1&0&0\end{bmatrix}\to\begin{bmatrix}1&0&0\\0&0&1\\0&0&0\end{bmatrix}$，对应的线性无关的特征向量为 $\boldsymbol{\alpha}_1=(0, 1, 0)^{\mathrm{T}}$.

对 $\lambda_2=2$，$\boldsymbol{A}-2\boldsymbol{I}=\begin{bmatrix}-1&0&1\\0&-1&0\\1&0&-1\end{bmatrix}\to\begin{bmatrix}1&0&-1\\0&1&0\\0&0&0\end{bmatrix}$，对应的线性无关的特征向量为 $\boldsymbol{\alpha}_2=(1, 0, 1)^{\mathrm{T}}$.

对 $\lambda_3=0$，$\boldsymbol{A}=\begin{bmatrix}1&0&1\\0&1&0\\1&0&1\end{bmatrix}\to\begin{bmatrix}1&0&1\\0&1&0\\0&0&0\end{bmatrix}$，对应的线性无关的特征向量为 $\boldsymbol{\alpha}_3=(-1, 0, 1)^{\mathrm{T}}$.

将 $\boldsymbol{\alpha}_i$ 单位化，得正交变换矩阵 $\boldsymbol{Q}=\begin{bmatrix}0&\frac{1}{\sqrt{2}}&-\frac{1}{\sqrt{2}}\\1&0&0\\0&\frac{1}{\sqrt{2}}&\frac{1}{\sqrt{2}}\end{bmatrix}$.

3. 由实对称矩阵的性质，$\lambda_3=0$ 对应的特征向量 $\boldsymbol{\alpha}_3$ 与 $\boldsymbol{\alpha}_1$，$\boldsymbol{\alpha}_2$ 正交，即 $\boldsymbol{\alpha}_3$ 满足方程组

$$\begin{bmatrix}\boldsymbol{\alpha}_1^{\mathrm{T}}\\ \boldsymbol{\alpha}_2^{\mathrm{T}}\end{bmatrix}\boldsymbol{X}=\mathbf{0}$$

即
$$\begin{bmatrix}1 & 1 & 1\\ 1 & 0 & 1\end{bmatrix}\boldsymbol{X}=\mathbf{0}$$

解该方程组得 $\boldsymbol{\alpha}_3=\begin{bmatrix}-1\\ 0\\ 1\end{bmatrix}$.

取 $\boldsymbol{P}=(\boldsymbol{\alpha}_1, \boldsymbol{\alpha}_2, \boldsymbol{\alpha}_3)=\begin{bmatrix}1 & 1 & -1\\ 1 & 0 & 0\\ 1 & 1 & 1\end{bmatrix}$，则 $\boldsymbol{P}^{-1}\boldsymbol{A}\boldsymbol{P}=\begin{bmatrix}1 & & \\ & 1 & \\ & & 0\end{bmatrix}$.

$$\boldsymbol{A}=\boldsymbol{P}\begin{bmatrix}1 & & \\ & 1 & \\ & & 0\end{bmatrix}\boldsymbol{P}^{-1}=\frac{1}{2}\begin{bmatrix}1 & 0 & 1\\ 0 & 2 & 0\\ 1 & 0 & 1\end{bmatrix}$$

4. 因为 $\boldsymbol{A}$ 正定，所以 $\boldsymbol{A}$ 的特征值 $\lambda_i>0(i=1, 2, \cdots, n)$. 从而 $3\boldsymbol{I}+\boldsymbol{A}$ 的特征值 $u_i=3+\lambda>3$. 故 $|3\boldsymbol{I}+\boldsymbol{A}|=\prod_{i=1}^{n}(3+\lambda)>3^n$.

习 题 七

1. 各个线性空间的基可取为：

(1) $\boldsymbol{\alpha}_1=\begin{bmatrix}1 & 0\\ 0 & 0\end{bmatrix}$, $\boldsymbol{\alpha}_2=\begin{bmatrix}0 & 1\\ 0 & 0\end{bmatrix}$, $\boldsymbol{\alpha}_3=\begin{bmatrix}0 & 0\\ 1 & 0\end{bmatrix}$, $\boldsymbol{\alpha}_4=\begin{bmatrix}0 & 0\\ 0 & 1\end{bmatrix}$

(2) $\boldsymbol{\alpha}_1=\begin{bmatrix}1 & 0\\ 0 & -1\end{bmatrix}$, $\boldsymbol{\alpha}_2=\begin{bmatrix}0 & 1\\ 0 & 0\end{bmatrix}$, $\boldsymbol{\alpha}_3=\begin{bmatrix}0 & 0\\ 1 & 0\end{bmatrix}$

(3) $\boldsymbol{\alpha}_1=\begin{bmatrix}1 & 0\\ 0 & 0\end{bmatrix}$, $\boldsymbol{\alpha}_2=\begin{bmatrix}0 & 0\\ 0 & 1\end{bmatrix}$, $\boldsymbol{\alpha}_3=\begin{bmatrix}0 & 1\\ 1 & 0\end{bmatrix}$

2. (略)　　　　3. $(1, -2, 6)^{\mathrm{T}}$

4. 设 $\boldsymbol{\alpha}$ 在 $\boldsymbol{\alpha}_1$, $\boldsymbol{\alpha}_2$, $\boldsymbol{\alpha}_3$ 下的坐标是 $(x_1, x_2, x_3)^{\mathrm{T}}$，在 $\boldsymbol{\beta}_1$, $\boldsymbol{\beta}_2$, $\boldsymbol{\beta}_3$ 下的坐标是 $(x_1', x_2', x_3')^{\mathrm{T}}$，有

$$\begin{bmatrix}x_1'\\ x_2'\\ x_3'\end{bmatrix}=\begin{bmatrix}13 & 19 & 43\\ -9 & -13 & -30\\ 7 & 10 & 24\end{bmatrix}\begin{bmatrix}x_1\\ x_2\\ x_3\end{bmatrix}$$

或
$$\begin{bmatrix}x_1\\ x_2\\ x_3\end{bmatrix}=\begin{bmatrix}-12 & -26 & -11\\ 6 & 11 & 3\\ 1 & 3 & 2\end{bmatrix}\begin{bmatrix}x_1'\\ x_2'\\ x_3'\end{bmatrix}$$

5. (1) $\boldsymbol{P}=\begin{bmatrix}2 & 0 & 5 & 6\\ 1 & 3 & 3 & 6\\ -1 & 1 & 2 & 1\\ 1 & 0 & 1 & 3\end{bmatrix}$

(2) $\begin{bmatrix} x_1' \\ x_2' \\ x_3' \\ x_4' \end{bmatrix} = \frac{1}{27}\begin{bmatrix} 12 & 9 & -27 & -33 \\ 1 & 12 & -9 & -23 \\ 9 & 0 & 0 & -18 \\ -7 & -3 & 9 & 26 \end{bmatrix}\begin{bmatrix} x_1 \\ x_2 \\ x_3 \\ x_4 \end{bmatrix}$

(3) $k(1, 1, 1, -1)^T$.

6. (1) 关于 y 轴对称;

(2) 投影到 y 轴;

(3) 关于直线 $y=x$ 对称;

(4) 顺时针方向旋转 $90°$.

7. (略)

8. $\begin{bmatrix} 1 & 0 & 0 \\ 2 & 1 & 0 \\ 0 & 1 & 1 \end{bmatrix}$

9. $\begin{bmatrix} 1 & 0 & 0 \\ 1 & 1 & 0 \\ 1 & 2 & 1 \end{bmatrix}$

自 测 题 七

一、1. × 2. √ 3. × 4. × 5. × 6. ×
7. × 8. √ 9. × 10. √

二、1. 2

2. $\begin{bmatrix} 1 & 0 & 0 \\ 1 & 1 & 0 \\ 0 & 1 & 1 \end{bmatrix}$; $\begin{bmatrix} 1 & 0 & 0 \\ -1 & 1 & 0 \\ 1 & -1 & 1 \end{bmatrix}$

3. $n-1$; $\begin{bmatrix} -1 \\ 1 \\ 0 \\ \vdots \\ 0 \end{bmatrix}$, $\begin{bmatrix} -1 \\ 0 \\ 1 \\ \vdots \\ 0 \end{bmatrix}$, …, $\begin{bmatrix} -1 \\ 0 \\ 0 \\ \vdots \\ 1 \end{bmatrix}$

4. $\boldsymbol{A}$, $\boldsymbol{A}$

5. $\begin{bmatrix} a_{22} & a_{23} & a_{21} \\ a_{32} & a_{33} & a_{31} \\ a_{12} & a_{13} & a_{11} \end{bmatrix}$, $\begin{bmatrix} a_{11}+a_{12} & a_{12} & a_{13} \\ a_{21}+a_{22}-a_{11}-a_{12} & a_{22}-a_{12} & a_{23}-a_{13} \\ a_{31}+a_{32} & a_{32} & a_{33} \end{bmatrix}$

参 考 文 献

[1] 同济大学数学系. 线性代数. 5版. 北京：高等教育出版社，2007.

[2] 北京交通大学数学系几何与代数组. 线性代数与解析几何. 北京：清华大学出版社，北京交通大学出版社，2007.

[3] 陈治中. 线性代数与解析几何辅导. 北京：清华大学出版社，北京交通大学出版社，2004.

[4] 魏战线. 线性代数学习指导. 西安：西安交通大学出版社，2008.

[5] 俞正光，刘坤林，谭泽光，等. 线性代数通用辅导讲义. 北京：清华大学出版社，2006.

[6] 滕加俊，寇冰煜，颜超，等. 线性代数全程学习指导与习题精解. 南京：东南大学出版社，2010.

[7] 吴赣昌. 线性代数. 北京：中国人民大学出版社，2006.

[8] 李世栋，乐经良，冯卫国，等. 线性代数. 北京：科学出版社，2006.

[9] 王雪峰. 线性代数. 北京：北京交通大学出版社，2010.